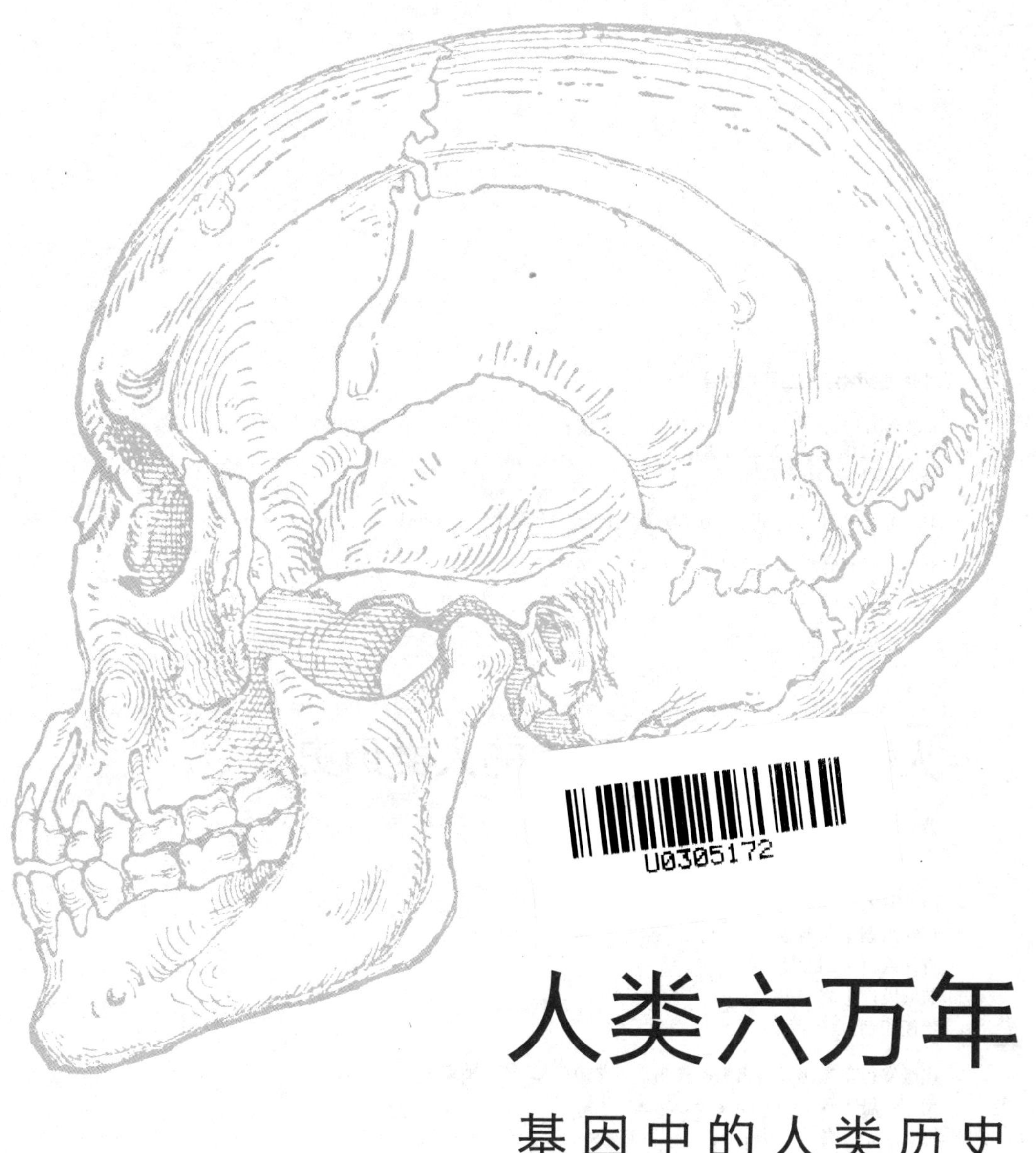

人类六万年

基因中的人类历史

张振 | 著　　李辉 | 审订

文化发展出版社
Cultural Development Press
·北 京·

图书在版编目（CIP）数据

人类六万年 ：基因中的人类历史 / 张振著. -- 北京 ：文化发展出版社有限公司，2019.8（2025.1重印）
ISBN 978-7-5142-2740-6

Ⅰ. ①人… Ⅱ. ①张… Ⅲ. ①人类起源－研究 Ⅳ. ①Q981.1

中国版本图书馆CIP数据核字(2019)第146755号

人类六万年：基因中的人类历史

著　　者 | 张　振
审 订 者 | 李　辉

出 版 人 | 宋　娜
特约策划 | 慈国敬　范　炜
责任编辑 | 刘淑婧
装帧设计 | 郭　阳
责任印制 | 杨　骏

出版发行 | 文化发展出版社（北京市翠微路 2 号　邮编：100036）
网　　址 | www.wenhuafazhan.com
经　　销 | 各地新华书店
印　　制 | 唐山楠萍印务有限公司
规　　格 | 710mm×1000mm　1/16
印　　张 | 18.25
字　　数 | 240 千字
版　　次 | 2019 年 10 月第 1 版　　2025 年 1 月第 4 次印刷
I S B N | 978-7-5142-2740-6

定　　价 | 68.80 元

◆ 如有印装质量问题，请与我社印制部联系　电话：010-88275720

幸存的物种，
不是最强大的，
也不是最聪明的，
而是最能适应变化的。

——达尔文

再版序

小时候，我对自然界的一切奥秘都非常着迷：宇宙从何处开始、地球为何拥有生命、花儿何以争艳、生灵因何演化、人类如何起源……这些问题吸引着我不断探求，最终幸运地走进了科学的殿堂。在我们年幼的时候，每个小孩都会有很“崇高”的理想，都说想做工程师、宇航员、科学家……那个时候，我也曾经天真地认为理想是可以实现的。我的理想是做一个植物学家，研究各种植物是如何演化的，这可能源于我出生在一个中医世家。这个理想一直坚持到了我就读本科，并且让我对进化学有着不改的特殊兴趣。因着这一份特殊的兴趣，我参加了师兄组织的云南资源调查小组，然后又“不小心”进入了金力教授的人类进化实验室，走进了精彩纷呈的人类学研究的殿堂。此去经年，应是良辰好景迷眼。一晃已近20年了，这些年里，我跑遍了东亚的千山万水，去采集各种部落的基因样本，其中艰辛和乐趣，真是不可胜言。今天看到张振老师这本《人类六万年》中那么多有趣的故事，尤为感同身受。我经历的、探索的、发现的，在我脑海里再次生动起来，和那些国外同行的故事连接在一起，形成了美妙的交响。

这本书，当然不是给我这样的业内人士看的。这是如此好的一本科普作品，它使用的是深入浅出的语言，配上的是精美独到、信息量丰富的图片，呈现的却是最复杂深奥的人类基因组中记录的人类进化的知识。我相信，大众可以特别流畅地阅读这部书，并且得到这个领域内的前沿知识。

用基因组信息解读人类进化的科普介绍，在国内是那么稀缺而可贵。这是令我感到非常惭愧的，本来作为业内人士应该做一些宣传本专业知识的科普工作，但是一方面因为工作繁忙，一方面因为没有张老师那种文采，竟一无所呈。也可能是因为宣传不够，我们的研究竟然遭受了大量的误会，对“分子人类学”一知半解甚至一无所知的人都来质疑我们的研究结果。因为很多人把“中国人本地起源说”与“爱国主义”绑架在一起，而基因的研究毫无疑问地支持了全世界人群的非洲起源说。一个科学问题，在某些人眼中变成了一个所谓的政治问题。其实，不管是基因、化石还是语言文化的研究，现代人起源的学术争议都已经尘埃落定。现代人的基因组差异不超过20万年，最大差异在东非；而最早的现代人化石奥莫人（Omo remains）也距今约20万年，也同样发现于东非。所以，现代人约20万年前起源于东非，早已成为全世界公认的事实。在非洲之外的人群中，基因组的差异不超过6.4万年，也就是说，6.4万年前的那个冰峰期，现代人开始走出非洲，移民其他大陆。这就是《人类六万年》精彩故事的开幕。

中国部分的人类自然史，是一部特别复杂的历史。中国最早的人类是直立人物种，约170万年前就来到了这块土地上，包括元谋人、蓝田人、北京人、南京人等。但是直立人与我们智人是完全不同的物种，没有任何基因交流的迹象。大约30万年前，智人的第一个亚种——丹尼索瓦人（Denisovans）来到了中国，成为东亚的早期智人。从大约5万多年前开始，智人的现代人亚种的各个族群开始陆续来到中国，而我们现代中国人的主体，是两三万年前才来到的。不过，这些都是旧石器时代的事情，与国家和文明没有关系。国家和文明是新石器时代开始萌发的，那起码是一万年之内的事情。

复旦大学现代人类学实验室（教育部重点实验室）近几年做的研究，正是用基因重构中国人群和中华文明的演化历史。我们的研究成果渐渐吹散了中华上古文明的迷雾。在基因谱系的线索中，不仅曹操的身世可正视听，上古帝王的血脉也历历在目。中华文明古国的历史，可能不仅仅是我们宣称的上下五千年，更不是西方片面认定的三千年，而是可以推测到的七千年。分子人类学的新视角，或已推动我们重新进入了信古时代。我期待着张振老师用我们中国的故事，为《人类六万年》续写更精彩的篇章。

李辉
（复旦大学生命科学学院教授、博士生导师
现代人类学教育部重点实验室 主任）

自序

我们大多数人知道祖父母的名字，许多人知道曾祖父母的名字，而曾曾祖父母的名字却已经很少人知道……再向前去，眼前一片黑暗和神秘，我们只能迈着迟疑的脚步，在历史的记载中摸索……我们从哪里来？我们的先祖如何熬过饥饿与寒冷？我们曾经在哪里生活？

更重要的是，未来，我们要往哪里去？

每一个活着的人，都需要一个生物意义上的答案。

这些问题的答案，就在我们的DNA携带的遗传基因代码里。

本书虽然涉及几十亿年的生命起源或者人类的起源，但是主要论述的是六万年来人类这一物种走出非洲的旅程。

我们每一个人约有100万亿个细胞，每一个细胞里都携带着来自祖先的信息。它们就在我们的DNA里。在这种代代相传的遗传物质中，不仅记录着我们每一个人的历史，还记录着整个人类这一物种的历史。在生物遗传技术的支持下，这部历史终于穿过层层迷雾，展现在我们面前。

我们终于可以解读来自远古的信息。

在几十亿年的进化中，DNA与我们每一个人始终在一起。

这些DNA代码不仅使我们成为独一无二的人类，也使世界上的每一个人成为互不相同的个体。通过DNA携带的历史文献——四个简单字母的数字串构成的基因代码，我们可以追溯到生命的起源——第一批自我复制的分子，我们的阿米巴先祖。最近几十年的DNA研究成果发现，我们人类，正是修修补补融合焊接的进化过程的结果，这些修补痕迹和焊缝焊点揭示了数十亿年的故事。

虽然起初谁都不情愿承认我们人类是这样进化来的，但是科学研究证明事实确实如此，而且地球上的其他所有生物的进化也是如此。

DNA传承并携带着我们祖先的故事。

所有史前的历史——两河流域的几十个文明、埃及的神话、希腊罗马的世界……这些曾经的历史，都随着基因科学的出现正在改写。甚至我们地球生命的起源和地球的生态体系，也出现了全新的解读。

许许多多学科都探索过这同一个目标，但是，却都遇到了一堵坚实的石墙：没有完整而充分的证据。只有DNA穿透了这堵石墙，把在不同的探索道路上艰难跋涉的人群——各个学科的科学家们聚合在一起，带领我们从现在走向深邃的先祖的家园。

与其说是DNA传递了人类走出非洲六万年的旅程的信息，不如说是遗传生物学家通过对比两个或多个个体的DNA的差异，一点一点地找到了六万年的故事。差异，是基因的历史语言。研究相同的DNA毫无意义，揭示人类基因图谱研究的是基因代码的差异，而所有的故事都在这些差异里。

科学家们正是利用在现代的活人身上采集的各种DNA的多样性和多态性等证据，运用数学手段，反向计算分析出了人类的历史和六万年的旅程。

我们必须了解自己的历史，为了过去的真相，也为了未来的发展。

想象一下：很可能有那么一天，我们会与来自其他星球的智慧生物相见，难道我们可以说我们根本不知道自己的起源？

我们必须知道自己是谁，我们从哪里来，我们往哪里去。

人类六万年的旅程包括男人和女人、“亚当”与“夏娃”，论述这个过程极其困难，既要考虑时间关系，又要考虑逻辑关系；既要讲述科学研究，又要简单易懂，具备趣味性。

所以，本书是在时间顺序的大体框架下，按照逻辑关系编排论述的。

1987年，人类第一次用DNA找到了“夏娃”在非洲。

2000年，人类第一次用DNA找到“亚当”也在非洲。同年，“人类基因组工程”宣布完成。

追寻我们先祖的故事，充满了科学研究的坎坷和曲折。

这个故事是从追寻大自然的不可思议的多样性和多态性开始的。

这个故事是从追寻我们人类自己的起源的疑问开始的。

这个故事最后带出了一系列的反思和反省。

这个故事，现在仅仅刚刚开始。

张振

目录

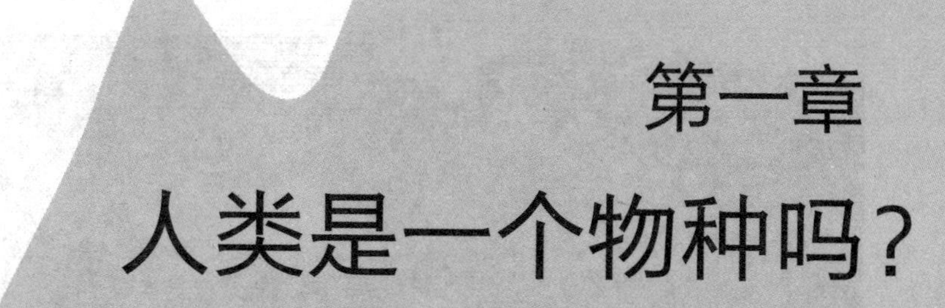

第一章

人类是一个物种吗？

宇宙起源、生命起源、人类起源是自然科学的几个大难题。

在世界上的每一个角落都有人类的身影，地球的总人口已经达到70亿。我们是如何成为地球主人的？这是科学史上最大的谜团之一。世界上所有的民族都自发产生了各自的神话和宗教，回答的第一个问题就是世界是怎么产生的，人类是怎么产生的。因为每个人都不得不回答自己的孩子的问题：我们来自哪里？

而所有的宗教和神话都无法解释的另一个问题是：全世界的人类，为什么具有完全不同的文化、外观、身高和肤色？为什么每一个人与其他人（任何一个）都不同？

公元前5世纪的希腊历史之父希罗多德（Herodotus）的著作，不仅描绘了希腊和波斯的战争故事，而且是对人类多样性的最早的清晰记录：黑色的神秘的利比亚人、北方吃人的俄国生番、远古游牧的土耳其人和蒙古人、从蚂蚁洞里寻找黄金的印度北方土著部落……希罗多德的著作是西方文化中最早的一笔人种学的财富，虽然它存在明显的瑕疵。

现在，让我们站在希罗多德的角度，想象一次人类多样性的采样。

假设我们乘坐一架飞机沿着赤道飞行，我们把这次旅行的起点设在经度和纬度均为0度的地方，这个地点位于大西洋上空，加蓬首都利伯维尔（Libreville）的西边大约1 000千米。现在，我们的飞机开始向东飞行。

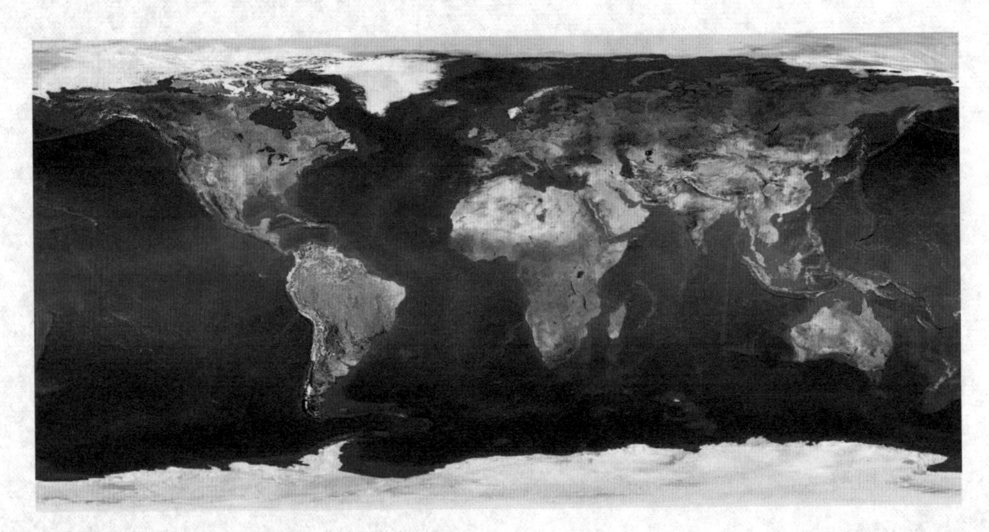

从天空俯瞰地球

首先，我们看到的是中非的说班图语（Bantu）的非洲人，他们皮肤黝黑，住在小村庄里。再向东是没有树木的大草原，那里住着尼罗人（Nilotic），说尼罗语，个子高大，放牧为生，其间混杂居住着说哈德扎语（Hadza）的其他黑人。

再向东，飞过浩瀚的印度洋，我们会看到马尔代夫群岛的人们类似非洲人，

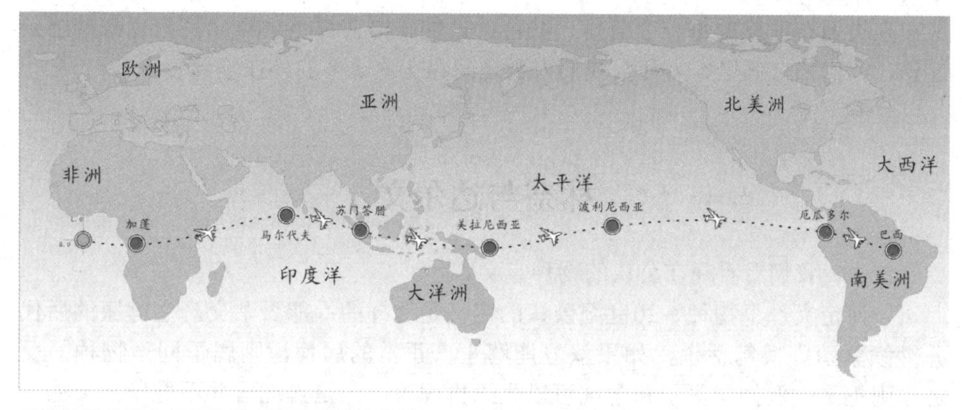

站在希罗多德角度的人类多样性采样路线图

皮肤很黑，但是他们语言不同，外观也与非洲人不同：鼻子、头发和其他细节都不一样。

继续向东，又经过一大片海洋，我们来到苏门答腊岛群。这里的人们个子比非洲人和马尔代夫人矮小，头发很直，浅色皮肤，眼帘上的皮肤褶皱很少。

再越过一大片岛群继续向东，这个地方叫美拉尼西亚（Melanesians），这里的人皮肤也很黑，也许他们与非洲人的关系更紧密？

我们的飞机再继续向东，就会来到波利尼西亚（Polynesians），这是一片绵延数千千米的太平洋上的珊瑚礁岛。在这里，人类的外貌又一次大大改变了，他们与亚洲东部的人群和北美地区的土著长得相当接近。而且，更为令人困惑的是，这些波利尼西亚人是如何来到这些间距几千千米的几千个岛屿上的？

再向东，我们来到南美西部的厄瓜多尔。其首都基多（Quito）的居民令人惊讶地分为两类：一类人的外貌像马尔代夫人，但是肤色浅一些；另一类人与苏门答腊人和波利尼西亚人比较相近。这两类群体令人不可思议地混居在一起。

再向东，在巴西的东北再次出现了黑人。这些黑人住在距离他们的故乡非洲几万千米之外的地方，他们来到美洲只有几百年，当时他们是被欧洲人作为“会说话的另一种生物”和劳动力从非洲运来的，他们当年的身份是奴隶。从15世纪欧洲大航海和地理大发现开始，西班牙人、葡萄牙人和荷兰人就开始贩卖非洲的黑人作为奴隶，因为他们当时认为，欧洲白人和非洲黑人不是一个物种。

人类遍布世界的每一个角落，肤色、外貌和语言都不一样。我们越来越感到迷惑，我们来自哪里？为什么我们人类之间存在这么多的外在差异？

林奈与达尔文

首先，我们看看现在公认的物种定义。

如何定义一个物种？20世纪公认的定义是这样的：能否杂交产生健康的后代并继续繁殖。换句话说，如果双方能够生产正常的后代，则属于同一物种。反之，则不是。例如，狮子和老虎可以生下狮虎兽，但是狮虎兽并不健康；又如，马和驴虽然可以生下健康而强壮的骡子，但是骡子不能继续繁育，所以马和驴也不是一个物种。虽然这个标准在低等动物和其他生物中并不普适，但对哺乳类而言依然是适用的。

奴隶制度的拥护者曾经认为，现代人分为很多物种和亚种，殖民者与奴隶不是一个物种。瑞典科学家卡尔·冯·林奈（Carl von Linne）最早提出这一体系。林奈是一个植物学家，他首先用拉丁文命名植物，随后扩展到动物。他把人类命名为智人（Homo sapiens）。他认为所有的人类属于同一物种——智人的不同亚种和地理种，他还认为人的种族是互不相同的、分别诞生的、多元发生的。这种思想起始于希腊时代的人类“多起源说”。

卡尔·冯·林奈（1707—1778），生物学家、植物学家，1753年发表《植物物种》（*Species Plantarum*）奠定了现代生物分类学的基础，被誉为分类学之父。林奈将人类分类为智人，并分为几个亚种：非洲人（Afer）、北美土著（Americanus）、东亚人（Asiaticus）、欧洲人（Europaeus）和其他人（Monstrosus）。因为他的贡献，瑞典枢密院封他为爵士

关于人类的起源，人类学家和考古学家的争议持续了一百多年。

英国的达尔文从来不公开发表讲话，但是他却出版了两本引发科学与宗教巨大争议的巨著：《物种起源》（1859年）、《人的由来》（1871年）。

与维多利亚时代的很多人一样，达尔文自幼酷爱科学。当时的大英帝国已经殖民到世界各个角落，但是，随着人们的视野越来越开阔，头脑却越来越迷惑，人们无法解释各式各样的物种的变异和起源。

1831年12月27日，达尔文乘坐“小猎犬”号（Beagle）开始了一场前无古人的伟大环球航行。达尔文不仅想搞清楚物种的起源，他还想探索另一个疑问——人的起源。

达尔文从英国出发，途经佛得角群岛—巴西—阿根廷—火地岛—智利—厄瓜多尔—加拉帕格斯群

岛—塔希提—新西兰—澳大利亚—毛里求斯—巴西，直到1836年10月2日才回到英国。好奇的达尔文在世界上游历了整整5年。为了获得第一手资料，他曾经在巴西和阿根廷深入内陆探险。达尔文在南美洲遇到的最与众不同的人类是火地岛的土著，他写道：

达尔文（Charles Darwin，1809—1882），英国生物学家、博物学家，进化论的奠基人

……身材矮小，脸上用白漆涂抹得丑陋不堪，皮肤油腻肮脏，头发缠绕成团，声音沙哑难听，举止粗暴……看着这样的人，很难相信他们和我们是同样的人类……

达尔文带着3个土著火地人回到维多利亚时代的大不列颠。达尔文给他们起了色彩鲜明的欧洲名字：Fuegia Basket、Jemmy Button和York Minster（他们三人原名Yok-cushlu、 Orundellico和El'leparu），他们学会了基本的英语，模仿中产阶级的行为举止。达尔文清楚地认识到，他们和英国人应当属于同一物种，某些方面甚至超越了“小猎犬”号上的英国水手。

达尔文回到英国之后，1859年和1871年，间隔12年出版了两本书。他本来准备出版一本书，因为太大，改为两本书：

《物种起源》：原书全称《物种起源，通过自然选择的方式或在生存斗争保留优势种群的方式》（*On the Origin of Species by Means of Natural Selection, or the Preservation of Favoured Races in the Struggle for Life*）（注：这本书英文原名《种的起源》，日文译名也是《种的起源》，国内长期译为《物种起源》，本书沿袭旧译名）。

《人的由来》：原书全称叫作《人的由来，与性关系的选择》（*The Descent of Man, and Selection in Relation to Sex*）。

达尔文在《人的由来》中猜测，世界上的智人可能源自同一个先祖，这个先祖最有可能在非洲。

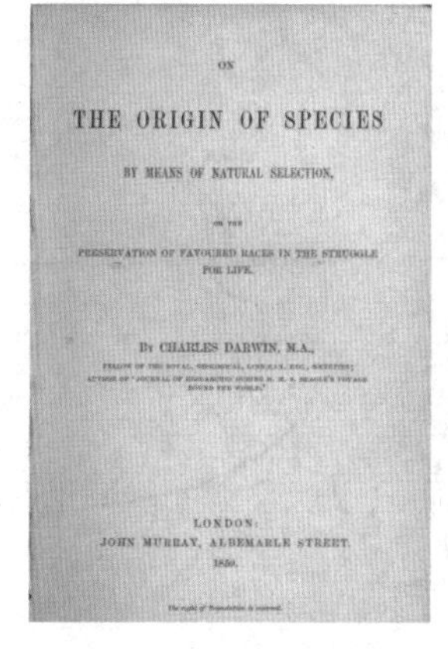

ON
THE ORIGIN OF SPECIES
BY MEANS OF NATURAL SELECTION,
OR THE
PRESERVATION OF FAVOURED RACES IN THE STRUGGLE FOR LIFE.
BY CHARLES DARWIN, M.A.,
LONDON:
JOHN MURRAY, ALBEMARLE STREET.
1859.

1859年出版的《物种起源》

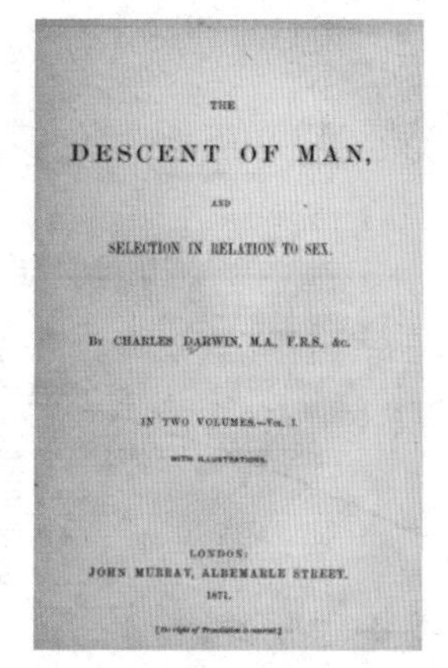

THE
DESCENT OF MAN,
AND
SELECTION IN RELATION TO SEX.
BY CHARLES DARWIN, M.A., F.R.S., &c.
IN TWO VOLUMES.—VOL. I.
WITH ILLUSTRATIONS.
LONDON:
JOHN MURRAY, ALBEMARLE STREET.
1871.

1871年出版的《人的由来》

达尔文的外祖父韦奇伍德（Josiah Wedgwood）是一个废奴主义者，激烈反对奴隶制度，他写过一本书——《我们是人还是兄弟》。韦奇伍德出身于一个陶瓷世家，他是英国陶瓷产业化的先驱者，英国最大的陶瓷公司韦奇伍德公司的创始人，该公司现在已发展成为一个跨国陶瓷玻璃集团。也就是说，极其富有的达尔文家族在英国的地位有些类似现在的世界富豪，例如比尔·盖茨家族。达尔文的父亲罗伯特（Robert Darwin）是一个富有的金融家和医生。作为一个精工巧匠和一个著名医生的后代，达尔文的考古证据采集和严谨的分析推理，几乎无懈可击。

经过长达20年的观察、探索和考证，达尔文把人类从一个全能的至高无上的上帝的神圣产物，变成了修修补补的长期进化过程的一个结果。

1860年6月30日，距离1859年达尔文《物种起源》发表不到一年，一位愤怒的牧师威尔伯福斯（Samuel Wilberforce）登上了牛津大学图书馆的讲堂，他开始了一场战斗，不仅仅是为了他的观点，也是为了基督教的未来。

英国牧师威尔伯福斯（Samuel Wilberforce，1805—1873），当时最有名的演说家之一，他与进化论观点的大辩论非常著名

赫胥黎（Thomas Henry Huxley，1825—1895），英国生物学家，支持达尔文的演化理论和学说，被称为“达尔文的斗牛犬”（Darwin's Bulldog）。一生著述很多

威尔伯福斯认为，人类的历史大约6 000年，在公元前4004年10月23日，上帝的手创造了世界。这个数据是根据《圣经》记载的谱系推算的。他还指出了当

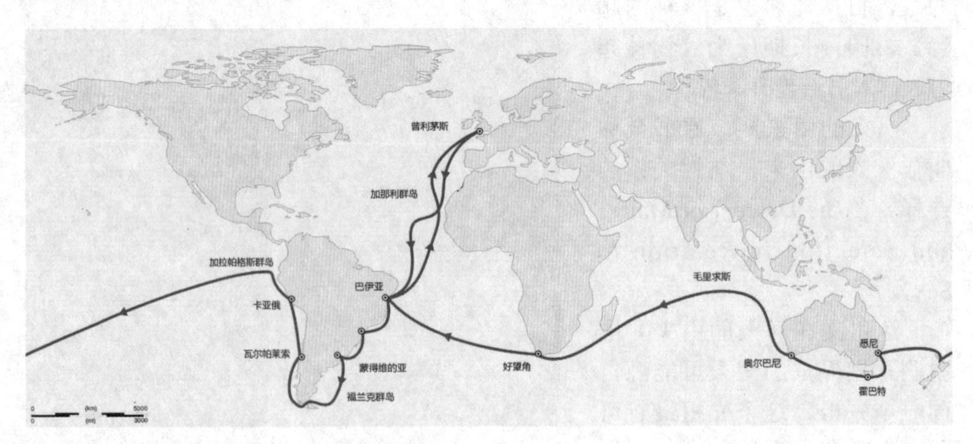

达尔文乘“小猎犬”号进行环球航行的路线

上图是达尔文的外祖父创办的韦奇伍德公司的部分作品：从欧洲民间家庭的日用瓷器，到英国皇家御用瓷器和艺术品。2012年伦敦奥运会使用的陶瓷大都出自当年达尔文家族创办的这个企业

时大多数人心中一个同样的疑问：人怎么和猴子有关系？完全是无稽之谈！

但是，维多利亚时代同样著名的杰出人物约瑟夫·胡克爵士（Joseph Dalton Hooker）和赫胥黎（Thomas Henry Huxley）支持达尔文。他们三人之间同样精彩的辩论演说敲响了旧的人类起源说的丧钟，勇敢地开创了一个新的世界。

出身豪门的达尔文，具备足够的财力和时间去世界各地收集样本。他能够潜心观察的原因之一是他患有一种非常奇怪的病：写文章的时间不能超过20分钟，否则会感到身体疼痛。所以，达尔文写一会儿，就必须去仔细观察一会儿标本作为休息，然后再回来继续写作。这是一种什么疾病，至今也不清楚。达尔文经常写信给他的朋友，抱怨他的这种痛苦。因此，达尔文没有参加与教会的辩论，他一生也没有做过任何演说或授课。

150年后，科技手段证实了达尔文的假设。这些科技手段就是化石和DNA。科学研究者们通过化石、石器、基因等线索追踪人类在全世界的足迹，揭示出人类的伟大的旅程。

夏娃在非洲

1871年，达尔文在《人的由来》［全称：《人的由来，与性关系的选择》（*The Descent of Man, and Selection in Relation to Sex*）］中写道：

在世界上每一个较大的区域生活的哺乳动物，都与同一地区的已经灭绝的物种的血缘关系很近。因此，有一种很大的可能性：非洲曾经生活着一些已经灭绝的类人猿，它们与大猩猩和黑猩猩很接近。这两种猩猩是最接近人类的物种，所以，还有一种更大的可能性：我们早期的祖先生活在非洲大陆的某一个地方。

事实是否确如达尔文的推测，我们的祖先诞生在非洲，并且可能起源于某一种已经灭绝的类人猿？

英国人类学家路易斯·李基坚信达尔文的人类起源于非洲的假设，他27岁取得剑桥大学博士学位之后，长期在非洲工作，他的妻子、子女和整个家族都参与了非洲的考古工作。路易斯·李基取得大量考古成果，出版了十几本著作，他的家族是非洲人类考古的先驱。

1967年，路易斯·李基组织考察肯尼亚的奥某河（Omo River）地区，这支考察队的成员来自三个国家：法国队员以Camille Arambourg为首，美国队员以Clark Howell为首，肯尼亚队员以路易斯·李基的二儿子理查德·李基（Richard Leakey，1944—）为首。路易斯·李基本人因为关节炎没有参加这次考察。在奥某河中，鳄鱼攻击并毁坏了考察队的木船，理查德·李基用无线电向父亲呼救，要求提供新的铝制船只。美国国家地理协会提供了铝制船只。在考察现场，Kamoya Kimeu（1940—，著名化石采集者之一，他和李基兄弟多次发现重要的化石）发现了一个人科生物的化石，理查德·李基认为这些化石属于直立人。理查德·李基把化石带回来以后，他的父亲路易斯·李基认为这些化石属于智人。

路易斯·李基（Louis Leakey，1903—1972），英国考古学家，出生于非洲的肯尼亚，在剑桥专攻人类学。他首先发现了60万年的猿人化石，后来发现175万年的猿人化石。他的发现震撼全世界，成为当时考古学成就最高的人。他始终坚信并证实了达尔文的人类非洲起源预测

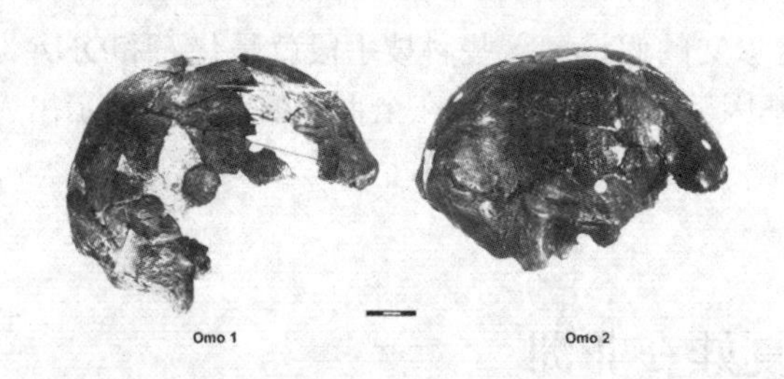

奥某1号和奥某2号（Omo1，Omo2），当时是一些头骨的碎片

1967年的这次考察获得的智人化石，当时测定的年代为13万年，21世纪的新方法测定的年代约为19.5万年。这是迄今为止发现的世界上最古老的生物学意义上的智人化石。

奥某河头骨的发现证实了达尔文的推测，也证实了达尔文的高瞻远瞩令人难以置信。

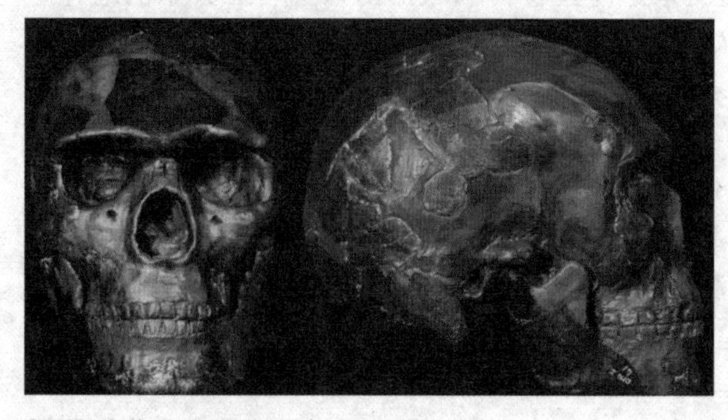

复原的奥某1号和奥某2号（Omo1，Omo2）

在19—20世纪的欧洲，大部分人还认为亚当和夏娃在欧洲或亚洲。达尔文发表《物种起源》和《人的由来》时，世界上还没有发现任何类人猿的化石（尼安德特人虽然在《物种起源》发表前3年已经被发现，但当时人们以为那是洞熊的遗骸）。19世纪后期，欧洲首先发现已经灭绝的尼安德特人的化石。1920年代，亚洲的印度尼西亚和中国发现已经灭绝的直立人化石。1930年代，非洲开始出土大量各种类人猿的化石，数量和种类超过世界各地出土的其他人科生物化石的总和。

1809年	2月12日生于英国
1810年	林肯出生于美国
1817年	8岁，母亲去世
1825年	进入爱丁堡大学
1827年	音乐家贝多芬去世
1828年	进入剑桥大学
1831年	开始5年环球考察
1837年	莫尔斯申请电报专利
1839年	当选皇家学会成员，结婚
1851年	10岁女儿Anne去世
1859年	《物种起源》发表
1861年	美国南北战争爆发
1866年	孟德尔遗传实验论文发表
1869年	门捷列夫发表元素周期表
1871年	《人的由来》发表 米歇尔发现DNA的论文发表
1879年	爱迪生实验第一个电灯
1882年	4月19日逝世，享年73岁

达尔文年表

达尔文的人类起源于非洲的类人猿的观念得到公认。在科学上，达尔文远远超越了他的时代。此后，人类到底有多少起源，成为新的争议焦点。

本书后面经常提到的两个概念是完全不同的英语单词，它们从两个角度描述地球生命的巨大差异和丰富程度。这两个名词经常混用。

多样性（diversity）：

在一个给定的生态系统里，或生物群系里，或一个星球上，各种生命的存在形式的变化和差异。例如，地球上的各种生物，以及生物的不同种类。

多态性（polymorphisms）：

内在基因不同或基因相同，但是有的基因呈现显性，有的基因呈现隐性从而导致的不同，常常呈现为外在的不同。例如，人类的肤色、身高、形状等差异，又如其他的同一物种的形形色色的差异和变异。

正是这些多样性和多态性，使得人类学和考古学的先驱者们困惑了上百年。

1960年代，人类学家的世界最高权威之一、美国体质人类学家协会（American Association of Physical Anthropologists）会长卡尔顿·库恩（Carleton Coon）发表了影响很大的两本著作：《种族的起源》（*The Origin of Races*）和《人的现存种族》（*The Living Races of Man*）。库恩在他的权威巨著中，把现代人类进一步细分为互不相同的五大亚种（实际是地理种）：

Australoid：澳大利亚人种（澳大利亚土著，又称棕种人）；

Caucasoid：高加索人种（欧洲—北非—西亚—中亚—南亚，又称白种人，虽然肤色不一）；

Negroid：尼格罗人种（非洲撒哈拉南部，东南亚小岛与山区，又称Congoid或黑种人）；

Capoid：开普敦人种（非洲南部，如布须曼人—桑人）；

Mongoloid：蒙古利亚人种（亚洲大部—北极圈—南北美洲—太平洋诸岛，又称黄种人）。

他还详细列举和分析了各个亚种的骨骼、肤色、外貌等特征差异，他认为是基因的混合导致人们变成了黑种人、白种人、黄种人和棕种人等。但是，他仍然无法解释人类的多样性。

一百多年以来，考古得到的信息非常少。考古学家和人类学家们一直在进行着激烈的争论。库恩的两大权威论著发表后，人类逐步开发出一整套揭示基因秘密的技术……1987年，突然从遗传学领域出现的一个惊人的结论，这个结论引发了更大规模的争论和新一轮的一系列新的研究探索。

生物的多样性和多态性是遗传争议的起因

1987年1月，美国一个在读遗传学女博士丽贝卡·卡恩（Rebecca Cann）和她的同事们在英国《自然》（*Nature*）杂志发表了一篇论文：《线粒体DNA和人类的演化》（*Mitochondrial DNA and Human Evolution*）。论文认为：人类起源只有一个，这个起源可能在非洲，时间在20万年以内。尽管几乎不可思议，但DNA数据研究分析却证明了：今天所有的地球人都来自同一个共同祖先。

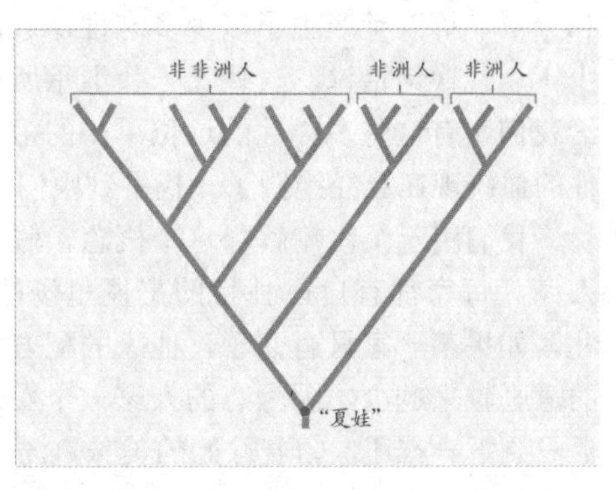

伯克利大学的研究证明现代人起源于非洲，最早的分离从线粒体mtDNA（夏娃）开始，在非洲已经出现多次mtDNA 的分离，证明他们积累进化变异非常久远了

美国的这项研究的主持人阿伦·威尔逊（Allan Wilson，1934—1991）是来自澳大利亚的生物化学家，在加利福尼亚大学伯克利分校运用生物学的新分支——分子生物学的方法进行人类演化研究，尤其注重于DNA和蛋白质。

丽贝卡·卡恩在阿伦·威尔逊的实验室攻读博士时，开始研究人类的mtDNA（线粒体DNA）变异。这个伯克利大学的小组从不同人群的人体胎盘（mtDNA资源丰富）中收集了147份样本，发现所有的线粒体都可以追溯到曾经住在非洲的一位女性祖先，不论这些线粒体现在位于世界的什么地方。

这就是后来媒体命名的“线粒体夏娃”（Mitochondrial Eve）的来源。当然，“线粒体夏娃”并非当时唯一的夏娃，但是，她是现在可以追溯到的唯一的女性先祖。

人类大约有100万亿个细胞，每个细胞都存放着Y染色体DNA和线粒体DNA。Y染色体DNA由父亲遗传给儿子，仅仅由男性后裔继续传承男性后裔；线粒体DNA由母亲遗传给儿子和女儿，仅仅由女性后裔继续传承女性后裔。Y染色体DNA比较大，计算分析极其困难。线粒体DNA比较小只有一万六千多个碱基单位，所以遗传学通过线粒体DNA找到人类的女性祖先比较早。在1987年发现“线粒体夏娃”之后，过了整整13年，直到2000年才找到“Y染色体亚当”，详见后述。

找到这位女性先祖，实际上是对比线粒体DNA的突变差异，找出几个问题的答案。

第一个问题：“夏娃”的起源地在哪里？

如果我们在水池里丢下一块石头，激起的水波一圈一圈地扩大和扩散，我们仍能推测出石头落水的位置——在水波的正中央。人类进化的mtDNA序列，从母亲到女儿传递着累积的多态性，正像这种扩散的水波。我们的祖先就在那块石头“入水”的位置。我们可以“看见”这位唯一的祖先，生活在20万年之内，她发生的基因突变导致了以后所有的分离（分叉）形式，一直延续到今天。

第二个问题：“夏娃”是什么时候出现的？

如果我们知道这种基因突变发生的速率，我们就可以通过人类多样性的采样和分析，搞清楚产生了多少多态性，进而计算出“这块石头丢进水里后经历了多少年”。换句话说，一代又一代继承所有突变的后裔，必然源自同一个祖先。带给我们所有这些多样性的这位单一的祖先并非当时的唯一活着的人，只是其他女性的血统现在已经绝嗣了（找不到她们的后裔的遗传差距了）。

我们用一个比喻解释这个概念。假设在一个18世纪的古老村庄里，住着10户人家。每家都有自己独特的烹调鱼汤的配方，这些配方全部是母亲口头传给女儿。如果某一家只有儿子，他家的配方就失传了。随着时间推移，拥有原始配方的家庭越来越少，因为有的人家一个女儿也没有：没有女性继承祖传的鱼汤。最后只剩下一家还保留着原始的美味鱼汤。

现实世界里，没有任何一家的女儿会一代一代传承完全相同的配方，不做任何修改以适合她们自己的口味。有的女儿多加了大蒜，有的女儿增添了香料……这就出现了基因变异。随着时间的推移，这些变异就形成了她们自己的多样性的鱼汤。原来的配方完全改变了，但是那种原始鱼汤的基本配方的痕迹仍然保留在鱼汤里。如果我们去这个村庄参观，我们将品尝到配方多样性带来的美味，并且依然可以追溯到原始的配方——18世纪的单一的祖先。

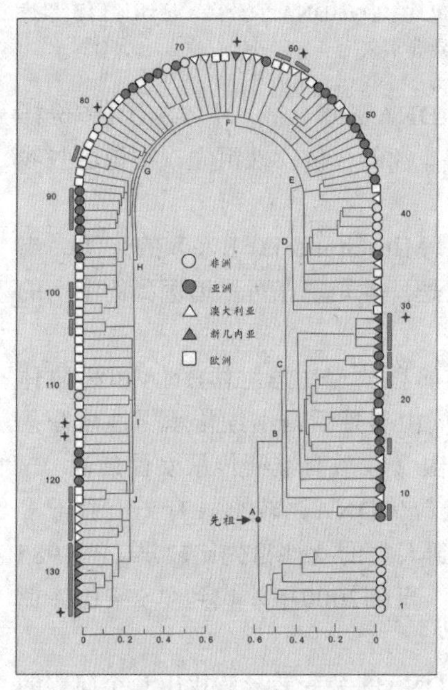

1987年，英国《自然》（*Nature*）杂志上发表的著名的mtDNA树（上图）：世界147个人的线粒体DNA计算分析。
论文的三个署名作者与顺序：
丽贝卡·卡恩 Rebecca Cann
马克·斯通尼金 Mark Stoneking
阿伦·威尔逊 Allan Wilson
这是一个里程碑

这就是“线粒体夏娃”的秘密。

1987年，丽贝卡·卡恩和她的同事发表这一结果之后，面对激烈的争议和质疑，他们又开始了一项新的研究。1987年9月，丽贝卡·卡恩和她的同事们又在英国《自然》（*Nature*）杂志发表了第二篇论文：《有争议的人类群体非洲起源》（*Disputed African origin of human populations*），再次证实“线粒体夏娃”确实就在非洲。

1987年的两项研究的结果，都证实了两个同样的事实：

1.人类线粒体多样化发生在20万年之内。

2.这块石头，是在非洲丢进水里的：人类起源于非洲。

从进化的角度来看，这个时间非常短。又经过很多其他的研究方法证实，这个时间甚至不到17万年，我们的祖母的祖母的祖母的祖母……生活在大约15万年前。在此之前，人类学家和考古学家们对人类起源于非洲已经没有什么争议，他们长期争议的是现代的人类究竟有几个起源？

多起源说支持者认为人类在世界多个地区分别进化成为现代人类，单一起源说支持者认为现代人类全部起源于非洲，以前起源于非洲后迁移到世界各地的早期智人直立人或人属生物都灭绝了，现代人类是人属生物中唯一幸存的物种。

这两个派别都承认人类起源于非洲，在几百万年里，多次走出非洲——各种类人猿、直立人、早起智人、现代人相继走出了非洲。两大派的争议在于最后一次现代人走出非洲之后是否取代了其他人属生物？

“线粒体夏娃”的出现是一个戏剧性的变化。所有人的论点都被颠覆了。虽然达尔文在《人的由来》里猜测“人类有很大的可能起源于非洲”，但是达尔文的支持者们普遍认为人类在非洲生活了几百万年，而并非短短20万年。

1987年，关于“线粒体夏娃”的论文发表后，考古学、人类学、生物遗传学、气候学、地理学……都加入了这场大辩论，各种证据越来越多地证明线粒体夏娃是真实的。世界各国掀起了一股人类起源研究的狂潮，欧美各国以《走出非洲》为题的各种著作难以计数。

有“夏娃”，就有“亚当”。

2000年，在发现“夏娃”整整13年之后，“亚当”也终于被找到了。“亚当”也在非洲，线粒体DNA和Y染色体的两类研究结果不谋而合：人类的男性和女性先祖都起源于非洲。如前所述，“线粒体夏娃”并非当时唯一活着的女性，“Y染色体亚当”也并非当时唯一活着的男性。他们是单倍群（分享同样基因突变的群体）的称呼。

古气候学和地理学的证据，也佐证了人类走出非洲之前和之后的十几万年的旅程。考古学和人类学的证据很少，全世界出土的各种人科生物的头骨化石只有4 600多个，但是DNA的证据存在于现在活着的70亿个人的身上。

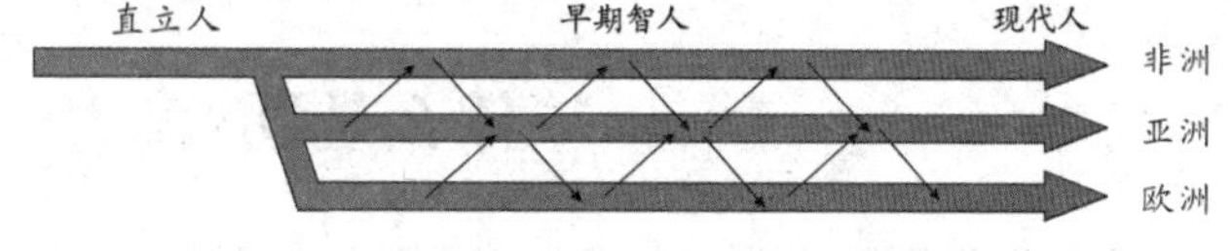

多起源说：直立人在各个地区逐渐演化成为现代人

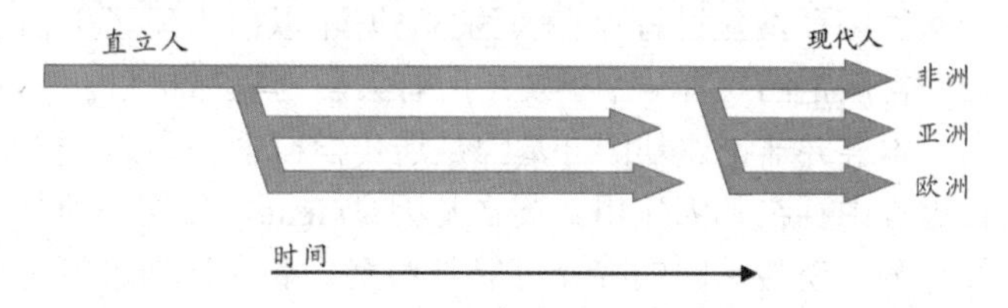

单起源说：从一支直立人突然迅速演化成为现代人，取代了世界所有地区的其他直立人。单起源说又称替代说

21世纪被称为生物世纪，生物科学的大发展影响到几乎每一个学科。1987—2000年，“线粒体夏娃”出现之后的这段时间，被称为间接观察DNA的时代。2000

年至今，“Y染色体亚当”出现之后，被称为直接观察DNA的时代。在这25年里，各种学科的传统观念一次又一次被颠覆，人类一次又一次发现，DNA携带的无数历史故事就像一本突然打开的巨大的《百科全书》，令人目不暇接，眼花缭乱。围绕着少得可怜的化石和其他考古证据的各种学派之间的百年论争戛然而止，因为所有证据都被DNA证据有条有理地串联起来。

人类基因的十几万年的奥德赛之旅，既有英雄的史诗，也有艰难的跋涉，现代人类从七八万年前的仅仅几千人的一支小小的物种，成为现在这个星球的统治物种。

15万—20万年前，现代人类起源于非洲。

6万年前，现代人类开始一批一批走出非洲。

4万年里，现代人类已经走到世界的每一个角落。

1万年前，现代人类开始发展农业，人口增长了1 000倍。

它们中幸存的一支，最后变成了我们

什么是DNA

本书并非论述人类的起源，而是论述人类的旅程。因为我们仍然不知道究竟什么原因和演化过程，在大约19.5万年以前出现了生物学意义上的现代人类。我们非常确定的只有一个事实：所有人属动物都起源于非洲。

本书并非论述基因，基因是遗传学概念，“遗传学之父”孟德尔最早发现遗传过程中存在基因作用。英文基因是Gene，日文是遗传子（遗传因子）。人们曾经认为，遗传基因的媒介可能是血型，后来认为可能是蛋白质，直到1950年代才最终确认是DNA……人类对遗传基因的认识不断深化。DNA是生物组织中最稳定的化学结构，基因通过DNA得以传承和表达。现在，为了方便和简单起见，人们往往用一段DNA表示一个基因。正是通过DNA，人们最终发现了人类走出非洲的六万年旅程。

研究DNA的历史，正是人类一次又一次发现自己的错误的历史。

研究DNA的历史，也是人类一次又一次修正自己的错误的历史。

一百多年来，人们一次又一次发现，人类对于遗传—基因—DNA—生命的认识是错误的。这正是科学研究的本质之一。德国戏剧家与诗人贝尔托·布莱希特（Bertolt Brecht）在他的著名剧作《伽利略的一生》（*Life of Galileo*）中这样总结伽利略推翻地心说、建立日心说的对与错：

科学的目标，

不是为无限的智慧，打开一扇大门，

而是为无限的失误，设定一个限度。

千百年来，人们都知道孩子与父母很相像，男女结合，女性受孕10个月后就会产生一个孩子。但是，遗传的机理一直是个奥秘，人们从未停止尝试建立各种遗传学说。在古希腊文献中，大量的资料提到家族内的相似性，对这些问题的思考和争辩，成为早期哲学家们最喜欢争议的话题之一。

希波克拉底（Hippocrates，约前460—前370，希腊名医，他把医学从哲学和巫术中分离开来，被誉为“西方医学之父”

希波克拉底（Hippocrates）认为，生育时男性和女性都产生一种精液，受精后，部分双方的精液混合，占上风的部分决定了婴儿的各种性状。这个过程的结果，会使一个孩子可能拥有父亲的眼睛和母亲的鼻子，如果父母双方决定某一种形状的流质不相上下，孩子就可能表现居中，比方说头发的颜色处于父母头发颜色之间。

哲学家亚里士多德在大约公元前335年没有任何根据地写道：总的来说，父亲决定孩子的模样，母亲的贡献仅限于孩子在子宫里和出生后。这种哲学思想反映了当时以男性为主导的观点——孩子的健康和形态状况，以及心理和生理的一切特性都源于父亲。但是，亚里士多德也没有否定选择妻子的重要性——肥沃的土壤总比贫瘠的土壤更适合种植。但是，另一个问题产生了：假如孩子是因为父亲产生的，那么，男人怎么会有女儿呢？

亚里士多德（Aristotle，前384—前322），希腊三大哲学家之一，亚历山大大帝的老师

亚里士多德一生都受到这一问题的挑战。他的回答含糊其词，几乎是狡辩：所有婴儿在各方面都应和父亲一样，包括性别应该为男性，除非在子宫

里受到某种“干扰”。有时候这种“干扰”比较小，产生微不足道的变异，例如孩子长出红头发，而不是父亲的黑头发；有时候这种“干扰”比较大，例如畸形或女性。

这种古代哲学理论发展成了人胚全息论。人胚全息论认为，在性交过程中，一个微小的人体被放进女性体内。为了保持皇家血统的纯正，从埃及帝国到曾经控制几乎所有欧洲王室的强大的哈布斯堡王朝，都流行近亲婚姻以维护统治。从现在的遗传学来看，这些封闭的王室之间的婚姻，就像同一个村庄里的没有太多选择的婚配，配偶都是自己的亲戚或邻居。这种婚配方式导致后代出现大量遗传疾病，成为这些帝国灭亡的重要原因之一。

雷戈尔·约翰·孟德尔（Gregor Johann Mendel，1822—1884），他发现了遗传基因的作用，被誉为“遗传学之父”

弗雷德里希·米歇尔（Friedrich-Miescher，1844—1895），瑞士生物学家，DNA的发现者。诺华制药（Novartis）是世界10大医药集团之一，诺华制药一个研究所即以弗雷德里希·米歇尔命名：FMI，Friedrich Miescher Institut（弗雷德里希·米歇尔研究所）

18世纪初，显微镜之父安东尼·冯·列文虎克（Antonie van Leeuwenhoek，1632—1723）认为，他可以在精子头部看到蜷缩的微型人体。

19世纪，两项技术的发展使人类发现了染色体。一项技术是纺织工业出现的新的化学染料，另一项技术是显微镜的性能得到重大改进。

染色体（Chromosome）源于希腊语，意思是“染上颜色的物体”。高倍放大能力使人们很容易观察单个细胞，细胞的内部结构用新的染料染色后，可以清晰地显现出来。人们在显微镜中惊讶地看到：在受精过程中，大的卵细胞和小的精子结合时，细胞分裂，奇怪的线状结构聚合起来，平均分配到两个新的细胞中。这个过程叫作有丝分裂。

首先发现基因作用的孟德尔是捷克布鲁诺市（Brno）的一个修道士，1850—1860年，他在修道院花园里通过大量的豌豆杂交实验，奠定了现代遗传学的基础。1856—1863年，孟德尔在杂交实验了大约2.9万棵植株之后，发表了论文《植物杂交试验》。孟德尔认为存在一些遗传物质（后世的科学家把这种物质称为基因）。孟德尔得出一个结论：无论是什么物质决定了遗传，父母双方总是把这种物质等量地传给后代。非常遗憾的是，他的论文在当时没有引起任何人的重视。

孟德尔没有看到染色体就去世了，但是，他的预言后来被生物学证实是正确的。人类的23对46个染色体，从父母双方等量遗传（除了线粒体DNA和Y染色体）。在受精过程中，染色体这种奇怪的线状物，一部分来自父亲的精子，另一部分来自母亲的卵子。

1869年，25岁的弗雷德里希·米歇尔，在德国图宾根（Tubingen）的一座古代城堡地下室的简陋实验室里发现了核酸（Nucleic acid）。这种物质就是DNA的构成单元。他被认为是DNA的发现者，但是当时没有人注意他的这个发现。

1903年，人们发现染色体在遗传中可能扮演重要角色。

1928年，孟德尔叫不出名字的“遗传物质”，第一次被称为基因（Gene）。

1944年，人们发现DNA是染色体的主要成分，人们将这种物质命名为脱氧核糖核酸（DNA，Deoxyribonucleic acid），并且经过实验确认DNA是遗传基因的载体。这是一个伟大的进步，但是当时大部分人认为蛋白质是遗传物质，这个进步被埋没了。

1953年，剑桥大学的两个年轻科学家，詹姆斯·沃森（James Watson）和弗朗西斯·克里克（Francis Crick）发现了DNA的分子结构。当时人们已经查清一些蛋白质的结构，沃森和克里克认为，利用检测蛋白质的现成技术或许可以发现DNA的分子结构，然后通过DNA可能找出遗传的奥妙。沃森和克里克使用了分析蛋白质的同样办法：首先使DNA成为结晶纤维，再用X射线照射DNA，大部分X射线会直线穿透DNA分子结构的间隙，从后侧出来，还有一些会撞击到DNA分子结构里的原子，弹到一旁。用X射线的照相胶片上的分布形态和位置，可以推算出DNA内部的原子位置，然后查清DNA的分子结构。

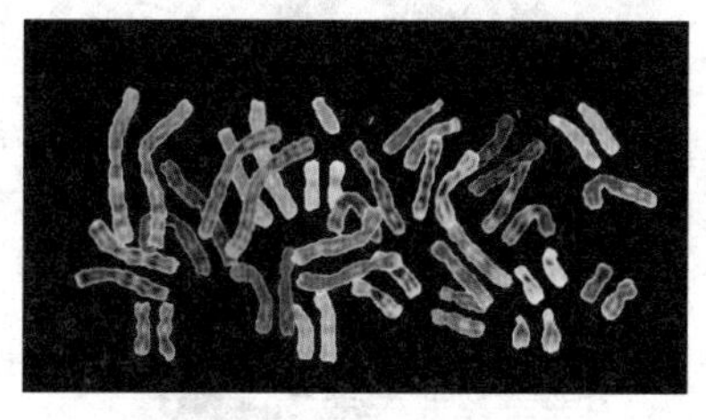

人类的染色体

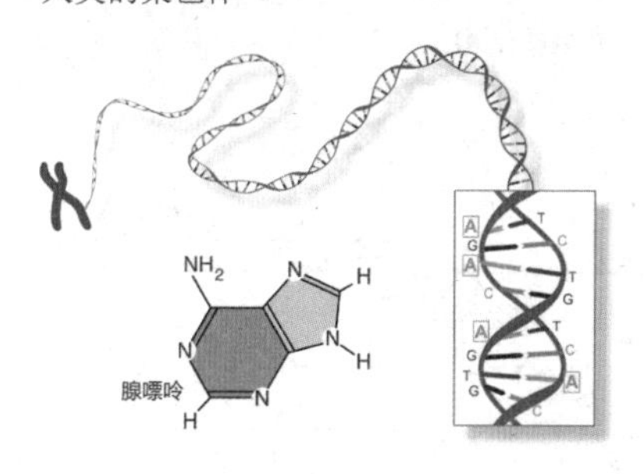

4个碱基之一腺嘌呤（A=Adenine）的示意图。莫尔斯电报的“建材”只有2种：点和划，表达我们的语言和信息；DNA的“建材”是4种：4种碱基表达基因的语言和遗传信息

但是，DNA的这些X射线的照片的形态太奇特了，他们两人很久都没有找到与之相吻合的DNA化学结构。最后，沃森和克里克采用了非常笨拙的“原始”方法，用一条一条的硬纸板和一片一片的金属片和金属丝，构建各式各样的模型，试图重现DNA的结构。他们最后发现有一种双螺旋模型完全吻合X射线的分布。这种模型很简单，像两个螺旋形的梯子扭结在一起。而且这种结构非常稳定——只有稳定的结构才能作为遗传物质。DNA正是一种极其稳定的化学结构，仅由4种核苷酸碱基构成的一种糖类骨架。这4种核苷酸的化学名称如下：

A 腺嘌呤

C 胞嘧啶

G 鸟嘌呤

沃森、克里克和他们的第一个立体DNA模型

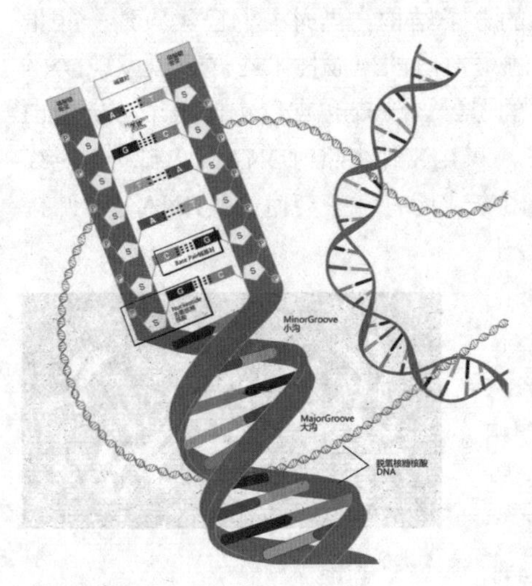

DNA的结构

T 胸腺嘧啶

我们不必记住这些源自希腊语的核苷酸碱基的麻烦名字，只需记住它们的首写字母：A，C，G，T。即使是科学家，也是经过50多年的研究才查清了这4种核苷酸碱基的基本结构。

对遗传媒介的最重要的要求是可以一代又一代地忠实复制。当细胞分裂时，两个新的细胞核里都必须有一套染色体。每次细胞分裂时，染色体内的遗传物质必须复制成两份。复制的质量必须很高，不允许出现错误。沃森和克里克发现，每个DNA分子都由两条很长的链构成，就像两条缠绕的螺旋形，他们称之为“双螺旋”结构。复制开始的时候，这个双螺旋的两条螺旋解开，分别重新制造出一模一样的另外两个双螺旋，然后再分别存进两个新的细胞里。

当时，他们不知道自己是否是正确的。起初，他们两人甚至无论如何也画不出一个合乎逻辑的平面结构草图。最后，弗朗西斯·克里克请他的太太，一位英法混血的女画家奥迪尔·克里克绘制出了“世界上第一个DNA的平面图”。然后，克里克拿着这张简

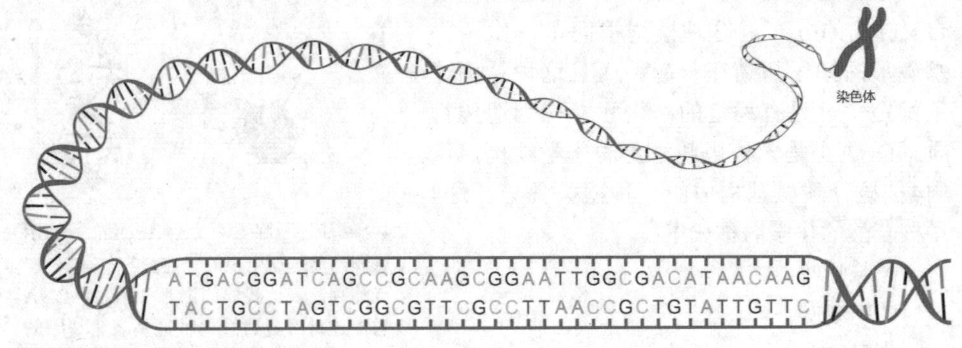

DNA中的4种碱基A，T，C，G

陋的草图，高高兴兴地找到喝得醉醺醺的沃森：“你看，就是这样的，就是这个！”然后，他俩才好不容易最终拼凑出这个奇形怪状的立体模型。然后，他们把这个发现写成了论文。1962年，9年之后，沃森和克里克获得诺贝尔奖。

左：弗朗西斯·克里克（Francis Crick，1916—2004），英国分子生物学家、生物物理学家和神经学家

右：詹姆斯·沃森（James Watson，1928—），美国分子生物遗传学家。曾经在剑桥大学与克里克合作

1953年他们合作发现DNA双螺旋结构。1962年获得诺贝尔生理学或医学奖

这些DNA密码写成的“整套装配手册”叫作基因组（genome，又称染色体组），可以组装出完整的独一无二的物理个体，即一个人的全部信息。这套装配手册就像用分子写成的一本《百科全书》式巨著，大约有30亿个文件夹（核苷酸）。

虽然没有办法作出统计，但人们通常认为一个人大约有100万亿个细胞，每个细胞里都存放了这样一本巨大的装配手册——23对46个染色体构成的基因组。每个基因组的物理长度约2米，所以不能直接插在人体中，更无法放进每一个细胞里。于是，这本“巨著”基因组被折叠起来，螺旋状紧紧缠绕着放在每一个细胞的23对46个染色体里。

大约46亿年前地球形成，大约35亿年前第一个细胞出现在地球上：基因组出现了，第一个细胞分裂就是基因组的复制。人类已经知道一些基因的功能，虽然还不清晰，而且对大部分基因的功能至今仍然一无所知。例如，我们知道，有的基因装配成为肾脏，有的基因装配成为肺，但是我们却不知道装配的细节；我们仅仅知道这些器官的基本功能，却不知道它们如何工作和相互协调。基因组的这套密码和人体组织过于庞大和复杂了。

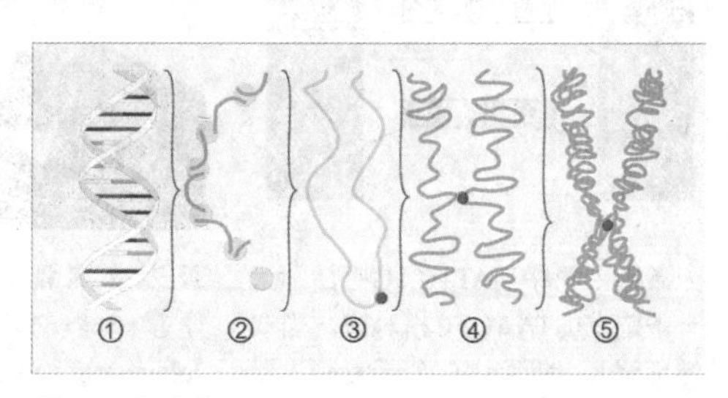

①DNA的结构

②蛋白质把DNA绕成长串小珠

③DNA绕成圈

④DNA绕成玫瑰花结样式

⑤DNA卷成螺线管塞进染色体里。23对46条安放DNA的染色体全部在细胞核里：合称基因组或染色体组

詹姆斯·沃森和弗朗西斯·克里克获得诺贝尔奖，并非因为他俩仅仅拼出了这个奇形怪状的双螺旋结构的立体模型，沃森和克里克还发现双螺旋的两条链的“装配原则”：一条链上的A只能与另一条链上的T相连，一条链上的C只能与另一条链上的G相连。

A与T

C与G

这是永远不变的规则，从大约35亿年前就开始了，至今没有改变。根据这个规则，4个字母组成的序列被永久保存下来。这种字母序列叫作DNA序列。DNA序列“密码”蕴含着基因信息，又称遗传信息或遗传密码。

天书的解读

虽然细胞—组织—器官的复杂程度极其惊人，但是，基本的DNA指令的记录方式却简单得不可思议。DNA序列类似其他字符系统，例如语言、数字、计算机二进制码或莫尔斯电码等，这些DNA序列的符号本身没有任何意义，符号的顺序却蕴藏着大量的信息。

例如，字母或数字相同，顺序不同，则含义完全不同。

Derail（出轨）和Redial（重拨）：字母顺序不同，单词完全不同。

803 741和408 137：相同的阿拉伯数字，顺序不同，构成的数值不同。

001 010和100 100：相同的二进制码，顺序不同，含义也完全不同。

与此类似，DNA中四种化学代码的序列也包含着不同的信息。例如，ACGGTA和GACAGT是DNA的变位字，在细胞看来是完全不同的，就像Derail和Redial的意思完全不同一样。

DNA始终“住在”染色体里，维持遗传信息和发布指令，由RNA和蛋白质执行所有工作。20种氨基酸组成了无数种蛋白质，DNA的指令规定了蛋白质中20种氨基酸的顺序，精确地决定了该种蛋白质的最终的形状和功能，因而决定了某一组织或器官的形状和功能，直到制造出一个完整的人体。

4个字母组成的

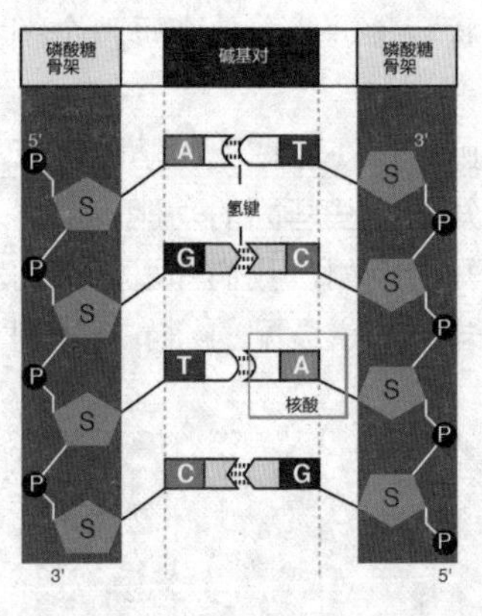

一条链上的序列ATTCAG必然和另一条链上的TAAGTC相对应。当双螺旋解开，细胞中的分子复制机器在旧链的ATTCAG位置，相对应地构建了一条新的序列TAAGTC。同时，在另一条旧链TAAGTC位置，就会构建一条ATTCAG的新链。结果，得到两条与原序列相同的新双螺旋。每次过程之后，DNA被完美地复制成两份

丹麦著名植物学家和遗传学家威廉·约翰森（Wilhelm Johannsen，1857—1927）。1909年，约翰森在自己的著作中第一次使用了基因（Gene）一词，因为推崇孟德尔的基因遗传学说，他认为达尔文的自然选择学说不成立，所以一直反对达尔文的学说

DNA序列构成30亿个核苷酸，打印出来是一部巨大的“天书”。

基因天书：2000年完成的《人类基因组工程》把“基因组草稿”（4个字母序列）打印出来之后，相当于“200本超过1 000页的巨著”，这本巨著仅仅由4个字母组成

但是对这部巨型的“天书”，细胞阅读起来却一点也不困难。每3个字母，代表20种氨基酸里的一种，于是细胞按照3个字母一组阅读这些DNA代码，例如：ATGACCTCCTTC细胞读为ATG-ACC-TCC-TTC。每个3符号组，称为一个三联体，与20个氨基酸中的1个氨基酸对应：ATG：氨基酸甲硫氨酸；ACC：苏氨酸；TCC：丝氨酸；TTC：苯丙氨酸。

细胞们一边阅读指令，一边用相应的氨基酸生产蛋白。读出第一个三联体，解码为甲硫氨酸，取下一个甲硫氨酸分子；读出第二个三联体是苏氨酸，取下一个苏氨酸，接在甲硫氨酸上；读出第三个三联体是丝氨酸，一个丝氨酸分子又接到苏氨酸上；读出第四个三联体是苯丙氨酸，再接上一个苯丙氨酸。这四个氨基酸按照DNA序列的指导，现在装配成一小段正确的顺序：甲硫氨酸—苏氨酸—丝氨酸—苯丙氨酸。然后，细胞继续阅读下一个三联体，第五个氨基酸又加上去……如此往复。这种阅读、解码、顺序加上氨基酸的过程，一直持续到全部指令读到尽头……

本书只讲述人类基因组30亿个文件夹（核苷酸）中两类文件夹里涉及的故事，即分别由母系和父系世世代代遗传的线粒体DNA和Y染色体的故事。

这部“人类基因组工程”检测出来的天书，仅仅记录了4个字母构成的30亿个核苷酸在基因组中的位置，既未涉及DNA的复杂结构，也未涉及DNA之间的更加错综复杂的相互关联。此外，人们对于这些“A与T和C与G”密码构成的生命程序究竟是采用什么“语言”编写的？这些生命程序又是什么内容？人类至今一无所知。但是，这个成果已经解决了人类走出非洲六万年旅程的诸多疑问。

一般认为，10亿根骨头中只有1根骨头可能形成化石。每个人身上有206块骨头，也就是说，全美国3亿人总共只能形成大约60块化石，全中国13亿人只能留下200多块化石。而且更加困难的是，考古学家还必须把这些非常幸运地变成化石的骨头找出来。目前全世界找到的类人猿和人属生物的化石仅仅涉及几千个个体，并且存在很多争议，仅仅通过化石考古，根本无法了解人类起源及走出非洲的全貌。

坦桑尼亚的马赛族女孩

通过对现在活着的人的DNA的分析计算，以及化石的DNA的分析计算，人类六万年的旅程终于被大型电脑系统计算出来了。

黑人的皮肤

地球上所有的人类都是一个物种、一个起源，都源于非洲，如果真的如此，为何我们的相貌和体形会有这么多差异？尤其是皮肤的颜色？所以，在继续我们的故事之前，首先回答这个困惑人类很多年的问题。

非洲人有一个共同点，皮肤比较黑。事实上，热带地区的印度南部的人类和新几内亚的人类的皮肤也比较黑，也属于黑人。人类是没有皮毛保护的生物，所以，沉积在皮肤下的黑色素（Melanin）成为人类的一个保护层——防止非洲炙热的阳光晒伤皮肤，因为黑色素能挡住紫外线。那么，在皮下沉积多少黑色素才合适呢？涉及肤色的遗传基因很多，其中发挥主要作用的是一个叫MC1R（melanocortin 1 receptor，黑皮质素1号受体），或称MSHR（melanocyte-stimulating hormone receptor，黑素细胞刺激荷尔蒙受体）。黑色皮肤的形成来自自然选择的压力：因为人类需要更多的黑色素保护皮肤。所以，热带地区的人们的皮肤下沉积了大量的黑色素。

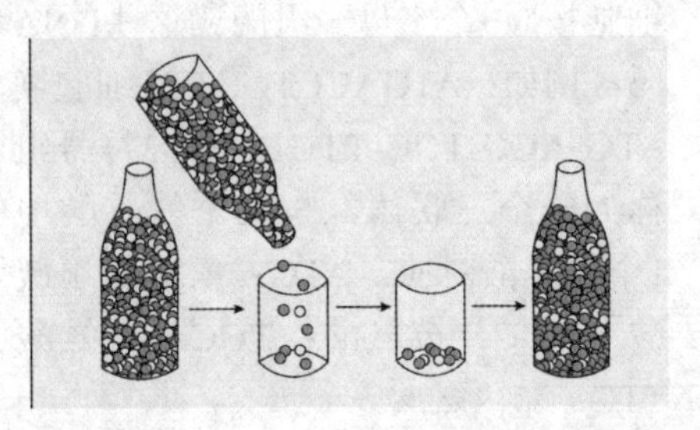

上图是瓶颈效应时的遗传漂变示意图。发生巨变或灾难导致人口急剧减少时出现瓶颈效应，本来数量相似的球体随机出现蓝球比黄球多的概率，下一代的蓝球就比黄球多。这也是两种DNA后裔不平衡的原因之一。

在人类六万年的迁移中，多次发生巨变和灾难。几个氏族的合并点（coalescence point）是远古群体的分离点。人类的群体越小，越容易发生漂变，导致这一代与下一代差异显著

6万年前，人类走出非洲，进入紫外线少得多的地区，自然选择的压力颠倒过来，人类需要更多的紫外线——这时，MC1R基因发生突变：人类必须吸收更多的紫外线才能合成维生素D，皮肤太黑的孩子会缺乏维生素D，无法生成健康的骨骼，淡色皮肤的孩子们才能吸收更多的紫外线而健康成长——于是，人类的皮肤颜色变浅（尤其是欧洲和东亚地区的人类）。最后，世界各地的人类，形成了各式各样的肤色。

来自非洲西部的尼日尔-刚果语系的群体，在2 000—3 000年前扩张到非洲撒哈拉以南大部分地区，目前人口已达3亿多。班图语族的群体皮肤特别黑，他们的形象误导了我们对非洲人的肤色的认识。在现代人类的起源地东非大裂谷—苏丹—埃塞俄比亚—肯尼亚—坦桑尼亚一带生活的非洲群体的皮肤，直到现在仍然并不很黑。

全世界70亿人中，每一个男人和女人的线粒体DNA都源自非洲，每一个男性（占70亿人中一半）的Y染色体也都源自非洲。除了黑色的皮肤，非洲人和其他各大洲的人类没有区别。例如，几万年前来到欧洲的人类与当时非洲的先祖的样子应该差不多，虽然我们并不知道当时的先祖的真实模样，因为变化是后来发生的。

第二章

女性线粒体DNA的故事

20世纪开始，非洲出现“化石大爆炸”，出土的化石超过世界其他地区化石的总和，包括300万—400万年前的化石，甚至2 300万年前的化石。在1987年的DNA检测结果没有出现的时候，考古学家和人类学家也普遍认为非洲是人类的起源地，我们的根在非洲。

剩下的唯一争议：人类到底有几个起源？到底进化了多少年？

1980年，两个发明DNA快速测序方法的科学家获得诺贝尔奖，他们是哈佛大学的沃特·吉尔伯特（Walter Gilbert）和剑桥大学的弗雷德里克·桑格（Frederick Sanger）。他们分别独立开发出两种DNA快速测序方法。正是这些快速测序方法的出现，促使伯克利大学的一个研究小组在1987年找到了“线粒体夏娃”：时间在20万年之内，地点在非洲。

2000年，找到“线粒体夏娃”的13年之后，“亚当”终于出现了：斯坦福大学的两个名叫彼得的科学家——彼得·欧依夫内尔（Peter Oefner）和彼得·安德希尔（Peter Underhill）发明了一种“忽视”具体的DNA序列、仅仅分析计算DNA序列之间差异的新的测序方法。包括这两个彼得在内的合计21个人，2000年联合发表了一项研究成果：大约6万年前，“亚当”出现在非洲。

但是，新的疑问出现了：为什么“亚当”和“夏娃”的“年龄”相差几万年？

事实上，“夏娃”和“亚当”都是一种实体（单倍群）概念，根据生物多样性分析计算得到的“夏娃”的年龄比“亚当”的时代久远，并非历史的真实。远古时代，只有少数男性与多数女性结合，很多男性没有能力抢夺配偶和留下后裔。也就是说，女性有更多生孩子的机会。此外，男性负责狩猎，死亡概率较高，或者没有生下儿子，所以很多Y染色体血统绝嗣了；女性负责采集，死亡概率较低，线粒体DNA血统留下的数量和机会更多。种种因素，导致了“亚当”与“夏娃”的年龄相差几万年的情况，但这并不表明“亚当”与“夏娃”的先祖不在同一时期存在于非洲。

大量多样性分析已经证实：在这两种DNA的世界旅程中，样本数据越多，路线越互相吻合。即使走到遥远的南美洲，建立新的文明，两种DNA分析的结果依然指向非洲。

6万年前人类走出非洲之后，仅仅经历了大约2 000代。6万年，2 000

2012年伦敦奥运会，非洲裔美国女运动员加布里埃尔·道格拉斯（Gabrielle Douglas）获得两枚金牌

代，只是遗传学上的一瞬间。从外貌、语言到文明，人类的难以置信的多样性，才是我们智人这个物种的最大特点之一。例如，在有“人类的大熔炉”之称的美国，现在已经找不到多少“纯种”的非洲裔美国人了，正式登记的混血黑人比例超过30%，包括现任的美国总统奥巴马。真实的混血无法统计，以至于美国国家统计局在现在的美国人口普查中已经难以分类。

6万年前走出非洲散布四方之后，全球一体化把人类重新聚集在一起。

18世纪，瑞典的科学家卡尔·冯·林奈尝试将世界上的生命进行分类拼图，这

图中时间为人类抵达的大致时间

是欧洲早期殖民主义努力的一部分。林奈的任务庞大而艰巨，他要归纳整理的不仅是在瑞典可以看到的生命，而且包括正在不断增多的从世界各地带回欧洲的大量物种。林奈创造出现代的系统命名法，他把生命分为两个界：植物界和动物界，然后在下面又分为门—纲—目—科—属—种。

林奈是按照动物和植物的外形进行分类的，例如鱼鳍的形状、蹄子的差异等。林奈没有解释为什么这样分类，他当时认为是“上帝创造出了这些差异”。其他的生命，例如原生生物（Protist，单细胞生物）和真菌（Fungus）等，现在已经从林奈当时划分的“植物界”分化出来，成为单独的界（Kingdom ）。还有一个界，当时被林奈完全忽略了，即原核生物界（Kingdom Monera），这是德国的恩斯特·海克尔（Ernst Haeckel，1834—1919）提出的，显微镜技术终于进步到可以识别这些微小的生命组织。虽然恩斯特·海克尔提出了“细菌”一词，遗憾的是，他并没有真正看到过细菌。

林奈的分类体系蕴含着一种正确的假设：任何生命组织，仅仅属于某一实体的成员，一个生命组织不可能既属于植物又属于动物。20世纪的研究证实，所有生命组织都是各种动物到细菌的“组合”，至少在分子层次上全部都是如此。人类也是多种生物的“组合”。仅由女性遗传的线粒体DNA，正是一个太古时代的古细菌。

人类基因组测序发现：人类与其他生物（黑猩猩）的最大差异不超过2%，人类基因中的大约8%的DNA序列与细菌病毒相同。这只能导出一个结论——人类是动物和细菌病毒拼合组装的。这个结果不仅被反复证实和接受了，并且被好莱坞电影大肆渲染，从《动物总动员》、各种机器人系列到《钢铁侠》系列，都描述了各

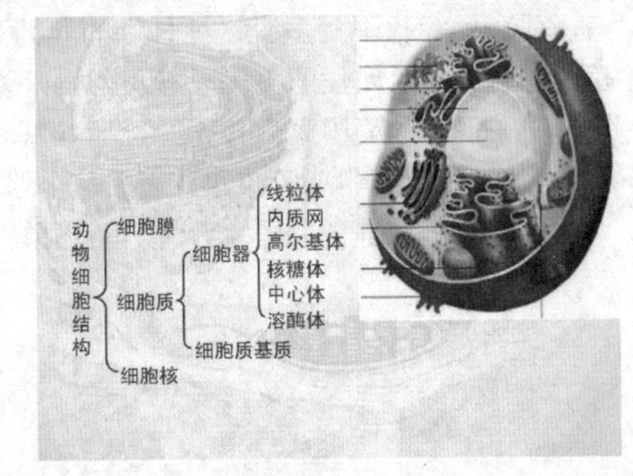

动物细胞

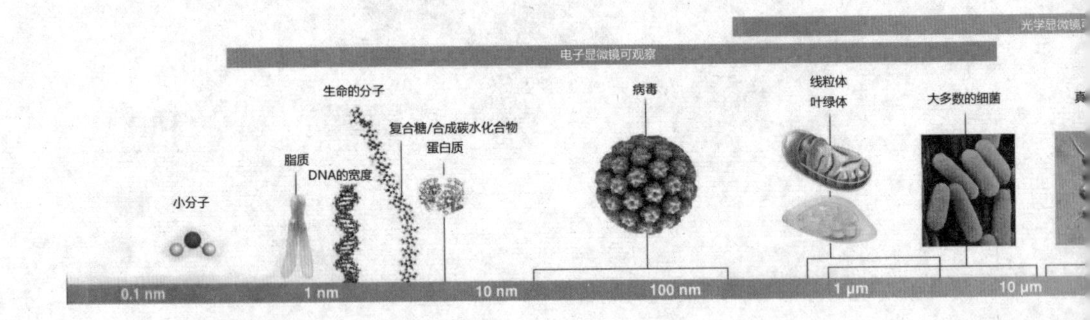

种“拼装的怪物”。对于这场生命认识的革命，英国生物学家罗宾·韦斯（Robin Weiss，1940—）说了一句值得深思的名言：“如果达尔文出现在今天，他会感到非常惊讶，原来人类是猴子和各种病毒的后裔。”

生命，与物质不同。生命，有生有死，DNA代代相传，独立于外部世界。组成各种生命的过程太困难了，所以各种生命组织必须长期“合作演化”（中性）。遗憾的是，有些病毒和细菌过于暴虐，它们很快杀死了自己的宿主，自己也随之死亡了。只有和谐共处的细菌和病毒，现在还随着宿主世世代代继续过着幸福的生活，直至融为一体。

现在的生物分类，早已远远超出了林奈时代的两个界（kingdom）——植物和动物两界，已经被生物界正式扩展为三个域（domain）、八个界，外加病毒（这种分域和分界仍在继续争议中）。在新的生物分类中，人类变成范围更广泛的“细胞生物—真菌域—动物界—灵长目—人科”的幸存的唯一的一员。

英语细胞（Cell）一词来自拉丁语Cella，意思是“小房间”。换句话说，线粒体DNA住在细胞这个小房间里的一个“小隔间”里，即住在自己的细胞膜里。人类基因组的46个染色体是长长的线形的，绕成螺旋塞进细胞核。而线粒体DNA是圆环形，细菌的DNA全部都是圆形的。

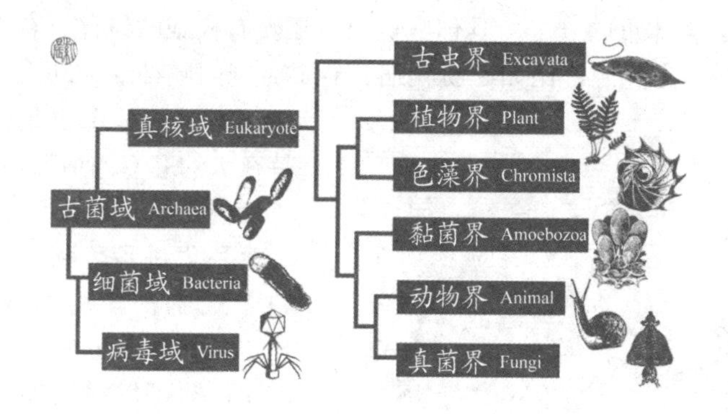

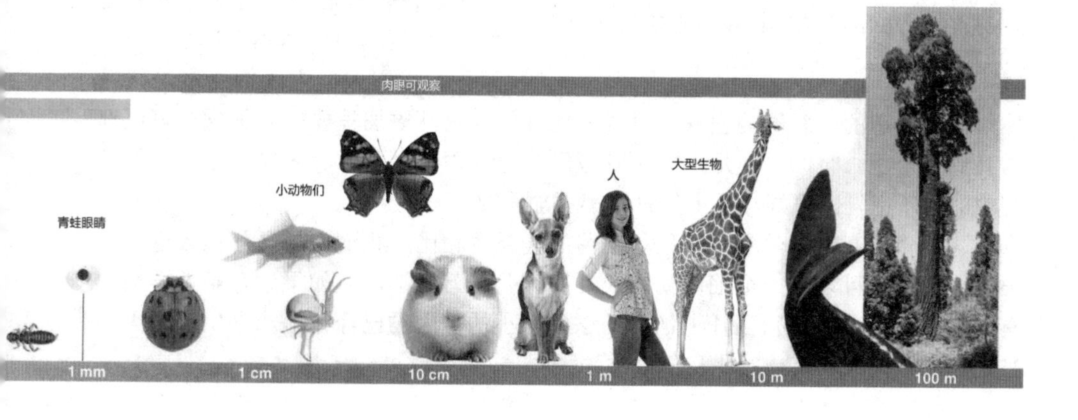

动物体内的能量工厂是线粒体，线粒体用氧气生产ATP能量

植物体内的能量工厂是叶绿体，叶绿体用二氧化碳进行光合作用

线粒体在大约十几亿年前是一个自由生活的细菌，不知道什么原因，也无法确定是什么时候进入了哺乳动物的细胞里，开始半独立“自治”，负责生产能量。线粒体的功能是利用氧气制造能量。细胞越有活力，需要的能量越多，包含的线粒体也越多。活跃的生物组织（如肌肉、神经和大脑）的每一个细胞里，都含有成千上万的线粒体。线粒体生产的是高能分子ATP。

我们身体的100万亿个细胞里的线粒体生产的ATP的数量很大，每天的产量大约相当于人类体重的一半，具体数量至今还没有权威的统计。有机组织做任何事情都用ATP作为能源，比如心肌收缩、看书时视网膜神经冲动、大脑进行思考等，人类的体温也是依靠ATP来维持在大约37℃的恒温。

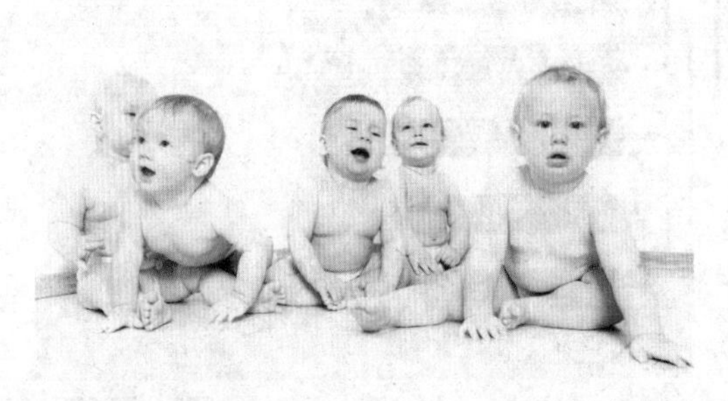

无污染的环境中的清新空气比再好、再多的食物都更加重要

使用氧气是细胞进化过程中的一个巨大进步。利用同等数量的燃料，细胞在使用氧气的情况下，比不使用氧气能够制造更多的高能ATP，即可以增加20万倍的能量。换句话说，我们每日三餐摄入的营养，只是我们的活动能量的很小一部分，我们人类主要的能量是线粒体用氧气制造的，新鲜的空气（氧气）比任何食物都更加重要。人不吃饭可以存活几周甚至更长时间，但是，人不呼吸则几分钟内就会死亡。所以，无污染的环境中的清新空气比再好、再多的食物都更加重要。

这种“20万倍的效率”如果与细菌的线粒体相比，我们人类又差得太远了，很多细菌每天可以从一个细菌繁殖成几万个几十万个细菌；如果生存条件合适，有的细菌一天可以繁殖到几十亿个。这些小小的微生物已经在地球上生存了大约35亿年，它们的本事显然比我们人类强大得多。

线粒体DNA

大约十几亿年前，线粒体进入大的微生物并定居其中。线粒体DNA只有16 569个核苷酸，这与拥有6 000万个核苷酸的Y染色体DNA相比确实非常小。线粒体DNA不在细胞核的染色体组（基因组）里，也不参与卵子与精子的重组。父亲的精子里的线粒体很少，仅在尾基部，这些线粒体只为精子提供有限的“动力”：精子游到子宫、钻入卵子的动力，然后残余的线粒体就被丢弃，没有进入卵子参与胚胎的形成。此后，所有线粒体都是母亲的线粒体。换言之，无论儿子还是女儿，都仅仅继承了来自母亲的线粒体DNA，男性的线粒体不会遗传给下一代。因此，线粒体DNA成为我们追踪女性先祖的线索。

核细胞DNA传承给所有后代　　线粒体DNA仅仅单一地由女性传承给后代，父亲的线粒体没有继续传承

随着细胞的分裂和复制，无论女性的线粒体的DNA，还是男性的细胞核里的Y染色体DNA，都会偶尔产生一些简单的错误，造成DNA的改变，称为突变。细胞的错误校正机制能够修正绝大部分错误，只有一小部分突变会逃过这种监督机制，保存下来。这些突变，如果发生在产生卵子和精子的生殖细胞里，就会遗传给下一代。发生在身体其他细胞中的突变，则不会遗传给下一代。大多数DNA突变，对于人体的健康是完全没有影响的（无害的），只是某些非常偶然的机会，突变才会影响某些特别重要的基因，使其失去功能，最坏的可能性是造成严重的遗传疾病。

细胞核DNA（基因组）中发生突变的频率极低，每一次细胞复制时，大约10亿个核苷碱基中才会发生1—50个突变。对比之下，线粒体的错误校正机制能力较低，“漏网”的突变大约为细胞核DNA的100倍。也就是说，如果我们把DNA中累积的突变的数量作为计算时间长度的一种“分子钟”，这个分子钟在线粒体中比在细胞核中要走得快得多。这样一来，线粒体作为人类进化调查的工具，就更有吸引力了。

遗传学家正是利用这一点，通过计算累积突变的数量推算出了人类起源的时间。但是，如果突变速率太慢，就会有太多人的线粒体DNA完全一样，导致没有足够的多样性来对比差异（分析随着时间变迁发生的差异）。这是“夏娃发现较早、亚当发现较晚”的原因之一。

古人的线粒体DNA

史书留下历史的躯干，亲历者的回忆赋予历史血肉。所有的历史都是这样组成的。1990—2000是基因科学发展的关键时代。1990年启动的规模巨大的“人类基因组工程”在美国、日本、英国、德国、法国、西班牙以及中国等地进行，这里面只有少数几个研发团队活跃在媒体之间，其中相当著名的一群人是牛津大学医学教授布莱恩·赛克斯（Bryan Sykes，1947—）的团队，他们最先找到了古人的线粒体DNA，并且多次在媒体发表了这些发现。

凯利·穆利斯（Kary Banks Mullis，1944—），美国北卡州的一位农民的儿子，美国分子生物学家。1983年，他对聚合酶链式反应（Polymerase chain reaction）作出重大改进，成为广泛应用于医学、生物化学和分子生物等领域的基本技术之一。1993年，他因这一发明获得诺贝尔化学奖

1989年，布莱恩·赛克斯在古代人的骨骼中找到了线粒体DNA，他也是生物时代的无数改行和跨行的科学家之一，正像丽贝卡·卡恩等人并非考古学家一样。这一个时期，如前所述，被称为间接观察DNA的时代。在“线粒体夏娃”的论文发表之前，赛克斯是牛津大学分子医学研究所的遗传学教授，研究一种很麻烦的骨骼遗传病——胶原蛋白及其基因在人群中的变异。1987年，赛克斯看到媒体公开了一项重要新发明：加利福尼亚州的凯利·穆利斯（Kary Mullis）发明出一种方法，可以在试管里扩增非常微量的DNA，甚至可以扩增单个分子。

1983年，一个星期五晚上，穆利斯沿着海岸的101号高速公路行驶，薄雾润湿了夜色，树的花香弥散在空气中。穆利斯当时在旧金山湾区的一家生物技术公司上班，他一边开车，一边和身边的女友谈论他的工作。他也正在用试管复制DNA。这是一个极其缓慢的过程，DNA分子一次只能复制一份。DNA像一根长长的线，复制过程从一端开始，在另一端结束，然后再从起点开始复制另一条……非常麻烦。穆利斯说着这件事的时候，脑海中突然出现了一个灵感。如果不是从一端开始复制，而是从两端同时开始复制，那么，一种可持续链式反应就启动了。这种反应不再只是复制原始模板，还能复制已经形成的复制品——每次循环都使复制品数量翻一番，再也不是2个循环复制2份，3个循环复制3份……而是每个循环都翻倍，1—6个循环中依次产生2份，4份，8份，

16份，32份，64份复制品，而不是 1，2，3，4，5，6……经过20个循环之后，得到的不是20份复制品，而是100万份。

这项发明对遗传学研究产生了革命性影响，因为这种办法意味着可以从极其微量的组织碎片中得到无限多的DNA以供研究。一根头发甚至一个细胞就可以制造出任意数量的DNA，想要多少就有多少。

1987年，没有笔记本，没有互联网，只有杂志和报纸。

1987年，很多人还不相信DNA。

看到媒体报道的穆利斯的方法，赛克斯决定放弃对胶原蛋白的研究。如果古代骨骼留有DNA的话，为什么不直接研究DNA呢？赛克斯想用这种新发明的链式反应扩增DNA，他需要一些很古老的骨骼试一试。世界上第一次从古人的遗骸上提取DNA的过程就这样开始了。现在回忆这些，或许有些可笑，现在的中学生可以做到的事情，当时竟然是牛津大学教授的课题。

1988年，媒体报道在牛津南边约1英里（约1.6千米）的阿宾登（Abingdon）正在进行考古发掘。当地在建造一家超市时，挖土机铲到了一个中世纪墓地。考古队要在两个月限期内清空这个遗址，不然开发商就要进来了。赛克斯赶到时，这里正在忙乱，几具骨骸被挖出一半，沾满棕红色泥土。赛克斯觉得不能乐观。做了几年DNA研究，赛克斯的操作已经非常小心翼翼。潮湿的样品一般是在零下70摄氏度保存，如果从冰箱里取出来，要求放在冰盒里。如果由于疏忽让冰化掉了，只好扔掉，因为DNA可能已降解破坏了。没有人会认为潮湿的DNA可以在室温下放置几分钟而不损坏，更别说埋藏在地下几百年。不管怎样，试一试吧。赛克斯从发掘现场带走了三块大腿股骨。

布莱恩·赛克斯（Bryan Sykes，1947—），牛津大学人类遗传学教授，1989年发表论文报告首次在古代遗骸发现线粒体DNA

回到实验室，赛克斯必须决定两件事：

1.怎么把DNA提取出来。

2.选择什么区段来进行DNA的扩增反应。

第一个问题比较简单。只要还有DNA留存，很可能被骨骸的钙质束缚着。这时，只须想办法把DNA从钙质中释放出来。

赛克斯用一把钢锯把骨头割成小片，在液氮里冰冻，再砸成粉末，然后浸泡在一种化学试剂里，试图在几天时间内慢慢地去掉钙。很幸运，钙质全部去掉以后，试管底部还留下一些东西，这是残剩的胶原蛋白、其他蛋白、细胞碎片，可能还有脂肪。当然，赛克斯希望还有几个DNA分子。赛克斯决定用一种酶来去除蛋白质。酶是生物催化剂，可以加快反应速率。他选了一种消化蛋白质的酶，然后再用氯仿去除脂肪，用苯酚清洗剩余物。最后剩下一小茶勺的浅棕色液体，这里面至少理论上应该含有DNA——可能只有几个分子，所以下一步分析必须用新的DNA扩增反应来增加DNA的数量。

骨骸里如果留有DNA，也不会很多，所以赛克斯选择了线粒体DNA。原因很简单，细胞里的线粒体DNA比其他任何基因都多。扩增线粒体DNA所需的所有配料都加到反应体系中了，要使反应在试管里运行起来，必须持续煮沸—冷却—加温数分钟，然后再煮沸—冷却—加温……不断重复这种循环，至少20次。

现代遗传学实验室里，到处都是自动运行这种反应的机器，但是当时还没有。1980年代，市面上仅有的机器价值连城，赛克斯连一台都买不起。进行这种反应唯一的办法是拿一个秒表，面前放三个水杯，一个沸水，一个凉水，一个温水，再把试管每隔3分钟徒手从一个水杯转移到另一个水杯……重复操作，再重复，一共进行几个小时。赛克斯试了一次，没成功，只好改用家里的电水壶再试一试……此后三个星期，赛克斯一直和电线、计时器、温度计、继电器、铜管打交道，外加洗衣机水阀和他家里的电水壶。最后，赛克斯制造了一个装置来操作所有要做的事。这个装置先沸腾，洗衣机水阀打开，冷的自来水注入螺旋铜管后，装置很快冷却，然后再加温……这个装置运行了起来。非常幸运，扩增反应成功了，几百年前的死者的DNA——坟墓里的中世纪的人“复活”了。

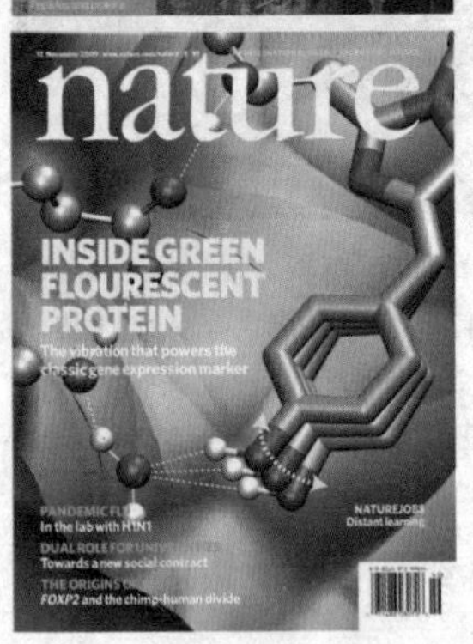

《自然》杂志

早期的提取古人DNA的故事，像大多数科研一样，没有预先设定的步骤，没有完美的研发目标，没有理性策略……当然也没有预定的途径，每次只能进展一点点，而且对于结果和未来一无所知。

在科学界，不承认谁先做出实验，只承认谁先发表结果。其他人哪怕比赛克斯提前一天发表结果，荣誉也会归于别人。幸运的是，赛克斯说服英国《自然》（*Nature*）的编辑，在最快的时间里刊登了论文。

1989年圣诞节前，赛克斯的文章发表了。接下来发生的事情，赛克斯毫无准备。第二天上班时，赛克斯的电话响个不停，整整一个上午都是有关他的科学论文的采访和问询。

从古人骨骼中提取古DNA最困难的事情之一是，扩增的DNA可能属于其他人的DNA（样本污染），而不是化石的DNA——除非极为细心。即使古代的DNA存在，也是支离破碎的。化学变化，尤其是氧化，会慢慢改变DNA的结构，使DNA变成越来越小的片段。只要有微量的现代人的DNA进入反应，聚合酶就会以完好的现代人的DNA为模板，产生几百万份现代人的DNA复制品，因为聚合酶并不知道需要扩增的是古人的DNA片段还是现代人的DNA片段。也就是说，结果看上去很成功，检测核实才会发现是现代人的DNA，根本不是化石的DNA，正是实验者本人的DNA。虽然赛克斯确信阿宾登骨骼实验中没有发生这种情况，但他还是想了一个办法来检测——通过提取古代动物的DNA，而不是古代人骨的DNA，查清扩增出来的是真实的动物DNA，还是“污染”的人类DNA。赛克斯想到古代动物骨骼的最佳来源是沉船“玛丽罗斯号”（Mary Rose）。

1545年，这艘英国战船在朴茨茅斯与法国舰队交战时沉没，只有少数船员幸存。沉船在14米深的水下淤泥中沉睡了400多年，1982年才被打捞出来，陈列在朴茨茅斯港博物馆，浸泡在抗冻剂和水溶液中以防止散架。沉船中除了发现罹难船员遗骨外，还有很多动物和鱼类的骨骼。这艘船沉没的时候装满了货物，包括牛和猪，还有成桶的腌鳕鱼。赛克斯说服博物馆长，拿走一根猪肋骨进行检测。由于这根肋骨大部分时间都埋在海底缺氧的软泥里，保存相当完好，赛克斯没花费多少力气就成功地得到了大量DNA。

经过检测，这些DNA毫无疑问属于一只猪，而不是一个人。这个过程也被媒体报道了，《星期日独立报》（*Independent on Sunda*）的一篇文章的题目为《猪是DNA研究的功臣》。这些报道使得赛克斯成为“名人”，所以他后来被邀请去检测“冰人”的DNA。

英国朴茨茅斯玛丽罗斯博物馆（Mary Rose Museum）里展示的“玛丽罗斯号”上的一部分大炮

“冰人”来自阿尔卑斯山。

1991年9月19日，埃丽卡·西蒙和赫尔穆特·西蒙（Erika Simon，Helmut Simon）夫妇在攀登阿尔卑斯山3.516米的菲奈尔斯匹兹峰（Finailspitze）的时候偏离了标记的道路，来到一条小道，发现了一具露出冰雪的男尸。尸体旁边还有个桦树皮做的容器。从罹难者的装备来看，这件高山事故发生的年代距今相当久远。这是一具几千年前的尸体。这件事情成为世界上一项重大的考古发现。这个干瘪的遗骸被运到奥地利因斯布鲁克（Innsbruck）的法医研究所冰冻储藏起来，它被命名为“冰人奥茨”（Otzi the Iceman），多国科学家组成的小组对这具独特的尸体作了一次仔细检查。因为赛克斯的牛津研究小组最早从古人类骨骼中发现了DNA，所以，他也被找去看看能不能在这个冰人中找到DNA。

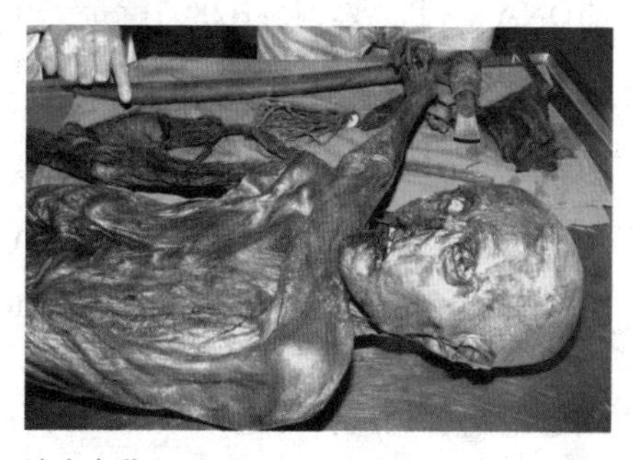
冰人奥茨（Otzi the Iceman）

赛克斯无法拒绝这个天赐良机，他甚至从此放弃了他的本行——传统医学遗传学的研究，转到全新的科学领域——线粒体DNA的研究上来，并开始了一系列的发现。经过碳同位素测定，这个冰人生活在5 000—5 350年前。虽然这比赛克斯以前研究过的年龄几百年的人类遗骸古老，但是成功的希望很大。因为尸体一直是在冰里面深冻保存，避免了水和氧气对DNA的破坏。

复原的冰人奥茨（Otzi the Iceman）

赛克斯采用了他在其他古代样品中曾经成功的步骤——抽提那些小碎骨中的DNA，他成功地得到了冰人的DNA，而且数量很多。赛克斯把这项研究结果及时发表在美国的《科学》（*Science*）杂志上。慕尼黑的另一个研究团队也独立地从"冰人"身上得到了DNA序列，而且两个团队检测出的DNA序列完全相同——奥茨是欧洲人，在现代欧洲人的DNA样本中，也找到了完全一致的DNA序列。

这些结果发表后，引起了一系列的媒体采访。《周日时报》（*Sunday Times*）的记者刘易斯·罗杰斯（Lois Rogers）问了赛克斯一个重要问题："你说你们在欧洲现代人中发现了完全一样的DNA序列，他们到底是哪些人？"她的口气显示，她非常期望得到具体的答复。

"到底是哪些人？你这个问题是什么意思？他们就在我们从全欧洲采集的那些样本里。"

"我知道，但是他们到底是哪些人呢？"刘易斯坚持问道。

"我还不清楚。我们分类保管存放提供样本者的身份资料文件，而且采集样本的时候，我们答应为提供样本者严格保密。"

放下电话后，赛克斯打开电脑，想看看到底哪些样本的DNA序列与"冰人"的DNA序列一致，LAB2803就是一个。编号前缀LAB表示这份样品来自实验室的工作人员或来访者或朋友，这位LAB2803名叫玛丽·莫斯里（Marie Moseley），她与"冰人"的DNA序列完全一致，这意味着莫斯里是"冰人"的一个亲戚。也就是说，莫斯里的母亲和"冰人"的母亲之间，一定存在着某种尚未中断的女性血统遗传联系，这种联系被线粒体DNA忠实记录下来了。

玛丽住在英国波恩茅斯（Bournemouth），她本人不是科学家，但她对遗传学有着浓厚的兴趣。为了科学研究，两年前她捐献了自己的两根头发。赛克斯不知道她是否愿意公开这个与她本人有关的发现。赛克斯打电话问她，是否介意把她的名字告诉《周日时报》时，玛丽满口答应。于是，《周日时报》刊登的一系列报道中增加了关于玛丽的一篇文章，题目为《“冰人”的亲戚在多西特》。

几个星期以后，玛丽成了世界名人。所有报道中最滑稽可笑的是《爱尔兰时报》（*Irish Times*）的文章。记者问玛丽，她的这位著名祖先是否留给她什么遗产，她说什么都没留下，于是这家媒体的文章题目成为《“冰人”在波恩茅斯留下了他的穷亲戚》。

从5 000年前的古人“冰人奥茨”身上成功提取DNA几年后，赛克斯又成功提取了一个1.2万年的古人的DNA。

旧石器时代晚期的人类遗骸非常少，一万年又很长，只有在最合适的环境下，骨骼才能保存一万年，因此，幸存的骨骼成为珍宝，是博物馆里严加保护的标本。DNA分子非常稳定，但是无法独立长期保存，必须在骨骼里才能存留，因为骨骼和牙齿的无机物——羟磷灰石（钙质）可以隔离细菌，保护蛋白质和DNA免于降解。只要这些无机物保持完好，DNA就能幸存下来，一旦离开钙质保护，暴露的DNA很快就消失了。钙质是碱性，所以在碱性土壤中保存较好。在中性和酸性土壤中，DNA的寿命短得多，因为骨骼的钙质会被酸性溶解。高热对DNA的保存也不好，埃及木乃伊可以找到DNA，尤其是王室或富人的木乃伊，但是埋藏较浅的木乃伊的蛋白质和DNA，仅仅经过2 000—3 000年就没有了，因为无机钙质虽然不受高温的影响，但有机分子却在沙漠酷热下很快就分解流失了。赛克斯将注意力转向了欧洲北部的石灰石洞穴，那里的环境是碱性。

英国最著名的石灰石洞穴是切达（Cheddar）峡谷的洞穴，位于巴斯（Bath）西部20英里，其中最大的一个是高夫洞穴（Gough's Cave）。这个地区的切达奶酪（Cheddar Cheese）非常著名。1903年，高夫洞穴出土了一个切达人，碳14测定约9 000年，骨骼保存在伦敦自然历史博物馆，由人类起源组的组长克里斯·斯特林格负责。赛克斯打电话给他，确定了一次约会。在克里斯的现代化办公室里，赛克斯解释了他的来意。克里斯希望知道，如果允许赛克斯取样，提出DNA的成功概率有多大？赛克斯无法给出明确答复。5 000年的冰人成功了，并不能保证切达人也能成功。克里斯当然舍不得让赛克斯对“切达人”这种珍贵标本进行破坏性取样。赛克斯提出一个建议：如果有高夫洞穴出土的相同年代的其他动物骨骼，可以先拿那些骨骼做试验，如果试验成功，就证明高夫洞穴的条件可以保存上万年的DNA。

高夫洞穴（Gough's Cave）

克里斯手里确实有几十块来自高夫洞穴的动物骨头。于是，赛克斯带着一小块鹿骨回到牛津大学。不到一个月，赛克斯带着好消息回到克里斯的办公室：鹿骨里面保存着足够的DNA。克里斯觉得这一证据很充分，同意赛克斯对人类化石取样。这一次，赛克斯终于如愿以偿带着一块切达人的骨头，再次回到牛津大学的实验室。

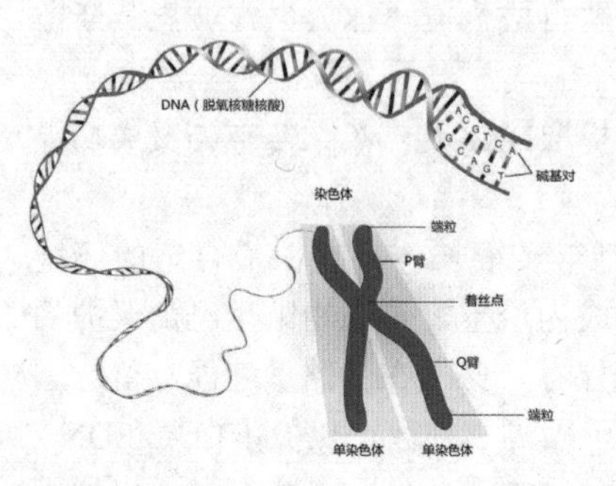

DNA结构示意图

第二天，赛克斯小心翼翼地钻孔取样，得到切达人骨粉，但是没有看到任何DNA的迹象。赛克斯回到伦敦，告诉克里斯这个坏消息。两人一边闲谈，赛克斯一边注视着旁边一个下颌骨的牙齿。牙齿上的珐琅质磨损了，牙却没有腐烂，看上去比赛克斯自己的多处修补的牙齿更为健康。当赛克斯向克里斯谈到这颗牙齿时，克里斯说："如果你觉得这些牙齿不错的话，过来看看这个吧。"他把赛克斯领出办公室，走进了一间有很多存储柜的大房间。克里斯拿出另外一个小木盒子，这是一个更年轻的男性下颌骨，牙齿规整，没有一点磨损，似乎刚刚做完牙膏广告。赛克斯以为这些牙齿只有几百年，克里斯告诉他，这是一个生活在1.2万年前的年轻人的牙齿，比切达人还早3 000年，是1986年他亲自从一个山洞里发掘出来的。

DNA能不能藏在未破损的被牙釉质保护的牙齿里面？切达人的DNA实验失败了，而且任何人都没有从牙齿中成功提取DNA的经验。离开克里斯的办公室时，赛克斯承诺会设计出一种方法，在牙齿钻孔而不影响牙釉质，让牙齿继续留在颌骨上。而克里斯则承诺，如果赛克斯能做到这些，则允许赛克斯带走高夫洞穴样本中的一个。不到两个星期，赛克斯又来了。他的牙医帮他设计出一个办法，可以钻孔取出一点牙本质，然后修复钻孔。于是，赛克斯带着这个颌骨回到牛津。

第二天，赛克斯开始提取DNA。赛克斯得到的牙粉很多，约200毫克，赛克斯取了50毫克，其余的足够进行重复实验。接下来，他开始了抽提DNA的实验。第三天晚上，赛克斯从牙齿中找到了线粒体DNA。此后两个多星期，赛克斯仔细检查DNA序列，并进行了复核。赛克斯看到了迄今为止全世界从人类化石中成功提取出来的最古老的DNA序列。但是，这并非最重要的。关键信息在DNA序列本身的细节里——它和现代欧洲本地人的序列一样吗？如果不一样，难道它是一种已经绝灭的类型？经过检测，最终答案明确了：高夫洞穴的古代DNA序列，与现代人完全一致。

媒体又开始大肆报道。电视制片人菲利浦·普里斯特里（Philip Priestley）当时正在制作一个考古系列，其中一集是切达的撒克逊人（Saxon）的故事。他希望在拍摄时，切达地区的某一个人能够与考古结果联系起来，产生轰动效果。但是赛克斯告诉菲利浦，上一次提取切达人的DNA的失败了。于是，菲利浦·普里斯特里去说服克里斯，又给了赛克斯一个切达人的下颌骨。经过另一次惊心动魄的旅行，这块下颌也被顺利锁进了牛津大学的保险柜。几天之后，9 000年的切达人的牙齿的DNA序列终于被成功提取出来。

参与电视系列的20个志愿者中，检测出3个人的DNA与切达人的DNA完全一致，他们是2个孩子、1个成人——阿德里安·塔吉特（Adrian Targett）。赛克斯不希望十几岁的孩子涉及媒体的渲染报道，普里斯特里同意了。在节目现场，菲利浦和他的团队组织了一场公开的“揭密”：阿德里安在摄像机面前当场被确认为“切达人的亲戚”。

第二天路过报摊时，赛克斯几乎不敢相信自己的眼睛，切达人的故事成为所有报刊的头版新闻，包括《泰晤士报》，阿德里安都是封面人物，旁边是他著名的化石亲戚。赛克斯买下了一大堆报纸。此后几个星期，赛克斯每天都要收到一大包邮件。电视播出之后的几周里，切达人的故事传遍了整个世界。现在的切达地区成为英国的一个旅游热点，切达人的故事也被媒体宣传得几乎走样了：“英国人的最古老的居住点在切达，这里出土了1个9 000年的切达人，英国考古学家、生物学家和遗传学家们发现了这个古人，同时发现这个古人的1个亲戚还住在这里，他是一位当地的教师”……切达出产的奶酪，从此更加畅销了。

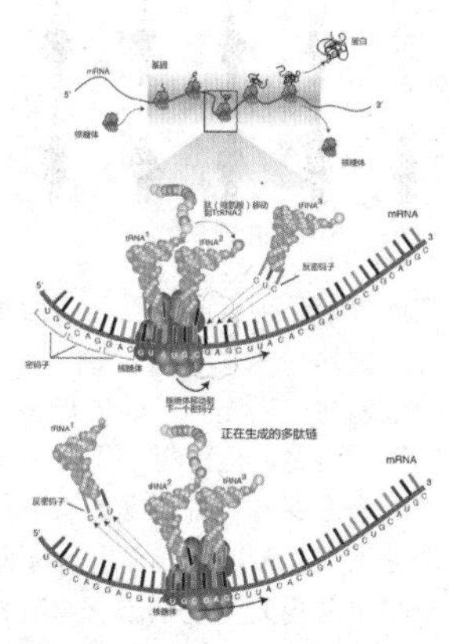

基因的表达

宗族母亲与金丝熊

1987年，“线粒体夏娃”的发现公布后，所有人都意识到，如果要用线粒体DNA深入地研究我们智人这个物种的遗传史，需要跨越至少15万年的人类进化史。如果每25年算作一个世代，就是6 000代人。这个结果来自500个碱基的一段控制区。如果这个线粒体DNA控制区的突变太多、太不稳定，经过几个世代后，很难甚至不可能区别重要的信号和所有偶然的变化。在花费大量的时间和金钱研究世界各地的众多的人类群体之前，必须用某种方法检验一下。但是，怎样才能找到宗族母亲呢？最理想的是找到家谱完备、确证母系源自同一女性的一大批活人。但是，在哪里找到既有完备家谱、又有很多活人的家族呢？

作为一个宗族母亲，必须具备两个基本条件：

第一条，她必须有女儿。

线粒体DNA是母亲传给女儿的。只有儿子的女人是不可能成为宗族母亲的，因为她的儿子们永远也不会从她那里传承下去线粒体。

第二条，她必须至少有两个女儿。

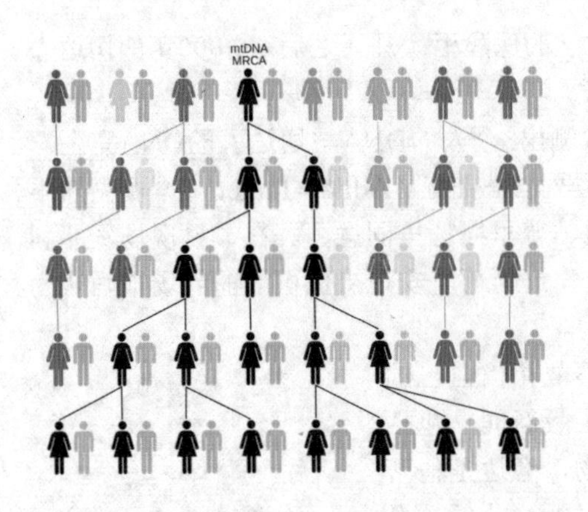

宗族母亲必须有两个女儿，而不是一个女儿。为了更好理解这一点，参阅上图。母系祖先是这8个女人最晚近的共同祖先——她的母亲当然也是此后所有女人的母系祖先，但她母亲不是最晚近的，她本人才是。她的两个女儿也是后继的女人的母系祖先，但没有一个是所有这8个女人的共同母系祖先。也就是说，如果将上图视为一个宗族，只有标为MRCA的这个女人是宗族母亲。不论8个人还是800万人的宗族都适用这同一原则（MRCA，Most Recent Common Ancestor：最晚近的共同先祖。）

宗族母亲是一个宗族所有成员的母系祖先，一代兄弟姐妹的母系线会在母亲那里聚合，两代堂（表）兄弟姐妹的母系线会在他们的祖母那里聚合，三代的堂（表）兄弟姐妹的子女的母系线在曾祖母那里聚合……以此类推，几千代以前，至少两个女儿的血统会联结在一个女人身上——这个人，就是宗族母亲。宗族母亲只有一个，但宗族母亲并非当时唯一的女性，她是唯一一个把不间断的母系血统延续至今的人。

一天晚上，赛克斯在回家的路上，思考着一些其他的事情，一个念头突然从脑海深处浮现出来。他自己也不知道怎么回事，一刹那仿佛找到了答案，甚至根本来不及弄清楚为什么——他突然想到了金丝熊。在英国的少儿百科全书中记载，全世界所有的宠物金丝熊，都是同一只母金丝熊的后代。读过这本书以后的几十年里，赛克斯再也没有想起过这件事。现在金丝熊的故事突然冒了出来。

这个故事可能不是真的。但如果是真的呢？那么，这是检验控制区稳定性的理想方法。全世界所有的金丝熊，都可以通过母系关系联系到那个“世界金丝熊之母”。线粒体在金丝熊中肯定也通过母系关系遗传，就像人类一样。赛克斯要做的事情就是收集一些活的金丝熊，然后比较它们的控制区序列。不需要完备的家谱，如果它们真的是从一个母体开始的，无论如何都可以追溯回去。如果控制区稳定，那么，所有活着的金丝熊的DNA序列应该是一样的，至少是很接近的。

克里斯·汤姆金斯是一个本科生，1990年夏天进入赛克斯的实验室，开始他最后一个学年的遗传学实习。赛克斯让他收集关于金丝熊的信息。克里斯首先发现，它们根本不叫金丝熊，它们的名字是叙利亚仓鼠。然后，克里斯又去了牛津公共图书馆，又带回另一个好消息：英国有一个大不列颠国家叙利亚仓鼠协会。他给那个协会的秘书打了电话。第二天，赛克斯等人去了伦敦西部的伊灵（Ealing）。大不列颠叙利亚仓鼠协会的秘书罗伊·鲁滨逊（Roy Robinson）热烈欢迎了来访的赛克斯、克里斯和马丁·理查德。

鲁滨逊先生是一个自学成才的业余科学家，他的书房堆满了动物遗传学的书籍，其中很多是他自己写的。鲁滨逊拿出了有关叙利亚仓鼠的书，他证实了赛克斯读到的故事。

1930年，一个动物考察队来到叙利亚西北阿勒颇（Aleppo，现名Halab）的山区，捉到4只小啮齿动物，1只母的，3只公的，把它们带回耶路撒冷的希伯来大学，放养在一起。那只母鼠很快怀孕，生下一窝幼崽。喂养这些小鼠类并不困难。希伯来大学把越来越多的小老鼠送给世界各地的医学研究所。这种实验动物脾气很坏，有时会咬人，但作为大白鼠和小白鼠之外的又一个选择，它们很受欢迎。1938年，第一批叙利亚仓鼠移民美国。如果实验动物过剩，人们往往会把它们带回家，当宠物喂养。随着时间的推移，叙利亚仓鼠从一个家庭到另一个家庭逐渐流传开来，名气也越来越大。商业饲养者开始把它们列入商品目录，大批叙利亚仓鼠爱好者也出现了。1947年，一个繁殖群体中出现了一只花斑叙利亚仓鼠。这是以后出现的众多毛色品种中的第一种，原因是毛色基因的自然突变。突变品种交配培育出纯种品系也不困难。饲养者永远渴望新的毛色，后来出现大量突变，形成各种纯系——奶油色、肉桂色、缎纹、龟甲色等。叙利亚仓鼠是一种可爱的宠物，各种不同毛色更增添了它们的趣味。这个群体开始扩张，目前，全世界作为宠物饲养的叙利亚仓鼠已经超过几百万只。

鲁滨逊带着大家参观他的饲养场，赛克斯一行简直不敢相信自己的眼睛。每个笼子住着一家叙利亚仓鼠，一层一层叠起来的笼子上，都贴着标签并编着号码。鲁滨逊收集了人们培育出的每一种纯毛色的品种，通过杂交，进行遗传学分析。鲁滨逊先生在叙利亚仓鼠界非常出名，人们每发现一种新毛色品种，都会送给他，这里成为一个叙利亚仓鼠的世界标本室。

这次访问很有成果，赛克斯一行从鲁滨逊收藏的所有品系中的每一种仓鼠身上都取了一些毛发。鲁滨逊先生还提供了世界各地叙利亚仓鼠繁殖饲养俱乐部的联系方式。与赛克斯和克里斯同行的马丁·理查德兴趣盎然，他在回家途中的一个宠物店买了一对叙利亚仓鼠。

回到实验室，大家开始讨论怎么向世界各国的叙利亚仓鼠爱好者们索要更多的样本。提取和检测线粒体DNA需要很多毛发，叙利亚仓鼠的毛发细，虽然它

们不在乎被拔掉一些毛，但是它们的主人会不高兴。赛克斯他们必须找出其他的DNA收集方式。他们想出一个似乎很荒唐的念头。DNA扩增反应很有效，叙利亚仓鼠的粪便中会不会留有一些大肠壁上脱落下来的细胞呢？无论多么珍爱宠物的主人，应该也不吝惜为科学研究提供一些宠物粪便吧。

粪便到底行不行，只有一个办法来验证。第二天，马丁·理查德带来了他的新宠物的新鲜粪便，又干又皱，很像老鼠屎。克里斯把粪便放在试管里，煮了几分钟，在离心机里把杂质沉淀下来，然后取了一滴，进行DNA扩增反应。试验成功了。这个夏天的后来一段时间里，世界各地的叙利亚仓鼠爱好者寄来了一个又一个小包裹。最后，赛克斯他们取得了35个叙利亚仓鼠的DNA。克里斯很快完成了它们的线粒体控制区测序：它们完全相同。这证明“金丝熊的故事”确实是真的，全世界所有的宠物叙利亚仓鼠，真的来自同一个母体。对赛克斯来说，这个实验证实线粒体DNA控制区保持了足够的稳定。从叙利亚沙漠捕到的第一只仓鼠，到世界每一个角落的几百万个曾孙的曾孙的曾孙……控制区DNA都忠实地进行了复制，没出一个错误。

赛克斯产生了一个想法：最快速率下，叙利亚仓鼠每年可以繁殖4—5代。以这个速率计算，1930年至今应该至少繁殖了250代叙利亚仓鼠，无论这35个叙利亚仓鼠的DNA能不能追溯到1930年的同一个母系先祖，它们的DNA序列完全没有差异这一事实，也足以打消赛克斯的控制区突变可能发生太快的疑虑。事实上，这里是一段非常可靠的区段，没有变幻无常的突变，有可能追溯几百代，从而探索出人类自己的祖先。当然，也有另一种可能，控制区在仓鼠体内很稳定，但在人类体内却不稳定。不过，赛克斯认为这种可能性不大，他准备赌一次。

事实上，不只赛克斯有这样的兴趣，世界上很多科学家很快也有了类似想法，他们意识到了线粒体DNA在解读人类进化中的奥秘和价值。把老鼠的实验扩大到人类先祖，首先要找几个人类试一试。赛克斯在欧洲的人类中找到的“第一只老鼠”是俄罗斯的沙皇。

最后一个沙皇之谜

1991年7月，俄国地质学家亚历山大·亚夫多宁（Aleksander Avdonin）在俄国乌拉尔地区叶卡特琳堡（Ekaterinburg）郊外的白桦林中一个浅浅的墓穴里，挖出了九具遗骸。这是他多年坚持不懈研究的结果，他认为这里是沙俄皇室的最后一代罗曼诺夫家族（Romanovs）的埋葬地。

1918年7月16日的晚上，为了防止正在攻城的白俄军队救走囚禁在叶卡特琳堡的皇室一家，莫斯科下达了处决他们的命令。除了末代沙皇尼古拉斯二世（Nicholas II），还有他的妻子亚历山大皇后（Alexandra）、他们的五个孩子、他们的医生和三个仆人。批准执行死刑的批复，凌晨1:00才从莫斯科传达下来。夜里1:30，卡车开到房前准备带走“尸体”时，沙皇全家人才被叫醒并被告知，由于城里战乱，他们后半夜必须待在地下室才安全。

沙皇尼古拉斯二世

过去的两个星期里，罗曼诺夫一家每天晚上都会听到远远的炮声，所以没有意识到这个要求有什么特别的企图。他们安安静静地下了楼，走到地下室。士兵让他们排成队列时，他们也没有丝毫的怀疑。然后，行刑队长向沙皇走过来，一只手从口袋里拿出一张纸，另一只手握着夹克衫里的左轮手枪，匆匆读了一遍宣判死刑的通知。沙皇困惑地看了看他的全家，又看了看士兵。士兵举起了武器，女孩子们尖叫起来。枪开火了，首先击中的是沙皇，他倒在地上。受害者的尖叫声、枪声和子弹在房间里弹跳的声音交织成一片，地下室里一片混乱，士兵们更难瞄准慌乱躲避的目标。长官下令停止射击，其余的人用刺刀和枪托解决。不到三分钟，统治俄罗斯300年的罗曼诺夫王朝结束了。

尼古拉斯二世全家照

这栋房子现在已不复存在，沙皇罗曼诺夫全家人的下落长期保持神秘。苏联宣传部门声称罗曼诺夫全家被带到安全的地方保护了起来。死刑说法的证明，完全取决于确认墓葬坑中取出的遗体究竟是不是罗曼诺夫一家。至少埋藏尸体的地点同现有的记录是相符的——尸体被装上一辆卡车，运到郊外的树林里。根据某些说法，当时卡车陷入泥浆，尸体被扔进了一个草草挖出来的坑里。运送者在尸体上浇硫酸，试图消灭一切可供辨认的特征。

这些挖掘出来的骨头被装配起来之后，清楚地显示出只有九具。如果集体屠杀的受害者都埋在同一个坟墓里，就缺少两具尸体。整修800多块骨头和被行刑队枪托砸烂的头骨碎片是一项耗费时间的艰巨工作。由骨架得出的九具尸体分别是：沙皇；皇后；五个孩子中的三个：玛丽亚（Maria）、塔蒂阿娜（Tatiana）、奥尔加（Olga）；沙皇的医生尤加尼·波特金（Eugeny Botkin）；以及三个仆人：贴身男仆阿莱克谢·特拉普（Alexei Trupp）、厨师伊凡·卡利多诺夫（Ivan Kharitonov）、皇后的女仆安娜·德米多娃（Anna Demidova）。没有找到沙皇最年轻的女儿阿纳斯塔西娅（Anastasia）和皇太子阿莱克谢（Alexei）的尸体。

苏联解体后，俄国政府在沙皇全家遇害地修建的纪念教堂

除了拼接骨架以外，还有什么更好的办法，可以确认这些遗骸的身份呢？

赛克斯被邀请从叶卡特琳堡的遗骸中提取DNA，以证明他们是否是罗曼诺夫一家。这项工作由俄罗斯科学院和英国法医科学服务处负责。首先，研究人员用常规的法医遗传指纹识别骨架的性别，确定他们的确是父母双方和三个孩子组成的家庭。然后，从推测是波特金医生和仆人们的遗骨中提取的DNA显示，他们与这个家庭没有关系，他们彼此之间也没有关系。至此，所有情况与骨骼专家的结论全都吻合。

赛克斯成功地从骨骼中找到了线粒体DNA，在家庭组中发现了两组不同的序列。被推测为沙皇皇后的女性成人，与三个孩子有着完全相同的线粒体。家庭组中被推测为沙皇的男性成人，有不同的线粒体序列——这与预期的家庭结构相符。三个孩子从他们的母亲那里遗传了线粒体DNA序列，他们的父亲从他自己的母亲那里遗传了线粒体DNA序列，没有传给他的孩子们。

但是，提取线粒体DNA和测定DNA序列本身，并不能确认这个家庭就是罗曼诺夫一家，任何家庭都会显示孩子和母亲完全一样，而与父亲不同。证明究竟是哪个家庭的唯一办法是找到沙皇和皇后的母系亲戚。他们不必是近亲，线粒体DNA的真正威力在于不会因距离而被冲淡。只要亲戚之间的关系是母系，线粒体DNA就是一样的。

沙皇和皇后健在的直接母系亲戚都能找到。欧洲皇室之间婚姻关系很密切，在遗传学上，他们几乎就像是同一个村子的邻居。这是曾经以联姻控制几乎整个欧洲几百年的哈布斯堡王朝以来的传统。沙皇未中断的母系亲戚是皇室：沙皇的外祖母是丹麦皇后露易丝·赫西·卡斯尔（Louise Hesse Cassel），她的一个后代是尼古莱·特鲁贝特斯戈伊伯爵（Nicolai Trubetskoy），这位伯爵是银行家，现在70岁，退休后住在哥特达祖尔（Cote d'Azur）。皇后的未中断的母系亲戚也是皇室：直接母系亲戚爱丁堡公爵，即英国女王伊丽莎白二世的丈夫菲利浦亲王（Philip）。这两个人都同意提供样本，提取他们的DNA。

被推测为皇后和三个孩子的序列类型出来了：他们都有完全相同的序列“111，357”，他们都与爱丁堡公爵完全相符。但是，用同样的方法，被推测为沙皇的成年男子却不吻合。他的DNA序列与退休银行家特鲁贝特斯戈伊伯爵的不完全相同。特鲁贝特斯戈伊的序列是“126，169，294，296”，但被推测为沙皇的DNA只有126，294和296，非常相似，但不一样。

这是一个挫折。已有许多的旁证把尸体与罗曼诺夫一家联系在一起，女性

DNA也与爱丁堡公爵完全吻合。男性基本吻合，但不是完全吻合。如果这具尸体与特鲁贝特斯戈伊伯爵跨越六代的母系关系没有被打断，两者的线粒体DNA序列应该完全吻合才能得出结论。会不会家谱记载特鲁贝特斯戈伊伯爵是沙皇的亲戚，实际上伯爵却不是？如果这样的话，其间必然有什么地方中断了，这条血统线索上某个人有一个与家谱记载不同的母亲。这有一定可能性，比如收养关系或生产时弄错了，但可能性非常小。

也许，这具尸体不是沙皇？既然常规遗传指纹已经鉴定出他是墓中三个孩子的父亲，那么结论只能是“这里并非罗曼诺夫一家的墓地”。

必须继续研究分析。只有一个办法可以解决这个问题：把DNA克隆出来。

克隆是把混合在一起的DNA分子分开的唯一方法。简单地说，就是诱导细菌接受一个DNA分子，然后把它当自己的DNA来复制。实验终于成功获得了“沙皇”线粒体DNA的28个克隆，然后一一分别测序：其中21个包含了“126，294，296”，没有169突变；还有7个克隆的DNA额外包含169突变，与特鲁贝特斯戈伊伯爵的DNA完全一致。

这次研究，非常巧合地遇到一次罕见的正在出现的新突变（169的位置），这种情况人们以前了解很少，1994年发表关于罗曼诺夫家族遗体的论文时，这还是一件新鲜事。这一结果正是研究人员寻找的证据，证明叶卡特琳堡的“沙皇”骨骼和沙皇尼古拉斯二世仍然健在的亲戚之间明确的连续性母系联系，他们确实是沙皇一家。但是还有一个谜团尚未解开。人们只发现了罗曼诺夫家族的五具尸体——两个成人和三个女孩，沙皇最小的女儿阿纳斯塔西娅（Anastasia）和皇太子阿莱克谢（Alexei）的遗骸，至今下落不明。

于是，这场调查闹剧，长期成为媒体的热门娱乐内容。但是，整个沙皇家庭都被杀害是基本确定的事实。根据一些书面记载，那些负责处理尸体的人，本来打算在发现遗骸的墓穴附近的树林里烧掉尸体。他们堆起了一个火葬柴堆，

皇太子阿莱克谢（Alexei）

沙皇尼古拉斯二世（Nicholas II）与亚历山大皇后（Alexandra）

先把最小的阿莱克谢的尸体放上去，然后是一个沙俄公主，再在他们身上泼洒汽油并点火。火焰没有把尸体烧光，牙齿和碎骨散落四周。于是计划改动了，剩下的尸体被扔进了浅浅的墓穴。如果这份事件过程的记录是真实的，那么，阿莱克谢和阿纳斯塔西娅最后的遗骸就不在墓穴里，而在乌拉尔山的森林里。

经过越来越多的DNA研究和知识普及，人们才惊讶地发现所有欧洲人的DNA其实都差不多，超过99.99%都是一样的。遗憾的是，这种亲属关系，还不至于近到可以申请认领罗曼诺夫家族的巨额海外遗产。

一个埃及王朝的灭绝

科学研究证明，DNA可以查清人类的身世，追踪我们的先祖。当DNA的知识被越来越多的人认知之后，DNA检测名人的故事也越来越多了。从美国国父杰弗逊的风流韵事到肯尼迪总统奇怪的古铜色皮肤，从埃及的各种木乃伊到一个完整的法老家族……都受到了DNA的检测。

1996年，美国的《历史频道》（*The History Channel*）在《最伟大的法老》节目中列举了15位埃及法老，其中第10位伟大法老是图坦卡蒙（Tutankhamun），他的在位时间大约是公元前1334—前1325年：八九岁即位，在位大约10年。这位图坦卡蒙法老，任何“伟大的功业”也没有干过。他的“伟大”之处仅仅在于他的陵墓在3 300多年里没有被盗，是唯一没有被盗的埃及法老陵墓。

8 000年前，非洲越来越干旱。在原来很小的撒哈拉沙漠逐渐扩大的过程中，人们从四面八方迁移拥挤到尼罗河沿岸，形成了曾经辉煌的埃及文明。7 000年前形成了40多个国家，各个氏族带来神明2 000多个。这些人后来又离开埃及，《圣经》中也曾记载以色列人走出埃及。1922年，图坦卡蒙的陵墓被发现，出土了大量罕见的财富和文物。现在这些文物在全球多次巡展，各国科学家都希望用基因

美国《国家地理》上刊登的图坦卡蒙复原像

王后娜芙蒂蒂（Nefertiti）

图坦卡蒙的胸饰

技术考察埃及法老们的秘密，但是埃及政府不愿意破坏他们的文物，一直没有同意进行检测。

考古学家查看图坦卡蒙木乃伊石棺

2005年，埃及同意对图坦卡蒙进行了一项不破坏木乃伊的实验。埃及科学家提供了图坦卡蒙1，700多份三维立体CT扫描，法国和美国科学家按照这些信息进行了复原，他们成功复原出了埃及法老图坦卡蒙的照片，刊登在美国《国家地理》杂志上。 这个三千多年前的埃及人的形象，不是白种人，不是黑种人，也不是黄种人。美国的媒体无奈地说："……看不出图坦卡蒙属于哪个种族。"

图坦卡蒙的纯金面具

2007年，埃及政府终于同意对5代埃及法老的木乃伊进行DNA测试，包括图坦卡蒙的曾祖父母、祖父母、父母与他的子女。

考古学家很早就发现，图坦卡蒙父亲的浮雕形象非常奇特。他的臀部特别肥大，腿像鸡腿，手臂细长，完全是一种病态的畸形。考古学家推测他可能患有某种遗传疾病。这位图坦卡蒙的父亲，阿蒙霍特普四世（Amenhotep IV）也属于"埃及最伟大的15个法老"之一。他进行了彻底的宗教改革，用新的太阳神阿顿（Aten）取代了传统的太阳神拉（La）。他认为自己的畸形证明他本人正是太阳神阿顿的直接后裔，所以他还把自己的称呼改为埃赫那顿（Akhenaten），意为"阿顿的奴仆"。这些改革激化了埃及的内部矛盾，埃及帝国日益虚弱，最后丢失了在巴勒斯坦和叙利亚等地的殖民地。

阿蒙霍特普四世留下的最宝贵的文物，是他的王后娜芙蒂蒂的雕塑。王后娜芙蒂蒂（Nefertiti）的雕像现藏于德国柏林博物馆，这件作品被认为是古埃及最精美的雕塑之一。迄今为止，人们一直无法完全弄清楚奇怪的埃及象形文字，但是记载似乎显示这位王后曾经摄政。她为什么取得这种罕见的权力？这在埃及历史上并不正常。专家学者们众说纷纭，争议持续了很多年。

对埃及法老的DNA检测证明，第四代法老图坦卡蒙和他的前三代一样患有多

阿蒙霍特普四世浮雕像

种遗传疾病。图坦卡蒙的父母是患有遗传病的亲兄妹，图坦卡蒙的祖父母也是患有遗传病的近亲，法老家族的遗传病连续五代相传，也许更早。图坦卡蒙父亲的腹部肿大和腿部畸形的另一个原因是患有疟疾，这种疾病在古埃及非常普遍，但是身体虚弱的法老的症状显得更加突出，并非太阳神的恩赐。

图坦卡蒙的父母是亲兄妹，都是图坦卡蒙近亲结婚的祖父母的孩子，图坦卡蒙的父亲阿蒙霍特普四世的遗传病特别严重，图坦卡蒙遗传的疾病更是翻了几倍。科学家们检测出图坦卡蒙患有多种遗传疾病，此外他可能是弱智，以至于根本无法正常执政。图坦卡蒙的疾病使他不能正常行走。在他大约19岁时，原因不明的意外骨折使他严重受伤，因无法止血而迅速死亡，然后被匆忙掩埋。这些推测的证据来源于图坦卡蒙的陪葬品中多达130多根的拐杖。图坦卡蒙的妻子是图坦卡蒙的同父异母妹妹，所以图坦卡蒙的墓葬里，当时已经掩埋着他和他妹妹的两个女儿：一个死于5个月，一个死于7个月。这个墓葬本来可能是他孩子的陵墓。两个女儿死了，图坦卡蒙死了，这个法老家族的血统绝嗣了。

图坦卡蒙的死亡非常突然，陵墓墙壁上的油漆都还没有干。图坦卡蒙的幕僚们在他的陵墓里放入大量陪葬品，以纪念整个法老血统的绝嗣。图坦卡蒙的家族绝嗣后，美国《历史频道》评出的“第11位伟大法老”阿伊（Ay）即位，阿伊

古埃及绘画《称量心脏》（*Weighing of the heart*）

曾经为前面的2—3代法老担任过主要幕僚。阿伊的“伟大”也不在于他创建了什么业绩，而在于他即位仅仅4年就被图坦卡蒙时代的“军队总司令”霍朗赫布（Horemheb）推翻。霍朗赫布随后发动了一场对阿伊的“清除记忆战争”（清除某人统治的痕迹和记载），把阿伊的所有历史痕迹都抹去了，霍朗赫布将军成为新的法老。霍朗赫布甚至还在图坦卡蒙的陵墓上建造了一座新建筑，试图掩盖图坦卡蒙统治的遗迹。这位新法老的工作非常认真，以至于再也没有人能够发现图坦卡蒙的陵墓，所以才给我们留下了最完整的一个法老墓葬，包括最著名的图坦卡蒙纯金面具。

不检点的美国国父

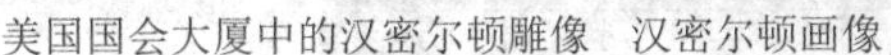

美国国会大厦中的汉密尔顿雕像　汉密尔顿画像

1776年，美国独立战争爆发。打仗和设计国家体制，花了14年时间。

1789年，华盛顿当选为第一任美国总统。

1789年，美国第一届内阁只有5个部：财政部部长汉密尔顿（Alexander Hamilton）、外交部部长杰弗逊（后改称国务部，部长名称为国务卿）、战争部部长诺克斯（Henry Knox）、司法部部长伦道夫（Edmund Randolph）、邮政部部长奥斯古德（Samuel Osgood）。加上总统华盛顿和副总统亚当斯，美国第一届内阁的全部阁员仅仅7人。

第一届美国政府的主要任务不是打仗，而是偿还战争债务和建设国家，第一任财政部长汉密尔顿做到了。他是美国的“传奇国父”，长期担任华盛顿将军的32个军事助理中的首席助理（大约相当于参谋长）的职位，美国军队与美国大陆议会之间的文件也大多是汉密尔顿起草的，他在建国后创建了美国第一银行和税务体系。他是一个文武全才。

汉密尔顿的“国家工业化百年规划”从第四任总统麦迪逊开始执行，汉密尔顿的“坚决不介入欧洲战乱”的思想由第五任总统门罗发展为“门罗主义”。120年后，当美国军队第一次踏上欧洲时，已经成为世界第一强国。但是，这位传奇国父汉密尔顿，却莫名其妙地辞职了。后来媒体披露的原因很简单，他与一个女子发生3年婚外情，被后来的第五任总统门罗发现了。汉密尔顿坦然承认了事实。门罗去找第三任总统杰弗逊商量，决定不予公开，条件是汉密尔顿主动辞职。遗憾的是，1998年，整整200年后，杰弗逊的婚外情不幸被DNA检测出来了。

而作为汉密尔顿的同僚杰弗逊也有一段传奇的故事。托马斯·杰弗逊是美国《独立宣言》的主要起草者，美国第一任外交部部长（国务卿），第三任总统。他的妻子玛莎·杰弗逊（Martha Jefferson，1748—1782）仅仅活了34岁。杰弗逊和玛莎生了6个孩子，只有2个女儿活下来。托马斯·杰弗逊与他的混血女奴莎丽·海明斯（Sally Hemings，1773—1835）之间的传奇，在当年曾引起轩然大波。英国的《自然》（*Nature*）杂志发表的DNA检测论文宣称这个故事是真实的，杰弗逊和海明斯的后裔们都携带着相同的遗传基因标记。由于杰弗逊总统没有留下合法婚姻的男性继承人，这次检测使用了杰弗逊的叔叔菲尔德·杰弗逊（Field Jefferson，1743—1826）的男性后裔的DNA。

杰弗逊的岳父约翰·威利斯（John Wayles，1715—1773）三次失去妻子之后，与他的一位混血女奴贝蒂·海明斯（Betty Hemings，1735—1807）生下6个孩子，莎丽·海明斯是最小的一个女儿。所以莎丽·海明斯也是杰弗逊的正式妻子玛莎的同父异母妹妹。1773年，杰弗逊的岳父约翰·威利斯去世后，玛莎和杰弗逊夫妇继承了约翰·威利斯的125个奴隶和1.1万英亩土地，包括莎丽·海明斯。正式妻子玛莎比杰弗逊小5岁，海明斯比杰弗逊小30岁。据说莎丽·海明斯非常美丽，她的母亲贝蒂·海明斯是非洲奴隶与英国船长的女儿，所以莎丽·海明斯有四分之一黑人血统，她与杰弗逊的关系长达40年，据说两人一共生了6个孩子，其中4个孩子活到成年。杰弗逊下令让她的两个儿子成为自由公民，融入社会以后都被认定为白人（他们只有八分之一的黑人血统）。

美国电视剧中的杰弗逊和海明斯

1798年，200年前，美国的媒体刊登这个绯闻时，杰弗逊既不承认，也不否认。但是杰弗逊的支持者坚决否认这个传闻。现在，这些孩子们的后裔的Y染色体DNA类型都与杰弗逊家族的Y染色体一样。于是，反对杰弗逊的绯闻传奇是事实的一派改口说，这些孩子可能是杰弗逊家族的其他男性与海明斯结合的后裔。

当年，莎丽·海明斯的母亲贝蒂·海明斯带着多达75个儿子女儿和孙子孙女，在托马斯·杰弗逊总统家族的庄园里种植和收获粮食蔬菜，管理仓库和处理家务。两个家族世世代代生活在弗吉尼亚，两个家族的后裔的遗传形态确实非常接近。每一个孩子从父亲和母亲分别接受染色体的一半，但是这个重组过程不是简单的混合，而是合计46对128个染色体上的60亿个“建筑单元”的全部重新组合，所以每一个孩子都是独一无二的新基因组。这个过程对下一代的健康是有益的，对遗传学家的分析研究则是一场噩梦，因为遗传形态极其困难和复杂。怎么能够肯定这些孩子是备受尊敬的美国国父的后裔，而不是杰弗逊家族其他男性成员的后裔呢？

直到今天，杰弗逊和海明斯的传奇仍然没有确切的答案。

1998年，美国政府正在争论是否因为莱温斯基的绯闻弹劾总统克林顿，杰弗逊的DNA检测结果恰好也在这一年公布，使得争论更加激烈。当时各国的著名人物的DNA检测结果也在世界各地不断出现，美国著名总统林肯和肯尼迪等人的DNA也都被检测了。

1998—1999年，争议的受益者之一是娱乐界，故事被迅速编成电视剧，美国全国热播。杰弗逊和海明斯的故事，使得人们既同情国父，也喜爱他的美丽的混血情人。克林顿成为DNA检测的受益者，最终逃过了弹劾。但是很多人却成了“受害者”。“民族主义”的主要发源地德国受到很大冲击。铁血宰相俾斯麦统一德国后，几代德国人辛辛苦苦打造出了一个“优秀的纯正民族”，但是DNA检测证实德国人也是“杂种”。最大的“受害者”之一是希特勒，DNA检测显示他的家族起源于巴尔干半岛，距离德国很远。如果希特勒地下有知，一定很不开心。

只有欧洲人是杂种吗？

1987年，“线粒体夏娃”出现之后，人类世界再也不平静了。最著名的论战是欧洲人的起源之战。

考古学和人类学曾经长期陷入“人种分类”的象牙塔里，各个流派争论不休。他们甚至争论“为什么非洲西部没有发现人类化石”？这不是因为人类最近才来到西非地区，而是因为热带雨林并非死后变成化石的好地方。任何大型猿类化石，包括大猩猩、黑猩猩和倭猿的化石，在非洲西部都未发现。如果仅仅根据化石记录推测，只能得出它们根本不曾存在的结论，但谁都知道大猩猩、黑猩猩和倭猿至今仍然生活在非洲西部。

真正有意义的争议只有一个——最重要的人科生物尼安德特人。欧洲的近代人类史与尼安德特人紧密相关，尼安德特人曾在很长一段时间内被认为是欧洲人的起源。

约翰·卡尔·富尔罗特（Johann Karl Fuhlrott），以发现尼安德特人而著名

1856年，德国杜塞尔多夫的石灰开采工人在尼安德尔山谷（Neander Valley）炸开了一个小矿坑，清理碎片时发现了颅骨残骸，然后是大腿骨、肋骨、手臂骨和肩骨等。最初人们以为这是欧洲常见的一只灭绝的穴居熊的遗骸。一个偶然的机会，他们向当地学校的老师、博物学家约翰·卡尔·富尔罗特请教。富尔罗特一看到遗骸，马上意识到这不是穴居熊。但这些遗骸究竟是什么？争议持续了几年。这个颅骨不是猿，它的非常粗壮的眉脊也不属于人类，而且，也没有人能回答得出它存在有多少年了。

发现德国尼安德特人的遗骸时，欧洲的学者们正在激烈抨击《圣经》中“创世记”的年代计算方式，他们不能接受世界只存在几千年的说法。尼安德特人出土3年后，1859年，达尔文的《物种起源》出版，《圣经》“创世记”的绝对真理地位开始动摇。

现代人与尼安德特人的颅骨对比

脑壳外形
前额
眉骨
鼻骨的凸出
脸颊角度
下颚
枕骨轮廓

图片来源：美国克利夫兰自然历史博物馆（Cleveland Museum of Natural History）

右：尼安德特人　　左：现代人（克罗马农人）

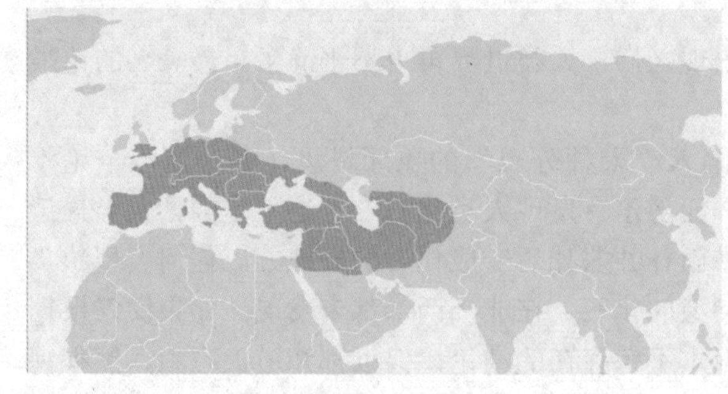

尼安德特人化石的分布区域

达尔文的著作和英国牛津大学的大辩论之后，人类原始祖先非常久远的观点开始被接受了。德国的这种尼安德特“人”，越看越像是人类原始祖先的一员。这个结论是在剔除了许多稀奇古怪的想象之后得出的。有的解释很离奇：这是一个罹患眉骨加粗的骨骼病人头骨；有的解释很荒唐：这是拿破仑战争中受伤的一个哥萨克骑兵的骨骼，他爬进洞穴后死去了，可是他的刀剑和军装哪里去了？

此后一百多年里，人们又发现了同样特征的大批尼安德特人的化石，这些

“人”的特征都是身体粗壮、脑壳硕大、鼻子凸出、眉脊粗壮。第一个尼安德特人是1848年在直布罗陀出土的，比尼安德尔山谷（Neander Valley）的尼安德特人还早8年，但是当时被人们忽视了。比利时、法国和克罗地亚也陆续发现了尼安德特人的化石。出土的化石不断增多，直到以色列、伊拉克、乌兹别克斯坦等地，分布地区非常广泛。

世界其他地区也存在同样的困惑。

现代中国人是北京周口店猿人的后代吗？

爪哇直立人是否进化成了现代的澳大利亚人—巴布亚新几内亚的土著？

多地区起源说的支持者是一批既有影响力、又敢于大胆假设的体质人类学的“权威”，他们认为，100万年来，从身材粗壮、骨骼厚重的祖先，到身材苗条、骨骼轻盈的后代之间的人类体质特征的变化，属于世界不同地区按照不同速率发生的渐进的适应过程。单起源说的支持者强烈地抨击这种观点，他们认为尼安德特人、北京周口店和印度尼西亚的化石，都是起源于非洲、一百多万年来走出非洲、最后走入“进化死胡同”的灭绝人科生物的化石。单起源说的化石证据是4万—5万年前在欧洲突然出现的拥有轻巧头颅和骨架的人种——克罗马农人（Cro-Magnon）。克罗马农人与现代的欧洲人已经没有什么区别了，毫无疑问，克罗马农人正是今天的现代人类这个亚种——现代（晚期）智人。

单起源说的支持者认为，一夜之间发生巨大的遗传突变，尼安德特人突然变成克罗马农人是不可思议的。克罗马农人的石器先进，工艺精美，动物骨骼和鹿角第一次成为手工业原料。最关键的是艺术在克罗马农人中诞生了，在法国和西班牙北部的200多个山洞里，发现了克罗马农人绘制的绮丽粗犷的野生动物肖像，这些鹿、马、猛犸、野牛的图案并非拙劣的随意涂画，而是表现成熟的抽象思维和绘画技艺。

《最后一个尼安德特人》（*The last Neandertal*）
克罗马农人把他驱赶到大山的深处，这里非常寒冷，克罗马农人不再来骚扰他。他看不到和自己相同的生物，他也不知道自己是最后一个尼安德特人……
（关于最后一批尼安德特人的灭亡地点，学术界至今争执不一。可能在西班牙南部。）

难道尼安德特人不但改变了体质和工艺，还突然变成了艺术家？虽然多地区起源说的支持者这样认为，但是欧洲发现洞穴艺术的遗址，没有一处是尼安德特人的遗址，其他各大洲也是如此。

长期的争议，一直悬而未决。

化石记录清楚地显示，3万—4万年前克罗马农人到达西欧以后，尼安德特人至少继续存在了大约1万年。最晚的一个尼安德特人遗骨发现于西班牙，说明最后一个尼安德特人应该已经死在了西班牙南部。线粒体DNA技术出现以后，人们检测了世界各地群体的线粒体DNA，发现欧洲人与世界其他地方的人类的DNA差异不大，这些差异不足以认定欧洲人是尼安德特人的后代。那么，会不会是这种情况：尼安德特人和克罗马农人杂交成功了，但是没有产生既能存活又有繁育能力的后代？

两个不同物种杂交产生完全健康但不育的后代的例子很多。例如，公驴和母马杂交生下骡子。驴子和马的基因互补，骡子很强壮健康，功能健全，但是骡子不能生育，因为驴子和马拥有不同数量的染色体：马有64条染色体，驴子有62条。马的64条染色体和驴的62条染色体导致骡子有63条染色体。这对骡子的其他细胞不是问题，但骡子繁殖时就会出现混乱。63条染色体是奇数，无法准确地分成两半，所以无法传宗接代。

尼安德特人和克罗马农人是不是染色体数目不同、产生了不育的混血儿？如果不是，欧洲人又是哪里来的？尼安德特人又有多少染色体呢？难道全世界都是非洲出来的纯种人，只有欧洲人是现代人与尼安德特人的杂种？

是还是不是，只有一种选择。大量尼安德特人的遗骸遍布欧洲—中亚—中东地区是事实。人们起初都不情愿接受进化的事实，此后很多年，人们不得不承认尼安德特人是欧洲人的祖先，虽然也很不情愿，欧洲人毕竟不算是杂种。但是，1987年“线粒体夏娃”的DNA检测结果动摇了这一观念。地球上所有的人类都是从非洲迁移到欧洲的，怎么可能是至少25万年前的尼安德特人进化来的？

有人坚持认为“线粒体夏娃”错了，欧洲人的祖先就是披着兽皮的尼安德特人。解决争议的最好办法、也许是唯一的办法，就是恢复尼安德特人的DNA。

1997年，慕尼黑大学的教授斯万特·帕博（Svante Paabo）领导的一个小组发布了第一个尼安德特人的DNA序列。这是人类学的圣杯之一，回答了人类学领域最古老的、争议最大的问题之一：现代的欧洲人是否是尼安德特人进化来的？或者，尼安德特人是否被入侵的人类灭绝了？

圣杯（Holy Grail）是英国亚瑟王传奇故事群的核心，古代英国骑士们追求的最高目标，据说是耶稣在最后的晚餐上使用的酒杯。尼安德特人的课题是欧洲人的圣杯，相对缺乏种族意识的美国人在这项研究中落在了后面。

帕博1997年开始任马克斯·普朗克进化人类学研究所（Max Planck Institute for Evolutionary Anthropology）的遗传部主任。马普进化人类学研究所有五个部，属于德国马普研究院（Max Planck Society）。马普研究院有32位诺贝尔奖获得者，包括斯万特·帕博的父亲。1980年代，帕博和他的同行，包括找到“线粒体夏娃”的三个论文作者之一阿伦·威尔逊（Allan Wilson，1934—1991）等人，在德国和美国分别开始了古代DNA领域的研究。他们首先找出埃及木乃伊的DNA序列，然后很快转向化石。

1984年，帕博第一次成功取得2 400年前的木乃伊的基因序列。此后，帕博开始承接各式各样的DNA序列检测项目和工程，现在成为恢复古代DNA的世界权威。

1990年代，帕博终于开发出从远古的样本中提取和评测DNA的一套可靠方法。德国波恩的一家博物馆里有一批140多年前出土的尼安德特人的遗骸，时间约为4万年前。帕博经过几年不懈的游说，终于拿到了一块化石的右臂骨的上半部分残骸。帕博的一个博士研究生马提亚斯·柯林斯（Matthias Krings）参与分析这些遗骸的DNA，准备作为他的博士论文。

斯万特·帕博（Svante Paabo，1955—），恢复古代DNA的世界权威，曾经恢复埃及木乃伊的DNA和尼安德特人的DNA

经过长达一年的尝试—失误—尝试—失误的枯燥单调的过程，柯林斯最终恢复出数量足够的完整无缺的线粒体DNA，然后制作出105个碱基对的序列。柯林斯这样描述他第一次看到可能是4万年以上的DNA序列的情景：

……其实，我基本上已经把DNA序列都背熟了……如果给我一个序列，我一眼就能看出哪里发生了一个置换（DNA序列的变化）……浏览第一个序列的时候，我觉得我的脊梁后面一阵阵发冷。在通常只出现3个置换、最多只可能出现4个置换的一个位置上，竟然出现了8个置换。我心里想：“这真是一个异常独特的序列。”

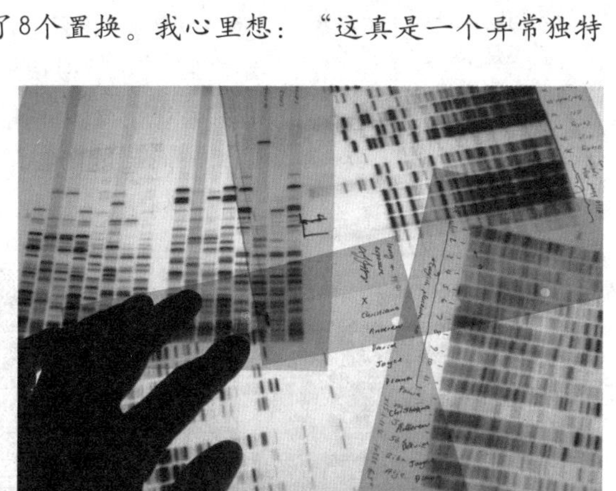

早期的DNA检测是手工对比紫外荧光照片，现在是自动检测仪器和电脑系统

帕博又换了这批遗骸中的另外一块遗骨，重新进行了一场恢复和测试工程。为了进行对比实验，帕博把一块遗骨快递给宾夕法尼亚大学的马克·斯通金（Mark Stoneking）和他的女博士生安妮·斯通（Anne Stone），这两个实验室开始同步进行同样的DNA恢复和DNA检测……大西洋两岸的多次实验反复证实了这个序列的有效性。又进行了几

次重复实验之后，帕博得到327个碱基对的线粒体序列。德国和美国的这两个实验室里的两个博士生——德国的马提亚斯·柯林斯和美国的安妮·斯通，通过越洋电话一个一个核对线粒体的序列位置……美国的斯通每说出一个序列的位置，都引起德国的柯林斯的一声欢呼，核对结束的那个夜晚，柯林斯举行了一次Party庆贺大洋两岸的实验结果完全相符……几个月后这一成果发表，一位人类学家说这篇论文“像报道人类登上火星一样令人兴奋”。

最终检测结果显示，这批遗骨的线粒体mtDNA，既不属于现代人，也不属于其他类人猿，而是属于一种类人动物，这种动物在50万年以前曾与人类分享同一个先祖。（后校正为80万年左右）这个时间与古人类学家预测的另外一种稀疏分布在欧洲的所谓“远古人”（即早期智人）（archaic humans）的时代相吻合，古人类学家曾经预测它们是从非洲来到欧洲的。

这个结论证明，尼安德特人不是现代人的直接先祖，他们只是区域性分布的古代智人的一个亚种，后来被现代人取代了。尼安德特人和现代人没有发生过混血。此前已经在全世界检测了数万个现代人的线粒体序列，没有一个人是从柯林斯看到的尼安德特人序列分离出来的。尼安德特人远远处于人类的所有变种类型范围之外。一切证据都表明，尼安德特人是另一个物种。尼安德特人DNA的结论，为多起源说的棺材，钉上了最后一根钉子。

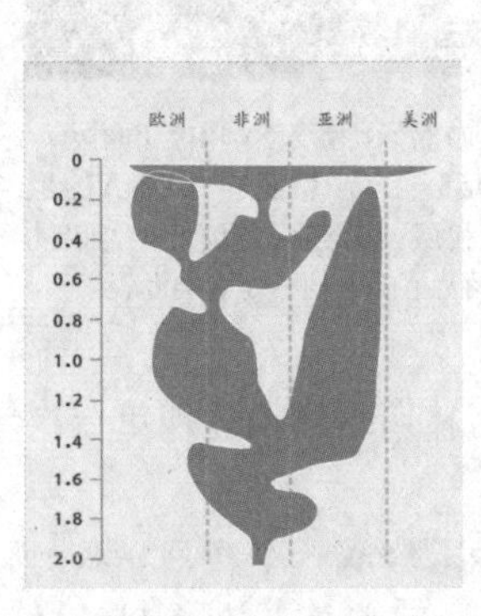

人科生物进化示意图。所有其他的人科生物都进入了进化的死胡同，已经全部灭绝了。人类是唯一的幸存者，逐渐散布到世界各大洲。其中，只有尼安德特人与现代人共存过一段时间

迈克尔·克莱顿（Michael Crichton，1942—2008）的小说《侏罗纪公园》（*Jurassic Park*，后改编为系列电影）的灵感，正是来自帕博早期恢复DNA的探索工作。当时的人们幻想找出6，500万年前灭绝的恐龙的DNA序列。事实上，这种DNA的恢复极其困难。生物死亡后，分子很快分解消失了。找到完整分子的希望非常渺茫。如果只能找到残缺的分子，恢复工作更加困难。而超过100万年，DNA都碎成最基本单位，根本不成序列了。

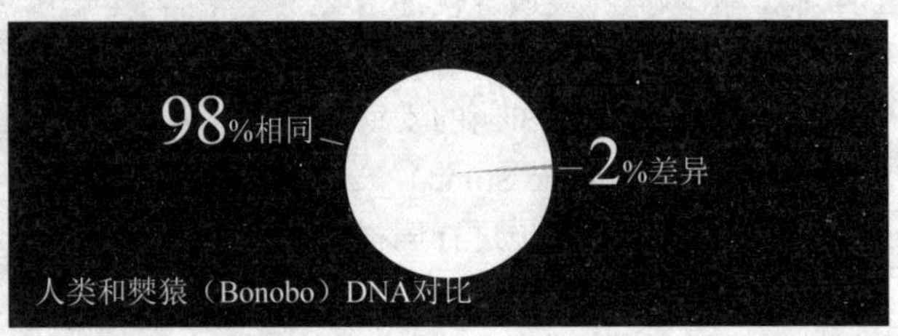

类人猿（大猩猩、黑猩猩和红猩猩）是人类最近的灵长类亲戚，它们比人类多一对染色体。可能500万—700万年前，人类与其他人科生物从共同的祖先分道扬镳

欧洲人终于平反了，他们不是人与尼安德特人的杂种。这是一个人科种群被另一个人科种群完全替代的例证。现代欧洲人的先祖在非洲，世界上每个人都起源于非洲。那么尼安德特人的取代者，究竟是一批什么样的人类呢？智人—现代人—人类—人，虽然具体的定义仍然存在争议，但有几点是公认的：

第一，现代人免疫系统非常发达。人类对很多疾病可以终身免疫，寿命较长。尼安德特人平均活不过30岁，它们的化石大都发生了骨折，说明狩猎采集技能较低，体质很差，生活条件艰难。现代人在史前时代的寿命可以达到50岁左右，老人可以为青壮劳力带孙子，口头传授各种知识经验，有利于壮大族群。

第二，从尼安德特人的化石可以看到，尼安德特人死后大都被同类吃掉，它们的骨头很多都有被啃咬或石器刮过的痕迹。所有的现代人类群体，全部自发产生了宗教，建立了伦理道德体系。很多哺乳动物的共同生活群体的数量很少，抵抗外来攻击的能力很差。现代人类的宗教和伦理道德体系可以建立几百人—几千人—几万人的群体，最后建立几千万人甚至几亿人的社会组织。

第三，人类是唯一自发产生艺术的生物，亦即人类具备抽象思维和想象力等能力。在非洲—中东—欧洲—亚洲—澳大利亚—南北美洲都发现了史前人类的艺术作品。最早的一件艺术作品出土于非洲南部，这是一个大约7.5万年的小型石刻。最丰富的艺术作品是欧洲南部的几百个洞穴壁画艺术，在确认非洲是人类起源地之后，在已经成为沙漠的撒哈拉沙漠里，竟然发现了数万年前的三万多处史前石刻和壁画。

《克罗马农人》（*Cro-Magnon*）。克罗马农人会缝制防寒的衣服，他们一直迁徙到寒冷的欧亚大陆北部。克罗马农人身边的巨大骨头是猛犸的遗骸。这幅照片的作者是日本摄影艺术家杉本博司（1948—），他以独特的方式表现了古代人类的生活状况

第四，人类是唯一具有语言能力的动物。其他动物也可以用声音沟通，黑猩猩经过训练，最多表达1—2个单词。但是，只有人类可以运用复杂的语言。

欧洲的问题解决了。亚洲的化石比欧洲少得多，由于种种原因，亚洲直立人也全部消失了。没有任何证据表明，亚洲的现代智人和灭绝的直立人曾经共同存在于同一时期。中国地区在10万—4万年前有一个化石记录的断层，亚洲的直立人可能在现代人类抵达之前已经灭绝了。在澳大利亚和南北美洲，也没有找到直立人存在的任何化石证据，说明人类是这两块大陆的第一批定居者。

第二场欧洲人起源之战

旧石器时代的克罗马农人仍然过着狩猎采集的生活。考古学家将石器时代分成三个时期，这种分类虽然界线有些模糊，却是描述考古遗址的一种有效方法。很多出土的遗址没有人类骨骸，通过石器这个唯一的证据，考古学家很快就能分辨出这些遗址属于旧石器时期、中石器时期还是新石器时期。

旧石器时期：

从大约300万年前第一批石制工具的出现，一直持续到大约1.5万年前最后一次冰川期的结束。根据石器的制作技术的明显不同，旧石器时期进一步划分为早期、中期和晚期。旧石器时期的早期，大致相当于平脸人、能人到直立人阶段。旧石器时期的中期，大致相当于尼安德特人的时代。旧石器时期的晚期，大约20万年前，现代人出现在非洲。4万—5万年前，第一批现代人来到欧洲，克罗马农人出现了。

中石器时期：

最后一次冰川期结束。旧石器晚期和中石器时代的分界，有时相当困难。

新石器时期：

发生彻底的石器技术革新，农业时代到来，出现全新的石器工具——收割小麦的镰刀、碾磨谷物的石器以及各种原始陶器等。农业出现的一万年之内发生了天翻地覆的变化，人类开始控制食物来源。

围绕这种历史分类，又出现一个重大争议：到底是原来的欧洲人学习掌握了农业技术，还是掌握农业技术的中东人取代了原来以狩猎采集为主的欧洲“土著”？也就是说，现代欧洲人是克罗马农人的猎人后裔，还是从中东和北非地区背着一堆口袋，里面装着小麦种子前来殖民欧洲的农民后裔？也许猎人和农民两者的后裔都有？这两种人的混血绝对没有问题。但是，他们各自占欧洲人口的比例是多少呢？

猎人后裔还是农民后裔？又一场欧洲人的起源之战爆发了。

人类的谱系树模型是平面的，这种谱系树是二维的分叉图，无法描述人的旅程。但是线粒体DNA的突变率太高，有大量重复发生的突变，所以无法构成简单的分叉图。各种线粒体DNA的差距的分布数据，似乎围绕着几个点，呈现出较高的发生频率。但是这种形态，既不是树状结构，也不是立体结构。几乎不约而同，人们意识到，这个模型可能是网络结构。牛津大学的赛克斯最早发表了他的网络结构，一是因为他开始将DNA研究与数学结合，二是因为线粒体DNA的研究分析比Y染色体DNA简单。

赛克斯是在咖啡馆的餐巾纸上糊涂乱画突然想出来的。我们首先介绍他的故事，以后的各式各样的网络更加复杂，所以从最简单的网络开始。例如，DNA的变异，围绕着右图的四个点的频率最高，这怎么会是一个进化树？既没有进化，也不是树，而是人类的旅程。基因差异最大的点是DNA的差异发生最多的地方，也是某一个“夏娃”的女儿或者孙女诞生的地方。

赛克斯回忆说：“我也不知道怎么把D画出来的，因为A-B-C3个点仍然是一个树杈的结构。”这个平面网络虽然非常简陋，也不完美，但是思路打开了——原始数据的真实分布形态本来就不是一棵树，而是一个网络。赛克斯赶快去找德国数学家合作。起初他们难以确定这些点——单倍群的数量是几个：4个？5个？6个？最后，他们发现欧洲的线粒体DNA的单倍群是7个。

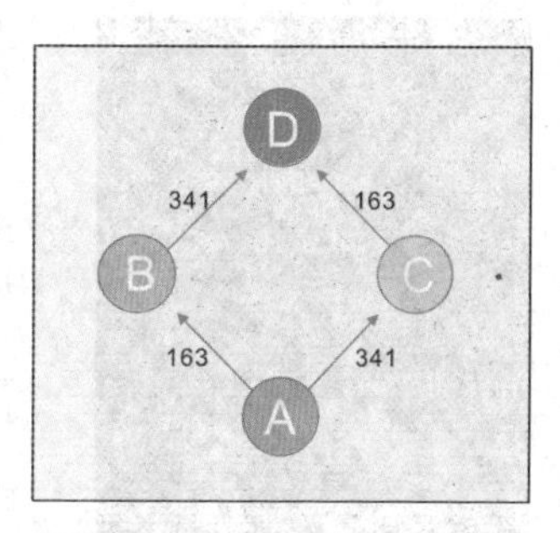

赛克斯画的DNA网络结构图

我们已经知道，线粒体DNA通过母系传递，男性也能从母亲那里继承线粒体DNA，却无法将其遗传给后代。但最近有人发现了男性线粒体传给后代的案例，这可能是一种畸变。也就是说，如果一个女性生下的全都是儿子，那么她的线粒体DNA遗传链将因此终止。换句话说，绝大多数现代欧洲人的线粒体DNA分为7种类型。每个线粒体DNA相同的人，都是数万年前同一个女人的后代。学术上，这种群体类型叫作单倍群：共享某些DNA突变的群体。赛克斯给欧洲人的7个线粒体先祖（单倍群）起了7个现代人的名字：

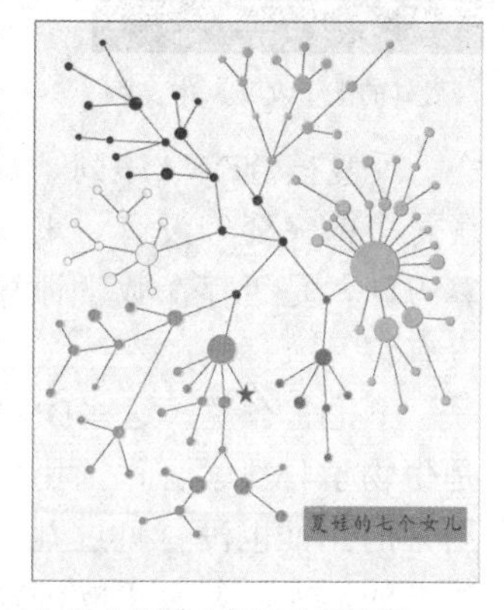

牛津大学简化的网络示意图
最重要的不是确认多少单倍群，而是确认单倍群结构的存在。这些单倍群的原始数据的内在结构很难理解，如果不加以简化和澄清，根本不可能识别这种网络系统。但是，存在几个单倍群无可置疑

乌苏拉=Ursula：对应U单倍群（Haplogroup U）
齐尼娅=Xenia：对应X单倍群（Haplogroup X）
海伦娜=Helena：对应H单倍群（Haplogroup H）
薇达 =Velda：对应V单倍群（Haplogroup V）
塔拉 =Tara：对应T单倍群（Haplogroup T）
卡特琳=Katrine：对应K单倍群（Haplogroup K）
贾斯敏=Jasmine：对应J单倍群（Haplogroup J）

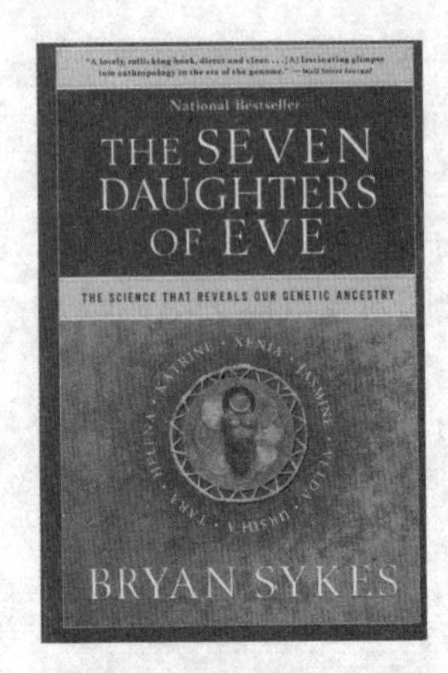

《夏娃的七个女儿》

《夏娃的七个女儿》中文版

赛克斯把这7个女性欧洲先祖合称为“夏娃的七个女儿”。当然，古代欧洲并非只有这7个女人，同一时代生活着大量史前的女性，她们要么没有活到成年，要么没有生孩子，要么生下的全是男孩。只有这7个原始女人活了足够长时间，并且每人至少生了两名女儿，从而开始了线粒体DNA的遗传链，并且一直延续到今天。

一波未平，一波又起。

当时的主流观点认为现代欧洲人的构成，主要是背着小麦种子，从中东—北非地区殖民欧洲的新石器时代的农民的后裔，他们取代了当时的欧洲土著——猎人克罗马农人，就像当年的克罗马农人取代了尼安德特人一样。但是，赛克斯在其著作《夏娃的七个女儿》中认为，6个女儿的年龄为1.5万—4.5万年。当时世界上尚未诞生农业（考古证明农业起源于1万—1.2万年，以两河流域的“新月沃土”地区为中心开始），只有一个夏娃的女儿贾斯敏比较年轻，出现在大约一万年前。那么，欧洲人到底是猎人还是农民？基因检测证明，携带中东农民DNA基因的后裔仅仅占现代欧洲人的17%。如果依这个数据推测，那么，大部分欧洲人就是猎人的后裔，而不是农民的后裔。

面对质疑，赛克斯赶紧反复核算自己的计算分析结果是否有误。

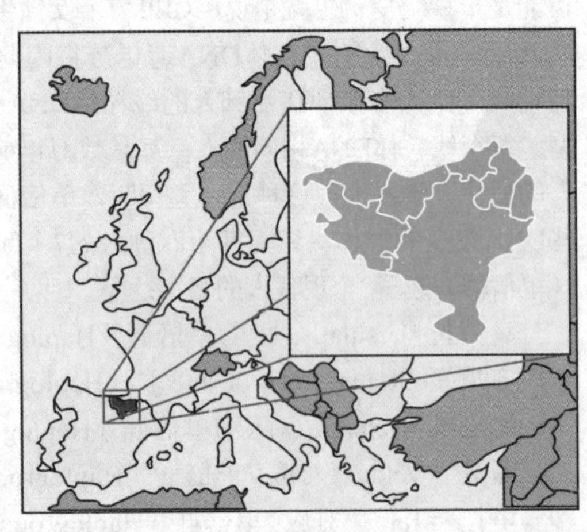

古代的巴斯克国。在欧洲大航海时代，巴斯克地区出现了大批的美洲征服者，向南北美洲送出大批巴斯克人的移民

反复核查DNA序列，是否统计了过多的突变？没有。重新检查计算方法，是否存在数学计算问题？没有。

不论怎么说，这些DNA证据都是生物学与数学合作，用电脑计算出来的。谁也没有见过几万年前的欧洲的活人，怎么用欧洲现在的活人验证这些结论？只有一个群体最合适，那就是巴斯克人。

巴斯克人（Basque people）是欧洲最古老的群体之一，总人口约1 800万人，其中1 500万移居海外（主要在南北美洲），其余的巴斯克人主要分布在西班牙和法国。在古代，这里被称为巴斯克国，现称巴斯克地区。

巴斯克人分布在险峻的比利牛斯山区（Pyrenees），尤其是法国的一个省和西班牙的巴斯克自治区。在冰河时期，巴斯克人的先祖也没有撤离故乡，并留下很多史前洞穴壁画，其中很多被列入世界文化遗产。2 000年前，这里是罗马帝国境内唯一没有被征服的土地。

人类的血型有40余种，最重要的是ABO型和Rh型。亚洲人中的99%属于Rh阳性，所以输血没有问题。亚洲人（包括中国人）并不关心甚至根本不知道自己的Rh血型，输血时仅仅检查ABO血型就可以了。因为Rh阴性血型稀少，在中国，这种血型被形象化地赋予了“熊猫血”这一名称。但是，欧洲与众不同，两种Rh血型都很多，其中巴斯克人的Rh阴性频率世界第一。此外，巴斯克人的B型血的比例最低。这种Rh阴性血型，可以导致“蓝婴综合征”（Blue baby syndrome，新生儿溶血病）——新生儿因为血液缺氧而全身发青（蓝色婴儿）。这种病症可以通过输血抢救，但是危险性极大，曾经导致很多婴儿死亡。

蓝婴综合征的原因很简单：Rh阴性母亲，如果与Rh阳性（携带Rh阴性抗体）父亲结合，胎儿血型有很高概率是Rh阳性。这对第一个孩子不是问题。但是婴儿出生时，一部分血红细胞可能进入母亲的血液系统，母亲的免疫系统开始制造针对它们的抗体。母亲怀的下一个孩子是什么血型，对母亲本人没有任何问题，但对胎儿却有极大的影响。如果胎儿血型是Rh阳性，母亲的Rh抗体会透过胎盘攻击胎儿，使得这个婴儿出生时罹患蓝婴综合征，抢救不及时可能死亡。

现在，蓝婴综合征不再是严重的临床病症。所有Rh阴性母亲都注射了抗Rh阳性血细胞的抗体，当她们生第一胎时，如果阳性血细胞进入她的循环系统，母亲的免疫系统会发现它们，并在产生抗体之前把它们消灭掉。但是，在输血法和Rh阴性母亲抗体治疗法发明之前，曾经有大量的婴儿死于溶血症。这是一个非常沉重的进化负担，这种状态的结束只能期待Rh血型中的一种最终消失。除了欧洲以外，世界上其他地方人类血型已经基本是Rh阳性。比例参见下表。

群体	Rh（D）阴性	Rh（D）阳性	Rh（D）阴性抗体等位基因
巴斯克人	21%—36%	65%	约60%
其他欧洲人	16%	84%	40%
非洲裔美国人	约7%	93%	26%
美洲土著	1%	99%	10%
非洲后裔	1%	99%以上	3%
亚洲人	1%	99%	1%

巴斯克人

在早期的人类学研究中，血型曾被作为研究人类起源的突破口之一，虽然这个尝试失败了，但是欧洲积累了大量的血型数据。

巴斯克人长期以来被认为是在冰河时期欧洲原始狩猎采集人群的最后幸存者，使用一种全然不同的语言，长期生活在欧洲的最后变成农田的土地上。证明巴斯克人具有独特群体的所有特征的证据不仅来自考古学、人类学、医学的研究，还有语言学的证据。巴斯克人的语言与印欧语系毫无关系。巴斯克人保留了欧洲西部唯一不属于印欧语系的巴斯克语，与现存其他语言没有任何语言学关系。而原来西班牙东部和法国东南部的伊比利安语已被拉丁语完全湮灭了。在法语和西班牙语的夹击下，巴斯克语依然保留了下来，确实是一个奇迹。如果冰河时期欧洲的原始狩猎采集人群全部撤退了，仅仅留下一支，他们只可能是巴斯克人。

对巴斯克人的采样和DNA分析，结果如下：巴斯克人的DNA序列与其他欧洲人的DNA序列一样。前六种女性线粒体DNA的单倍群的频率都存在。第七种女性线粒体DNA的单倍群频率完全找不到，而恰恰是这第七种线粒体DNA是最年轻的一种，大约一万年前来自中东。

如果其他欧洲人的祖先是近东地区来的农民，那么，狩猎采集时代的最后幸存者巴斯克人，应该具有完全不同的线粒体DNA序列谱系。但是，巴斯克人的DNA序列竟然毫无特殊之处。多次采样核实，确实如此。也就是说，欧洲的猎人可能并未被蜂拥而来的中东农民取代。如果巴斯克人是旧石器时代狩猎采集者的后裔，那么，其余大部分欧洲人同样也是旧石器时代狩猎采集者的后裔。

巴斯克人中为什么没有出现第七个单倍群？这个单倍群比其他六个单倍群年轻得多。如果把七个单倍群在欧洲地图上标出来，就会呈现一种模型：一方面，六个古老的单倍群遍及整个大陆，只是出现频率不同。另一方面，第七个年轻单倍群的分布分为两支，一支源于巴尔干半岛，穿过匈牙利平原，沿着中欧河谷抵达波罗的海；另一支的路线是西班牙地中海沿岸—葡萄牙沿海—不列颠西部。两条DNA遗传路线都与考古证据吻合，与第一批农民的迁徙路线吻合。

欧洲早期农业遗址可以从陶器类型得到证实：6 000—7 000年前，农民从巴尔干半岛穿越中欧扩散，很多考古遗址出土的一类特殊风格的陶器显示出这条路线。这种陶器分布并非巧合，DNA分析显示的第七个年轻线粒体单倍群的两条分支，也描绘出了这两条农民进入欧洲的路线。

考古证据链和DNA地理分布模式的基本吻合，证明虽然发生了中东农民殖民欧洲的人类迁移，但是这些一万年前的移民并非欧洲人的主体，他们不到20%。欧洲的猎人们自己选择了定居的农业生活，并非被后来的农民取而代之。大部分欧洲人是冰河时期来到欧洲的狩猎采集者的后代，这就是结论。

欧洲人起源的主流观点是遗传学之父费希尔（Sir Ronald Aylmer Fisher，1890—1962）的学生，出生在意大利的著名遗传学家卡瓦利·斯福扎（Luca Cavalli Sforza）计算出来的。他的计算来自大量的原始数据，其影响远远超出人类遗传学领域，涉及考古学和其他许多相关学科。后来，其他学者诠释这项计算分析的大意为：克罗马农人取代尼安德特人后，中东的农民又压倒性地湮没了克罗马农人的后代。这种大规模的取代意味着，大多数欧洲人的祖先是中东农民群体，而不是更早来到欧洲的狩猎采集群体。

1970年，斯福扎从意大利来到美国，成为斯坦福大学教授并主持一个精英荟萃的实验室。20多年来，卡瓦利·斯福扎最早阐明的理论支配了欧洲史前史研究。曾与斯福扎合作过的科学家都在人类群体遗传学的不同学科中，占据着重要的学术职位。斯福扎的理论具有强大的数学基础：费希尔创建的数学模型可以描述从生长中心向外扩散，包括动物、人类、基因或思想。斯福扎用“群体扩散”描述他的计算过程：群体是人群，扩散是农业人群从近东逐步地向外扩张的委婉说法。后来，这个数学模型被称为“前进的浪潮”——不断需求土地的农民扫除前进道路上的一切而产生的不可阻挡的迁移浪潮。这个模型被广泛接受，这个观点成为考古学界的主流意见。这个模型的含义最后被人们诠释为：欧洲人起源于中东的农民。

斯坦福大学教授卢卡·卡瓦利·斯福扎（1922—），遗传统计学之父费希尔最著名的学生之一，20世纪最著名的遗传学家之一。他的研究结果曾是欧洲遗传学的主流观点

1995年11月，在西班牙巴塞罗那召开的第二届欧洲群体历史会议（Second Euroconference on Population History）上，出现了一场激烈争辩。牛津大学的赛克斯在发言中用线粒体DNA的事实批驳了“欧洲人起源于中东农民”的主流观点。发言结束后的提问时间，“前进的浪潮”的支持者们提出各种意见，但是在DNA数据面前，却又无话可说。斯福扎也在会场，他没有多说什么。会议结束后的五年里，激烈的争论一直没有停止。这是又一场欧洲人的起源之战。

斯福扎的农民迁移到欧洲的计算结果，并没有量化，没有提及欧洲人口比例。牛津大学和斯坦福大学的结论，没有可比性。斯福扎本人回忆说，他也不相信欧洲人大部分是农业出现以后从中东迁移来到欧洲的说法。他的结论是计算出来的，包括死人和活人的数据，唯独没有DNA的数据——找出人类群体的DNA数据太困难了。

在科学界，巴塞罗那“欧洲群体历史会议”之类的国际会议可以宣布新的发现，但是会议的报告不是真正有效的，必须在科学期刊上发表。发表过程中，一批评审专家将对立题—结果—解释进行彻底的审查，称为同行评审。评审专家必须与作者没有任何利益冲突。牛津大学把报告送到《美国人类遗传学杂志》（*American Journal of Human Genetics*），受到非同寻常的严格审查。不仅要求对1995年发表的数学化的晦涩难懂的网络构建方法加上一个附录，作出进一步解释，还要求加上传统的群体比较表格。从巴塞罗那会议到论文发表，评审拖延长达8个月。当时世界各国的实验室和大学都在进行DNA的研究，没有统一标准，甚至互相保密，方法不同，DNA的表述和编号也不一致，这一切直到美国的人类基因组工程之后才逐步统一。

1996年7月，牛津大学的论文终于发表了。斯福扎的美国研究团队，当时正在进行长期的研究分析计算Y染色体的艰难攻关。2000年，斯福扎与其他合计21人联合发表了一篇重要的论文。在欧洲人的起源问题上，这篇论文的结论与牛津大学的赛克斯的团队的结论基本一致：来自中东的欧洲人不超过欧洲人的20%，欧洲有10个Y染色体单倍群。

大洋两岸的女性线粒体DNA和男性Y染色体的两个研究团队的结论，不谋而合。更加重要的是，长期从事统计数学和Y染色体研究的美国团队在这篇论文中得出结论：大约6万年前，“亚当”出现在非洲。这与“夏娃”起源于非洲的结论也是一致的。1987年发现“夏娃”出现在非洲以来，人们苦苦等了13年，“亚当”终于出现了。但是，新的问题也出现了：“夏娃”15万年，“亚当”6万年，这是怎么回事？

难道是“夏娃”和“亚当”从来也没有见过面？

第三章

男性Y染色体的故事

2000年6月26日，美国的两个遗传学家和美国总统比尔·克林顿一起站在白宫东厅的新闻发布会现场。这两位科学家刚刚结束一场艰苦的大战，他们分别完成了第一个完整的人类基因组的约30亿个核苷酸单元的全部草图。他们是遗传学家弗朗西斯·柯林斯（Francis Collins，下图右）和遗传学家克雷格·文特尔（Craig Venter，下图左）。

柯林斯当时领导了1990年启动的美国联邦政府资助的“人类基因组工程”（Human Genome Project），工程投资30亿美元，预计15年后的2005年完成。1998年，文特尔在硅谷成立一家私人企业，发明超前技术，宣布准备在三年内完成人类基因组的测序。

弗朗西斯·柯林斯（1950—）是现任美国国家卫生研究院的院长，该院年预算约300亿美元，下属20个专科研究院和14个中心，在这里工作的诺贝尔奖获得者超过100人

克雷格·文特尔（1964—），私人企业家，依靠新技术完成人类基因组测序，所以两人同时出席新闻发布会并同登《时代》封面。文特尔此后连续三年被列入世界最有影响力的100人。2010年，他用合成基因组制造出第一个细胞，再获奥巴马的嘉奖

仅仅在文特尔发明超前技术两年之后，在政府科研机构和私营企业的激烈竞赛下，两个基因组草图同时独立提前完成。这件大事不同寻常，所以，既不是白宫发言人，也不是美国国家健康研究院，而是由无可争议的最有权势的总统本人亲自宣布。几乎整个世界都观看了这场重大宣布。

克林顿说这幅基因图是“人类迄今制作的最重要最完美的地图”，克林顿在演说中谈到人类基因组可能揭开“500种以上遗传病”的原因以及其他多种疾病的秘密，克林顿还开玩笑说，他打算活到150岁。

大生物时代

参与“人类基因组工程”的国家除了美国，还有英国、德国、西班牙、法国和日本等国家。中国也参与了一部分工作。

2000年6月26日，同一天，英国首相托尼·布莱尔在伦敦作出了同样宣布。

2000年6月26日，这一天从多种意义上都标志着基因时代的到来。为了迎接这一天的到来，无数人经历了艰辛的努力。

2000年6月26日，就从这一天开始，生物科学成为一种“大科学”（big science）。越来越紧密频繁的国际合作交流，越来越多的传统科学领域与生物科学融合，越来越多新的学科和分支开始向上游和下游延伸和发展……与历史上所

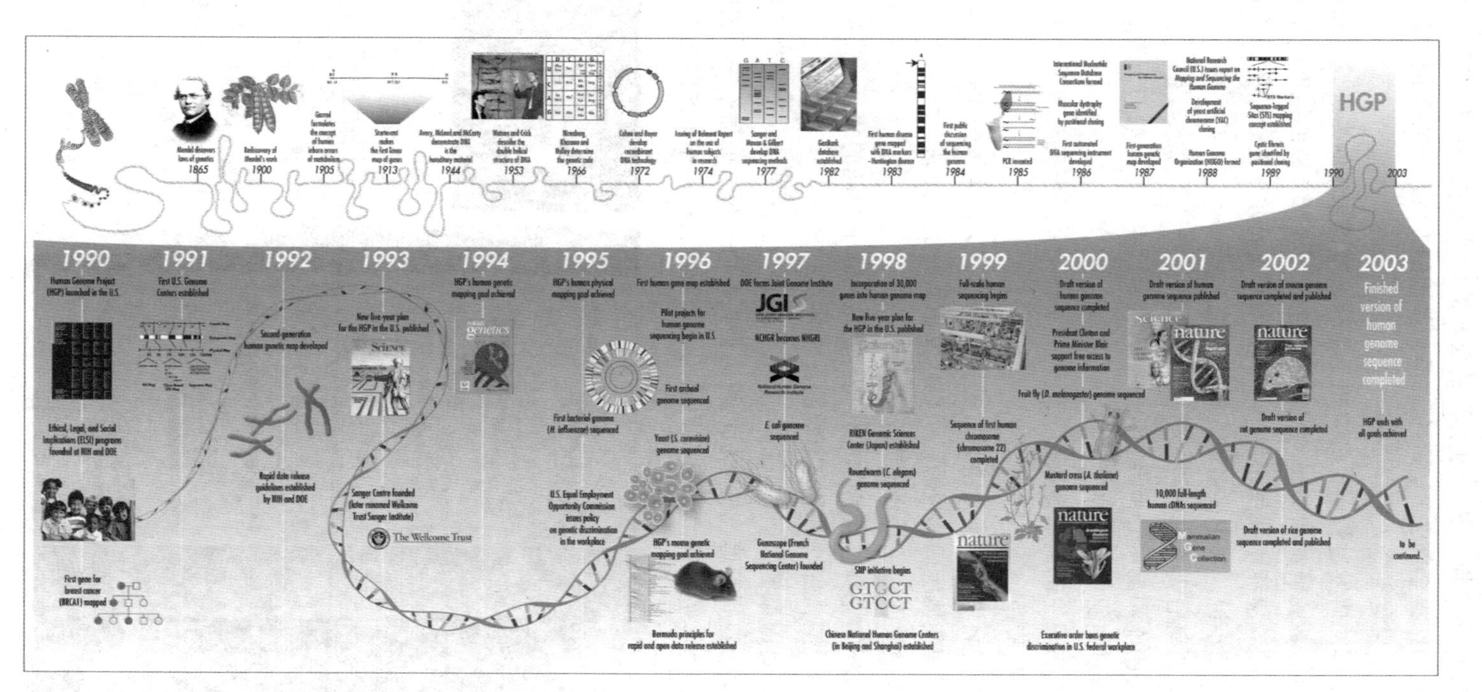

人类基因组工程时间表（Human Genome Project Timeline）

上半部分：1865—1990，在125年里发生的生物遗传学中的重大事件

下半部分：1990—2003，在13年里发生的人类基因组工程中的重大事件

有学科的开发史都不一样，基因组工程是公开的全球合作。克林顿和布莱尔宣布：基因组工程的结果全部公开，不允许申请基因的专利，世界各国的科学家都可以自由浏览，成果属于全人类。

在基因组工程的研发过程中，开发出无数让人难以想象的先进设备和神奇技术，破解了不可胜数的疑难和谜团。文特尔的企业每天都有新的原型DNA出现，几乎变成基因组的一座流水线生产厂……柯林斯和文特尔这两个基因组工程的故事，被写成几十部小说，其中很多成为畅销小说。

1987年，加利福尼亚的伯克利大学找到“线粒体夏娃”。

1987年，美国能源部展开世界上第一个人类基因组工程，他们认为这是原子辐射对人类影响研究的自然延伸，7年时间，预算10亿美元。

1988年，美国卫生部国家健康研究院建立了一个专门研究机构进行人类基因组研究，与能源部竞争。

1990年，很多科学家到国会游说“基因组工程意义重大……DNA密码可能揭开遗传病的机理和其他疾病的根源，可以研发出新的生物药品”……于是，能源部与卫生部的人类基因组工程合二为一。

这是一场疯狂的竞赛，文特尔的传奇经历成为家喻户晓的故事。文特尔本人也被多次评为20世纪和21世纪最有影响的人物之一。

文特尔原来是国家健康研究院的一个生物学家，他从小就是一个调皮捣蛋的家伙。小学时骑着自行车追飞机（机场没有栅栏）而被警察追捕；中学的时代追求女孩子过于热烈，被他的“岳父”用枪顶着脑袋警告；高中的时代曾经静坐示

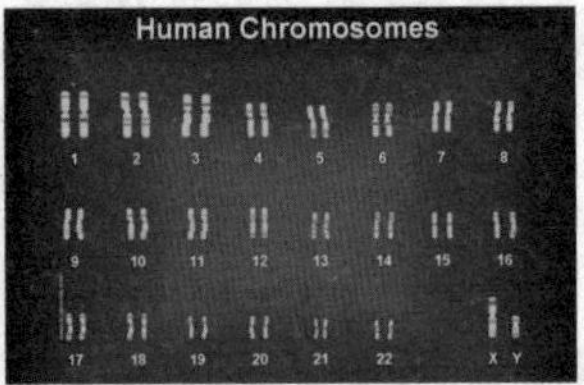

左图：2000年完成的人类第一个基因组草稿的打印文本，按照23对染色体编号：仅仅4个字母的文本，相当于200本1，000页的书

上图：23对46个染色体。人类23对染色体中的22对称为常染色体，最后一对X和Y称为性染色体。23对染色体包含约30亿“文件夹”核苷酸：4种碱基ACTG序列，全部序列称为一个基因组

威两天两夜，抗议老师给他一个F（不及格）……1976年，21岁的文特尔来到激战中的越南战场，在一个军队医院担任卫生兵。眼看着上百个战友在他的身边死去，他感到生命没有意义，于是跳进海里打算自杀。他游了很远很远，一条鲨鱼用鼻子顶他的肚皮，似乎在问他：你在干什么？突然清醒的文特尔赶紧回头向海岸游回去……

在人类基因组工程的实施期间，文特尔听说RNA能传递制造蛋白质的信息。他想，为什么不能反过来用RNA去测序DNA？说干就干，他很快把一个基因的测序成本从5万美元降低到20美元，他因此一下子发现了2 700多个新的基因。本来，人类基因组工程的计划是首先用几年时间，拿第一个10亿美元把46个染色体区分开来，然后交给不同的团队分别去进行DNA测序。文特尔看不上沉闷枯燥漫长的人类基因组工程，认为参与工程的工程师都是“签约的奴隶”。

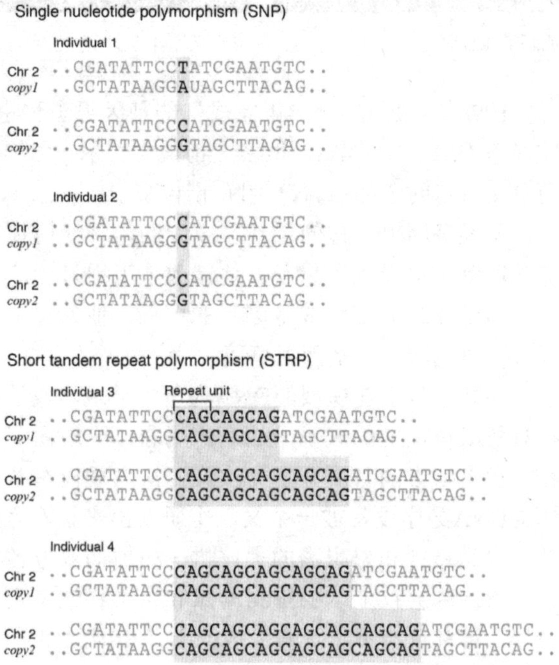

单核苷酸多态性（Single Nucleotide Polymorphism，SNP）系指DNA序列单个核苷酸碱基之间的变异。上图显示4个个体的变异

1994年，文特尔向国家健康研究院领导的人类基因组工程申请经费支持。他认为细菌才是完整的生物，他要解读细菌的DNA基因组。几个月后，他的申请被拒绝了。专家权威们认为，他提出的测序办法是“根本不可能的”。1995年，文特尔完成了世界上第一个细菌——流感嗜血杆菌（Haemophilus influenza）的完整DNA测序，这个基因组约有200万个碱基。这是世界上第一个被完成测序的细菌。1996年，文特尔完成了世界上第二个细菌——生殖支原体（Mycoplasma genitalium）phi X 174 （ΦX174） 的完整DNA测序。一个月之后，人类基因组工程也完成了这个细菌的测序。连续赢得两个回合的文特尔团队不仅两次夺得第一名，并且没有拿过联邦政府的一分钱资助。

1998年，文特尔成立了一个公司专门测序人类基因组。1953年艾德蒙·希拉里（Edmund Hillary，1919—2008）成为第一个登上珠穆朗玛峰的人类，文特尔希望自己成为直接乘坐直升飞机登上生物科学珠穆朗玛峰的第一个人——他的直升飞

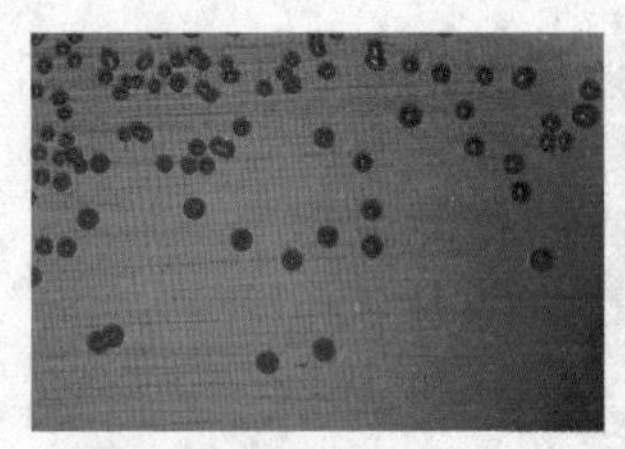

流感嗜血杆菌

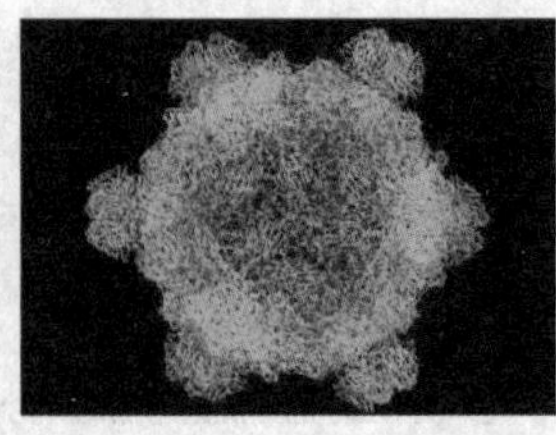

生殖支原体

机就是他的各种异想天开的思路和大规模电脑系统。他的新公司开展的第一项工作是构建世界上最大的一套非军用超级计算系统，计算能力超过世界上任何其他计算系统。

1998年，原定“15年完成”的基因组工程进展到第8年，官办科研机构仅仅完成基因组测序的4%，很多人都被文特尔“3年完成全部测序”的宣言惊呆了。而且文特尔的全部预算仅为联邦计划的十分之一。

人类基因组工程的主任，虔诚的基督徒柯林斯在教堂祈祷了一个下午，他可能从耶稣那里得到了启发。他修改了工程目标，不是在2005年完成基因组全部测序，而是在2001年完成基因组的草稿。他砍掉了一大批卫星计划和子课题，全力以赴力争完成这份基因组草稿。

1998年，空前惨烈的DNA竞争大会战爆发了。文特尔像罗马将军一样发表了疯狂的演讲，他的大军一边高声喝彩，一边像罗马军团一样，大家一起用皮鞋猛蹬地板。双方同时展开了一次又一次大规模军备竞赛，耗资数千万美元的稀奇古怪的DNA测序设备被一个又一个研发出来。双方的大军不仅是脑力和体力的大决斗，也是精神和忍耐力的大比拼……他们双方各自阵营的内战也此起彼伏，例如在一次国际会议上，德国科学家和日本科学家互相批评指责对方的测序数据出现错误，谁都承担不起竞赛失败的责任和因此而丢失的脸面……

1999年，文特尔宣布完成果蝇的1.2亿个碱基测序——他占领了又一个制高点。紧接着，文特尔宣布突破10亿个人类基因组碱基测序。国家健康研究院立刻坚决否认，指责文特尔没有公布出来给大家审查。但是一个月后，国家健康研究院自己也宣布突破了10亿个碱基，过了4个月又宣布突破20亿个碱基……所有人的心里都明白，文特尔的大军确实在发动一场豪赌，一场DNA测序的闪电战。

2000年，克林顿总统亲自宣布“雨过天晴”，基因组属于全人类，成果不申请专利，向世界公开。

克林顿总统把两个阵营的首领，文特尔和柯林斯，都请到新闻发布会的现场。参加这两个基因组工程的科学家超过3 000人，克林顿总统承认：“大政府的时代过去了。”

是的，大生物的时代来临了。

2001年，两个阵营的基因组草稿

文特尔和他的电脑系统，他用这套电脑对他本人的DNA进行了测序

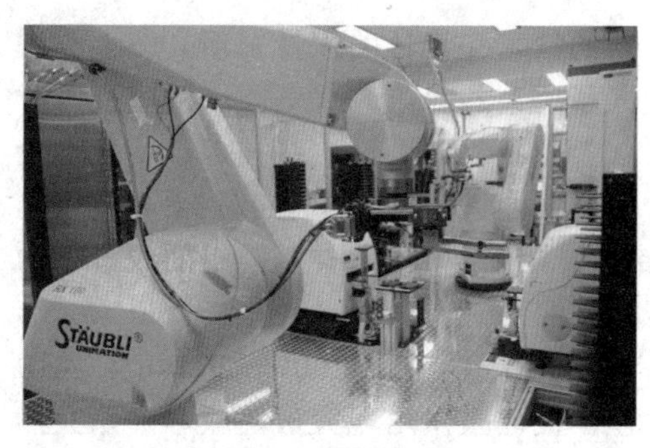

机器人在高速自动准备DNA的测序

分别公布。经过对比，启动仅仅两年的私营企业阵营赢了，文特尔的草稿比政府的草稿更好。媒体和舆论普遍认为，如果没有文特尔的挑战，政府主导的基因组工程可能还是遥遥无期（2003年，完整的人类基因组测序才最后完成）。

2000年6月26日以后，各种DNA的数据库成为一个长长的清单，并且全部开放、自由浏览。生物时代来到了。

生物时代的最大特点之一是信息量的巨大和数据库的爆炸性增长。我们看看一个著名大型杂志集团诞生的例子。

2001年，美国提出PLoS（科学公共文库，Public Library of Science）。2003年，第一份PLoS杂志发行。同行评审、公开检索、非营利是该杂志三大显著特点。PLoS迄今已发行8种生物学杂志，年发表论文总量位居世界第一。

PLoS杂志名称	首发时间	研究领域备注
PLoS Biology	2003年	生物学
PLoS Medicine	2004年10月	医学
PLoS Computational Biology	2005年6月	计算生物学
PLoS Genetics	2005年7月	遗传学
PLoS Pathogens	2005年9月	病原体
PLoS ONE	2006年11月	综合性
PLoS Neglected Tropical Diseases	2007年10月	被忽视的热带疾病
PLoS Currents	2009年8月	非“同行评审”的杂志

2012年，PLoS生物杂志系列群已经基本成型，其中PLoS Biology 的检索引用系数位居PLoS杂志第一，PLoS ONE年发表1.4万篇论文，数量位居PLoS杂志第一……与此同时，面向全球的各种基因库、基因银行纷纷建立，也全部采用自由检索方式。

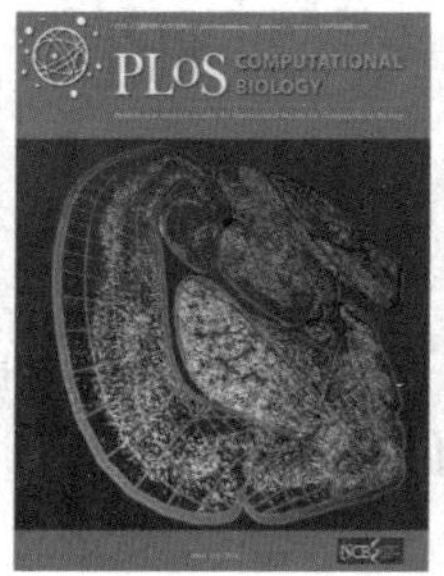

2008年以后，各种基因工程一个又一个出现。测序的基因组对象包括人类—植物—动物—微生物—原生生物……基因技术的大量突破、

新的技术和设备的大量出现，使人类进入了所谓的“第二代基因组测序技术时代”。我们不讨论这些技术以及各种设备的发展和性能，现在我们看看仅仅几年内“测试一个人类基因组的成本”的戏剧性变化。

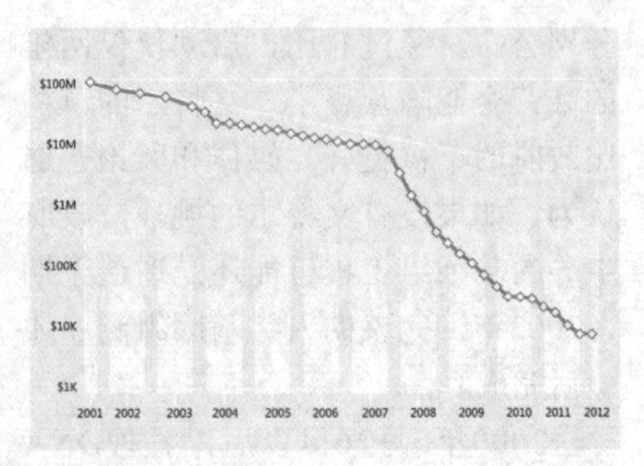

每个基因组的成本。在2008年，曲线突然开始急速下降。图片来源：美国国家健康研究院

从右图可见，2007—2008年，美国基因测序技术出现突破，成本开始突然迅速下降。测试同一个目标，1990年的成本是30亿美元，而此时，每个人类基因组的测序成本都降到了一万美元以下。差距达到30万倍，彻底打破了电子技术的摩尔定律（右图的白线）。

测序成本的大幅度降低，引发了一大批新的基因工程的启动：

启动	名称	研究领域备注
2008年	1 000 Plant Genomes Project 1 000植物基因组工程	1 000种植物的全套基因组的测序
2008年	1 001 Genomes Project 1 001基因组工程	1 001种拟南芥（Arabidopsis thaliana）基因组测序 这种实验植物类似动物实验中的小白鼠
2008年	1 000 Genomes Project 1 000基因组工程	1 000人类基因组的测序，2010年完成目标后，又继续进行第二阶段：2 000人类的基因组测序
2009年	Genome 10K Project 基因组10K工程	10 000种脊椎动物基因组测序，涵盖约6.4万种脊椎动物的所有门纲目科
……	……	……

测序成本不断下降，各种基因工程和项目遍地开花，人类随着生物技术冲进21世纪，而21世纪也因此被称为生物世纪。

但是，“夏娃”出现十几年后，人类还是没有找到自己的先祖“亚当”……

非洲化石大爆炸的困惑

达尔文是一位性格平和、实事求是的博物学家，他喜欢观察，喜欢化石。他的名字前面的一长串各式各样的称号，都是后人添加的头衔。在《物种起源》中，达尔文甚至没用“进化”（evolution）一词，而是采用了“更改的后代”（descent with modification）一词，因为他认为，进化一词含有进步的含义，物种的遗传变化只是为了适应变化的环境，并没有进步或退步的含义。达尔文除了收集各个物种的标本，还收集了大量化石。但是，达尔文当时还无法分辨清楚这些化石，也没有条件进行统计学的分析。

欧仁·杜布瓦（Eugene Dubois，1858—1940）

瑞典“分类学之父”林奈，将现代人类命名为Homo sapiens，拉丁语意思是“智慧的人”（wise man）。19世纪，考古发现智人不止一种，很多类似智人的化石也出现了。

1856年，德国尼安德尔谷地（Neander Valley）发现第一批古人类遗骨，被命名为尼安德特人。1890年代，荷属东印度（现印度尼西亚）的爪哇岛发现亚洲直立人的化石。1920年代，中国发现周口店猿人（Zhoukoudian Sinanthropus）……

雷蒙德·达特（Raymond Dart，1893—1998），以发现多处非洲猿人而著名

欧仁·杜布瓦（Eugene Dubois，1858—1940）是一个坚忍不拔的荷兰人，他在荷属东印度群岛经过二十多年的挖掘——当然不是他亲自动手，而是雇用了大批囚犯——终于在爪哇岛发现一种直立人的化石。他把这种猿人命名为Pithecanthropus（英语erect ape-man：爪哇直立猿人）。1950年代以后，人们把在爪哇和中国发现的这两种亚洲直立人分别命名为爪哇人（Java man）和北京人（Peking man）。

但是，正如达尔文的推测，世界上化石最多的地方在非洲。1920年代，非洲的猿人化石开始大量出土，远远超过欧洲和亚洲。1921年，赞比亚发现第一个猿人化石。1922年，雷蒙德·达特（Raymond Dart）被任命为南非威特沃特斯兰德大学（University of the Witwatersrand）的人类学教授，开始组建一个人类学系。1924年，达特确认，在赞比亚发现的是迄今最古老的猿人化石。1959年，在距离赞比亚几千千米的肯尼亚，路易斯·李基（Louis Leakey）发现了一个175万年前的南方古猿（Australopithecus）。这一考古发现，将非洲地区的远古类人猿的生存年代延长了大约一倍。此后的考古发现，非洲人科生物的化石年代越来越久远，分布越来越广泛。

此后的几十年里，越来越多的非洲南方古猿（Southern Ape Man）的化石大量出土，其数量之大，超出世界上其他所有地方的总和。人类起源于非洲的理论，在事实面前逐渐被世界接受。

非洲南方古猿（Southern Ape Man）的年代逐渐向前延伸：300万年，400万年……最新发现的类似黑猩猩的猿人Ardipitbecus（地猿）进一步把非洲猿人的年代延伸到560万年前的中新世（Miocene）。但是，伯克利大学计算出来的“线

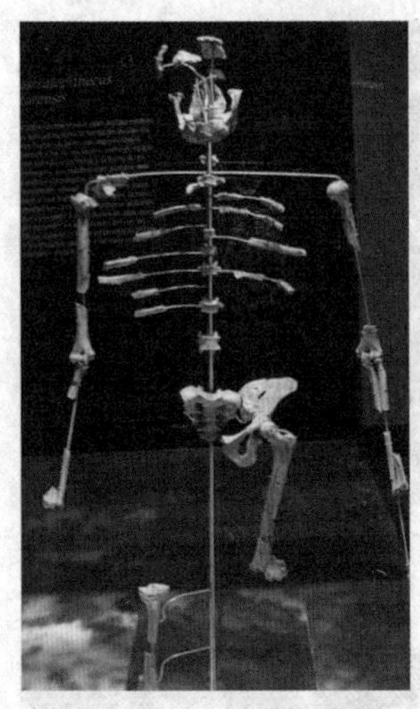
1974年11月，露西（Lucy）在埃塞俄比亚出土，她的年龄约20岁，生活年代约320万年前。露西属于南方古猿阿法种（Australopithecus afarensis），这种古猿与现代人的关系目前仍不清楚。露西被列为联合国世界文化遗产

粒体夏娃”这个现代智人的诞生时间，仅仅不到20万年，这到底是怎么一回事？

化石是确凿无疑的证据，但也可能把我们引入歧途。化石给予我们认知远古历史的证据和知识，但是无法给出生物谱系（genealogy）。只有基因可以找出我们的谱系。一切都取决于这些人科生物出现的时间。

线粒体数据和模拟计算分析反复证实，现代人类从非洲进化而来，然后散布全球，取代了所有的人科生物远亲。虽然这个结论非常残酷，但是与考古学、人类学、语言学、气候学等学科的综合结论完美地吻合在一起。这一切发生在仅仅十几万年前。

更加详细的研究证明：4万年前到200万年前的尼安德特人、北京人、爪哇人、南方古猿等，现在都没有留下任何基因的痕迹，也没有分别独立进化成现代人的证据，虽然它们的形态与我们人类多多少少有些相似，虽然它们都是比现代人类更早走出非洲的类人生物，但是它们都已经彻底灭绝了。

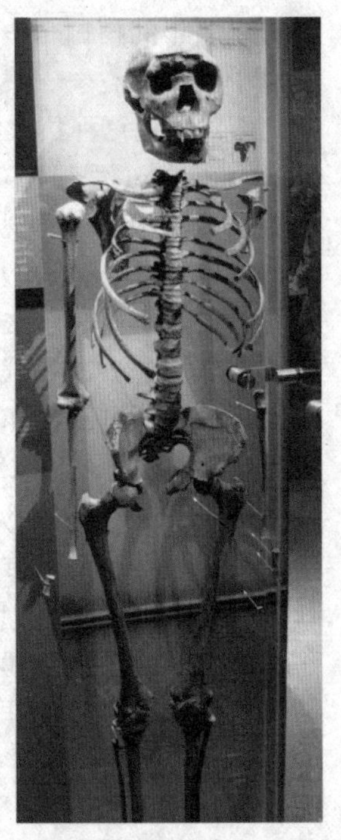
图尔卡纳男孩（Turkana Boy），1984年在肯尼亚图尔卡纳湖（Lake Turkana）出土，是世界上最完整的一具骨骼。男孩年龄11—12岁，年代150万—160万年

我们的祖先几万年前走出非洲，所有的遗传数据都支持这一观点。非洲的多态性是世界上最丰富的：非洲的一个村子里的居民的高度分离的基因遗传血统，就超过世界所有其他地方的多态性数量的总和。更准确地说，在我们人类这个物种的遗传多态性（genetic polymorphisms）中的绝大部分多态性仅仅存在于非洲。欧洲—亚洲—南北美洲的多态性只占很小一部分，比不上任意一个非洲村庄。

我们是唯一存留的人种，多起源说再次被证明是错误的。

但是，人类考古史上，学者们曾经并不这样认为。每一块出土的人类化石都曾引发出一场争论。在欧洲、亚洲和非洲，许多年代久远的古代遗址出土了毫无疑问的人类活动遗迹。其中出土最多的遗物是石器，因为石器容易保存下来，真正的人类骨骼却极其罕见。围绕这

些化石，古人类学家研究和争论了很多年：

能人，*Homo habilis*

直立人，*Homo erectus*

海德堡人，*Homo heidelbergensis*

尼安德特人，*Homo neanderthalensis*

……

铁器时代的颅骨穿孔术（A skull showing evidence of trepanning）

美国克里夫兰博物馆展出的三角龙属（Triceratops）

命名虽然五花八门，但是所有这些分类的定义都是根据骨骼的解剖形态，而不是以生物学意义上“彼此是否可以杂交产生健康后代，并且后代是否也能继续传承”为依据。考古学的这些分类只是为了便于研究，骨骼形态根本无法查明不同地区的人类能否成功杂交。如果能够杂交，就能进行基因交流，因为同一物种处于同一个基因库里。如果不能杂交，不同物种之间就不会交流基因，位于互相隔离的基因库中的不同的物种之间进化的道路无可挽回地分道扬镳了。

化石记录只能告诉我们早期的各种人科生物，在离开家乡之前在非洲度过了几百万年。中国和爪哇的化石，与古老的非洲直立人相似，不仅表现在体质形态上，还表现在遗址中的石器类型上。但是，毫无疑问，它们都已经灭绝了。所有的其他人科生物都进入了进化的死胡同，在最后一个尼安德特人死亡之后，它们永远消失了……

什么也找不到

在继续讲述之前，有必要介绍一下两本科学杂志。迄今为止，我们论述的故事都首先刊登在这两本世界性的权威科学杂志上，它们分别是英国的《自然》（*Nature*）和美国的《科学》（*Science*）。这两本杂志的历史地位非常特殊，几乎所有生物科学和基因科学的新发现，都是这两本杂志首先披露的，例如“线粒体夏娃”“Y染色体亚当”、尼安德特人等。在这两本杂志上发表论文必须经过非常严格的“同行评审”。

1994年，诺贝尔奖获得者沃特·吉尔伯特（Walter Gilbert）和罗布·多利特（Rob Dorit）、广濑明石（Hiroshi Akashi）在《科学》上发表了一篇奇特的论文。这篇论文的奇特在于：他们不是报道发现了什么，而是报道没有发现什么，论文的题目是《人类Y染色体在ZFY区段不存在多态性》（*Absence of*

简史	封面例子	重要发现的例子
1869年至今 周刊，全球发行 现在发展成为包括30多种专业期刊的大型“自然出版集团”（Nature Publishing Group，NPG） 1992年，集团创建子刊物《自然遗传学》（*Nature Genetics*）。由于生物和基因科学的迅速发展，2010年《自然遗传学》的论文引用频次数等已经超过《自然》		线粒体夏娃 X射线 DNA的构造 南极臭氧层空洞 人工授精羊多利的诞生 …… 很多文章的发布者后来获得诺贝尔奖和其他奖项。很多新发现改变了人类对地球和宇宙的认识，例如南极臭氧层出现空洞论文发表后，促成了为保护环境而制定的《京都议定书》
1880年至今 两个办公地点：总部在美国华盛顿，分部在英国剑桥 全球发行 创刊时为私人杂志，爱迪生和贝尔等资助。1900年成为美国科学促进会期刊 这个杂志与《自然》类似：同行评审发表后，其他人可以参与评论或者答辩		2000年：Y染色体亚当 2001年，《自然》《科学》同步发表人类基因组草稿 2012年，《自然》《科学》同步发表在人类基因组中占98%的非编码基因的首批成果 世界最著名的综合科学类杂志共6种，包括《自然》和《科学》。这两家杂志的特点是注重原创性资料的公布

polymorphism at the ZFY locus on the human Y-chromosome）。这三个科学家希望能从世界不同地方采样的38个人的Y染色体上找到多态性，但是最终没有找到。他们感到非常惊讶，反复进行核实，结果还是找不到。也就是说，这38个人理论上来自同一个父亲。一位诺贝尔奖得主和两个生物专家，花费很大力气，发现了一个花天酒地的风流男人，他在全世界眠花宿柳，他生下的38个儿子又恰好被搜集到这场科学实验里来了。

这绝对不可能。

这个DNA区段的长度是700个核苷酸。经过一系列复杂的计算，三个研究者的结论是：这38个人的最近的共同祖先——亚当的时代，应该在0—80万年之间。这些数据没有意义，这篇论文也没有提供什么新发现，只是阻止了一些人继续研究Y染色体，避免了浪费时间和精力。

其实，早在1985年，米里亚姆·卡萨诺瓦（Myriam Casanova）和杰勒德·路托特（Gerard Lucotte）也独立发现了这一奇特的现象：在人类23对46个染色体上，只有最后一个染色体的Y染色体找不到变化。

几年之后，美国亚利桑那大学（University of Arizona）的迈克尔·函默（Michael Hammer）找到了足够的多样性，证实亚当在20万年之内，确实存在于非洲。这个结论，佐证了线粒体的研究结论：亚当和夏娃的幽会舞台，确实在远古的非洲大草原。但是，函默也没有查清Y染色体的多态性。

夏娃出现7年了，亚当还是没有任何音信。现在的世界地图无法帮助我们研究DNA和人类的迁移。人类迁移与现在人为划定的国家和行政管辖的界线没有关系，所谓的种族和民族概念完全无法代表人类的旅程。

科学地论述史前历史，不能使用概括性语言，例如所谓“第一批美洲人”或“第一批澳大利亚人”，因为这类语言的潜台词是这些古人的群体当时是意见一致的群体。设想一下，欧洲的尼安德特人会不会说：“糟糕了，弟兄们，我们灭绝的时候到了，只好让克罗马农人来接替吧。”白令海峡边的亚洲人会不会说：“伙计们，现在是1.4万年前，赶紧穿越白令陆桥去美洲吧，再过2 000年这里就又变成海峡啦。”这些设想毫无可能。古人根本没有计划，他们根本不知道世界是什么样子，中东北非的农民也不可能组织有计划的欧洲殖民。

1987年，“线粒体夏娃”的谱系图出现。这个图很大，线粒体DNA样本来自147个活着的人，我们取其中的16个人的关系看一看：

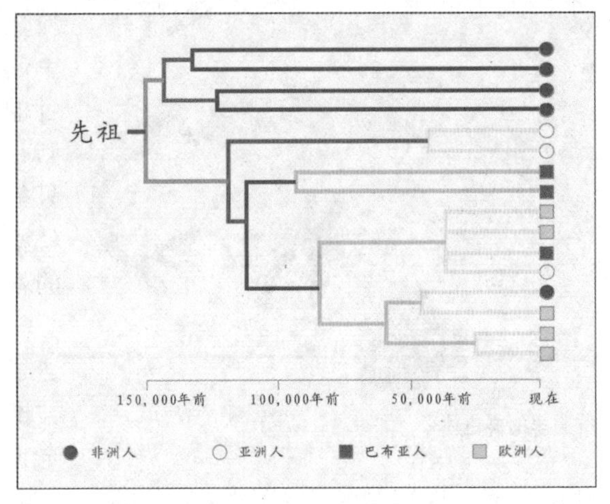

16个人的16根线，反映了他们的线粒体DNA的遗传差异。两个人的DNA越相似=关系更接近=共同祖先更近=短树枝。两个人的DNA差距越大=关系更远=共同祖先更远=长树枝。最早分叉的树枝有4个非洲人，另一个早分叉的树干涵盖了世界其他地区的所有人和一个非洲人。在这根分叉的树干上，较近的枝条连接了世界上同一地区的人，例如亚洲人、巴布亚人、欧洲人。有时也会把不同地区的个体连在一起，例如中间的一枝把一个巴布亚人、一个亚洲人和两个欧洲人连在一起。非洲的树干和世界其他地区树干的早期分叉，正是非洲古老地位的证明，而世界其他地区紊乱的树干说明，每一个现存的群体的历史都有融合的烙印。

这张著名的“线粒体夏娃”图产生了巨大影响，这幅图告诉我们，遗传相关的个体会散落世界各地。在所有群体中，如果一个群体中的某一个体的DNA关系出现在另一个群体中，那么，群体作为生物学单位的传统概念就没有任何科学依据。在全世界的线粒体DNA采样中，没有找到任何“纯种人”的群体。生物学意义上，人类属于一个种，只是后来产生的语言和文化才造就了现在的世界格局。

此外，线粒体DNA谱系图的绘制，加入了时间概念。计算分析发现，所有的枝干都汇聚到15万年前的同一个点，即树的“根”。这意味着整个人类物种比许多人想象得年轻得多，关系也近得多。

关于人类起源的争论，曾经非常激烈。争论的双方都认为我们现存人类同属于一个种，起源于非洲。双方都承认有几种更早的人类，属于进化的不同中间阶段。例如，直立人在190万—80万年前出现于非洲并向其他地区扩张，因为在欧洲、中国、印度尼西亚都发现了直立人的化石。这些都是事实。对于这些问题，争论的双方自始至终都是认同的。争论双方的分歧集中在是否发生过一次源自非洲的现代人的扩散？单起源说认为新的人类在世界范围内完全取代了直立人；多起源说认为智人是直接从各地的直立人进化的，例如现代中国人是中国直立人的后裔，现代欧洲人是欧洲直立人进化的，他们都不是非洲最后一次迁移出来的现代智人的后代，他们在当地进化了上百万年。

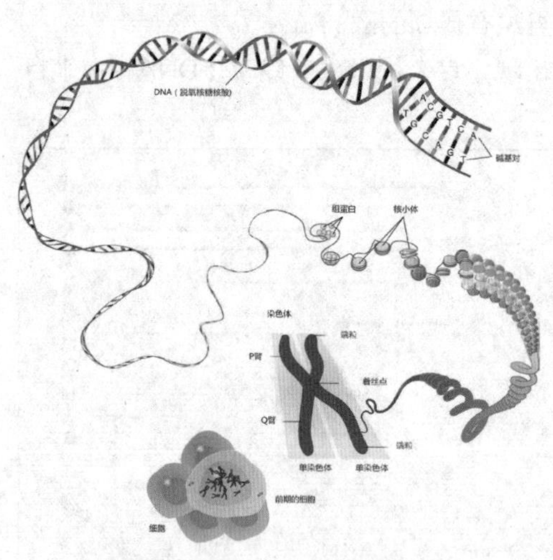

细胞里的染色体

“线粒体夏娃”的基因树，第一次将时间测度引入了年代估计，清晰地指出，所有现代人的共同线粒体祖先，生活在15万年前。这与单起源说相符，受到单起源说支持者的热烈欢迎。多起源说的支持者则很沮丧，如果现代人的共同祖先只能追溯到15万年前，那么，他们就不可能是居住在当地100万年以上的本土直立人进化的。

这场论战中，Y染色体的研发遭遇了困境，相对简单的线粒体DNA被推崇为解释人类历程的主要手段，全世界的实验室都掀起了研究线粒体的高潮，也涌现出了大量数据。但是，与Y染色体一样，线粒体DNA的研究也原地踏步不前。原因出在哪里？几乎全世界的研究者都不约而同地想到了数学。是的，原因是没有与数学结合起来。看来，必须抛弃谱系树模型的禁锢，另辟蹊径。

研究者分头积极开发相应的数学模型、数学工具、电脑程序……

血型开始的分子探索

人类多样性的研究，直到20世纪依然局限于肉眼可以看到的差异。欧美的生物统计学家收集了全球各个角落的不计其数的人类体质数据，形成科学探索的一个新领域：体质人类学。从化石到石器，无穷无尽的分析数据持续增多，但是，学者们仍然找不到归纳统一这些不断积累的海量数据的新的理论。

人们逐步意识到，肯定是某种遗传学的因子决定了人类的形态，也许是成千上万个基因的变化，导致了人类形态的千差万别？人类多样性研究中，遗传变异是关键，因为只有遗传变化才可以导致实质的进化。只有通过基因的研究，才能查明两个个体是否属于同一个种。

血型，因为最先被认为是基因的载体而最早进入了分子层次的遗传研究。

血型研究的最初目的是治病救人。1628年，意大利第一次记载了输血。由于很多人死于输血后严重的副作用，所以意大利、法国和英国先后禁止了输血。此后，试验停止了两个世纪。19世纪中期，为了解决产后常见的致死性出血，人类又开始了输血，但仍然经常发生输血不良反应甚至输血致死。这时，科学家开始意识到，血液类型的不同可能是问题的症结。

1875年，法国生理学家列奥纳多·拉罗瓦斯（Leonard Lalois）发现了一种血型和另一种血型反应的本质。他把不同动物的血液互相混合起来，发现血细胞会凝集起来，并常常破裂。

1901年，奥地利细菌学家卡尔·兰德施泰纳（Karl Landsteiner）终于找到了真相，他发现了第一个人类的血型系统，他把人的血型分成A、B、AB、O型，简称ABO血型。当献血者的ABO血型与接受输血的病人相符，就不会有不良反应，如果不相匹配，细胞会凝集并破裂，从而导致严重的不良反应。

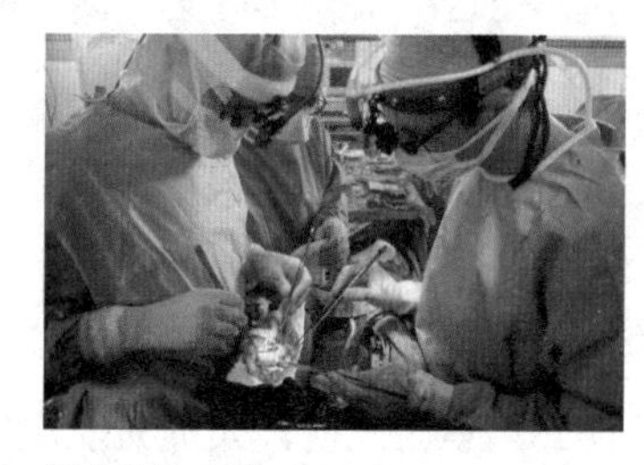

器官移植手术

从遗传学角度来看，在一个多世纪之前，卡尔·兰德施泰纳发现ABO血型是人类第一次知道自身的多态性（polymorphism）。此后又发现了40多种血型，使用最多的仍然是兰德施泰纳发现的ABO血型。

人体组织的多态性更是数不胜数，器官移植就是一个例子。移植心脏、肝脏、肾脏或骨髓等器官时，为了避免排异反应，捐献者和受赠者的组织必须匹配。现在，病人不会因为找不到合适的血型匹配等待输血，但是，为了找到一个匹配的心脏或肾脏捐献者，却往往需要等待几个月甚至几年，很多患者在等到合适的匹配器官之前就死去了。

在兰德施泰纳研究成果的基础上，瑞士人路德维克和汉卡·赫希菲尔德夫妇（Ludwik & Hanka Herschfeld）在第一次世界大战期间采集了更多的血型，他们

奥地利细菌学家卡尔·兰德施泰纳（Karl Landsteiner），因发现ABO血型获得诺贝尔奖

不仅试图深入了解血型，甚至想了解人类的遗传。当时的血型采样分析比较困难，但作为军医的他们有条件采集到很多血型样本。

1919年，路德维克和汉卡·赫希菲尔德夫妇的论文发表在英国权威的医学期刊《柳叶刀》上。他们认为，A型和B型是“纯种”人类血型，其他的血型的人类都是“混血”，在世界各地的频率不同。赫希菲尔德夫妇的理论被部分接受了，但是却无法解释A型和B型的起源。他们的论文宣称，A型在欧洲北部特别常见，B型在印度南部频率较高，因此认定人类肯定有两个起源。

1930年代开始，在赫希菲尔德夫妇的研究基础上，美国人布莱恩特（Bryant）和英国人穆兰特（Mourant）在世界各地采集血样。经过30年的长期努力，这两个科学家及其团队从几百个人群中采集了数万份血型样本，甚至包括死去的埃及人——木乃伊。1954年，穆兰特从非常分散的血型分布中，归纳整理出人类生物化学多样性的错综复杂的分布形态。他们两人所做的这些基础工作，在20年之后开启了现代人类遗传学时代，但在当时却是一团乱麻。根据血型找出人类的种族和分类的道路似乎走不通，但是又似乎很有道理和根据。

这时出现的两个结论，彻底否定了从血型寻找人类遗传的错误道路。一个结论来自美国生物学家列文庭，一个结论来自“遗传学之父”费希尔的两个学生。人们把这两次大的转变，称为遗传学上的两个大型炸弹。

两个大型炸弹

人类具备考察DNA能力的时间不长，分子遗传学直接研究DNA的能力出现仅仅20多年。此前，人类只能用间接的方法研究变异，主要研究对象是DNA编码构成的蛋白质。1901年，人类发现了第一种亚细胞蛋白质——血型，第一次定义了遗传差异。1960年代，美国的统计学与遗传学结合，研究发现了许多个体的根是遗传的，这个根就是蛋白质多态性（protein polymorphism）。达尔文收集了大量有趣的证据证明他的进化理论，但是达尔文没有进行直接的统计学显著性的任何实验，他的各种结论长期停留在外在的观察分类上。

理查德·列文庭（Richard Lewontin）是几个大学的兼职教授，必须四处上课。他在从芝加哥到路易斯安娜的巴士上，用统计学分析计算证明现存人类属于一个种，亚种分化不存在，种族不存在。从此，群体遗传学（Population genetics）诞生了。

美国生物学家、遗传学家理查德·列文庭（1929—），是通过数学手段研究群体遗传学（population genetics）和进化理论的先驱人物

1970年代，欧洲的一批科学家尝试用数学方法解决遗传学问题。费希尔的两个学生，遗传学家卡瓦利·斯福扎（Cavalli-Sforza）和安东尼·爱德华（Anthony Edwards）经过20多年合作，不是参照外在的形态数据，而是根据内在的多态性，计算绘制出了一棵与众不同的谱系树。他们的数据来自全球的15个群体，在不可胜数的无数种多态性中，他们采用简约（parsimony）方式筛选出几十种典型多态性数据。从此，计算遗传学（Computational biology）诞生了。

列文庭和斯福扎的研究成果，激起巨大反响，他们的结论与我们以前的猜测相反——人类的关系原来如此互相接近。列文庭的统计分析发现，如果人类确实进化了几百万年，为什么人类的“种族”之间没有发生显著的遗传变异？斯福扎的各种谱系树，一个又一个分支都向同一个主干的根部靠拢。

其他科学家参照他们的新方法进行了更多的分析计算，都得出类似的结论：

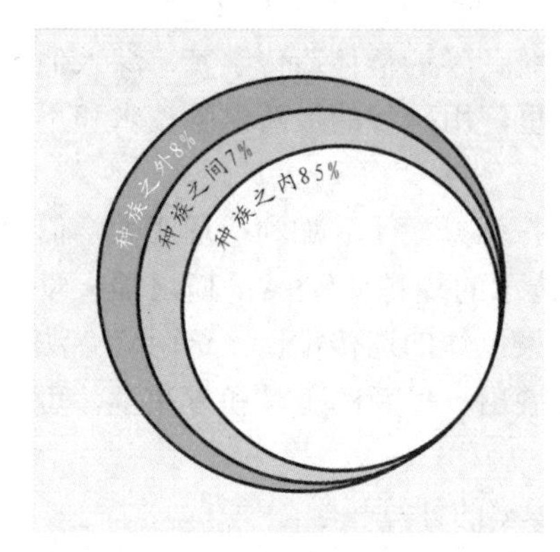

列文庭研究显示各个群体中人类遗传变异主体85%+7%=92%属于一个群体

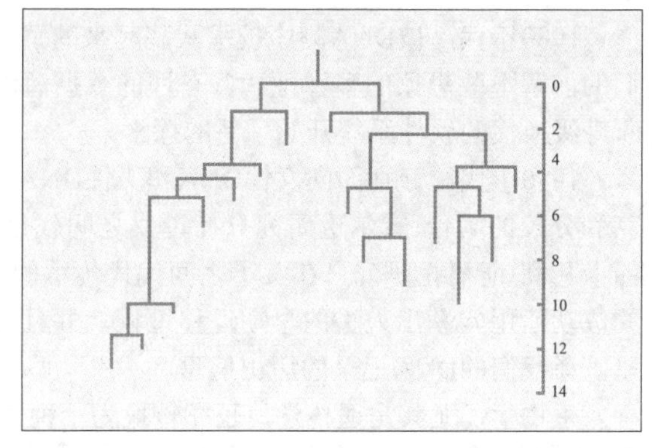

卡瓦利·斯福扎的谱系树，根据经典的多态性显示若干人类群体之间的关系

群体遗传学发现，所有人类属于一个大家族。

计算遗传学发现，各个群体指向同一个主根。

于是，一个共同的疑问产生了：人类是不是有一个共同的先祖？

千变万化的肤色和外观区分了各种人，但是我们身体内在的遗传数据悄悄告诉我们，我们之间的差异并不像想象的那样大。那么，我们互相接近的程度到底

沃特·吉尔伯特（1932—），美国物理学家、分子化学家，世界上最早的分子生物化学领域的开拓者之一

弗雷德里克·桑格（1918—），英国生物化学家，历史上获得两次以上诺贝尔奖的四个人之一。

他们两人和另一位美国生物化学家保罗·伯格（Paul Berg，1926—）分享了1980年诺贝尔化学奖（保罗·伯格发明了DNA的重组技术）

有多大呢？1970年代早期，蛋白质的数据无法解答这个疑问。1970年代后期，DNA的测序技术得到的各种基因数据令人瞠目结舌。

1977年，美国哈佛大学的沃特·吉尔伯特（Walter Gilbert）和英国剑桥大学的弗雷德里克·桑格（Frederick Sanger），分别独立开发出两种DNA快速测序方法。这是一个巨大的进步。其中，弗雷德里克·桑格的方法适合实验室而获得广泛运用，最终引导人们尝试开展基因组的大规模测序，引发了人类起源和多样性认识的一场革命。

1980年代，被DNA测序技术武装起来的擅长统计学的群体遗传学家，深入他们的前辈不敢想象的多样性和多态性的数据海洋里，用硅谷的最新电脑技术和不断升级换代的软件系统开始了新的探索。

1980年代，分别面向女性DNA和男性DNA的探索开始了。加利福尼亚大学伯克利分校的阿伦·威尔逊研究只在母女之间代代传承的线粒体DNA；斯坦福大学的卡瓦利·斯福扎研究只在父子之间代代传承的Y染色体的遗传标记。这两套办法的成功运用勾勒出人类的早期迁移过程，并且发展出一批新的工具和方法学，可以破译我们的DNA记录的历史信息。

生物学，尤其是遗传学，正在转换为一种大规模的计算科学。

现在，我们一起回顾一下这段崎岖不平的科学研究的道路。

勇敢的列文庭

根据其他学术组织和学者收集整理的大量血型资料和蛋白资料，理查德·列文庭尝试不带任何偏见地验证人类的“种族”。列文庭当时打算分析计算人类的遗传数据，从互相差异很大的人类“种族”数据中，看看能否找出不同种族存在的统计学证明。也就是说，他打算直接验证“分类学之父”林奈和美国体质人类学会的会长库恩提出的所谓“人类亚种”的真实性。林奈和库恩是两个世界级权威，列文庭当时并未打算否定权威。如果人类遗传的多样性确实导致了不同种族的明显差异，那么林奈和库恩就是正确的。

1950年代，列文庭用自己擅长的统计学知识计算分析过遗传变异，尤其是果蝇的遗传变异；1960年代，列文庭又找到了统计分析各种蛋白差异的新模型；1970年代，列文庭在这次长途巴士旅行中，希望用他的新数学模型检测血型和蛋白等人类数据。

列文庭后来这样描述他的分析过程：

……我想用纸写下答案……为新的一期《进化生物学》（*Evolutionary Biology*）杂志提供一篇文章，内容并非人类遗传学，而是生态学（Ecology）。我希望定量测度（人类）多样性……我必须坐巴士前往印第安纳州的布鲁明顿（Bloomington）。我有一个习惯，坐火车或巴士的时候写东西。我必须写出这篇文章，所以我上车的时候带着Mourant的著作和一个plnp计算表（计算多样性的一种数学表格）。

他的这次巴士旅行，成为人类遗传学的一个里程碑。列文庭把他的新数学模型，与研究动物和植物地理分布的新学科——生物地理学（Biogeography）结合起来，因为正是地理分布的不同定义了所谓“种族”。

此前，列文庭自己也曾根据地理上的“血统”粗略划分了人类：

高加索人（Caucasians，欧亚大陆的西部）

黑色非洲人（Black Africans，撒哈拉以南的非洲）

蒙古人（Mongoloids，亚洲的东部）

南亚土著（South Asian Aborigines，印度的南部）

美洲人（Amerinds，美洲）

大洋洲和澳大利亚土著（Oceanians and Australian Aborigines）

他作出的上述的假设分类，已经非常合理，既区分了主要区域遗传差异，又涵

盖了广大的不同群体。然后，他根据血型和蛋白等大量数据，分析计算人类的这些“种族”分类是否真实存在。但是，就是在这次长途旅行中，列文庭的严谨的统计学计算结论，却推翻了他自己假设的上述“种族”分类——92%的多样性在群体间无差别，只剩下8%的多样性有所差异，但是仍然不足以成为另外一个不同的物种或亚种。这个结论，正是科学界必须否定和摒弃的“现代存在亚种分类”观念的一个令人震惊的证明：现存人类属于一个种，亚种不存在，种族不存在。

关于这个结论，列文庭写道：

我没有想到，真的没有想到。即使我有种族偏见，我也认为种族差异不会很大。这个观点有一个事实依据：很多年以前，我和我妻子到（埃及）卢克索旅游，她在大厅里与一个埃及人闲聊。那个人说，他好像曾经认识她。我的妻子坚持说：“不，先生，你把我错当成什么人了。”最后那个埃及人说：“好吧，对不起，可是我确实觉得你们长得都是一样的。”这件事，对我的思想影响很大。他们与我们确实差别不大，我们都是相似的。

列文庭自己假设的“种族分类”错了，他的发现还证明了世界分类学之父林奈和人类学权威库恩也都错了。因为否定了世界权威，他也获得了“勇敢的列文庭”的称号。

关于人类多样性的争议似乎无休无止，种族主义者们总是声称人类之间存在多样性差距。但是列文庭认为，即使在同一个族群之内，依然存在少量的遗传差异，但是这种差异不足以使人类变成不同的亚种。列文庭最喜欢给人们举这样一个例子：如果发生核战争，人类大部分灭绝了，只有肯尼亚的基库尤人（Kikuyu），或者南亚的泰米尔人（Tamils），或者印尼的巴厘岛人幸存下来，在他们中间仍然可以找到至少5%的基因差异。这是对种族主义“科学”理论的彻

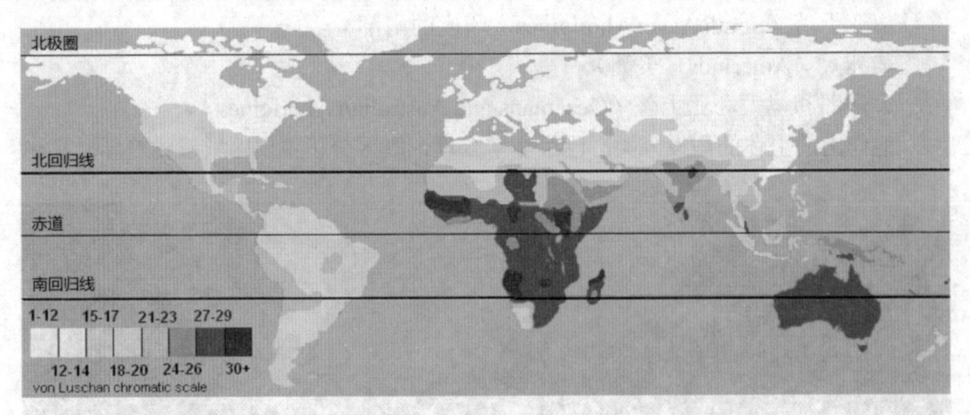

1940年以前世界各地人类原住民肤色地理分布

奥地利医生费利克斯-利特尔-冯-卢尚（Felix Ritter von Luschan，1854—1924）发明了一种仪器和皮肤颜色检测方法，叫作冯—卢尚肤色度（von Luschan chromatic scale），他把人的皮肤颜色分为36个度。这种方法是20世纪前半个世纪最流行的皮肤测度方法，被作为种族主义者区分人类“种族”的最主要依据

底否定，对达尔文理论的全力支持。

列文庭后来反复核算了血型和蛋白等数据，证明自己的结论是正确的。列文庭的这些成果否定了种族理论，给出了“人类作为一个物种走出非洲”的基本线索，但是还是没有解答人类走出非洲的旅程的细节。

引起进化的三个力量

在寻找人类来源的道路上，人类曾经走过太多的崎岖弯路：骨骼、血型、蛋白、种族、多样性……骨骼无法区分种族，血型也无法区分种族。人的分类是否有意义？遗传学能否解释人类的多样性？而且，直到现在，研究者们依然没有找到我们的男性先祖亚当。

1990年代，人们已经知道引起“进化”的力量非常简单，只有三个。

最主要的力量是基因的突变（mutation）。

没有突变，就没有多态性（polymorphism）。每一代人的每一个基因组（genome，又称染色体组）大约产生30个突变。换句话说，每个人身上都有30个突变，使得他们和自己的父母不同。突变是随机发生的变化，是在细胞分裂过程

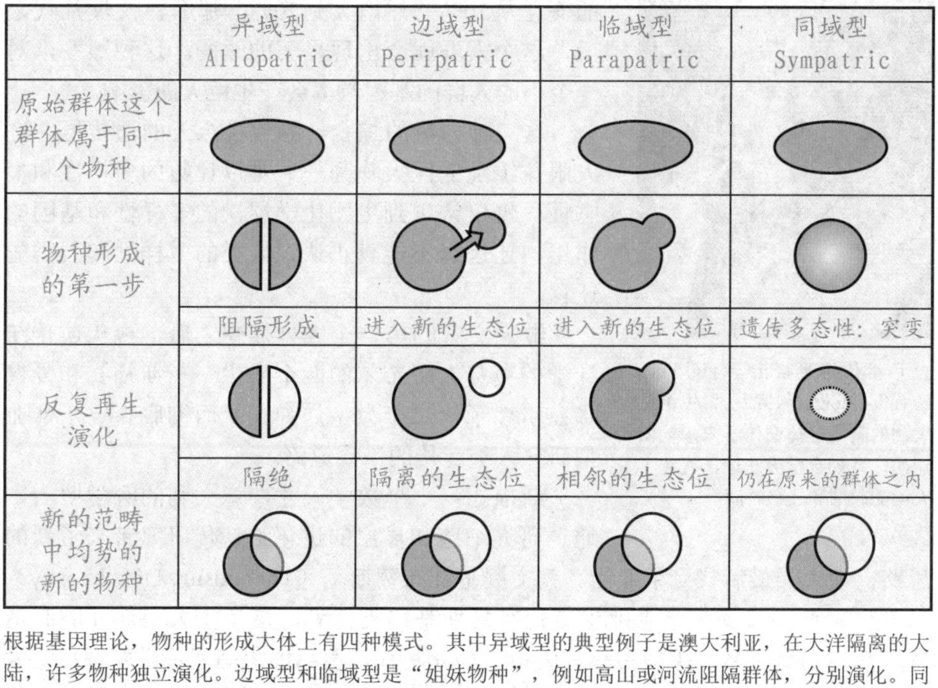

	异域型 Allopatric	边域型 Peripatric	临域型 Parapatric	同域型 Sympatric
原始群体这个群体属于同一个物种				
物种形成的第一步	阻隔形成	进入新的生态位	进入新的生态位	遗传多态性：突变
反复再生演化	隔绝	隔离的生态位	相邻的生态位	仍在原来的群体之内
新的范畴中均势的新的物种				

根据基因理论，物种的形成大体上有四种模式。其中异域型的典型例子是澳大利亚，在大洋隔离的大陆，许多物种独立演化。边域型和临域型是“姐妹物种”，例如高山或河流阻隔群体，分别演化。同域型包括同一地域内发生的基因突变等，例如人科动物很多物种包括人类，都在非洲地区发生了基因突变

生于乌克兰的费奥多西·杜布赞斯基（Theodosius Dobzhansky，1900—1975），27岁移民美国，1937年发表的论文把进化生物学和遗传学结合起来，获得欧美的多项奖项

卢卡·卡瓦利·斯福扎（Luigi Luca Cavalli- Sforza，1922—）生于意大利的美国群体遗传学家，他创建的一系列数学方法论，查明了人类的起源和迁移时间

中，基因复制出现的错误。这和我们买彩票中大奖或不中奖是一个道理。

第二个力量是选择，尤其是自然选择。

这个力量曾经使达尔文非常激动。这个力量在智人（Homo sapiens）的进化中是非常关键的角色，对其他动物的作用也很大，例如在寒冷的气候下，皮毛比较多的动物后代生存的机会就超过皮毛较少的后代。进化使得我们感知功能更强，文化更发达，也曾经使得我们直立起来、学会说话、大拇指与其他四指分开……没有选择，我们和500万年前的先祖没有什么差别。

第三个力量是遗传漂变（genetic drift）。

如果我们抛一枚硬币1 000次，正面和反面的机会是50：50。但是我们抛10次，正面和反面的机会可能是50：50或60：40或70：30。这是少量采样中的随机事件。假设人类遗传是这样的“事件”，一个比较小的人群中发生类似抛硬币的现象，下一代的变化从50%突然增大到70%，那么，仅仅几代之后，这个人群就会出现显著的改变。这种漂变，对一个小的人群的基因频率会产生巨大的影响。

这三种力量的综合，导致了今天的遗传形态令人眼花缭乱的巨大阵列——难以计数的多样性和多态性。仅仅认识到生物化学层次的多样性和基因的作用，还远远不能真正认识人类的多样性和人类的迁移。

继列文庭的第一个大型炸弹之后，现代遗传统计学的奠基人费希尔的两个学生——斯福扎和爱德华兹引爆了第二个大型炸弹，从而彻底否定了从血型研究人类遗传的错误道路。

斯福扎，一个数学天才，意大利的医学博士，通过研究细菌和昆虫的进化给遗传研究带来了新的思路，使人类最后找到了亚当。列文庭是杜布赞斯基（Theodosius Dobzhansky）的学生，斯福扎的大学老师也是杜布赞斯基的支持者。这两个大型炸弹的制造者，都与当年著名的果蝇实验有关系。1950年代，著名的果蝇遗传学家特拉沃索（Buzzati Traverso，1913—1983）曾经用昆虫研究遗传。历史上，无论孟德尔的豌豆实验还是特拉沃索的果蝇实验，都太简单了，仅仅揭示了基因作用的可能存在。这种谁也没有亲眼看到的“基因”，后来又被复杂化了——统计学、概率论、生物地理学……都对遗传学和基因做出了过度的“贡献”。

斯福扎原来是一名医学院的学生，他后来离开医学，转向遗传研究。在果蝇变异和医学这两种似乎无关的背景知识下，斯福扎开始研究血型多态性（后来，这些研究被遗传学家称为“古典”多态性），希望搞清楚现代人类之间的关系。这项工作起始于1950年代，那时还是遗传学的先驱时代。与大部分遗传学家相同的是，斯福扎也采用迅速发展的生物化学技术分析基因变异。但是，与其他人不同的是，斯福扎运用了数学，尤其是统计学——最为实事求是的一个数学分支。变幻缤纷的多态性产生的杂乱无章的数据，如同浩瀚的数据大海，必须有一套条理清晰、前后连贯的理论框架才能厘清头绪。这里，只能求助于统计学。

基因的变异，乍看起来是随机的、互不联系的，许多组类似的变异堆积在一起。如何才能从这些杂乱无章甚至乱作一团的数据中找出多样性产生的机制？当时，人类已经研究积累了几十年的丰富的个体信息数据（例如不同血型等）。现在，生物遗传学必须与数学，更确切地说与统计学结合了。费希尔及其学生们，从此开始成为遗传科学中的主角，最后大型计算系统被引进了遗传科学。

罗纳德·费希尔（Sir Ronald Fisher，1890—1962），现代遗传学的奠基人，英国统计学家、生物学家、遗传学家、优生学家。他是推断统计学的创始人，群体遗传学的创始人之一，被誉为“达尔文之后最伟大的生物学家”，一生获得荣誉无数，1952年被封为爵士

一开始，斯福扎和爱德华兹一起进行了综合数学分析。当时还没有电脑，他俩用早期的打孔卡计算机完成了这项工作量巨大的综合分析工程。通过对多个遗传系统数据的分析计算，过去那些貌似有道理的考古学和人类学的研究结果都被排除了。

大部分生物学家无可奈何地把大自然多样性的根本原因归结为自然选择，人类的多样性当然也不例外。过去人们认为，人的外形到鼻子的形状都是“正常”的选择结果，只有一些遗传疾病是“不正常”的。1950年代，在美国工作的一个日本科学家木村资生（Motoo Kimura，1924—1994）进行了一些遗传学计算，他采用的方法是处理气体弥散（扩散）的数学。木村资生发现，人群中的遗传多态性有时源自漂变。他还得出了更加令人兴奋的结论：遗传基因的变化频率是一种可以预测的速率。进化选择的研究难点正是速率。进化变异发生的速率，完全取决于选择的强度——如果遗传变异体是非常适应的，就会加快变异发生的频率。但是，我们不可能通过实验测量选择强度，所以谁也无法预测变化速率。在抛硬币的例子里，如果硬币正面是一个基因变异，硬币反面是另一个基因变异，速率从50%加速到70%的“一代人”理应非常强烈地选择正面。但是，事实并非如此。正面增加到70%的“一代人”如果不被接受，就毫无意义。

木村资生认为，大部分多态性也是这样。它们有效地规避了选择，在进化中呈现“中性”——不受整体采样误差的漂变的影响。这个观点在生物学家中引发出一场大辩论。木村资生和他的支持者们认为，几乎所有的遗传变异都与自然选择无关，但是更多的生物学家继续支持达尔文的选择理论。

这种“中性进化”的新观念，解决了曾经在血型分类多样性研究中困扰几乎所有人的一个巨大难题——越算越多、累积增加的海量数据。人类找到了一个新途径，基因的研究出现了转机。

在论述这条新的道路之前，我们需要首先回顾和感谢一位中世纪的智者。

奥卡姆的威廉（William of Ockham）是一个奇才，他刻板地逐字诠释亚里士多德的格言：上帝和大自然绝对不做任何多余的事，总是付出最少的努力。这位被称为“奥卡姆剃刀”的学者抓住一切机会与别人辩论，解释他的诠释。他说过一句著名的拉丁语格言：

奥卡姆的威廉（William of Ockham，1288—1349），生于奥卡姆（Ockham），英国的修士和学术型哲学家，中世纪最著名的演说家和辩论家之一。他提倡哲学和科学的简约理论

除非必要，不做多元的假设。

Pluralitas non est ponenda sine necessitate（拉丁语）

Entities should not be multiplied beyond necessity（英语）

这是对宇宙的一种独特而冷静的哲学诠释，一种简约的观念。

在现实世界里，如果每一个事件的发生都有特定的概率，多个事件具备多种不同概率的话，复杂的事情并非不大可能是简单的——这就打开了通过易于理解的各个部分，进而全面了解复杂的整个世界的大门，虽然喜欢简单有时似乎有些荒谬。比如说，我们要从迈阿密飞到纽约，但是我们想途经香港，这是难以置信的荒谬。虽然这种旅程安排极其荒谬，但是我们探索混沌无知的科学世界时，我们的出发点经常出现荒谬的安排，不仅并非不可能，而且可能性很大。

我们怎么知道大自然总是选择最简约的途径？

我们怎么能够相信“简化即是自然”的格言？

总而言之，大自然喜欢简单甚于喜欢复杂，尤其当事物是变化的。例如，一块石头从悬崖落下来，将在重力的作用下直接从高处下降到低处，仅此而已，不会途中转道香港去喝茶。这样一来，如果我们承认大自然变化的趋势总是选择从A点到B点的最短路径，那么，我们就有了一个可以推断出过去的理论。

这是一场飞跃。人们终于认识到：我们只要观察现在的人，就可以发现过去发生的事情。

从效果上看，简约理论为我们提供了一个哲学的时间机器，使我们得以返回早已不复存在的时代，四处探索和欣赏。这个机理，令人陶醉。其实，达尔文也是这个理论的一个懵懵懂懂的早期附和者。赫胥黎（Huxley）曾经批评达尔文本人对于自己的信仰也是稀里糊涂的，他说："natura non facit saltum（拉丁语：大自然不会产生飞跃）。"

1964年，第一次将这种简约原理有条有理地运用于人类分类的科学家，正是斯福扎和爱德华兹。他们两个人在20多年的合作研究中，树立了两个里程碑式的假设，这两个假设后来都用在了人类遗传多样性的研究上。

第一个假设：遗传的多态性是可预测的（正如日本的木村资生提出的），亦即它们是中性的，频率的任何差异都来自漂变。

第二个假设：人群之间的正确关系必定遵从Ockham规则（奥卡姆剃刀），亦即导致大量数据产生必需的变异的步数，必须最小化才能找出答案。

从这两个假设出发，他们创建出所谓的"最小化进化"方法，然后用这种方法推导出人类群体的第一个谱系树（family tree）。这个树转化自一套图表，不同的人群与图表的某一部分关联，基因频率越接近，图表中的位置也越接近。

斯福扎和爱德华兹检测了世界各地的15个人群血型频率，用电脑分析了频率检测结果——非洲人之间的差异最大，欧洲人和亚洲人之间频率比较集中。这是人类进化历史中的一个激动人心的清晰证据。斯福扎说，这个分析"只是找到一些感觉"（made some kind of sense）。此外，这个分析结果反映出基因频率的相似性：随着时间的推移，频率呈现有规律的变化。

沃尔特·伯德默爵士（Sir Walter Bodmer，1936—），德国出生的英国人类遗传学家，在剑桥大学成为罗纳德·费希尔爵士的学生。他的父亲是外科医生，他的哥哥也是遗传学家。由于在人类遗传统计学等方面的贡献，1986年被封为爵士。他是"人类基因组工程"最早的倡议者之一，现在牛津大学主持一个癌症研究中心，借助统计学研究癌症

欧洲各个人群之间的接近程度，远远超过欧洲人与非洲人之间的接近程度，这意味着欧洲人离开非洲的时间，远远早于欧洲人自己开始多样性变化的时间。

斯福扎和爱德华兹还研究出以基因频率为基础的许多种分析人群关系的方法，但是，他们始终广泛运用简约（Parsimony）的原则。700年前的哲学家奥卡姆的思想，指导现代的人类研究走上了一条新的道路。这种全新的人类分析方法，甚至可能计算出人类分离的时间。分离也可称为分叉，即不同的族群或谱系分开的点位（出现永久性突变）。这些分离点或曰分叉点的时间间距是一种生物钟，可以反向推算出人类的旅程。

1971年，斯福扎和“遗传学之父”费希尔的另一个学生沃尔特·伯德默（Walter Bodmer）合作完成了一些新的估算：

4.1万年前：非洲人和东亚人分离。

3.3万年前：非洲人和欧洲人分离。

2.1万年前：欧洲人和东亚人分离。

但是，他们无法确定自己的假设是否真实。此外，他们仍然没有对人类的起源给出一个清晰明确的答案。现在，需要一种新的数据了。

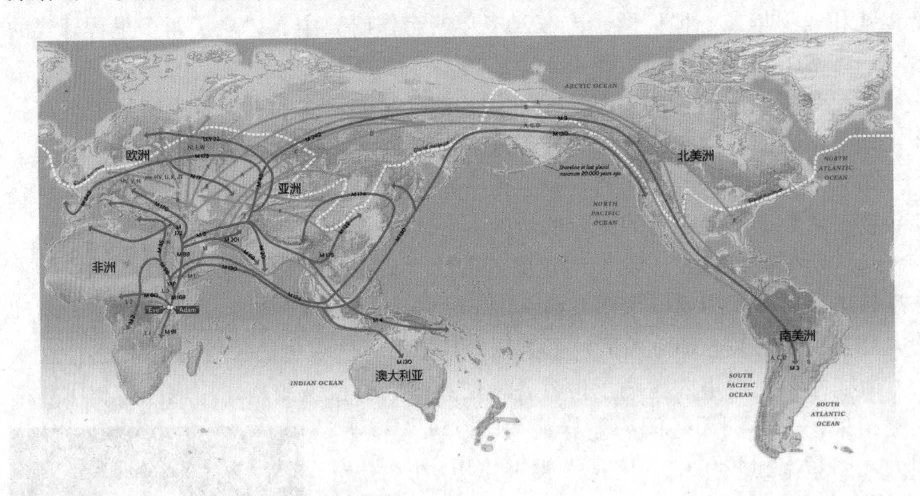

基因图谱工程绘制出的早期人类迁移图

从蛋白看到先祖的影子

血型被否定了。那么，用什么来研究人类的遗传呢？起初人们认为，另外一种途径是研究蛋白。很多科学家曾经认为，血型不是遗传的原因，蛋白才是遗传的原因。在这条道路上，人类也走过另一段弯路。

加利福尼亚理工学院的艾米尔·朱科康德尔（Emile Zuckerkandl）是出生在奥地利的犹太移民，他一生的大部分时间都在顽强地专注于一个问题：蛋白质的结构。1950—1960年，朱科康德尔开始与诺贝尔奖的获得者，美国生物化学家莱纳斯·鲍林（Linus Pauling）一起工作。

朱科康德尔研究携带氧气的分子——血红蛋白（haemoglobin）的基本结构。他选择这个对象进行研究的原因是血红蛋白非常丰富，易于提纯。更加重要的是，每一种现存的哺乳动物的血液里，都能找到血红蛋白。

任何蛋白质，都由氨基酸（amino acids）的长长的序列构成，每一种蛋白质中，这些小小的氨基酸“分子建筑单元”的序列都是独一无二的。蛋白质总是扭曲着呈现出不同的形状，如果其他蛋白质插进来，它们就会呈现出不同的功能和反应。蛋白质的惊人之处在于：虽然五花八门的蛋白质的形状不同，功能各异，但是这些形状和功能全部取决于氨基酸的序列。总共只有20个氨基酸，却构成了无数种不同形状和功能的蛋白质。

美国生物学家艾米尔·朱科康德尔（Emile Zuckerkandl，1922—），分子进化领域的开创者之一，他和鲍林首先提出了“分子钟”的概念

莱纳斯·鲍林（Linus Pauling，1901—1994），美国生物学家和化学家，历史上获得两次以上诺贝尔奖的四个人之一，并且两次都是唯一的获奖者

朱科康德尔在氨基酸中发现了一种有趣的形态。首先，他破译了不同的哺乳动物的血红蛋白，发现它们都是类似的。而且，越是亲缘关系接近的哺乳动物，这种共同性越明显。

人类与大猩猩的血红蛋白基本相同，只有2个差异；人类与马也只有15个氨基酸不同。朱科康德尔和莱纳斯·鲍林猜测，这些分子可能是某一种分子钟（molecular clock），记录了随着氨基酸的数量的变化，某一共同先祖距离现在的逝去时间。

1965年，他们发表了这些发现。

他们把分子视为“进化历史的文件”。分子结构上谱写的形态，甚至可以让我们看到先祖本身，只要我们用“奥卡姆剃刀”把氨基酸的变化历程刮得仅剩下最少，就可能上溯到起始点。也就是说，我们的基因，写出了一部历史文献。

分子，实质上是我们的先祖留下的时间胶囊（time capsules），我们要做的事情仅仅是读懂这些时间胶囊。朱科康德尔和鲍林认为，蛋白质并非基因变异的终极来源，DNA才是基因变异的终极来源，DNA实质上构成了我们的基因——DNA为蛋白质提供编码，所以最好研究DNA本身。只有DNA一个途径，能够解释和区分人类的多样性。

基因不在血型里，也不在蛋白里，基因在DNA里。

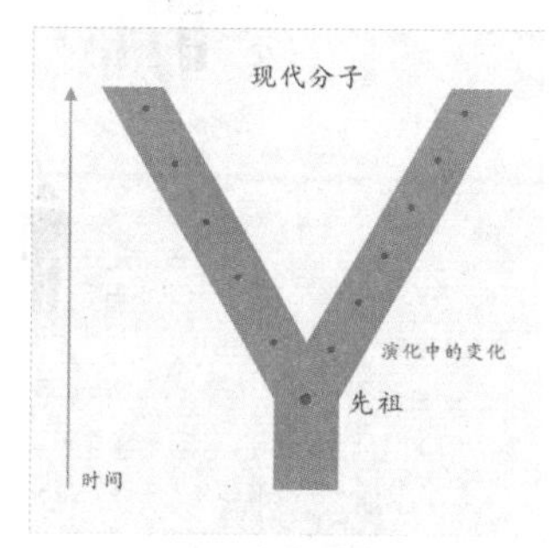

两个相关分子的进化谱系，显示出两个血统上累积的DNA序列变化

现在我们终于知道，现代人类在将近20万年里出现了如下的演化。

19.5万年前，突变形成新亚种（生物学意义）。

16万年前，再次发生演化（解剖学意义）。注：长者智人可能只是一小群混血种群。

6万年前，带着免疫系统—宗教—艺术—语言等装备走出非洲。

这个过程可称为人类的旅程，并非人类的起源。但是，当时的科学家们并不知道，他们仍然深陷在艰难的科学探索中。

打捞湮灭的先祖

血型、蛋白、DNA，遗传基因研究的战场不断转换。

发现DNA双螺旋结构的两个诺贝尔奖得主之一的克里克发现，遗传信息的单一方向流动顺序是DNA-RNA—蛋白。虽然人们曾经把这个顺序的方向完全搞颠倒了，但是积累的研究成果还是有用的。1980年代，人们发现分子生物学领域开发的新工具可以借来处理群体多态性，从分子序列数据估算出各种时间，直到回答一个古老的问题——人类的起源。

分子生物学家面临的难题是DNA信息复制的特性。我们的基因组（genome，又称染色体组）携带构成人体的全部编码，其中还有很多DNA的作用不明。这个基因组有两套复制品存放在两组染色体里。染色体里存放这些遗传资料的“字

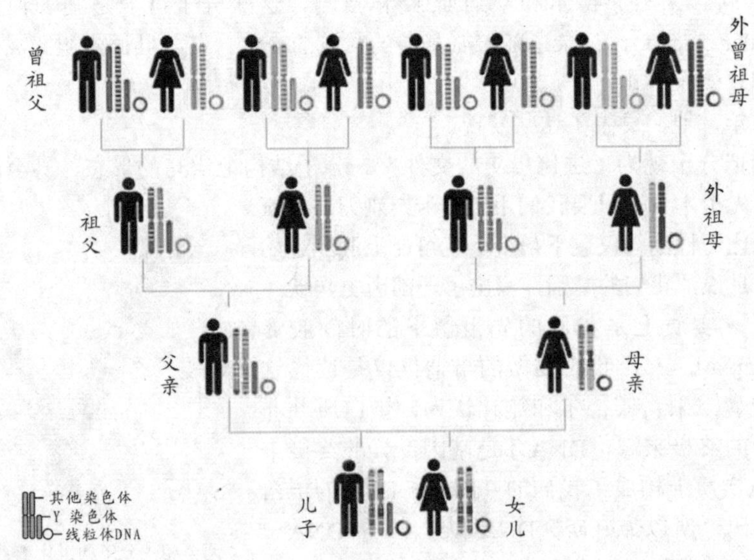

上图中，长条是其他染色体，短条是Y染色体，圆圈是线粒体DNA。染色体经过一代又一代混合，先祖原来的染色体不见了（湮灭重组）。由于并非消失，所以称为湮灭

符”核苷酸（nucleotides）的数量大约30亿个。解决的方法只能是找到直截了当读懂这么多文件的办法。但是两套染色体使问题更加复杂。精子进入卵子时，父亲的基因组和母亲的基因组以50∶50的比例混合形成一个新的基因组。而且，每一代都要产生一个新的基因组。从生物学角度来说，性就是产生一个新基因组。性产生新基因组的重新组合，称为遗传重组（genetic recombination）。两套染色体从中间分开，再次黏附到另外一半染色体上，构成新的染色体。分裂—复制—分裂—复制……有时甚至形成荒诞不经的奇怪的染色体。这也许是一件好事，因为环境变化了，我们也要变化应对。

那么，分开后再重新聚合在一起的染色体，是否与原来的染色体不同？它们是一模一样的复制品吗？答案是不一样。新的染色体绝对不一样，它们在整个链条上的很多地方都不一样。原因很简单，染色体原本就是复制品的复制品的复制品的复制品……根本不存在绝对完全一模一样的两条染色体，随着时间的推移，复制机器中产生的少量随机差异也被复制，突变[①]（mutations）产生了。

染色体上，大约每1 000个“文件夹”核苷酸中存在1个突变。这个突变是两个染色体的差异。因此，当父亲和母亲的染色体结合时，每一个新的基因组——婴儿也是不同的。同一个DNA片段，就是这样和多态性联系起来了。这种多态性的产生机制，对于进化是一件好事，但是却使得分子生物学家的人生变得异常艰难。重组使一个染色体上的每一种多态性都是独一无二的，都与任何其他染色体不同。随着时间的推移，多态性重组—重组—重组—重组……几百代或几千代之后，这些染色体的那一个共同先祖的多态性就会完全丧失。这被称为湮灭。

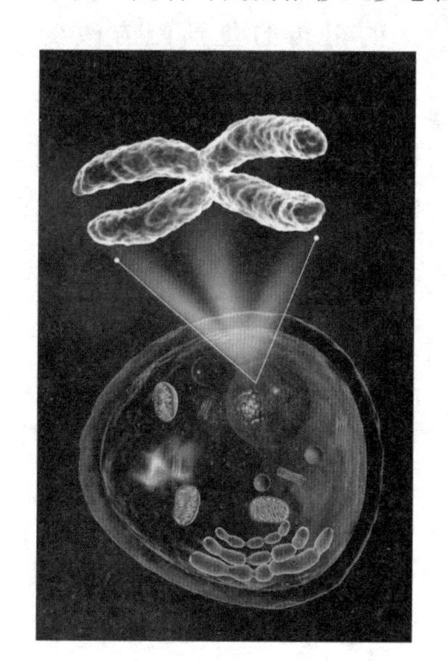

由于重组（又被称为湮灭重组）带来的变异，使分子钟也无法使用，因为分子钟可能高估或低估了我们的共同先祖的存在时间。也就是说我们后裔染色体完全变了，先祖的痕迹消失了。我们找不到先祖，也无法用“奥卡姆剃刀”刮掉多态性的形态——与我们的不复存在的先祖的染色体相比，我们根本不知道发生了哪些变化。

寻找亚当的道路，再次遇到困难。

1980年代，人类在细胞里发现了一个小的结构：线粒体（mitochondrion）。2000年代，人们终于知道，线粒体是十几亿年以前第一批复杂细胞进化过程中留存下来的一类细菌。也就是说，

注：这种染色体之间产生的差异，称为突变。在英语中，突变（mutations）是一个单词，变异、变化和差异又是不同的其他单词，这些单词的含义并不相同。在中文里，这些单词的含义非常接近，往往被忽视（尤其是突变一词）

我们的单细胞先祖们曾经吞噬了一种古代细菌，因为这种细菌在细胞内部可以生产能量，最后，这种被吞噬的古代细菌从一种“寄生虫”演变成一座亚细胞能量工厂（sub-cellular power plant）。非常幸运的是，与细菌的基因组类似，线粒体基因组（mitochondrial genome或者mtDNA）只有一套复制品，也就是说，它们不会重组。光明和希望再次出现。

细胞核基因组里，大约每1 000个核苷酸里就出现一个多态性，比例比较少。而在线粒体基因组里，大约每100个核苷酸里就出现一个多态性，比例要远远大得多。在进化对比中，我们希望找到尽可能多的多态性，因为每增多一个多态性，都会增大我们区分两个个体的能力。打个比方：如果我们仅仅测定一个多态性，具有两个类型，类型A和类型B，我们可以把这个多态性归纳为两个类型，仅仅用变异A或变异B来表示。如果我们在两个变异上，分别看到10个多态性，问题好办多了，因为多个个体具备完全相同的变异组合的可能性很低。换句话说，找到的多态性越多，就可以找到推断人群关系的更有意义的形态——线粒体DNA（mtDNA）的多态性比细胞核基因组的多态性增大了10倍，这里正是观测的好地方。

为什么多态性越丰富，表示的年代越长？

左图：南非摄影家Ariabne Van Zandbergen的作品，这个埃塞俄比亚女孩的部落恰好位于发现19.5万年前第一个现代人化石的奥姆河谷

右图：米开朗琪罗的雕塑《大卫》（*David*），世界上最著名的男性形象雕塑，每年参观者达数百万人

让我们再次回到前面假设的古代村庄。为什么这个村庄里，每一户人家的祖传的鱼汤配方改变了？因为每一代都有一个女儿少量改变了鱼汤的成分，随着时间的推移，这些小小的差异造成鱼汤的多样化更加丰富。累积的变化时间越长，鱼汤的种类更加分离，我们在鱼汤里看到的差异也就越多。

艾米尔·朱科康德尔研究蛋白质时提出的“分子钟”，与此道理相同。从DNA差异的角度来看，对于一个特定的群体，这个群体存在时间越长，遗传差异累积越多。反过来看，如果我们发现一个群体的遗传差异越多，即可推断这个人群的存在时间越长。人类进化树的所有分支的进化速率都是相同的，无论是在走出非洲之前还是之后。这就是非洲的多样性数量巨大的原因，“非洲的人类历史最古老”这一结论也由此确定。由于进化的速率相同，我们还可以对比每一个进化分支的差异数量，从而得到人类进化的各个分支的大概时间。

无论是推算人类的共同祖先，还是推算人类的各个分支，都可以采用相同的速率。也就是说，世界各个群体的进化速率完全相同，无论是非洲草房里的牧民，泰国渔船里的渔民，还是巴西草原上的猎人，距离单一的共同先祖的时间都是相同的。世界各地的各个群体之间的区别，仅仅是不同群体基因变异的数量及其表达（多样性和多态性）。

现在我们终于知道，距离单一的共同先祖的时间大约15万年。“夏娃居住的非洲伊甸园在哪里”这个我们一直希望得到答案的古老问题本身就是错误的，这个问题没有答案，因为非洲生活着无数的女性。所以，正确的问题是：非洲的哪一些人群（群体）仍然保留着距离我们的遗传学先祖最接近、最清晰、最明显的痕迹？在这些群体里，保留着追踪到“夏娃”的一种直接的线粒体的关联。而在其他各大洲，这些遗传信息随着人类的旅程，越来越少，甚至看不清楚了。

姗姗来迟的亚当

“夏娃”找到了：15万年前，在非洲。

但是，这是不是唯一的“夏娃”？非洲是不是唯一的伊甸园？

这个“夏娃”，确实是根据线粒体DNA（mtDNA）上溯推算出来的人类谱系树（family tree）的根。我们所有的人都分享着她一个人的线粒体，这是确凿无疑的。但是，我们需要另外的佐证。我们有23对染色体，其中22对染色体随着一代又一代的重组，携带的信息从人间消失了：多态性湮灭了先祖的影子。这22对染色体，构成我们基因组的主要部分。也就是说，我们基因组的大部分，对于上溯和追踪先祖毫无用处。在人类的23对染色体中，最终证明只有最后一对染色体是个无价之宝。这一对染色体的作用是决定下一代的性别，所以被称为性染色体。这个染色体叫Y染色体，和线粒体一样，可以上溯和追踪我们的先祖。

线粒体DNA相对比较简单，它是远古时代的一个寄生细菌，其基因组与遗传染色体基因组不同。Y染色体相对复杂一些，它的遗传与众不同，女性后裔是一个X和一个X染色体配对，男性后裔是一个Y和一个X染色体配对。这个Y染色体只能由父亲传承给儿子，然后进行细胞的分裂—复制—分裂—复制过程。无论经历多少代，都不会因为多态性而从人间消失，亦即无法湮灭父系祖先的影子，这个特点与仅仅经由母系遗传的线粒体DNA的性质一样。

Y染色体和线粒体DNA的另一个区别是大小：线粒体DNA比较小，大约1.6万个字符（核苷酸）；Y染色体大得多，大约6 000万个字符（核苷酸）。也就是说，在漫长的历史中，Y染色体的长长的链条上，可能发生复制错误（突变，

mutations）的部位的数量比线粒体DNA多了几千倍。Y染色体不参与精子和卵子形成新基因组的过程（重组），否则，我们既不能仿照朱科康德尔和鲍林的密码破译，也不能利用“奥卡姆剃刀”——乱码无法破译，先祖也就找不到了。难道我们的体内存在一种抵抗重组的势力？这不是与产生多样性以适应外界环境的变化趋势互相矛盾吗？是的，我们体内确实存在着一种“抵抗重组”的力量，其中一部分就在Y染色体上。

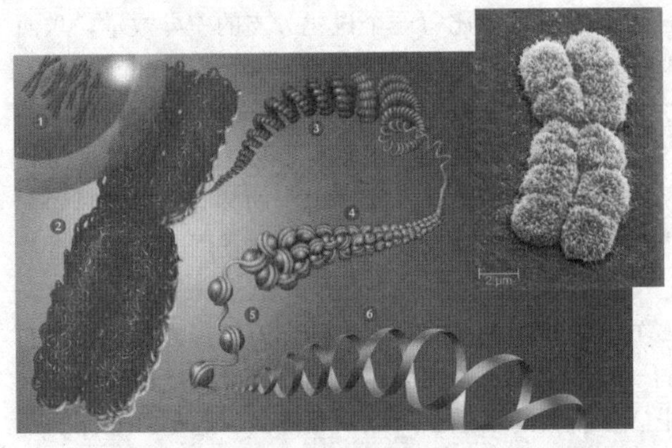

我们如果“放大”观察染色体的结构，就可以看到：紧紧的“严密包装”使得大量DNA可以存放在很小的细胞核里

1.在一个真核细胞的细胞核里，有一定数量的染色体。上图是复制的人类染色体

2.在最致密的时候，复制的染色体“严密包装”成为X形

3.当我们把染色体像一根纤维丝一样打开时，染色体像一个螺旋弹簧构成的空心管子

4.在这个螺旋弹簧一样的结构中，包括一个长长的DNA分子（蓝色），这个DNA分子包裹着的各种蛋白（紫色）

5.每隔一个规律的间距，DNA分子就围绕一个组蛋白（histone）的核心绕两圈。这种结构好像一条“珠子项链”，其中“项链”是DNA，“珠子”是核小体（nucleosome）

6.DNA分子本身是两条链，缠绕成为双螺旋结构

产生变化的活跃基因数量并不多，它们在基因组不同部位的分布也不平均，各个部位的活跃基因的数量差别也很大。例如：在线粒体DNA里，活跃基因有37个；在细胞核基因组里，活跃基因约30 000个（平均每对染色体约1 500个）。那么，究竟是什么原因使大量的基因丧失了活跃性呢？

我们首先看看线粒体。线粒体是我们的细菌先祖吞噬的一个寄生古细菌，在几十亿年的进化过程中寄生性不断增大，逐步放弃“自治权”后，线粒体在细胞里过着舒适生活，绝大部分基因已不参与重组。

我们再来看看Y染色体。Y染色体活跃基因丧失的情况与线粒体类似，虽然平均每对染色体有1 500个活跃基因，但是Y染色体上只剩下21个活跃基因，其中一些基因还是重复的，随机复制的。更有趣的是，这21个活跃基因只参与一项工程——制造男性。其中一个基因决定性别，称为Y染色体性别决定区，缩写SRY（Sex-determining Region of the Y）。其他的活跃基因负责决定其他男性特征（例如男人的外貌、长相、行为举止等）。Y染色体上的其他基因什么功能也没有，被称为“垃圾DNA”（junk DNA）。这些“垃圾DNA”也许是生物学的垃圾，却是群体遗传学家的金砂。

如前所述，我们只能通过寻找差异研究人类的多样性。差异决定了每一个人都是独一无二的，除非我们身上没有多态性（只有同卵孪生子例外）。Y染色体可以从儿子—父亲—祖父一直向上追溯，现在活着的每个男人的DNA，最后都可以追溯到第一个男性先祖——“亚当”。但是，如何把毫无关联的男人们联系起来？是不是每一个男人都肯定能从自己独一无二的Y染色体里追溯到“亚当”？

答案是否定的。原因有些复杂，因为我们并不是毫无关联的。每一个人，都继承了父亲和母亲的一半基因组，具有独一无二的新的基因组。实际上，我们的基因组，我们的父母的基因组，我们所在群体的基因组都是独一无二的。地球上，没有两个群体的DNA中记录的故事是相同的。

现在，我们计算一下我们的血统中，父系基因组的比例和我们的祖先数量。我们可以一步一步地推算：我们具有50%的父亲的基因组，25%的祖父的基因组，12.5%的曾祖父的基因组，6.25%的曾曾祖父的基因组……继续这样的理论计算，最后的结果惊人。

500年前，现在的每一个人理论上都会有超过100万个祖先；1 000年前，每一个人理论上有超过10亿个祖先——这个数字已经超过现有的全部地球人口。

难道我们的计算出了什么差错？在数学上，这个答案显然是正确的，希腊时代的人们已经掌握了这些计算方法。电脑也没有错。但是，我们计算的假设错了。我们是在“谱系中的每一个人都毫无关联”的假设下进行计算的，但是人们会共享谱系，虽然共享的情况互不相同。

信天翁是一种巨大的海鸟，翼展超过3.5米，可以在天空长期翱翔，可以闭上眼睛一边睡觉一边继续飞行，所以它们可以飞行几周不必落地，可以一次跨越上万千米。但是，它们总是回到它们出生的岛屿繁殖，它们的配偶也会飞回同一个岛屿幽会。下一代信天翁出生之后，即使飞得再遥远，也会在繁殖时期回到它们出生的岛屿。繁殖期结束之后，它们互相告别，再次飞往无边无际的大海的上空。

黑眉信天翁

人类的行为与此类似，总是与自己的“邻居”——相近的游牧部落，或者相邻的村庄之间，甚至亲戚之间交换配偶。有的群体的习惯是在第三代血亲之间，有的群体的习惯是在第二代血亲之间。这些交配都是随机发生的。如果一个群体迁移了，他们又有新的邻居，又开始与新的邻居交换配偶。这种区域婚配习惯的结果，使得同一区域的群体之间越来越接近，与不同区域的群体之间的差异越来越大。如果两个第三代的表兄妹结婚了，从遗传学的角度来看，这两个父母并非无关的，而是关联的。这两个配偶之间的一部分基因组是相同的，这里的2×2不等于4，因为两个2都小于2。所以说，我们前面的数学计算的假设是错误的。

这个基因组比例成分的乘法继续下去，我们祖先的数量不是越来越大，而是越来越小，最后只剩下一个人——“Y染色体亚当”。正如前面的列文庭的分析：向上追溯，“亚当”和“夏娃”都没有消失，他们还在那里，只是需要更多的研究—计算—分析……Y染色体是追寻“亚当”的一张王牌。

1991年，斯坦福大学的斯福扎实验室里来了一个应聘的青年人，彼得·安德希尔（Peter Underhill）。安德希尔早年在特拉华大学（University of Delaware）从事海洋生物学研究并获得博士学位，后来到加利福尼亚州，转向研究酶在分子生物学中的应用。1980年代正是生物技术大发展的初期，硅谷是重组DNA的震中。如何用各种各样的酶切割基因—分离基因—黏合基因……各种生物技术与电脑技术相互辉映，电子和生物两大技术领域将旧金山湾区变成了一个朝气蓬勃的全球新兴技术中心。

斯福扎留下了安德希尔，请他进行线粒体mtDNA的序列研究。但是，彼得的兴趣很快转向了Y染色体。当时，分析化学极其困难。遗传学家的主要武器之一是从最基础的分子分离DNA片段的能力。与蛋白质一样，DNA是在我们的细胞里以核苷碱基（nucleotide bases，简称碱基或者核苷酸）为建材构成的一种长链。人类基因组的核苷酸数量约为30亿个，必须通过一些技术，把这种分子混合体分离开来，才能检测出每一个DNA分子上的核苷酸的序列。首先，要通过一些生物化学技术，把某一个小片段的DNA，严格按照它们原来的序列多次再造出来。制造出这些DNA的小片段后，再在一种类似凝胶的基质（gelatine-like Matrix）中制造电场，以电场的力量把它们分离开来。

DNA带有负电荷，所以，DNA的小片段会在凝胶基质中，向正电荷的方向移动——分子水平的微小移动。微观上，凝胶内部是弯弯绕绕的无数微小通道。DNA的分子在凝胶中的移动迟缓笨拙，其移动的程度取决于分子的长度，分子越长，移动程度越低，因为较长的分子要携带更多的物质通过凝胶内部的通道。在正电场的这种作用下，不同的DNA分子就分离出来了。这叫作DNA的测序（sequencing）。

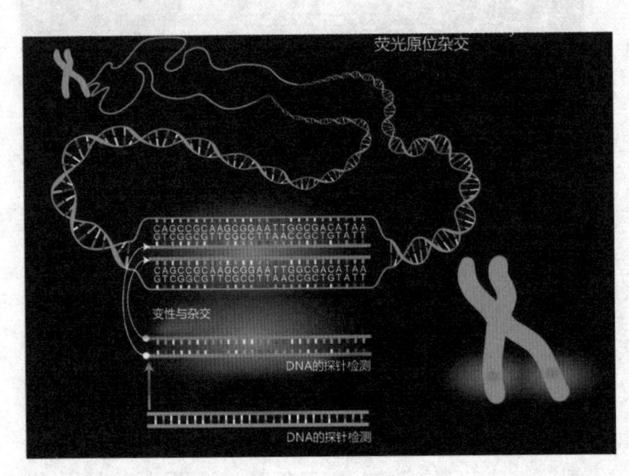

DNA或RNA的测序

这个理论很复杂，实施起来却很有效。在过去的30

年里，几乎每一个重要的遗传学发现都离不开这种技术。例如，人类基因组的序列分析就要重复实施几千万次到几亿次这样的测序。这种技术虽然有效，工作量却巨大得可怕。测序的另一个问题是进度非常缓慢。只有经过生物化学反应，才能确定DNA的分子序列，所以这种研究代价高昂，很多遗传学家希望找到更快更便宜的办法。

彼得·欧依夫内尔（Peter Oefner）是一位来自奥地利的化学家，当时也在斯坦福大学读博士后，他正在研究一种分离分子的技术，叫作高效液相色谱（High Pressure Liquid Chromatography，简称HPLC）。这种技术如果用于DNA分子，比凝胶方法快得多。有一次，安德希尔在遗传学系的讲座上，看到欧依夫内尔介绍HPLC技术，安德希尔马上想到把这种技术用于Y染色体的多态性分析上。他询问欧依夫内尔是否愿意和他一起合作？两个彼得，一拍即合。此后的18个月，两个彼得放弃周末休息，一起投入了疯狂的实验。

两个彼得的合作，诞生了一种新的HPLC技术，简称dHPLC。这种技术可以用于快速检测DNA分子复制中的偶发性错误。dHPLC技术又快又便宜，节省的时间令人瞠目结舌。过去，人们在Y染色体上仅仅发现了十几个多态性，dHPLC技术出现后，每个星期都能找到Y染色体的多态性。这种新的测序分析方法的实质是："忽视"具体的DNA序列，仅仅分析计算DNA序列之间的差异。

这两个彼得发明的新办法，终于使人类找出了"夏娃"的伴侣——"亚当"。2000年11月的《自然遗传学》（*Nature Genetics*）上，发表了一篇21个人署名的论文，结论是Y染色体最早的分离起始于非洲的先祖。这个答案与线粒体mtDNA的母系的研究完全吻合。但是，"亚当"诞生的时间——推算出来的Y染色体分离时间是在5.9万年，与"夏娃"的年龄差距超过8万年。

"亚当"和"夏娃"，难道根本没见过面？

这个问题不能这样理解。所谓"亚当"和"夏娃"，只是科学研究中假设的两个遗传学实体概念。遗传学首先回答的一个问题是："我们与黑猩猩或三文鱼是不是一个物种？" 然后，我们把人类的父系先祖和母系先祖假设为"亚当"和"夏娃"。遗传学研究是从现在活着的人群中，寻找形形色色的DNA差异（多样性和多态性），最终得出一个结论：人类是一个人种，人类的祖先在非洲。遗传学只是逐字逐句地解读DNA写出的天书，其中很长的一段时间究竟发生了什么？在几千代的代代繁衍中，深藏了哪些故事？遗传学无法回答，因为目前还没有更多的变异和差异数据可以告诉我们确切的答案——"奥卡姆剃刀"，已经没有什么可以再刮了。

"亚当"和"夏娃"的年龄，并不代表我们这个物种的出现时间。"亚当"和"夏娃"是Y染色体和线粒体DNA分别编织出的色彩斑斓的两个大挂毯，我们带着这两块地毯走向世界各地。"亚当"和"夏娃"分别是人类遗传的两个合并点（Coalescence point），"夏娃"不可能等待"亚当"几万年。2000年11月的论文估算的“亚当的年龄”是一个范围：4万—14万年，最有可能在5.9万年。这是一个没有任何悬念的科学事实。

这一研究结论，彻底否定了多起源说。这一研究结论，也是一个巨大的震撼。我们这个物种出现在非洲不到20万年，但是，非洲发现的最古老的类人猿化石已有2 300万年的历史——这是一个难以想象的时间，假如我们把这个时间压缩为一年的365天，则如下图所示：

1月1日，猿人出现了：第一个千禧人开始直立行走人科动物。

10月底，类人猿出现了。

12月初，直立人出现了：200万年前他们走出非洲，后来全部灭绝。

12月18日，智人出现了；80万年前走出非洲。

12月28日，现代人出现了。

12月31日，深夜11点，人类开始走出非洲：不到1个小时。

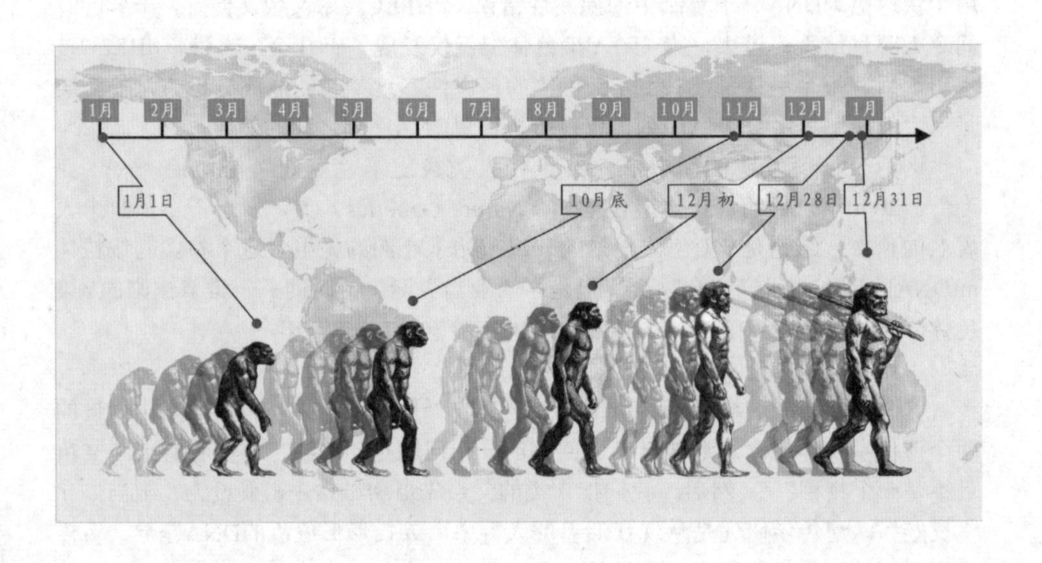

第四章

走出非洲的旅程

现代的科学家经过一系列的DNA测试，终于在非洲找到了人类的先祖——直接联系着人类最古老祖先的证据的携带者群体。这是一个漫长的过程。这是寻找基因秘密的过程。这是解读DNA密码的过程。

1953年，DNA双螺旋结构被发现，确认基因在DNA里。

1987年，“线粒体夏娃”出现。

2000年，“Y染色体亚当”出现。

可是疑问依然存在：我们的先祖为什么离开非洲？他们如何在史前非洲生存？他们通过哪几条路线走出非洲？离开非洲家园之后，他们如何在世界迁徙？

上一章里，我们讲述了人类如何从化石研究转向实验室研究，继而转向利用统计学进行大规模计算分析寻找“夏娃”和“亚当”的故事。这一章，我们继续讲述人类走出非洲的故事。这些故事也是DNA检测—计算—分析的结果，它们与化石证据完全吻合。现代人用了六万年时间，经历了千难万险的大迁移，终于来到了世界的每一个角落。其中最长的一段旅程是非洲—中东—欧亚干草原—西伯利亚—白令海峡陆桥—北美洲—南美洲，这条路线花费了整整四万多年。

这一章，我们会跟随先祖的足迹，一起来体验那场波澜壮阔的人类旅程。

阿根廷圣克鲁斯省（Santa Cruz）的平图拉斯河手洞（Cueva de las Manos）被列为联合国世界文化遗产。人类来到美洲是走出非洲的6万年旅程中最为艰难险阻的一次远征，时间为0.93万—1.3万年前。这些用骨头作成吹管吹喷出的手印似乎在欢呼这次远征的胜利

亚当、夏娃最近的后裔

亚当和夏娃还在非洲吗？当然不在了。

亚当和夏娃的后裔还在非洲吗？是的，他们还在非洲。

在Y染色体分析中，非洲的多样性是最有意思的，旷古悠久的遗传血统的痕迹分布丰富而广泛，远远超过地球上其他大陆。这些群体分布在现在的埃塞俄比亚—苏丹—非洲东部和南部，在其他地区已经消失的遗传信息，在非洲依然存在，它们全部直接指向一个合并点——“亚当”。

多样性最丰富的群体围绕着东非大裂谷，一直延伸到西南非洲。东非大裂谷就是人类最初的家园，人类在这里生活的时间远远超过了其他任何地方。1967年，最确凿的证据在这里出土：距今19.5万年的人类最古老的化石。

在非洲南部的群体中有一批人，他们过去被称为布须曼人（Bushmen），现称桑人（San）。Y染色体和线粒体DNA都证明，他们是多态性最丰富的群体之一。而证明他们属于最古老人群的另一个证据是语言，语言使人类社会结构的发展达到了其他动物永远也无法企及的高度。桑人说着地球上最复杂的语言。英语有31个发音，世界上三分之二的语言有20—40个音，桑人的语言却有141个音，而且很多单词包括嗒嘴音（click，用嗒嘴发音）。桑人打猎时，有时会使用浊音清化技巧，他们不使用元音，完全靠口腔各部分弹击音来沟通，减少了被猎物发现的可能性。这些特点吸引着语言学家，他们对桑人语言的研究已经超过200年，但是却没有人知道，这种语言的多样性积累了多少年。身体上的优势、优秀的沟通能力和先进的技术，使桑人成功地生存了下来，他们遍布非洲东部以及非洲最南端。

Y染色体、线粒体、语言，都是桑人直接联系着人类最古老祖先的证据，这是不是就表明人类的先祖亚当就起源于非洲的南部呢？答案并非如此。

历史上，桑人的祖先生活在非洲大部分地区，现在非洲东部的坦桑尼亚人也使用嗒嘴音（Hadza语和Sandawe语），按照骨骼学分类，索马里和埃塞俄比亚的旧石器时代出土的骨骼与桑人最为接近。在2 000—3 000年前，说班图语的非洲人群取代了桑人。在此之前，桑人是非洲东部和南部的主导群体。

博物馆展览的形象曾经完全误导了我们。这些远古人类的形象往往都是长发披肩、浑身长毛、肌肉发达，正在野蛮凶狠地猛烈攻击古代巨兽——其实，那是是尼安德特人。而现在的非洲人的形象，其实都是班图人（Bantu peoples）的形象：皮肤很黑，曾被欧洲殖民者们贩卖到南北美洲。当时欧洲人以为他们属于另一个物种。班图人在非洲首先掌握了铁器和农业技术，在2 000—3 000年前开始扩张，成为非洲人口的大多数，目前已超过3亿人，包括300—600个族群，使用大约250种语言。

而桑人是“非非洲人”，他们身材不高、骨骼轻盈、举止优雅、性情温和。与遍布撒哈拉沙漠以南的班图人完全不同，桑人皮肤比较淡，也没有被贩卖到美

桑人在钻木取火

一位桑人男子

洲。在2 000—3 000年前发生的班图人大迁移中，桑人被挤到了很小的分散的土地上，继续先祖留下的狩猎采集生活。

那么，我们是不是可以据此认为桑人的形象就是我们祖先的形象呢？我们很难想象出我们的男性和女性先祖的“正确”模样，但我们能够确切地知道，我们的非洲先祖不可能像尼安德特人那样浑身长毛、野蛮粗暴，因为温暖的非洲并不缺少食物和阳光。

Y染色体和线粒体两条基因线索都指向现在非洲的“非非洲人”——桑人，“亚当”就在桑人的远古的某一个群体里，时间是六万年之前的某一时代。我们不知道“亚当”之后经历了多少代人，估计可能2 500代左右。我们知道走出非洲之后的六万年里，人类又经过了2 000代人。这么短的时间里，现代人不可能演化成不同的亚种。

六万年前，一小群人类先驱者离开了非洲大陆，波澜壮阔的人类旅程就此展开。科学家们甚至估计出了这群人的人数，最多不超过几百人。这一小群先驱者的后代，如今占据了全世界。如果只有这一小群人离开了非洲，他们肯定走的是同一条路，他们是从哪里离开了非洲，又走向了哪里呢？

无法逾越的撒哈拉沙漠

从地图上可以看出，走出非洲很不容易。起源于东非大裂谷的现代人，相当于生活在孤岛上，东西南三面都被大洋环绕，北面是几乎无法逾越的撒哈拉大沙漠。撒哈拉沙漠横跨整个非洲大陆，面积约900万平方千米，绵延11个国家。

在没有走出非洲之前，东非大裂谷的现代人类首先在非洲本地扩散：他们走向非洲各地。向南方，一直走到了大陆的尽头——今天的南非；向北方，跨越撒哈拉沙漠到达了现在的以色列。

出土小石刻的洞穴Blombos Cave

在南非的Pinnacle Point，考古学家进行了多年挖掘，发现了多处17万—4万年前的人类遗迹。其中，最著名的是布隆伯斯洞窟（Blombos Cave），在这里出土了一件大约7.5万年前的艺术品，这件小石刻和其他装饰品是已知的人类最早的艺术品。

出土于非洲南部的一个大约7.5万年前的小型石刻，这是人类最早的艺术品。人类与其他人科生物的根本区别包括强大的免疫系统、自发的宗教伦理、语言以及抽象艺术思维

20世纪30年代，英国剑桥大学的第一位考古学女教授多萝茜·加罗德发现了人类跨越撒哈拉的确凿证据。她带领的考古小组在以色列卡梅尔山（Mount Carmel）进行了挖掘。在那里，他们不仅发现了尼安德特人的遗迹，还发现了现代人的遗迹。后来的考古学家在这一带的几十个洞穴中，先后发现了可能属于11—12个现代人的遗骸。测定显示，这些现代人在以色列地区生活的时代为12万—8万年前。

这些现代人类是怎样越过沙漠的？远古时期世界各地的气候与现在存在很大差异：大约12万年前，撒哈拉沙漠的气候和现在完全不同，不仅有河流、湖泊和湿地，地面上还覆盖着许多植被。人类跟随着猎物，一步步向北迁移，有些人就到达了以色列。

毕业于剑桥大学考古专业的多萝西·加罗德（Dorothy Garrod，1892—1968），1938—1952年担任牛津大学迪斯尼考古教授。她长期在中东和西南亚洲地区考古，在库尔德族群的地区曾经一次性发现了50万—4万年前的很多洞穴和遗迹。她最早在中东发现一万年前的纳图夫文明。1951年被授予大英帝国勋章

但是，非常遗憾，这些人类在那里只生活了几万年。这些卡梅尔山洞穴的线索中断了，没有任何证据表明人类一直在此繁衍生息或者继续踏上旅程。这群先驱者的故事没有后续，没有结局。

人类第一次从北方走出非洲的尝试失败了。也就是说，早期人类走出非洲的尝试因为失败而中断了数万年。

随着冰河时期的来临，温暖潮湿的非洲故乡开始变得越来越干燥。六万年前，人类又一次走出非洲的壮举发生了。

一条路线是12万—8万年前的老路：从尼罗河

谷—西奈半岛—以色列地区进入中东。

一条路线是海路：随着地球进入冰河时期，撒哈拉地区重新形成沙漠，北美和欧洲形成了大片冰川，冻结了大量海水，海平面下降，红海地区露出了大片陆地。非洲、阿拉伯半岛之间的距离明显变小了，横渡红海的最短距离从30千米缩短到仅仅11千米，人类甚至能看得见对岸。

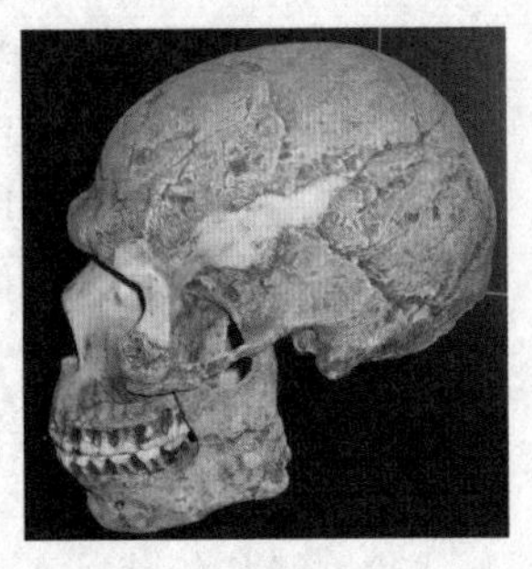

卡梅尔山斯胡尔和卡夫泽洞穴（Skhul and Qafzeh）的早期人类颅骨之一

气候变化了，大地干枯了，绿色消失了，猎物迁移了，人类先祖们的食物来源也越来越少了。

人类走出非洲，走向世界的机会，就这样来到了。

走出非洲第一站

令人难以置信的是，六万年前第一批人类走出非洲后，一直沿着非洲海岸—南亚海岸—东南亚海岸，第一个到达的终点站竟然是今天的澳大利亚。

学术上的“澳大拉西亚”（Australasia）是一个区域概念，包括澳大利亚、新西兰、新几内亚岛、塔斯马尼亚岛（Tasmania）和其他一些印尼群岛东部的岛屿。今天的澳大利亚是地球上最干旱的大陆之一，90%以上地区的年降水量不到1 000mm。所以这里也是世界上都市化最高的地区，90%以上人口居住在沿海城市里。

更令人惊讶的是，澳大利亚的所有物种与这个星球的其他任何地方（新几内亚岛除外）都不一样。大陆板块结构使得这里与欧亚大陆、南北美洲和非洲隔绝的时间超过1亿年。澳大利亚也不存在所有哺乳动物的“正常”进化，整个澳大拉西亚地区根本没有灵长目动物，没有猴子，没有猿人，人类是这里唯一的灵长目动物。所以，毫无疑问，澳大利亚的土著必定是从其他地方迁移来的。那么人类是如何经历漫长而又艰险的旅程，来到澳洲大陆的？

亚洲南部

在澳洲发现的最早的古人类遗体年代久远，最保守的估计也有四万年之久，还有人说可能有六万年之久。它具有非凡的意义，证明了现代人在到达欧洲之前，就已经到达了澳洲，这看起来不太可能，澳洲不但比欧洲距离非洲更远，中间还隔着印度洋。这个旅程如此遥远，完全可以想象出其中的艰难，这可能吗？

在最后一次冰河期的最寒冷的时期，全球海平面下降，很多陆地露出水面，在澳大拉西亚曾经形成了一片巨大的Sahul古陆：澳大利亚—新几内亚—塔斯马尼亚岛连成一片。但是，即使是在两万年前最寒冷的时期，澳大利亚与其他东南亚陆地之间，也相隔着50—100千米的海洋。如果人类只能航海而来，那么他们是什么时候又是怎样来的？

悉尼以西1 000千米的新南威尔士有一个Lake Mungo湖，这是广袤沙漠中的一个干涸的湖。但在4.5万—2万年前，这里植被茂盛，几条河流进这个湖，附近生活着很多有袋类动物，包括水牛一样巨大的大面颊兽（Zygomaturus）、重达200千克的巨型短面袋鼠（Procoptodon，世界最大的袋鼠）等，这些食草动物显然都是人类捕猎的对象。大约一万年前，Lake Mungo湖地区干涸了，这一带留下了极其丰富的考古遗迹。

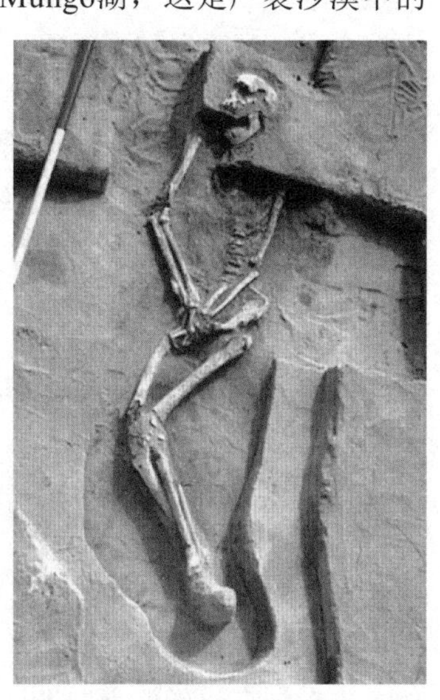

联合国世界遗产，Lake Mungo湖出土的Mungo 3

1974年，Lake Mungo湖出土了一个完整的被埋葬的人，发现者吉姆·伯勒（Jim Bowler）将这个古人命名为Mungo 3。当时的技术检测结果显示Mungo 3生活在3万年前，后来开发的新技术确认Mungo 3生活在4.5万年前。Mungo 3附近的土层中出土的古代艺术品超过4万年，其他各种人类石器制品超过6万年。在解剖学上，这是非洲之外的年代最悠久的现代人类生活的遗迹。

Lake Mungo湖被列入联合国世界文化遗产。但是，这里的人类遗迹也引出一个无法自圆其说的谜团：东南亚最早的人类遗址为4万年，澳大利亚的人类殖民却超过6万年。人类必须经过东南亚地区才能来到澳大利亚，那么怎么解释澳大利亚人类的历史比东南亚的人类殖民还早了大约两万年？

我们必须回到非洲的伊甸园，看看能否找到答案。

海鲜盛宴与澳大利亚土著

非洲位于北纬38°和南纬34°之间，是横跨赤道面积最大的大陆，85%的土地面积处于热带。与其他所有的大陆不同，非洲的海洋温度比较高，几十亿年里从未结冰。虽然广袤荒凉的撒哈拉沙漠和东非的火山活跃山区不欢迎人类居住，但其他地区对人类异乎寻常地友善和温和。东半球最大的延绵不断的热带雨林、从东非延伸到南非的大草原，都生活着数量惊人的各种各样的哺乳动物，这里显然是动物进化的乐园。人科的各种猿类，几乎肯定是在雨林和草原之间开始了双足直立行走。一望无际的茂密雨林里，存在来自四面八方的各种危险，步行在食物丰富的草原上更加安全。

非洲原来不在现在的位置，大陆漂移的板块运动，使得孤立的非洲撞上了欧亚大陆。大约1 500万年以前，非洲与欧亚大陆连在一起之后，第一批猿类开始“走出非洲”。这些早期的移民在世界各地进化成不同的猿猴，非洲本地的猿类则演变成了黑猩猩和大猩猩。

15万—20万年前，解剖学上的现代人类出现在非洲，这得益于非洲气候的温暖。但是，同一时期，其他大陆的气候却正经历着剧烈变动起伏。古气候学研究证实，大约15万年前，地球开始进入最后一次冰河期——里斯冰河期（Riss glaciation），平均温度比现在低10摄氏度左右，13万年前曾经回暖，12万年前再次不断变冷。这种逐步降温一直延续了大约7万年，寒冷的气候维持了5万年，并在两万年前达到温度的最低点。但大部分非洲大陆处于热带，气温取决于阳光，在这里只有降水多少的变化，呈现为雨季或者旱季。这种变化，决定了动物和人类的迁徙。

美国地球物理学家罗伯特·沃尔特（Robert Walter）近年来的研究发现，最后一次冰河期导致的非洲干旱，使东部的热带雨林和草原逐渐变成大沙漠和干草原（steppe）。非洲变得干旱以后，多雨的沿海草原没有变化，于是人类逐渐向沿海聚集，食物来源除了附近生活的动物，又增加了海产品。在非洲其他地方出土的一大批证据也确凿无疑地证实，人类曾经以海洋为生。在非洲东部的厄立特里亚（Eritrea），考古学家发现了大量垃圾和其他废弃物，既有被屠杀的犀牛和大象的遗骨，也包括很多贝壳，时间约为12.5万年前。这些垃圾中，还混杂着人类制作的各种石器。这些证据证明，人类曾在这里开发过海洋资源。

这是海洋与草原的盛宴，而且与餐馆不同，这些牛排与海鲜都是免费的。我

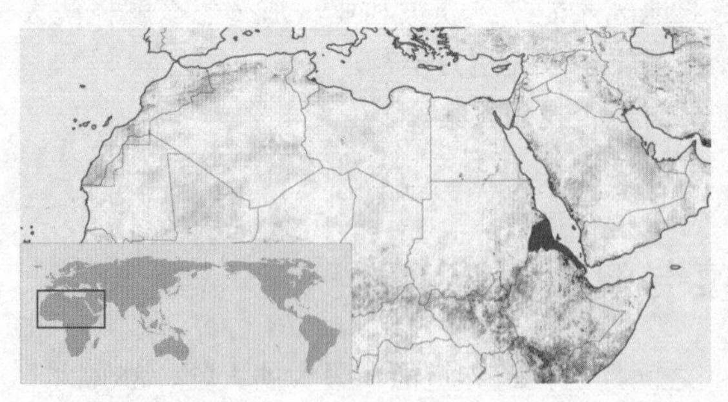

厄立特里亚（Eritrea）12万平方千米，西边是苏丹和埃塞俄比亚，东边是红海，1991年从埃塞俄比亚宣布独立，1993年被承认独立

弓箭起源于埃塞俄比亚奥姆河谷地区。与其他类人生物的粗糙石器相比，这些5万—10万年前的箭头做工精致

们的先祖是一些美食家，古代生活可能并不那么艰辛。

罗伯特·沃尔特揭示的最激动人心的发现之一，是沿海的居民点一直延续到几千千米之外的非洲的最南端。南部非洲的人类，开发了同样的海洋资源，使用的石器工具也非常相似，可能他们是沿着非洲东海岸进行了长距离迁移的移民。如果人类沿着一块大陆长距离移民，使用同样的工具开发同样的资源，为什么他们不可以沿着另一块大陆的海岸线移民？平坦的沿海与多山的内陆完全不同，沿海海滨是远古时代的一条超级高速公路。阿拉伯半岛—印度西海岸—东南亚沿海—澳大利亚沿海，这一条路线，与厄立特里亚的环境和资源完全一样，人类无须进化和适应环境。

史前人类在非洲海滩留下的大量食用海鲜的遗迹

这场伴随着“牛排与海鲜”的大迁移的速度显然很快，人类离开非洲不久，很快就出现在了澳大利亚。很多遗迹证明，第一波人类大迁移发生在古代的沿海高速公路，他们比东南亚内陆的人类殖民早了大约两万年。但是，非常遗憾，我们没有找到非洲祖先从沿海高速公路快速迁移到澳大利亚的考古学证据。随着气候的再一次变暖，人类先驱者的足迹也许都淹没在了大海里。在冰河时期，大量的水成为冰川—冰盖—冰原，世界海平面比现在低100米以上。如果人类沿着印度沿岸的舒适沙滩走到澳大利亚，那么，当年的海滩就在现在的海水以下100米，距离印度现在的海岸大约200千米。冰河期结束以后，海平面上升，淹没了绝大部分史前人类的旅程足迹。

当时，印度—斯里兰卡之间的陆地连为一体，马来半岛—印度尼西亚群岛连成一片大陆，澳大利亚—新几内亚也连成一片大陆。现在的波斯湾和泰国的暹罗湾，当时是植被繁茂的河流入海口的三角洲，日本列岛也与亚洲大陆连在一起。来到澳大利亚的现代人肯定具备造船能力，所以，他们沿着海岸高速公路来到大陆的最顶端之后，渡海抵达澳大利亚，时间约为六万年前。虽然没有更多的化石和石器为这一路线提供证据，但是，基因却为我们提供了确凿无疑的证明。

人类好像一棵大树，树根在非洲，树干在非洲，绝大多数支干也在非洲，只有几个支干伸出非洲，并且继续分支和繁衍，成为遍布世界各地的形形色色的群体。现在的每一片树叶都是不同的。幸运的是，基因标记（markers，突变留给后裔的标记）的分布构成了一幅错综复杂的地图，让我们看到了过去岁月的轮廓。

树根在20万—15万年前开始生长，这是“Y染色体亚当”和“线粒体夏娃”。“亚当”这棵大树只有一个分支伸出非洲，被称为“欧亚亚当”（Eurasian

Adam）。这位“欧亚亚当”是一个非洲男人，他因Y染色体上的一次随机突变而被命名为M168。M168出现在3.1万—7.9万年前，现在，非洲以外的每一个“非非洲人”的男人身体里都可以找到这个突变M168。陪伴这个“欧亚亚当”的是一位“欧亚夏娃”（Eurasian Eve），这是一个非洲女人的线粒体DNA上的一次随机突变，被命名L3。这次突变出现在5万—6万年前，现在，非洲以外的每一个“非非洲人”的女人身体里都可以找到这个突变L3。

基因研究证实，现在的欧洲、亚洲、南北美洲人中90%以上都是“欧亚亚当”M168和“欧亚夏娃”L3的后裔。当然，M168和L3的后裔现在在非洲也有分布。这全部指向一个结果：M168的根，更深层次是与他的非洲远方兄弟们联系在一起；L3 的根，更深层次是与她的非洲远方姐妹们联系在一起。根据统计学的计算，M168和L3最可能的发生位置是在非洲东北的埃塞俄比亚—苏丹—肯尼亚的东非大裂谷地区。

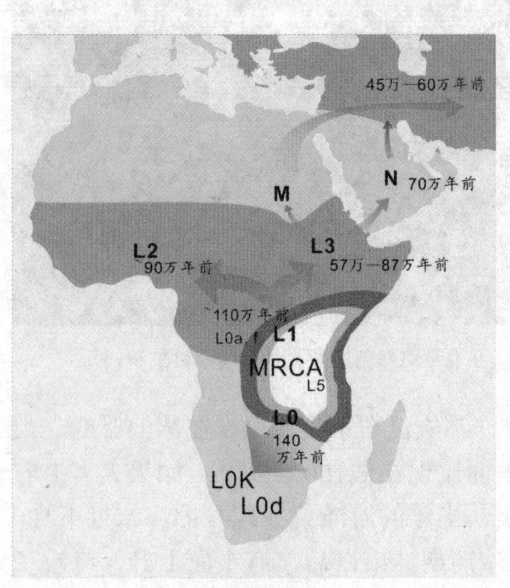

MRCA（Most recent common ancestor）：最晚近共同先祖（线粒体夏娃）。M和N是走出非洲的L3的两个后裔

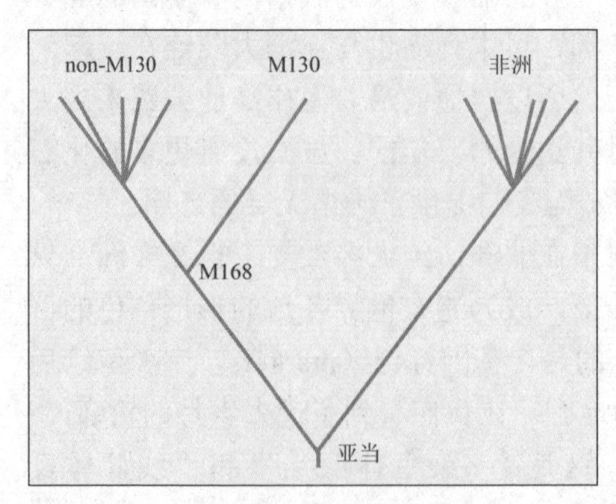

M168的后裔分离出M130与非M130

枯燥的字母和数字命名缺乏想象力，可能比较难以理解。现在我们还是用《圣经》的方式描述：“夏娃”诞生了突变L3，L3诞生了另一个突变M，M从非洲来到了澳大利亚。在印度，只有20%的人基因中含有M，这个M在中东没有出现，在欧洲也没有找到任何M的踪迹。而在澳大利亚，几乎所有的土著基因里都含有M，这是他们直接从非洲来到澳大利亚的最有力证据。

基因证据找到了。我们的先祖从非洲走出来，第一批人类来到了澳大利亚。当然，来到澳大利亚的人类并非全部是女性，“亚当”的后裔也来了。

Y染色体的演变和迁徙路线，更加复杂，走出非洲之后分为多个单倍群。为了简单说明，左图中只绘出其中的两类单倍群。

为了便于理解，我们还是借助《圣经》的方式描述：“欧亚亚当”M168诞生了M130，M130的迁移路线与线粒体M的海岸线迁移路线是同路，最终来到澳大利亚。更有意思的是，M130在

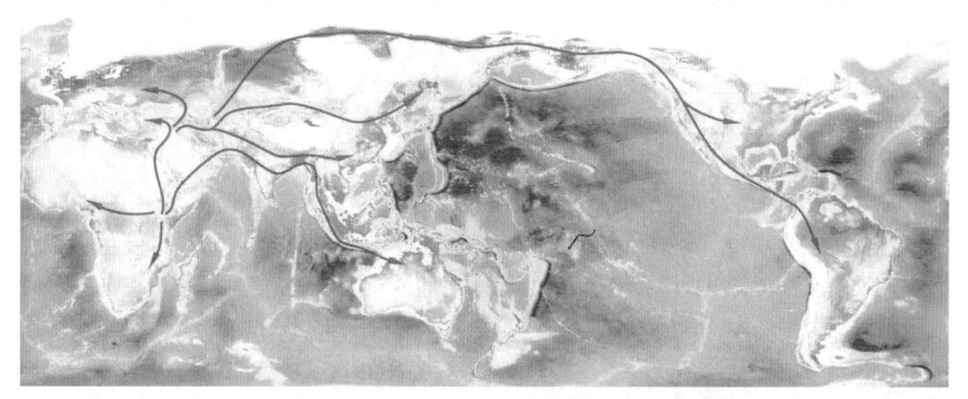

约6万年前，冰盖和沙漠占压倒优势。这是一幅零散的小群现代人迁移路线图
化石证据证实现代人类出现在以下地区的时间：
非洲：19.5万年前
以色列：12万年前
澳大利亚：6万年前
中国：5万年前
欧洲：4万年前
北美：1.4万年前

亚洲东北部、蒙古、西伯利亚的比例也非常高。经过研究分析发现，这一批M130的年代比澳大利亚的M130的时间晚得多，揭示出后来的另外一波M130的移民大潮。也就是说，人类走出非洲的旅程是一波人群接着一波人群，并非一次。

其他灭绝的类人猿或直立人都没有能力渡过海洋。例如，爪哇直立人距离澳大利亚的连成一片的大陆只有大约100千米，但是它们从未到达澳大利亚。事实上，在澳大利亚从来没有发现任何灵长目的痕迹。只有现代智人具备渡过海洋的能力。当时属于旧石器时代，沿着海岸高速公路零零散散发现的旧石器时代的石器证明，当时非洲人的确是沿着海岸线走到澳大利亚的。虽然印度沿岸的证据沉睡在深深的海底，斯里兰卡的一个山洞（Fa Hien cave）里却出土了大量旧石器时代的石器，证实了远古沿海高速迁移的真实存在。澳大利亚的土著，正是已经部分沉入海洋之下的澳大拉西亚（Australasia）的最早的一批殖民者，在他们的文化里，至今保留着祖传的因素。直到今天，澳大利亚的土著还保留着用歌声呼唤非洲先祖的仪式。

斯里兰卡山洞（Fa Hien cave）

讲述人类走出非洲的故事，一方面，必须使用基因标记描述；另一方

面，基因标记的描述方法总是显得枯燥乏味，所以我们用拟人化的语言小结一下：

“Y染色体亚当”的后裔只有三个人：M91、M60和M168。其中M91和M60两个人的后裔始终全部留在非洲，即单倍群A和单倍群B。只有M168一个人的后裔走出了非洲，成为世界上所有“非非洲人”的祖先。

M168重要的后裔也有3个人：M130、YAP和M89。约6万年前，第一个走出非洲的人是M130。一部分M130沿着海岸高速公路从非洲一直走到澳大利亚，还有一些M130留在印度次大陆及东南亚地区，他们继续北上进入亚洲东部的中国—蒙古—韩国—日本等地，还有一些人进入了北美洲。

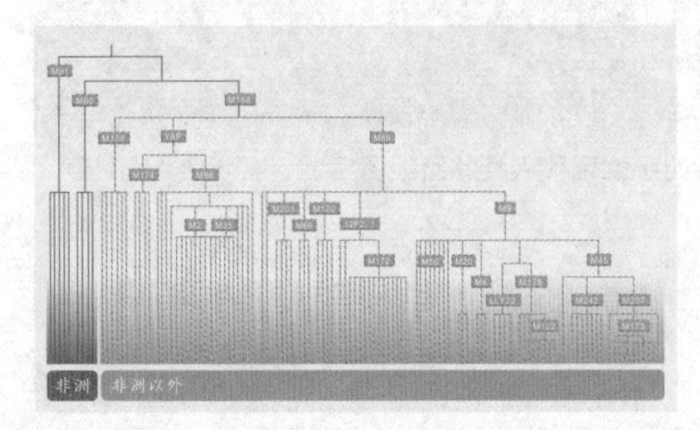

Y染色体亚当的后裔关系图，单倍群C-R都是M168的后裔非非洲人

约6万年前（范围5.91万—6.83万年前），YAP出现了，YAP的后代现在分布在东非—中东—亚洲各地。约4.8万年前（范围3.87万—5.57万年前），M168的最大的一个后裔血统M89出现在非洲，现在世界上大约90%的“非非洲人”都是M89的后裔。

第二波大迁移

第一波大迁移的基因标记是M130。第二波大迁移的基因标记是M89。

为什么出现在15万年前的大部分人类，过了那么久才离开非洲？我们目前还不知道答案，可能是一场人口大迁移，也可能与气候变化有关系。但我们却可以清楚地知道，人类的第二次大迁移与技术、文化、艺术等文明进步密切相关。

Y染色体和线粒体DNA揭示，埃塞俄比亚—苏丹—中东地区是人类走出非洲的出发地，澳大利亚的旅程只是人类迁移的一部分。非洲出土的猿人和类人动物的化石类别繁多，现代人的化石相对较少。非洲的现代人走出非洲之后，数量不断繁衍增多，相互之间也开始呈现明显的差异。

如果1个细菌掉进1碗肉汤里，就会1变2，2变4，4变8……迅速增长。细菌的增长是细菌DNA的复制。几代细菌之间看不出什么变异。但是经过几百代的繁殖之后，不同的菌落之间的变异就呈现出来了。人类的DNA同样也是不断分裂—复制—分裂—复制……随着时间的推移，几百到几千代之后，两个人群之间的差异就很明显了。

我们细胞里的分子钟，控制着4个碱基A-C-G-T的复制速率，因此，只要测算出分布的平均值（波形的中间点），就可以计算出一个群体的指数增长时间。

经过检测计算分析，无论细菌的DNA，还是人的DNA，这种变异的发生速率都是固定不变的。复制过程中随机发生的不匹配（突变）形成分布曲线，这种曲线与高斯曲线（Gaussian curve）非常相似。美国人类学家和群体遗传学家亨利·哈本丁（Henry Harpending，1944—）经过精确分析，得到了这个分布形态。结果令人非常震惊：在过去的一万年里，地球的人口确实增长极其迅速。

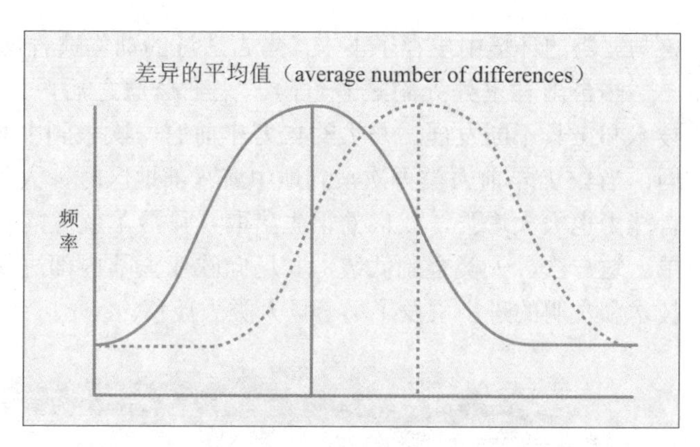

图中显示了两个增长的群体的线粒体DNA的不匹配的分布。如果增长的时间越长，基因序列差异的平均值越高。
实线=群体1（例如欧洲人）
虚线=群体2（例如非洲人）

如果群体的增长是停滞的或者缩减的，这个分布会呈现“来回拉锯”的形态，原因是遗传漂变（genetic drift）或自然选择导致某些血统的绝嗣和丧失。如果这种分布形态是平滑的，表示我们现代智人的人口增长速率很高。哈本丁和他的团队采集和分析了世界25个群体的线粒体DNA数据，发现呈现指数增长的群体多达23个。根据这一研究成果，他出版了一本著作《一万年的爆炸》（*The 10 000 Year Explosion*）。亨利·哈本丁认为，这场人口大迁移起始于5万年前，这个时间与人类走出非洲的时间基本吻合。

也就是说，我们和细菌一样，本能地努力扩大我们的后裔的数量。

大约7万年前，冰河期的严寒开始了。非洲变得越来越干旱，草原减少，水源和猎物减少，于是人群聚集到沿海，沿着温暖的海岸开始了旅行，直到澳大利亚，甚至一小部分人还到达了南北美洲。古气候学（Palaeoclimatology）已经证实，气候是第一波迁移的催化剂。那么，我们的先祖又是什么时候进入北方，到达欧亚大陆的呢？考古遗址证明了这一时期的历史轮廓。

Levant（地中海东部地区）的位置

大约12万年前，人类从撒哈拉沙漠走出非洲到达以色列，但是在8万—5万年前的冰河期，人类在那里全部消失了。4.5万年前，人类再次出现在那里。这一次，他们携带的狩猎工具更加先进，社会组织更加复杂，狩猎的专业化分工开始出现。这是一场漫长的从被捕猎对象向狩猎者的巨大转变。我们的先祖在猛兽与恶劣的环境中生存了下来，考古遗址的动物遗骨证明了这些事实。

热带雨林里处处隐藏着危险。来到草原之后，人类直立起来，开始狩猎，技术和工具不断发展。与大约12万年前第一次来到中东Levant地区的时候完全不同，当4.5万年前人类再次来到地中海东部地区时，人类的狩猎工具大大改进，语言能力也大大增强，我们的祖先猎取几只羚羊就像购买一次“外卖比萨”那么简单。这一次，人类全副武装，一场向欧亚大陆内部进军的闪电战拉开了帷幕——技术和文明的进步引发了又一场人类大迁移。

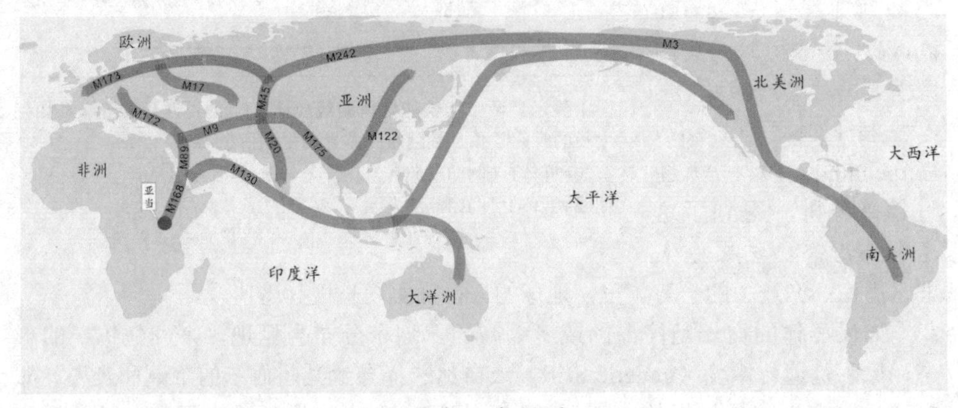

早期人类迁移

M168：5万年前　M130：5万年前　M 89：4.5万年前
M 9：4万年前　M175：3.5万年前　M 45：3.5万年前
M173：3万年前　M 20：3万年前　M242：2万年前
M 3：1万年前　M172：1万年前　M 17：1万年前
M122：1万年前

非洲迁移出来的人类，分别携带着不同的基因标记（marker）。例如，所有美国的英国后裔的Y染色体上通常携带着基因标记M173。也就是说，几万年前，欧亚干草原带上有一个人（一个男人）的Y染色体的核苷酸序列上的特定位置上发生了一个A变成C的变化，这个基因标记传承给他的所有儿子，他的儿子们进入欧洲后继续代代相传，随着时间推移，逐渐增大了M173的频率。现在，西欧男性中的M173非常普遍，英国南部70%的男性携带着M173。最后，M173被带到美国。但是，M173并非这个英国后裔的唯一基因标记，如果上溯遗传血统，还有其他基因标记，例如M9和M89，这是他的Y染色体上不同部位的突变，也是多态性的证明。当然他还有M168，这个基因标记可以上溯到6万年前的非洲祖先，欧亚大陆的每一个人都携带着M168。那么，他们后来怎么带上了M89？

首先，我们介绍一下遗传学的基因分析计算中的两个概念：相对时间和绝对时间（relative dates and absolute dates）。

首先看看什么是相对时间（relative dates）。

我们现在用类比的方法，解释如何从多样性和多态性的差异追寻我们的先祖。韦尔斯的“黑斑羚肉汤”的例子非常有利于理解这些问题：假设我们调查一种多成分肉汤的起源，在遗传学的肉汤历史上，后人不断增加新的配料（突变）……最后这种肉汤的成分越来越复杂，我们怎么分辨呢？

答案：没有办法分辨。

但是，假设我们召开一次国际肉汤大会，世界各地的几十个人都拿出他们的祖传手艺，做出五花八门的肉汤（多样性和多态性），我们又怎么分辨呢？

答案：现在有办法分辨了。

正是因为有了这么多种祖传的肉汤，我们才能找到最早的肉汤的配方。首先，每一种肉汤里都有黑斑羚（impala），这种原料仅产于非洲——M168。我们假定在其中一个餐桌上，摆着5种肉汤，经过品尝发现配料成分如下：

①黑斑羚、芥末、 黑胡椒、奶酪、牛至

②黑斑羚、盐，、罗甘梅、花生、辣椒

③黑斑羚、芥末、黑胡椒、 咖喱、罗勒

④黑斑羚、黑胡椒、螃蟹、柏树仔

⑤黑斑羚、盐、香草、西芹、猪肉

我们发现，全部5种肉汤的第一个形态都有黑斑羚。在久远的古代，一个名叫亚当的厨师选择了黑斑羚作为主料，一直流传至今。第二个形态是黑胡椒和盐。有的肉汤有黑胡椒，有的肉汤有盐。这里是一个分叉点：黑胡椒和盐把5种肉汤分成两大类。盐这个调料（M130）开始沿着海岸旅行，旅途中又分为2个分支（血统）。最后一种肉汤的祖传配方来自澳大利亚，表示一批人类来到了澳大利亚。黑胡椒这个调料分布在3种肉汤（血统）里，它们都没有出现在澳大利亚。

这就是“奥卡姆剃刀”的两次简化：每一次都把独立变量最小化，第一次是一种黑斑羚，第二次是两种黑胡椒和盐。黑胡椒肉汤又出现第三个形态：两种包含芥末，一种没有芥末。黑胡椒分支下面的这个芥末分支（血统）再次分为两种，老练的厨师很快就可以分辨出来，例如墨西哥厨师和意大利厨师使用的芥末不可能相同。

运用数学工具和数学模型进行电脑计算分析，原理与此完全一样。我们既分析了每一种肉汤中的共有的配料，又分析了每一种肉汤的独立的配料。当然，这里不是一棵树状结构的谱系平面图（谱系树），而是单倍群和形态等的大规模分析计算。

我们是否可以找到每一种配料加进来的具体时间？

答案：没问题。

但是，这里要运用另一个概念：绝对时间（absolute dates）。

为了得到正确的绝对时间计算结果，我们首先要作出一些假设和规则。第一个规则：添加配料的速率假设是一样的、规则的。第二个规则：任何配料一旦添加，就是配方的永久成分。也就是说，即使你以后不喜欢这种调料，你也无法把它去掉（突变是永久存在的）。这两个规则的潜在意义很明确：随着时间增加，配料越来越多，肉汤成分越来越复杂，最后可能尝不出黑斑羚的味道了，但是黑斑羚肯定还在里面。假定每一代厨师都规规矩矩地遵循祖传的配方，但是平均每过10代人必定出现一个异想天开的家伙，希望增加一种调料“改善味道”。在上面韦尔斯举的例子中，第一种配方之后又4次添加配料，说明我们经历的时间出来了：4×10=40代人的时间。假若平均每一代人是25年，则40×25=1 000年。我们找到了第一个发明黑斑羚肉汤的厨师（先祖）的绝对时间：大约1 000年，虽然这里存在一些误差。

我们品尝这些肉汤的过程，叫作采样。我们采集更多的多样性和多态性数据之后，甚至可以回答其他问题：什么人、什么时候、在什么地方（Who，When，Where）添加了这些配料？

两种不同的基因组——Y染色体和线粒体mtDNA的计算分析结果，与古气候学和考古学的证据，最后惊人的一致和吻合。

现在，我们论述4.5万年前，在非洲发生的故事。

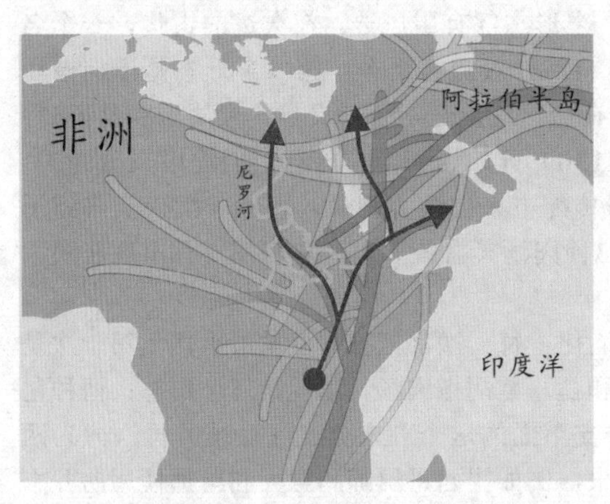

非洲的撒哈拉沙漠出现的很晚。在撒哈拉沙漠里发现了大量的早期人类的艺术作品，这些岩石雕刻和壁画超过三万处。图中绘制了人类走出非洲的撒哈拉通道

人类迁移的主要屏障是海洋、沙漠和山区。非洲东北的人类向外迁移，总要途经中东，早期的直立人也是经过地中海的东部走出非洲的。

非洲的沙漠出现很晚。撒哈拉（Sahara）这片沙漠把整个非洲分为两个部分：撒哈拉和撒哈拉以南。8万年前的最后一次冰河期，撒哈拉沙漠出现，然后逐步扩大，占据了整个非洲大陆的北部，仅仅留下地中海沿岸适合人类居住。这是人类走出非洲的新屏障。大约7万年前开始，气候越来越冷，非洲越来越干燥，人类从越来越大的撒哈拉沙漠地区消失了。狭长的尼罗河沿岸是人类迁移的一条路线，从红海南端渡过大约20千米的海水抵达阿拉伯半岛是另外一条路线。4.5万年前，人类来到地中海东部（Levant地区）。

现代人类的“树干”M168的后裔走出非洲后，基因标记M89出现了。M89出现的绝对时间是4万年前。考虑计算误差因素，应该在3万—5万年。从M89开始，人类世界分裂为撒哈拉以南和欧亚大陆两个部分，非非洲人出现了。M89定义了Y染色体的主要“非非洲”血统。在非洲东北部，尤其埃塞俄比亚—苏丹—中东地区都存在M89，但是在东南亚和澳大利亚却没有M89。

第一波大迁移，人类主要沿着海岸的高速公路。第二波大迁移，人类追随着

猎物进入了广袤的欧亚干草原带，分布在亚洲西部—亚洲中部—亚洲东部—西伯利亚—欧洲东部—欧洲西部的巨大草原，开始了更加波澜壮阔的旅程。

走进欧亚大陆的主流

人类第二次大规模离开非洲的主要迁移方向是向东扩散，走向伊朗到亚洲东北的一望无际的连续干草原带（steppe）。这个事实的所有线索和证据都在我们的基因M89里。

伴随着M89的扩散，另一个基因标记M9出现在一个男人身上，时间约四万年前，地点在伊朗高原或中亚的南部。这场扩散持续了3万年。我们把携带M9的人群统称为欧亚氏族（Eurasian clan）。他们的迁移遇到了3个山区的屏障：兴都库什山脉（Hindu Kush）—喜马拉雅山脉—天山山脉。这3条山脉的会合在帕米尔高原，位于现在的塔吉克斯坦。

第一个山区札格罗斯山脉（Zagros）是可以逾越的，这里也是很多动物迁徙的通道。但是天山山脉和喜马拉雅山脉却是无法逾越的，这两座山的高度都在5，000米以上，而且冰河时期的严寒也让人类无法抵御。于是，迁移的人群在这里分离为两个部分：一部分向北，走向兴都库什山脉；一部分向南，走向印度次大陆。

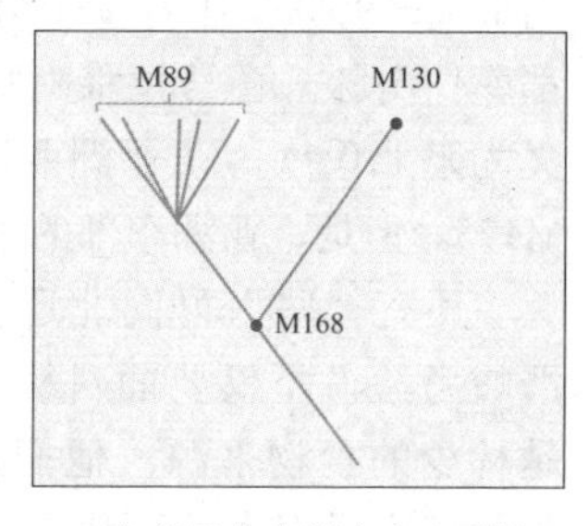

M89定义了非非洲人中主要的Y染色体血统

向南的群体里，又出现了一个新的基因标记M20。在印度以外，几乎找不到这个突变，但在印度次大陆却超过50%，我们把他们称为印度氏族。3万年前他们迁移到印度南部时，遇到了比他们早到了上万年的第一批移民，这些移民是M130的后裔，仍然生活在沿海高速公路附近。根据遗传形态分析，两批人类之间没有发生互惠互利的融合，情况恰恰相反，他们之间发生了资源竞争和屠杀，M89的后裔可能抢掠了M130后裔的妻子和女儿，杀死了大部分男性。基因的证据在现在的印度人身上——跟随M130的女性线粒体M的比例很高，但是男性Y染色体的比例很低，在印度南部甚至不足5%。我们至今仍然不清楚在第一波移民和第二波移民中发生的这些故事的细节，但是事实是女性被保留下来，男性被大部分灭绝。

向北的人群走向中亚地区，他们的血统里出现了一个新的基因标记M45。M45出现的时间约为3.5万年前，今天只有中亚地区存在M45，这个标记定义了中亚氏族。M45偶然出现在东亚、中东地区，M45在印度个别地区也偶然呈现较高频率，可能是更晚近的少量迁移。中亚比较封闭，从中亚迁移到印度非常困难。

但是，现在每一个中亚地区的男性身上都携带着M45。

兴都库什山脉—喜马拉雅山脉—天山山脉汇集形成帕米尔高原阻挡了人类的迁移，北边巨大的干草原带成为人类迁移高速公路

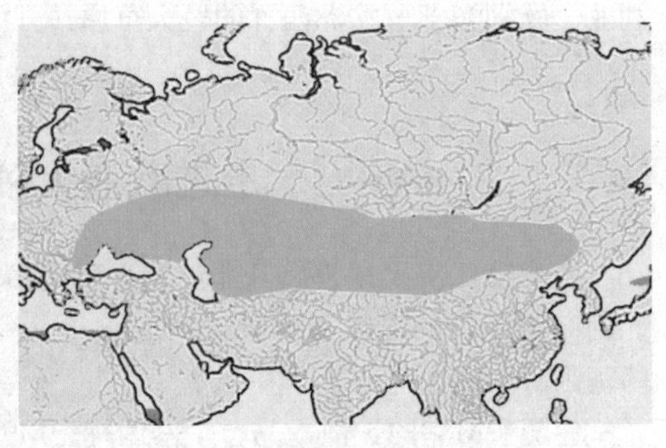
世界最大的欧亚干草原带（steppe belt），几万年前温暖潮湿，人类一波一波地迁徙，从这里进入欧洲—东南亚—亚洲东部—南北美洲等地

M9的后裔，除了印度的M20和中亚的M45，还有一个东亚的M175。M175越过天山之后继续向东，经过所谓准噶尔缺口（Dzhungarian Gap）来到亚洲东部，这条路线是大片连续干草原构成的所谓干草原高速公路，适合人类迁移。M175出现的时间约为3.5万年前，在亚洲东部血统中的比例，为60%—90%（还有一个M122，详见后述）。兴都库什山脉—喜马拉雅山脉以东的人群被M175定义为东亚氏族。在亚洲西部和欧洲，完全不存在M175。但是，亚洲东部的中国—日本—韩国等地的M175的频率非常高。

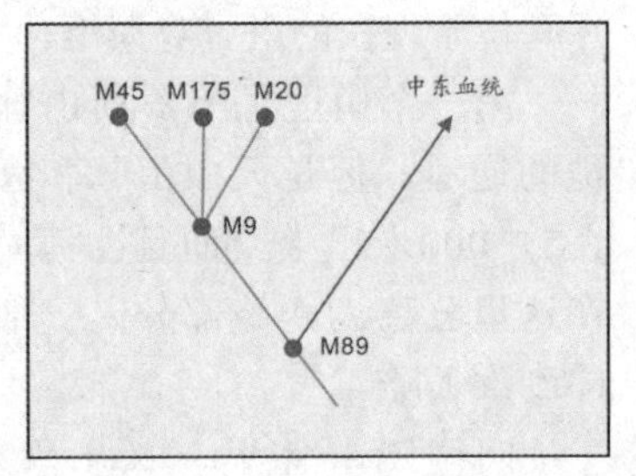

M89的后裔血统在欧亚大陆的主要地理分布特点

还有一些人群向北迁移，追随着猎物进入了西伯利亚。他们在这里受到了严峻考验，不仅要面对极其恶劣的自然环境，忍受刺骨的严寒，还要面对越来越稀少的食物来源。他们是怎样生存下来的？其间到底发生了什么，让他们的外貌产生了很大的变化？

西伯利亚的北部位于北极圈内，冬天的最低温度可达零下55摄氏度，这几乎是人类生存的极限。人类在这里生存就必须模仿动物。动物身上有厚厚的皮毛，可以在寒冷的冬天活动，所以，人类的祖先也穿上了兽皮衣，学习动物的生存技巧。对于来自热带的人类祖先来说，适应这样的气候无疑极为艰难。追踪他们的足迹几乎不可能，但他们还是通过工具给我们留下了一些痕迹。在西伯利亚南部出土了一些精致的石头工具，说明四万年前这里曾有人类居住。考古学家在西伯利亚各地都发现了古代火堆的遗迹，这说明早期人类跟随着兽群一点点向北迁移，最终穿过了这片辽阔的荒原。

早期的人类，一路猎杀猛犸、野马、犀牛、驯鹿和小鸟。这些证据表明，人

犹他的报纸岩（Newspaper Rock）

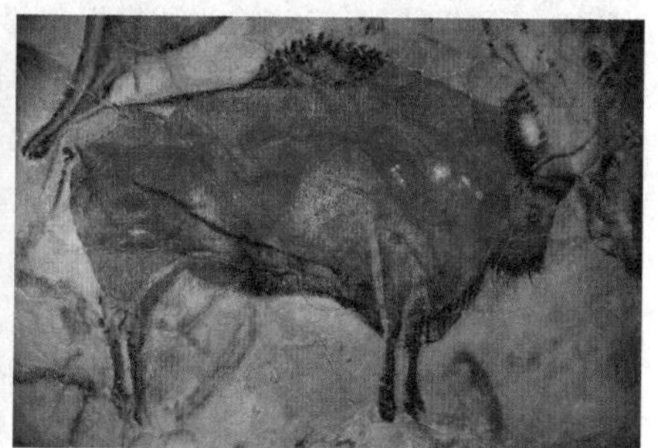

类来到西伯利亚时，猎物的种类远比现在丰富。驯鹿不仅是食物来源，皮毛也可以御寒。我们的祖先用驯鹿皮缝制的衣服抵御了严寒，征服了极北的千里冻土。

中国人不是北京猿人的后代

1921年，一个国际考古专家小组在北京附近周口店发现了人类生活的遗址，他们在石灰岩里仔细寻找一层层人类生活的痕迹。1929年，一个古代人科生物的头盖骨出土了，估计约有50万年。这是亚洲最早发现的直立人的化石之一。接下来的几年中，周口店又陆续出土了更多直立人的化石，这些证据说明离开家乡的一部分非洲直立人最终在中国定居下来。

后来，在中国的其他地方也发现了多处直立人的化石。这些直立人可能上百万年前从非洲来到这里。但是，化石只能说明直立人曾经来到中国，无法解释中国人

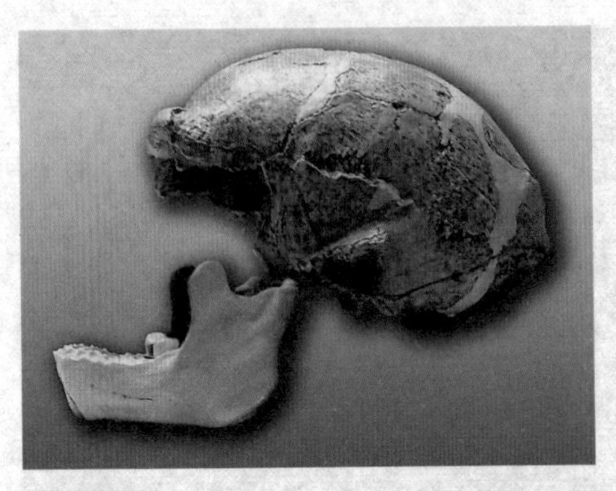

1929年发现的北京周口店猿人头盖骨，真品已遗失，这是复制品

的谱系。解决这个谜团的方法非常简单，只要借助现在的中国人的DNA。基因标记M168发生的时间在6万年前，当时人类尚未走出非洲。非洲以外的非非洲人全部携带着M168。此前走出非洲的直立人没有这个标记，他们的后代到达中国地区也不可能拥有这个标记。如果中国人的基因里携带有M168，就可以证明现在的中国人不是从周口店的直立人进化的。

上海复旦大学的遗传学家金力教授曾长期在美国工作，他也在斯坦福大学斯福扎的实验室工作过。1997年，金力、李辉的团队开始从事中国、东南亚的人类研究，采集的样本来自东亚、东南亚、印度尼西亚、太平洋岛国的163个群体的12 127个个体。金力、李辉的团队的研究证明，每一个中国男人的Y染色体都携带着M168，都指向5万年前的非洲先祖。没有一个样本表明中国人是从周口店直立人进化而来的。所有样本都说明，中国人是6万年前走出非洲现代智人的后代。

中国没有发现10万年以后的直立人遗迹，没有人知道北京猿人是如何灭绝的。现代人没有与直立人混血，亚洲直立人陷入了进化死胡同，完全灭绝了，对亚洲东部的基因库没有任何贡献。大约3.5万年前来到亚洲东部地区的人类都是完全的现代人。

全世界的人，彼此并不遥远，我们都有一个共同的先祖，我们都是一家人。

进一步的基因研究表明，中国人的先祖一部分来自亚洲中部、西伯利亚，还有沿着印度洋海岸以及东南亚跋涉而来的。因为在亚洲东部也出现了从沿海高速公路走出非洲的第一批人类的M130基因标记，而且在很多地区的频率非常高。印度—东南亚—中国南方—中国北方，甚至蒙古的M130的频率也达到50%，这一切表明M130在亚洲东北地区非常普遍。

M130来到中国很早，或许在5万年前（他们大约6万年前抵达了澳大利亚）。携带着M130的群体从东南亚、中国南方进入中国北方，与欧亚干草原高速公路下来的北方移民会师了，成为中国地区的原住民，后来又与北方欧亚干草原带（steppe belt）向南迁移的一波又一波的新的移民发生了多次混血。

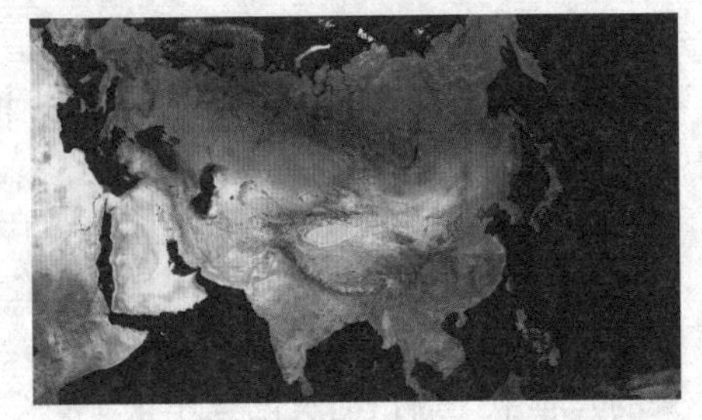

进入巨大的欧亚干草原的群体多次南下与中国的原住民混血，其中一些群体从欧亚干草原进入乌克兰—俄罗斯—欧洲，还有一些群体越过白令海峡进入北美洲

美国斯坦福大学斯福扎实验室和复旦大学金力、李辉的团队多次对中国的几十个群体进行计算分析，发现南方的中国人和北方的中国人之间的差异非常明显。但是同一文化群体——汉族的成员中，北方汉族和南方汉族彼此更加接近，而与他们地理上的邻居较远。此外汉族主要是来自南方的移民，在北方孕育形成，再扩张到南方。北方的汉族中，有部分北方的少数民族的遗传成分。南方的汉族中有部分南方的少数民族。

来自南方和北方的两大类移民血统定居的形态，在今天的中国清晰可见。南方的M130经过东南亚进入中国定居，逐步向北方迁移，而北方的移民逐渐向南方迁移。中国北方人群的多样性远远低于南方的人群。北方人群所有的单倍型，南方人群都有，而南方人群有的某些单倍型，北方人群却没有。多样性最丰富的地区在东南亚，于是，几条清晰的迁移路线出来了：走出非洲的人群，沿着气候适宜和食物丰富的路线迁移——中东—印度洋沿岸—东南亚—东亚南部—中国。后来的北方欧亚干草原带（steppe belt）的移民也一波一波进入中国。南方的汉族与北方的汉族，两个方向的移民的演化形态好像一双筷子。

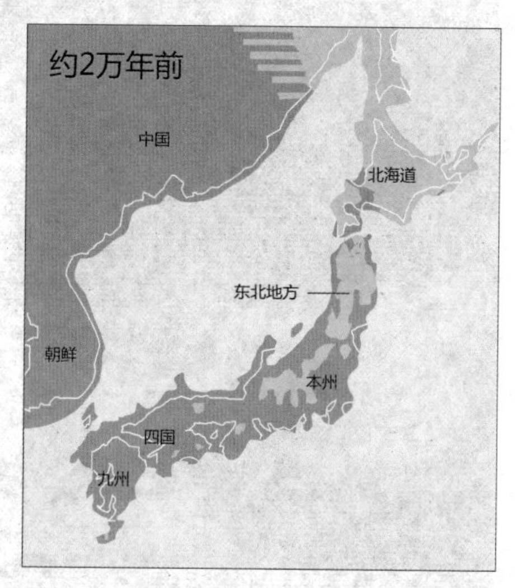

日本人的迁移路线也像筷子。在冰河期，海平面下降，不仅日本列岛连成一体，有的地方与亚洲也连成一体。于是，一部分人类从北边的北海道进入日本，另一部分人类从朝鲜半岛进入日本。冰河期结束后，海平面上升，日本与亚洲大陆分离。DNA分析证明，中国—韩国—日本都属于O单倍群，只有早期进入北海道的群体是M130的后裔。C-M130进入日本的时间超过两万年，并遍布日本。直至两千多年前，O才经朝鲜半岛进入日本

人类到达了远东地区，在冰河时代生存下来，征服了整个亚洲。但是，故事并未到此结束，因为，这里并不是旅程的终点。

进入欧洲的艺术家

现代人类，本能地具备艺术天赋。达尔文认为有艺术的地方就有人类。发现艺术，才发现了最早的欧洲人。

第一批进入欧洲的人类大约在四万多年前，他们从欧亚大陆广袤无际的欧亚干草原带，向西辗转进入乌克兰—东欧—德国—法国等欧洲地区。在冰河期的巅峰时期（大约两万年前）被迫退缩到欧洲南部，在欧洲南部的西班牙—法国—意大利地区的几百个洞穴里，留下了大量的洞穴艺术作品。

拉斯科洞窟（Lascaux Caves ）位于法国多尔多涅省蒙蒂尼亚克（Montignac， Dordogne）。这批长度不一的洞穴合计25个，各种壁画有五百多处，被列入世界文化遗产

拉斯科洞窟壁画之二

拉斯科洞窟壁画之三

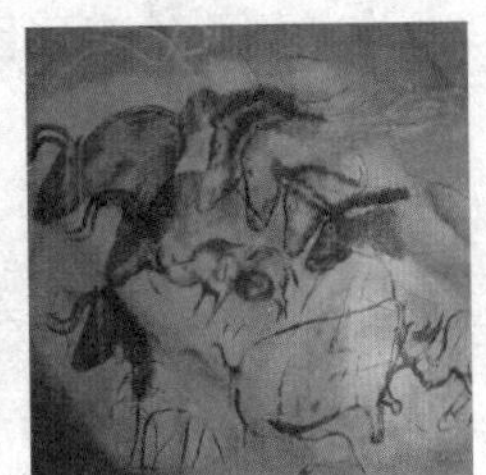

法国肖维岩洞壁画
Chauvet Cave

1922年的秋天，两个十几岁的孩子钻进法国南部的一个洞穴，一个震惊世界的发现揭开了序幕。这里的精美壁画后来被命名为Pech Merle。这个洞穴靠近卡布勒德（Cabrerets）。当时欧洲最著名的考古学家亨利·布鲁威尔把这个最早发现的Pech Merle壁画赞誉为“西斯廷教堂”，考察了几十个欧洲洞穴艺术之后，他认为这些壁画可能是3万年前的艺术作品。

亨利·布鲁威尔（Henri Breuil，1877—1961），当时最著名的人类学家和考古学家之一

1940年的秋天，因一个十几岁的孩子又发现了法国南部的一个洞穴，这里的壁画更多，被命名为拉斯科洞窟壁画（Lascaux）。人们后来又在这个拉斯科洞窟附近发现几十个洞穴里也有类似的壁画。现在，拉斯科洞窟壁画和欧洲其他多处洞穴艺术被列为世界文化遗产。

欧洲分布的几百个岩洞艺术的时间，最初测定大多不到2.5万年，后来发现的肖维岩洞（Chauvet cave）把这个时间提前到3.2万年前。富曼恩洞穴（Fumane cave），又把这个时间提前到3.5万年前。这些作者是天才的艺术家，标志着现代人类与尼安德特人时代的彻底告别。那么，这些艺术天才究竟是什么时候来到西欧地区的？他们的基因标记是什么？

M89是中东地区的基因标记，西欧人群中最常见的是M173，越向西频率越高，在西班牙、爱尔兰、英格兰达到90%。M89出现在4.5万年前，M173出现在3.5万年前，两者时间差距高达1万年。我们必须找出M173的起源时间，因为不可能有一部分先祖在什么地区“潜伏”了一万年，然后突然袭击西欧并留下这么多壁画。

这些基因标记的事实，告诉了我们两种可能性：

1.西欧人曾经有一个共同的男性先祖。

2.不知道什么原因，这个血统消失了，因为找不到与M89的关联。

这是一个难解的谜团。我们必须找出这段时间，否则，谁也说不清楚到底什么时期现代人类来到了欧洲。要找出M173的起源时间，就要分析M173的遗传变化，即M173的多态性。但是，西欧的M173频率很高，人人几乎一样，怎么寻找多态性？唯一的办法是借助其他基因标记。这一次已经不能继续沿用前面的“相对时间”和“绝对时间”的办法。DNA的复制过程是一种分子水平的活动，也会发生分子水平的错误。我们就从DNA复制过程开始探索新的办法，寻找新的基因标记。

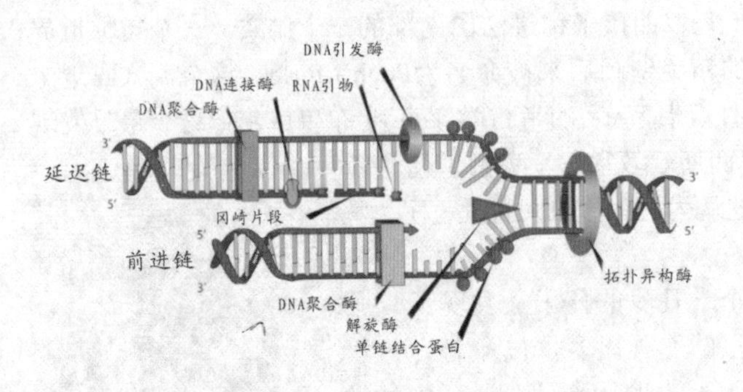

DNA的复制过程示意图。首先，解旋酶（Helicase）与拓扑异构酶（Topoisomerase）将双螺旋解开，然后，一个DNA聚合酶（DNA polymerase）负责合成下面的一条前进股（Leading strand）；另一个DNA聚合酶则与上面的一条延迟股（Lagging trans）结合，制造出一些不连续片段，再由DNA连接酶（DNA Ligase）将这些冈崎片段（Okazaki fragment）黏合在一起（附注：Strand可以译为股或链，1966年日本科学家冈崎令治夫妇发现冈崎片段）

DNA的复制过程如下：

由一批不同类型的小小复制机器——聚合酶（polymerases），先把双螺旋的两个链条打开，然后辛辛苦苦地分别复制两个链条的互补部分，分别形成另外两个DNA分子的双螺旋，使得一个DNA双螺旋变成了两个DNA双螺旋。这里只有一个简单的不可侵犯的法则：A永远配对T；C永远配对G。

1984年，英国遗传学家阿莱克·杰弗里斯（Alec Jeffreys，1950—）发现：3—30个碱基对的短核苷酸序列，在基因组里可以重复20—100次。他把这种重复序列组称为“微卫星”，或随机重复变量（VNTRs，variable number of tandem repeats）。人类基因组中这些区段的数量和位置，每个人都不一样。1994年，他被英国女王授予爵士。

在人类的旅程的探索中，这种“微卫星”技术大量运用，找出了各地的人类群体差别以及群体之内的个体之间的微小差异

这项复制工作通常在一个基因组的99%以上部分都不会发生问题。但是，当DNA的链条中多次重复出现一段成对字母（如CACACACACA……）的时候，聚合酶才会被“搞糊涂”——到底重复几次？有时候，还会出现3个字母或4个字母或更多字母的连续重复，聚合酶机器就更糊涂了。这种分子水平上的重复字母顺序的复制错误过程没有正式名称，斯福扎把这种过程称为“stutter”（英语原意：“说话结巴”）。

这种错误的发生概率是1∶1000，即大约1 000次复制出现1次。复制人类的DNA时，聚合酶产生这种错误的次数约为100万次。这种错误是在生产下一代的时候出现的，也就是说，我们的孩子身上带着大约100万个新突变。绝大部分这类重复复制错误产生的突变都会处于某种“沉睡”状态，不会发生作用，几乎毫不影响孩子的健康。但是这类复制错误，却为我们提供了极其丰富的多样性。这种错误的后果的正式名称为Microsatellite（微卫星）。

如果我们对M173的Y染色体上的若干个微卫星的变动水平进行分析计算，就可以知道这个Y染色体的年代有多久，亦即我们的那个“找不到踪迹”

的先祖的年龄有多大，因为所有Y染色体都来自一个共同的祖先——变动水平为零（0）的地方。微卫星是一个有力的工具。遗传学家们就是这样找出了“丢失的欧洲先祖”M173诞生的时间——大约3万年前（可能存在几千年的误差）。我们在这个时间前后，看到现代人在欧洲大陆上坚韧不拔的进军步伐。他们不仅留下了大批精美的洞穴壁画，石器工具类型也别具一格。所以，在考古学中，这种文明早已有一个专业名称——奥瑞纳文化（Aurignacian culture），这种文化的大批遗址广泛分布在欧洲的南部，这些遗址的主人原来大都是天才的艺术家。现在我们研究发现，R-M173可能来源于中亚草原，是向东迁徙的早期现代人的后代。虽然有3万年历史，但进入欧洲可能是五千年前骑马的

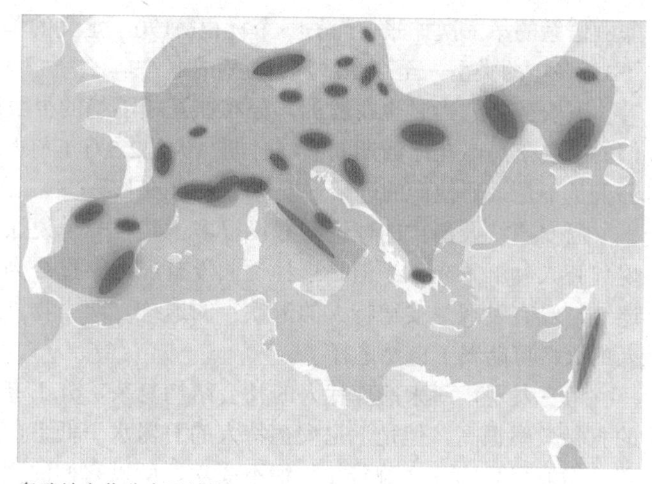
奥瑞纳文化分布区域图

《克罗马农艺术家在Font-de-Gaume绘画》（*Cro-Magnon artists painting in Font-de-Gaume*），作者Charles Robert Knight（1874—1953）。Font-de-Gaume是法国的一个洞穴艺术遗址

印欧语系的第二次扩张。而另一个标记M170，定义的单倍群工，才是在欧洲生活了3万多年的类型，至今在欧洲普遍存在。

尼安德特人当时也在欧洲，分布在互相隔绝的少数地区，生活非常艰难。他们的工具落后，在冰河期的巅峰时期，大约2.5万年前彻底消失了。那么，现代欧洲人是不是杀死他们的远亲尼安德特人的凶手呢？

尼安德特人消亡的理论和假设很多。其中一个说法是他们被后来入侵的某些现代智人种群杀光了。但是这种说法没有证据。迄今为止，没有发现任何古战场遗迹，没有发现尼安德特人的滑铁卢的遗迹。两个物种之间没有战争，尼安德特人的灭亡可能属于自然选择。

考古发现，新来的现代人的社会结构复杂，分工专业，武器精良，估计他们的狩猎效率很高。但是，尼安德特人的石器水平低下，所有遗骨大多是破碎的，普遍伤痕累累，估计狩猎往往很不成功，所以它们的生活非常艰辛。现代人靠的是工具和大脑，尼安德特人靠的是蛮力，所以寿命很短，尼安德特人大部分死于30岁左右，很难熬过50岁。尼安德特人的社会组织松散，群体很小，群体之间距离较远，各自生产本地特色的简陋石器。考古学家认为，尼安德特人的生活形态无法与现代人竞争。他们被现代人隔离了，无法基因交流。各个群体越来越小，以致最后根本找不到配偶，直至灭亡。

现代人的生活方式会延长寿命，狩猎和社会组织已经不再依赖本能，而是依赖教授和学习。教育，正是现代人类与其他物种的最大区别之一。现在社会中，我们每一个人的教育都要延续到二十多岁，然后进入社会组织。没有文化已经无法进入现代社会。进入社会之后，仍然需要继续接受教育，人类现在已经进入一种所谓终生教育的社会形态。3万年前的现代人中，老年人就是教师，给孩子们讲故事；在青年们外出采摘或打猎时，老年人在家照顾孙子。今天的人类，还是老年人照顾孙子。仅此一个优点，现代人就足以击败尼安德特人。

无论什么原因，现代人进入欧洲几千年后，尼安德特人消失了。3万年后留在欧洲的只有现代人，他们被称为克罗马农人（Cro-Magnons）。克罗马农人的身材细长，个子很高，手臂较长。粗矮敦实的尼安德特人大多只有约1.60米，而新来的移民克罗马农人的身高往往超过1.80米。

克罗马农人，即现代的欧洲人，到底来自哪里？他们不是从非洲经由中东进入欧洲的，在这条线索上找不到基因标记。在3万年前出现的M173在欧洲的频率很高，包括隔绝居住的群体，例如凯尔特人（Celts）和巴斯克人（Basques）。第一个基因标记M168与第三个基因标记M173之间的踏脚石，即联系两者的第二个基因标记M45终于被找到了——人们在中亚氏族的一个分支里发现了M45。

如前所述，人类走出非洲来到中东后，开始沿着干草原高速公路向广袤的欧亚大陆的中部地区扩散。有人向东进入中国—韩国—日本；有人向北走向西伯利亚—北美洲；有人转了一圈向西扩散，从东欧的干草原进入德国地区的干草原。这条进入欧洲的迁移路线绕过了难以逾越的亚洲和欧洲的分界线——高加索山脉。

欧亚干草原带（steppe belt）是世界最大的干草原，当时延伸到德国—法国地区。从中东进入欧洲的早期人类M172，没有在欧洲取得支配地位。在广袤的欧亚干草原带上游荡狩猎“磨磨蹭蹭”了数万年之后进入欧洲的第二波移民R（可能是五千年前才从东欧到西欧），成为欧洲的主要居民，这些猎人的狩猎工具非常先进，并在欧洲南部留下几百个地点的洞穴艺术。

现代欧洲人，来自亚洲。

美洲土著来源的百年困惑

公元1492年，哥伦布的船队向西远航，意外发现了一块新的大陆，这就是美洲。第二年，哥伦布向欧洲各个君主发出公开信，通告了他的发现。这次发现使西班牙和葡萄牙成为人类历史上第一个世界性海洋帝国，在此之前，人类历史上的海洋国家或帝国都是区域性的。

美国第三任总统托马斯·杰弗逊（Thomas Jefferson）

在哥伦布发现美洲后接下来的200年里，美洲土著几乎灭绝了。根据现代的研究估算，当年西班牙和葡萄牙人来到美洲时，这里生活着5 000万—7 000万美洲土著。欧洲人带来的各种疾病，尤其是天花导致了90%以上美洲土著的死亡。由于没有文字记载，美洲土著的来源成为一个谜。于是，殖民者们开始大量贩卖非洲黑奴（当时他们认为非洲黑人是另外一个物种）来填补美洲的劳动力空缺。西班牙人和葡萄牙人似乎对人类学和考古学很少关心。

1787年，美国总统托马斯·杰弗逊（Thomas Jefferson）在他的《弗吉尼亚州笔记》（*Notes on the State of Virginia*）里写道：

> ……虽然亚洲与美洲是完全分离的，但是，中间只有一个狭窄的海峡……美洲印第安人与亚洲东部的居民之间相似的外貌使我们产生一个猜测，要么前者是后者的后裔，要么后者是前者的后裔……

20世纪中叶，美国体质人类学家协会的会长卡尔顿·库恩也曾经把亚洲人和美洲土著分为一类——Mongoloid（蒙古利亚人，又译为黄色人种）。当时的很多人类学家也持有类似观点。但是谁也说不清楚，美洲土著是什么时间，又是怎样来到美洲的？很多年以来，许多人认为亚洲人和北美土著可能来自同一个起源。

一百多年里，以美国为主的西半球考古学家先后在美洲挖掘出200多个“重要的遗址”，不仅没有找出美洲人起源的答案，反而引起了各种争议。由于利用基因检测查清美洲土著起源的过程困难重重，经历了很多曲折，走了很多弯路，所以我们这里采取“倒叙”的方式讲述这个故事：先讲结论，再讲过程。首先，我们再次看看这两幅示意图：

M168：所有非非洲人的先祖，他的早期后裔M130走出非洲，到达澳大利亚等地。M168的后来的最大一支后裔是M89。M89的一部分后裔继续留在中东，一部分后裔M9形成欧亚大陆最大的宏单倍群，包括K-L-M-N-O-P-Q-R等单倍群。

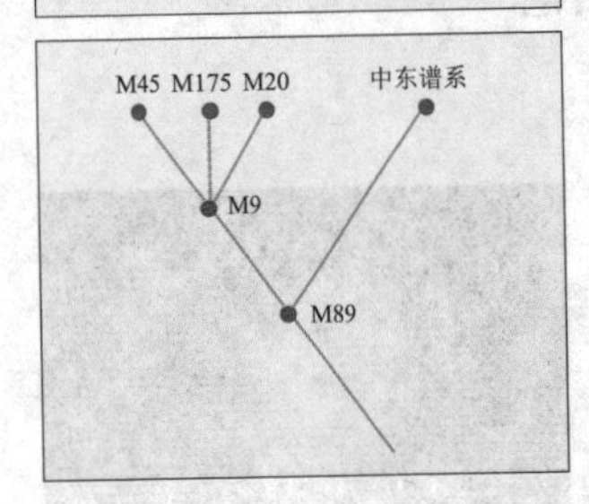

我们现在看看M9的3支重要后裔（参阅左图）：

第一支M45：在欧亚干草原带分为两个方向，西路进入欧洲，东路进入南北美洲；

第二支M175：进入亚洲东部，包括大部分中国、韩国、日本人；

第三支M20：进入印度次大陆。

基因检测的最终结果证实：

1.最早走出非洲的M130的一部分竟然来到了美洲，他们走了整整4万年。

2.M45的东路，从白令海峡陆桥一次又一次进入了美洲。

但是，在早期的DNA检测中，美国和欧洲的科学家们既想不到M130的后裔走了4万年，也根本找不到M45这个关键的联系亚洲—美洲的基因标记。

《哥伦布登陆》（*Landing of Columbus*），作者John Vanderlyn
1492年10月12日，哥伦布率领三艘船登陆西印度群岛（West Indies）的一个岛。激动的哥伦布把帽子丢在地下，手持西班牙王室旗帜，宣布这个岛属于他的西班牙赞助人，显得情绪兴奋的一些水手已经开始四下寻找黄金，土著人在树后看着他们

美洲的南部是一望无际的大海，那是几乎不可逾越的太平洋。美洲的北部是一望无际的巨大冰原，在最后一次冰河期的鼎盛时期，绝大部分北

美洲都覆盖在巨大的冰原下，厚度几百米的冰原从阿拉斯加一直延伸到美国中部。

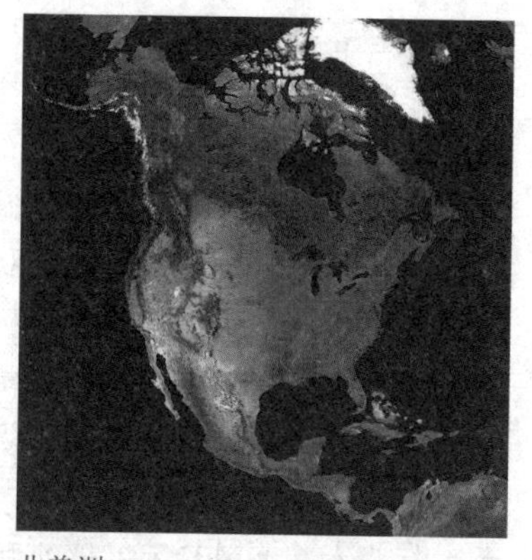
北美洲

一边是广袤的大海，一边是巨大的冰原，石器时代的人类既没有向导和设备，也无法携带足够的食物走过几千千米冰原，这和跨过海洋一样几乎不可能。美洲似乎是一片无法企及的陆地。美洲土著的先祖是跨过白令海峡陆桥后，跋涉了几千千米的冰原，还是远航跨过了浩瀚无际的太平洋？虽然两个假设都不可能，但是，他们确确实实就在这里。

这些北美土著，难道是天上掉下来的？

白令海峡

当然不可能。人类学家和考古学家们争议了一百多年，没有任何两位专家的意见是相同的。基因科学家们没有参与争论，他们从电脑计算中发现：亚洲—美洲之间存在一个遗失的基因标记。他们离开实验室，飞往世界各地采样，最终找到了M45，地点就在西伯利亚。

携带M45的群体叫作楚科奇人，生活在西伯利亚的东北角。前往这里采样的道路非常艰难，当时谁也不知道会有什么结果。俄罗斯东北端的克列斯特湾（Kresta Bay）地区， 一年中有9个月是冰天雪地，楚科奇人（Chukchi）居住的小镇埃格韦基诺特（Egvekinot）几乎与世隔绝。科学家们首先要从莫斯科飞行一万千米，抵达阿纳德尔（Anadyr），从这里乘坐两个小时直升飞机后，再经过八小时的履带式军车的颠簸，才能抵达埃格韦基诺特。

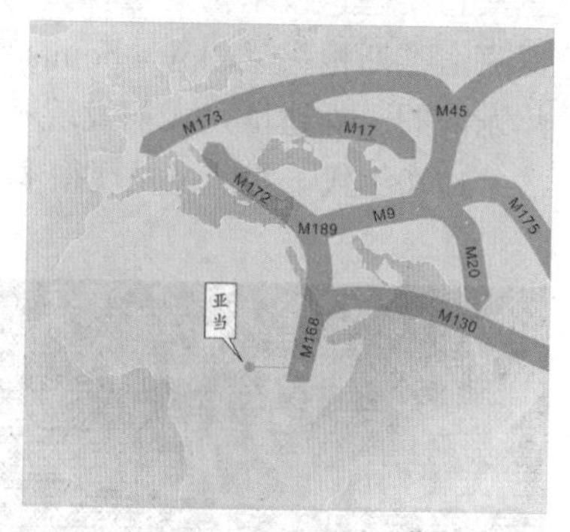

起源于亚洲中部的M45是欧洲最主要的血统M173的起源

楚科奇人是适应环境的奇迹。他们靠驯鹿生活，或在冰河上钻洞捕鱼。他们的这些技术几万年也没有改变。他们身穿驯鹿的毛皮，使用木杆搭建的帐篷，可以随着驯鹿群迁移，寻找地衣更丰富的地方。驯鹿是楚科奇人营养的唯一来源。几百万年以前的各种生物，都在这样的环境下消失了。只有走出非洲的现代人类才具备如此惊人的适应能力，在北极圈的极端环境下生存至今。正是在这些楚科奇人的身体里，生物学家第一次发现了M45。

M45的携带者楚科奇人的先祖在大约四万年前进入西伯利亚，逐步适应环境，跟随着迁移的大批驯鹿，一直走进北极圈。在西伯利亚东北地区的Dyuktai和

Ushki Lake出土了两万年前的人类遗迹，这里的石器非常尖细，呈现对称的“树叶”形状，这是一种细石器与其他人群的石器明显不同，但是与北美的早期人类遗址出土的石器几乎一模一样。

有趣的是，M45的计算分析获得的第一个结论，仍然与美洲土著无法联系在一起。基因分析发现：M45是欧亚大陆的群体进入欧洲的基因标记纽带——也就是说，M45首先证明欧洲人是从亚洲地区过去的。这个结果使得生物学家非常尴尬。当时研究欧洲人的起源也是一团乱麻，在欧洲人身上发现的几个基因标记也找不到来源，基因科学家的困惑比考古学家好不了多少。当时的分析发现欧洲分布最广泛的基因标记是M173，但是人们却找不到M173的来源。谁也没有想到诞生于欧亚大陆的M45会分成东路和西路，东路的后裔进入美洲，西路的后裔正是进入欧洲的M173。

这个惊人的结论推导出：美洲土著和欧洲人是近亲，中国—韩国—日本地区的人类没有进入美洲。这个结果发表之后，美国的媒体调侃说：原来本·拉登和布什也是亲戚。

那么，M45是不是亚洲—美洲的基因标记纽带呢？因为很多考古发现都非常明确地证明了这一点，例如西伯利亚人用的“克洛维斯枪头”与美洲土著的枪头几乎一模一样，他们的帐篷模式也如出一辙。

1950年代，在新墨西哥地区的克洛维斯文化（Clovis culture）遗址出土了大量文物，碳14技术推定这种文明起源于大约1.1万年前。数千件树叶形状的石器武器克洛维斯枪头（Clovis points）残留在很多灭绝的猛犸象的尸体里，在亚利桑那州东南的一处遗址，人们发现一只猛犸象身上有8个克洛维斯枪头。

1970年代，北美又发现很多克洛维斯文化遗迹。这些遗迹的检测证明，美洲土著来到北美的时间可能更早，大约在1.2万年前，一些人认为在大约1.3万年前。

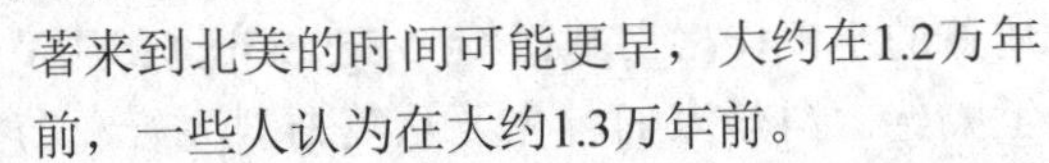

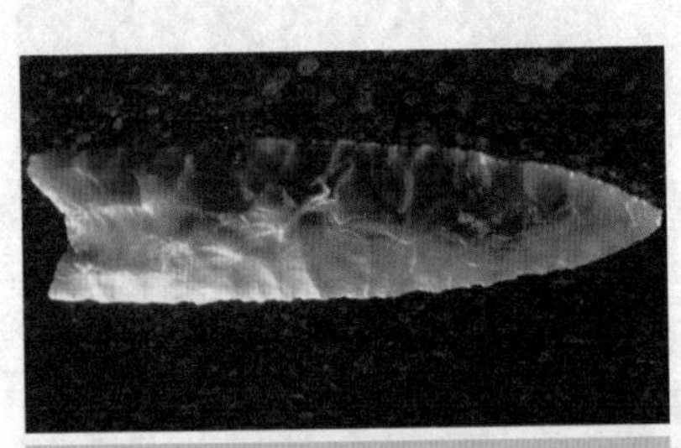

克洛维斯枪头，捆在投射标枪的头部

1970—1980年，三个新的考古遗址被发现。一个在北美，两个在南美。这三个遗址显示出的时间更早，大约在1.2万年前，比墨西哥克洛维斯文化早了3，000年。

事情并未到此结束。1986年：著名的《自然》（*Nature*）刊登了巴西考古学家尼埃德·古伊登（Niede Guidon，1933—）的一篇令人震惊的文章：《碳14显示人类3.2万年前在美洲》（*Carbon-14 dates point to man in the Americas 32 000 years ago*）。这篇文章介绍了在巴西东北部皮奥伊州（Piaui）的大批洞穴发现的史前遗迹和各种壁画。这些壁画总数超过三万处，除了远古时代的礼仪、舞蹈、狩猎以外，还有最后一次冰河期以前灭绝的动物雕齿兽（Glyptodon）、巨型犰狳（Armadillo）等动物。这里出土了大量陶器，还有绘制的世界最早的船只。这篇文章在美洲迁移史的研究中引起了轩然大波。这些历史遗迹的具体时间，至今仍然在争议中。

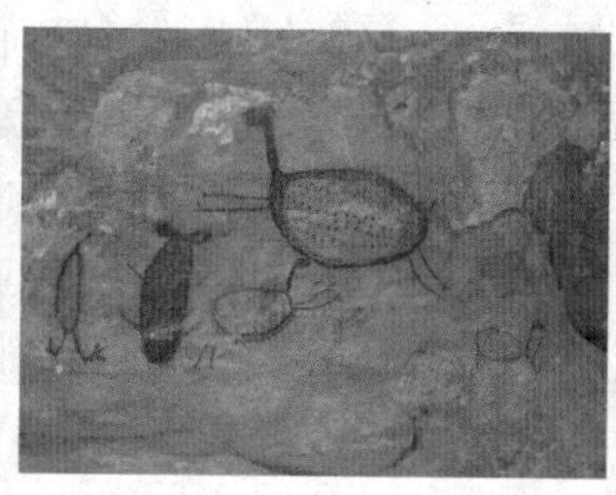
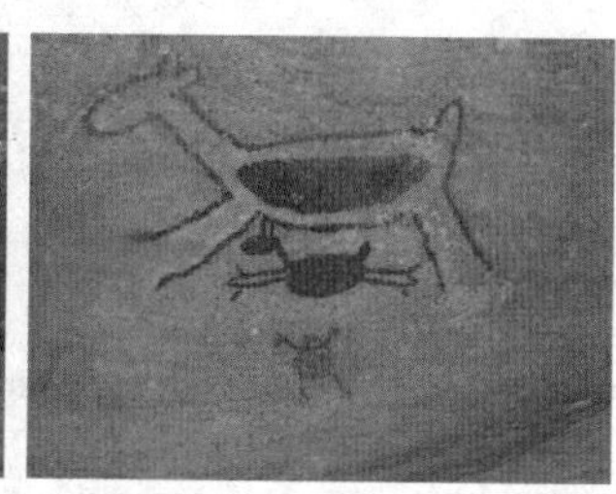

1991年这里被列入联合国世界复合遗产，建成了塞拉·达·卡比巴拉国家公园（Serra da Capivara National Park）。占地1291.4平方千米，3万多处岩石线型雕刻壁画遍布各处，是世界少数考古公园之一。这个遗址的时间，1986年的碳14测定约3.2万年，1999年使用ABOX-SC方法测定3.5万—4.8万年。这些数据至今还在争议

1992年，美国的Doug Wallace和Antonio Torroni联合发布了关于美洲的第一份线粒体DNA研究报告，这份报告的结论是：美洲土著可能分两批来到美洲，时间在0.6万—3.4万年之间。

1996年，人们在Y染色体上发现一个核苷酸变化，命名为M3。这个M3遍布美洲各地，频率在中美洲和南美洲高达90%，在北美约50%。显然，M3是美洲土著的奠基者，这个基因标记定义了美洲氏族。但是，在亚洲却没有发现M3。难道美洲人不是来自亚洲？当时测定Y染色体年代的技术还不可靠，M3的多样性也难以确定，必须继续努力。

1999年，Fabricio Santos和Chris Tyler-Smith在牛津大学，Tanya Karafet和 Mike Hammer在亚利桑那大学（University of Arizona），分别独立地报告，M3的祖先是Y染色体上的一个未加定义的核苷酸改变，这个基因标记叫作92R7。他们发现从欧洲到印度的整个欧亚大陆都有92R7。这个92R7外加其他核苷酸变化，共同证实西伯利亚是美洲土著的来源。这一结论也佐证了线粒体DNA研究的结果。但是，研究者却难以确定92R7血统的年龄，因为这个基因标记太普遍了。

这里还需要另外一个基因标记，才能找到第一批美洲土著的来源。

最后，研究者们在携带92R7的Y染色体上找到了另一个基因标记，这就是M45。这是一个在中亚出现的基因标记。也就是说，携带M45的群体迁向欧洲，又增加了一个基因标记M173。但是，是不是还有一些M45的后裔群体带着M3来到了美洲？只有进一步分析M45，才能确定美洲的祖先什么时候从非洲—中东—干草原—西伯利亚进入美洲。为了进一步研究M45，科学家们首先假定了一个基因标记M242。

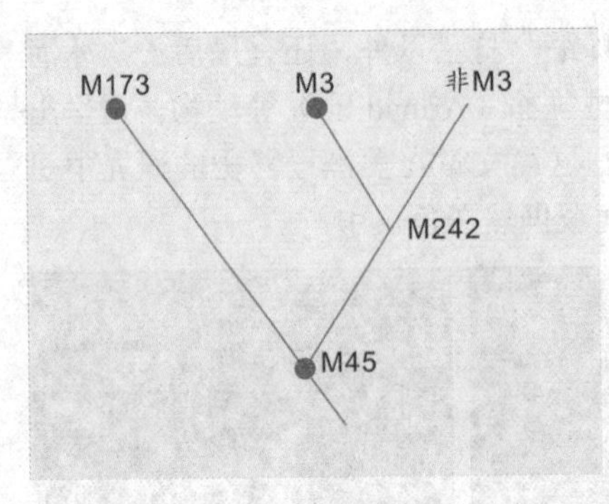

M45是携带M173的大部分欧洲人的先祖，也是携带着M242和M3的北美土著的先祖。科学家首先假定了一个M242，最后终于找到了这个M242。

这个M242应该在至少两万年前从中亚来到西伯利亚，分布到亚洲（印度南部—中国），然后分布到美洲。这个基因标记应该在西伯利亚的频率很高，所以生物学家称它为西伯利亚基因标记。

M242的后代是M3，前后关系为：M45→M242→M3。这是两万年里，人类中亚—西伯利亚—北美洲的基因迁移路线。所以，中间的这个M242应该是美洲最古老的基因标记，分布应该非常普遍，而且应该与线粒体DNA的分布大体上类似。

注意，这里重叠两个基因科学家的理论推算：

理论推算1：有一个基因标记M45在亚洲东北部，联系亚洲—美洲。

理论推算2：有一个基因标记M242在亚洲东北部，联系M45—M242—M3（亚洲—美洲最重要的基因标记是M3）。

最后，在接近白令海峡的楚科奇人中，科学家们“预测”或“理论推算”的M242和M45被同时找到了。欧美科学家们全面检测了楚科奇人的DNA，结果显示：楚科奇人与整个欧亚大陆的群体都有关联，他们也与世界另一边的美洲土著密切关联。

楚科奇人居住的地区

新的DNA证据证明：第一批北美土著，在1.5万—2万年之间通过白令海峡陆桥进入北美，当时海平面比现在低100多米，形成一个巨大的陆桥，所以他们从这里进入了北美大平原。这是一种符合逻辑的推理。基因学家们通过推理找到了真实存在的基因标记，并且这些基因信息又与考古学和人类学的证据互相吻合。

石头—遗骨—DNA，互相吻合，互相印证。

以大型计算为基础的DNA技术，还可以作出其他的推理。非常有趣的是，DNA技术不仅仅可以从北美土著的遗传数据计算分析出他们什么时候来到北美，

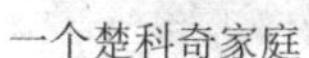
一个楚科奇家庭

楚科奇人的民族服装与民族歌舞

甚至可以推算出来迁移的大概人数。

根据北美土著现存的基因谱系随着时间的发散数据，推算出的结论之一是建立北美人群的先祖人数为10—20个人。

在过去的1.5万年里，肯定有些血统绝嗣了（类似前面的普罗旺斯鱼汤的例子），所以10—20个人的数字可能被低估，但是，最初来到北美的人数最多只有几十人到几百人。这种估算的理由来自美洲土著的多样性非常贫乏，远远比不上欧亚大陆。

计算分析发现，欧亚大陆的人类多样性极其丰富，几乎是非洲大陆之外的另一个“二级先祖”。但是，越过白令海峡进入阿拉斯加的人群中，只有很少几十个人留下了后裔血脉，这是当年不屈不挠的艰险跋涉的明显证据。

第一批美洲先驱者们跨过白令海峡陆桥，也许是沿着冰川的边缘行进，也许是沿着海岸行进，到底通过哪些路线，人们还是没有找到最终的答案。

但是有一个问题没有争议，那就是这些美洲先祖们经过冰天雪地的长途跋涉，最终来到温暖的北美大平原，就像来到人间天堂。

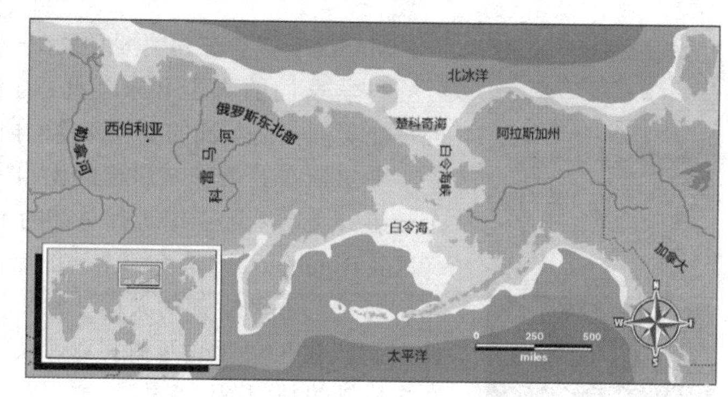

越过白令海峡进入阿拉斯加

这里好像中亚故乡广袤的欧亚干草原，到处游荡着大群的哺乳动物。美洲土著的先祖们就像颠簸在汪洋大海中的一艘小船突然被大水冲进了一个琳琅满目的大型超级市场，于是人口激增，高效的西伯利亚武器（例如“克洛维斯枪头”）帮助他们在大约1 000年的时间里，迅速冲到了南美洲（电脑分析：他们的基因在仅仅1 000年里就发散了）。

美洲的很多物种被他们杀光了，四分之三的大型哺乳动物被他们杀死了，猛犸象和马也被他们灭绝了——冰河期结束时，他们给了濒临灭绝的猛犸象们最后的致命一击。

一万年之后，15世纪西班牙人来到这里时，北美土著的后裔才又一次看到了马。

美洲土著的亚洲亲戚

《深邃的先祖》封面

M45终于把亚洲和美洲联系在一起。

科学家们的脚步并未就此停止，他们继续追寻着亚洲—北美洲—南美洲的更加深邃的内在联系。

韦尔斯在其著作《深邃的先祖》一书中记载了这样一个故事：美国基因图谱工程总部的工作人员菲尔·布鲁豪斯（Phil Bluehouse）是美洲土著的后裔，他一直觉得自己的相貌特征与亚洲中部的人群非常相似，他总是感到自己有什么亲戚住在中亚或西伯利亚，所以他非常乐意参与总部在华盛顿的基因图谱工程。

布鲁豪斯出身纳瓦霍族（Navajo），这是北美最大的一个土著，正式登记的人数超过30万人。这个群体构成了美国的一个独立自治体，管理着四处土著保留地。在保留地区域流行纳瓦霍语属于纳丁尼（Na-Denl）语系，与其他美洲土著语言不同。所以纳瓦霍人也不属于印第安人，大部分人也会说英语。

纳瓦霍族语言古老，发音独特，无文字。太平洋战争期间，美国军队雇用纳瓦霍族人负责密码和情报传递，因日本人不懂纳瓦霍语

美国电影《风语者》（*Wildtalkers*）的剧照。这部电影描述了真实的二战历史：纳瓦霍族军人直接用纳瓦霍族的奇特语言，明码呼叫指示炮火和飞机的攻击目标，成为日军无法破译的密码体系。美国将军回忆说："如果没有纳瓦霍族人，我们永远无法攻克硫磺岛。"

布鲁豪斯参加基因图谱工程的原因，正是希望知道纳瓦霍族的起源，以及自己的先祖是怎样来到北美的？布鲁豪斯知道"美洲土著来自亚洲"这一结论，但他还是希望检测自己的DNA。检测结果出来，证实他的Y染色体DNA属于Q单倍群。听到这个结果，布鲁豪斯当场放声大哭——不是因为恐惧，也不是因为惊讶，而是因为幸福，他的许许多多的远亲确实在亚洲。

Q单倍群是土生土长的美洲人的Y染色体中最常见的单倍群，90%以上美洲土著都属于Q单倍群。在中亚—蒙古大草原—西伯利亚的巨大草原上也有Q单倍群，那些亚洲远亲的生活与纳瓦霍族人的生活形态曾经如此相似。根据年代推断，亚洲人迁移到美洲的时间并不很长。

北美红杉

DNA终于把失散了上万年的远亲们联系在了一起。布鲁豪斯说："我一直知道我有亲戚在那里，现在DNA终于证实了这一切。"

北美土著的故事，并非这么简单。北美土著的故事，还有更加深邃的根。

美国犹他州的潘多（Pando）杨树根系

在横贯北美的落基山脉，到处都是杨树（Aspen）。很多杨树是无性繁殖的树种，分布在整个北半球，与松树和杉树混杂生长在一起。与单调不变的松树和杉树的深绿色针叶不同，季节变化时，杨树叶子的颜色也会变化，呈现出绿色、红色、黄色，非常美丽。但是，当一些树叶改变成黄色

的时候，其他杨树的叶子可能还是绿色。这种不同仅仅是自然现象吗？答案出乎预料，这里蕴藏着杨树的一个生物学秘密——这些杨树来自不同的根系。

杨树（Aspen）的根部由成百上千的树根互相联系，通过无性繁殖不断生长，北美已经发现多处超过一万年的杨树。不是一棵杨树，而是同一个根系生长出来的不同的单株杨树的群体。有一个名叫潘多（Pando）的杨树根系占地超过666平方千米，总重量660万千克，寿命8万年。这是世界最大的最长寿的一个生物组织。

杨树一旦成熟，就放出一个一个的根系，成长为一棵又一棵新的杨树的树干。这个过程会不知不觉地延续几千年，树林可以延续几百米甚至更远的距离。如果我们从地表的土壤向下挖掘，就会发现这个树群的起源其实只有一个根系。植物的这种繁殖方式，又称无性殖民群落（clonal colony）。

杨树的这种生物形态，类似基因图谱研究中的“宏单倍群”（Macro-haplogroup）：表面上互不关联的单倍群越来越多，散布各地的各个氏族及其分支也越来越多，成为一个“超级氏族”（superclans）。但是，如果我们从遗传学的土壤向下面越挖越深，就会发现它们都属于同一个先祖。

“奥卡姆剃刀”的简约理论，就是剥离事件的构成成分，仅仅找出事件之间最简单的内在联系。也就是说，仅仅追求最简洁的因果联系。基因序列的进化，遵循的法则正是最简洁的关系。在遗传学中，最简单的解释几乎总是正确的。

如果我们规避了参与千变万化的遗传重组的22对染色体，规避了X和Y染色体中变化多端的位置，只是观察分析变化稳定的若干区段，就可以清晰地分析计算出氏族关系和个体关系。当遗传形态最简约化之后，我们甚至可以清晰地分辨个体与个体之间的相互关系。

甲 → AAGCTCAGGTCTAT
乙 → AAGCTTAGGTCTAT
丙 → AAGCTCAAGTTTAT

甲，乙和丙三人的关系

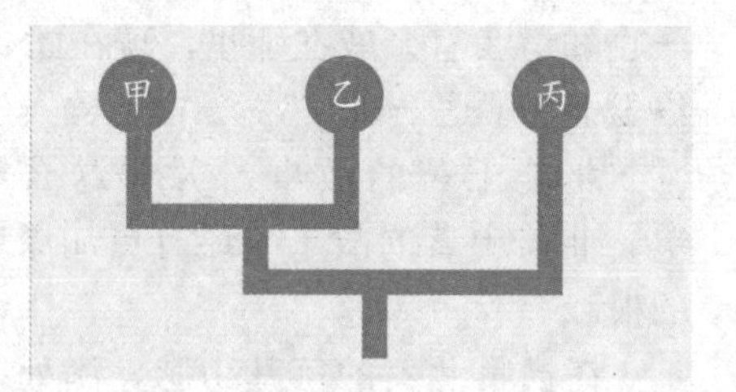

甲，乙和丙的关系树

下面是甲、乙和丙三个人之间的DNA序列中四个碱基A-T-C-G的差异：

这些差异在三个位置上。甲和乙只有一个变异：C与T，他俩关系比较接近。但是丙与甲、乙分别有两个变异，丙与他们两个关系比较远。于是，我们的DNA鉴定结果出来了，假如他们是表兄弟，则应该为：

甲和乙是亲兄弟关系。

甲、乙和丙是表兄弟关系。

对许许多多的序列，需要一次又一次重复这样的分析和计算。这种分析计算可以针对一个群体，也可以针多个群体。3个序列只需要3次对比：甲和乙，乙和丙，丙和甲。但是，超过3个序列，分析计算就复杂了。4个序列就有6种可能的关系，5个序列就有10种可能的关系……所以，检测几百个序列时必须借助大型电脑系统进行分析计算。在基因研究中，世界上所有氏族（单倍群）都是这样分析计算出来的。

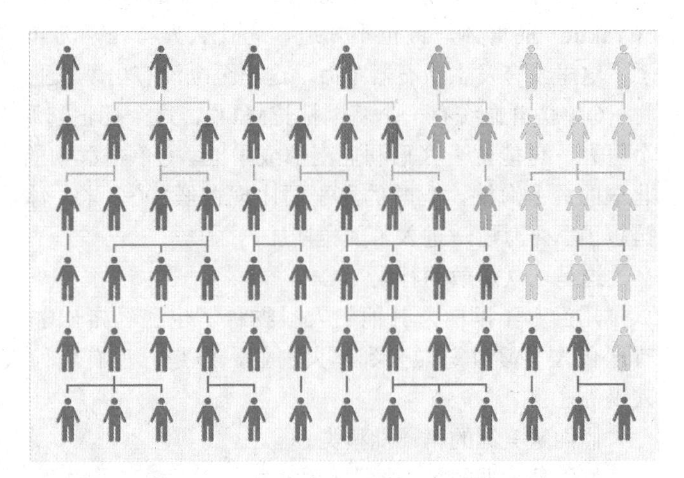

基因漂变示意图：这里只有2个人留下了后裔，其他5个人的后裔全部消失了。图片来源：维基百科

研究人员正是采用这种方法，查明布鲁豪斯所属的Q单倍群确实是世界谱系树上的一个亚洲支干的分支，布鲁豪斯的DNA揭示出了

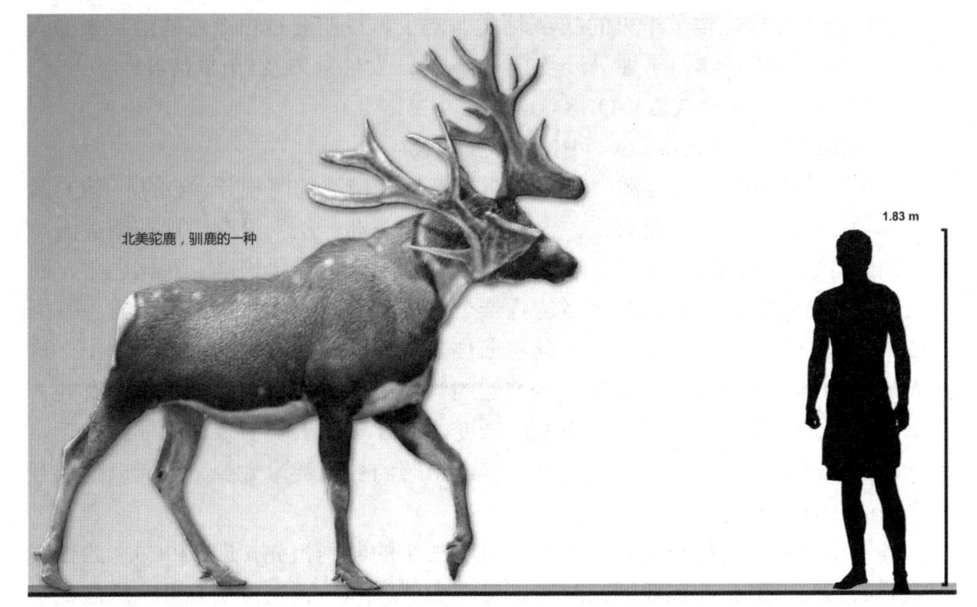

人类最重要的动物伙伴依次是驯鹿—马—狗。驯鹿曾经是人类最主要的蛋白来源，陪伴人类度过了几万年漫长的冰河期

他的先祖的冰雪之旅。

我们假设时光倒流，回到1.8万年前的西伯利亚。此时正是冰河期最严酷的时代，欧亚大陆的北部被巨大的冰川覆盖，气温比现在低10度以上，身披长毛的猛犸象群统治着亚洲的冻土苔原，剑齿虎在冰天雪地里捕食猎物。人类也在冰雪中艰难地生活着，就像现在西伯利亚的楚科奇人（Chukchi）以及雅库特人（Yakut）的群体。谁也不知道，为什么人类在两万年前来到这里并且永久定居了。这里没有发生新石器革命，这里至今没有出现农业。

Q单倍群血统有一个基因标记M242，这个标记起源于两万年前西伯利亚的一个男人，可能位于西伯利亚南部或中亚。Q单倍群中的一个氏族来到欧亚大陆东北端的白令海峡，当时的海平面比现在低100多米，冰盖形成了陆桥，这个氏族跨越了白令海峡，进入了阿拉斯加。

这是一次勇敢的行动。

几百万年以前，其他的人科物种，也曾经走出非洲来到欧亚大陆各处，只有现代人类渡过海洋来到澳大利亚，但是，没有任何人科生物跨过白令海峡进入美洲。

他们是美洲的第一批猿类。

他们是美洲的第一批人科生物。

他们是美洲的第一批现代人类。

来到北美的亚洲移民就像一场豪赌的意外胜利，经过艰苦卓绝的长途跋涉之后，他们伤亡惨重，传承下来的DNA种类非常少，说明渡过白令海峡活下来的人数很少。基因分析证实，男性只涉及3个单倍群，女性只涉及5个单倍群：

Y染色体DNA=3个氏族：Q，Q3，C3。

线粒体DNA =5个氏族：A， B， C， D，X

Q单倍群分布在南北美洲，从阿拉斯加直到最南端的阿根廷，Q的后裔Q3紧随着Q。C3单倍群是第二批移民，仅仅分布在北美洲，从来没有出现在南美洲。女性的5个线粒体DNA单倍群，伴随着3个男性的Y染色体单倍群。对比之下，欧亚大陆的Y染色体和线粒体DNA多达几十个血统（群体越大，越不容易发生基因漂变）。在西伯利亚—白令海峡—阿拉斯加—北美洲—南美洲的艰难旅程中，这些人口数量不大的小群体，多次发生突然的人口减少或人口增加。于是，有的人绝嗣了——基因漂变出现了。由于基因漂变，南北美洲人类的多样性非常贫乏，远远不如非洲和欧亚大陆。也就是说，美洲土著的先祖数量太少了，所以他们互相之间的DNA太相像了。

进一步的基因分析证实，美洲土著只有很少的共同祖先，即Q和C3，约占美洲土著的99%。那么，在亚洲的时候，美洲土著Q和C3的先祖在哪里？这些先祖包括哪些氏族？这些氏族后来又到哪里去了呢？

研究显示，Q单倍群与R单倍群都起源于欧亚大陆，起源于一个先祖M45。

大约四万年前，中亚出生了一个男孩，他身上携带着M45。这是根据全球多样性频率计算推断出M45诞生于中亚，因为只有中亚发现了M45的全部重要的血统分支。

从右图可见：两个单倍群Q和R构成了一个宏单倍群P。Q和R的“祖父”都是M45，如果用前面的“三个人的例子”来表述的话，Q和R的关系是表兄弟，亦即美洲土著与欧亚大陆西部的群体是亲兄弟。大部分欧亚大陆西部和美洲土著的先祖都是这个M45。

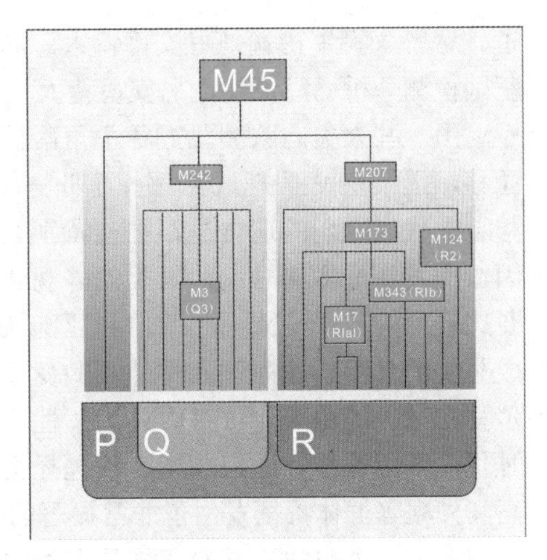

Q单倍群与R单倍群都起源于M45

再向上追寻，四万年前的M9是更巨大的一个杨树的根系。M9把表面上互不关联的很多血统联系在一起：从K到O，外加上属于M45的P到R，以及后来分离出来的很多其他血统。为了更加形象和易于理解，我们可以这样说：1492年，哥伦布向西远航“发现”了美洲土著，实际上，哥伦布和美洲土著的祖父的祖父的祖父的祖父……在四万年前是同一个人。

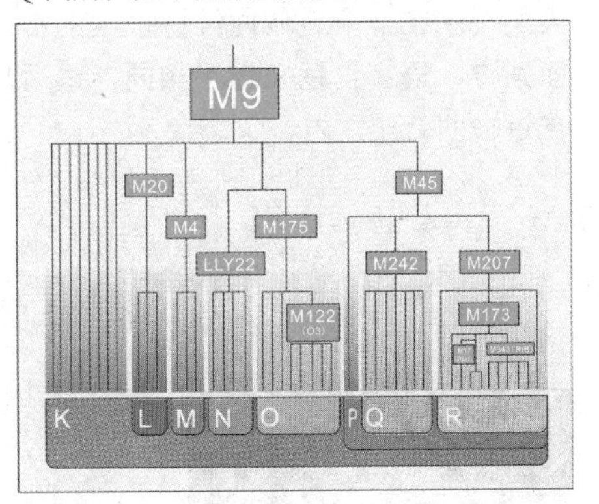

4万年前一个携带M9基因标记的男性的后裔形成大部分欧亚血统。

美洲的女性传承的线粒体DNA的答案，与Y染色体的分布几乎完全一样。美洲的仅有的5个线粒体DNA：A、B、C、D、X，全部在中亚发现了。显然，她们与同一批氏族中的男性成员们一起跨过了白令海峡。

多次的重复采样和反复检测，一再确认了以下的历史事实：位于塔吉克斯坦的帕米尔高原周围的几个山脉的走向，决定了从非洲—中东—中亚迁移的各个氏族的走向，向北边迁移的一些群体分别走到了欧洲—西伯利亚—美洲，向南边迁移的一些群体，分别进入了亚洲南部—亚洲东部。

大约四万年前，第一批现代人类（M170，属于工单倍群）进入东欧时发现，早已有一批人科生物先期殖民欧洲

了。这些人科生物就是尼安德特人。约三万年前，尼安德特人基本灭绝了。各种基因检测分析已经证实，尼安德特人与现代人不是一个亚种。

当一些人类向欧洲北方各个角落扩张的时候，其他地方的一些人类正在向南迁移，继续殖民亚洲。这段冰河期，人类的狩猎采集群体比较小，所以上一代人与下一代人之间的遗传差距往往特别大。换句话说，这一段时期是这些群体的基因漂变发生最多的时期，人类的外观和肤色开始迅速分化。印度和东南亚仍然需要比较黑的皮肤，欧洲和西伯利亚则从不担心阳光灼伤皮肤，反而需要阳光以合成坚实的骨骼。冰河期人类外观的变化还有两个原因，即自然选择和性选择。达尔文在《人的由来》一书中认为：性选择是人类多样性的关键因素之一。在冰河时代，基因漂移、适应环境、性选择交互影响，这三个因素使得人类的肤色、身高和外观等群体特征发生了非常显著的变化。

还有一个非常重要的变化是人类的语言。狩猎采集时代，食物的不稳定性使人类无法在一个地域内维持很大的群体。于是，人类的群体不断地分化，走向四面八方，语言也越来越不相同，最后形成不同的语言和方言。这一切，全部发生在过去四万年之内。

有声的语言与无声的坟冢

美国语言学家、犹太移民后裔约瑟·格林伯格（1915—2001），毕业于耶鲁大学，长期担任斯坦福等大学的教授。他在语言类型学（linguistic typology）和遗传分类学（Genetic classification）领域非常著名

基因研究证明，美洲土著来自M45和M130。但是这些移民群体是一次还是分成几次移民美洲的？这是北美土著起源的一个长期争议的主题。华盛顿州肯纳威克（Kennewick）曾经出土了一个9，500年前的所谓高加索人（Caucasoid）的头颅骨，表明北美与欧洲有联系。有的人类学家认为，澳大利亚人曾经来到南美洲，还有的学者毫无根据地猜测，日本人曾经在几千年前跨过了太平洋……基因科学，能否找到这些胡乱猜测的谜底呢？

基因技术已经证实，最早走出非洲的一批现代人类中，一部分人群很快来到了澳大利亚，还有一部分人群辗转四万年来到北美洲。这个漫长的有趣故事，要从语言学谈起。

长期以来，语言学也是人类研究的一个线索。美洲的语言超过600种，这也是语言学界的长期争议话题：这些语言是互不相关的，还是可以归类整理为很少的几个语系？

约瑟·格林伯格（Joseph Greenberg）把600种以上的美洲语言，归类为一个单一的宏语系（macro-family），并将其命名为美洲语（Amerind）。

格林伯格发现，南美洲和大部分北美洲的土著语言都属于美洲语，但是有两个例外的语系：

中文名称	英文名	分布区域
爱斯基摩—阿留申语系	Eskimo-Aleut	格陵兰、加拿大北部、阿拉斯加、西伯利亚东部
纳—德内语系	Na-Dene	加拿大西部、美国西南部

格林伯格猜测，每一种语言都对应着一批亚洲进入美洲的移民。语言随着美洲人群的迁移而迁移，人群移动了，语言也跟着移动了，基因当然也移动了。说美洲语系的人群进入美洲最早，散布最广泛，而且是南美洲唯一的语系，这个事实说明，至少两批亚洲移民曾经进入美洲。Y染色体的基因研究结论支持了格林伯格的猜测。

美洲宏语系：使用美洲语系的人群在南北美洲分布最广泛，这些携带M242和M3的人群来自西伯利亚氏族，线粒体mtDNA的研究数据也支持这一结论，他们在仅仅大约1 000年里就广泛分布到南北美洲各个地区。

纳—德内语系：使用纳—德内语系的人群在美洲的分布第二广泛，仅次于美洲语系的群体，基因分析证实他们是第二波移民。有趣的是，他们的基因里竟然包括M130，并且比例达到25%。如前所述，M130是大约六万年前，沿着海岸高速公路离开非洲的最早的第一波移民群体。更有趣的是，在南美洲没有发现M130，说明纳—德内语系的人群可能是一万前离开中国北部或西伯利亚南部进入了美洲，当时白令海峡已经再次被海水淹没，他们几乎是全程使用船只的移民，然后分布在沿海地带，这种语言扩散到美国沿海的西部，直到加利福尼亚。他们的路线可能是非洲—印度—东南亚—北上北极圈—北美洲。

爱斯基摩—阿留申语系：使用爱斯基摩—阿留申语系的人群可能是M242的一个西伯利亚分支，他们喜欢沿海生活，他们成为现在的爱斯基摩人，他们的祖先在西伯利亚，主要以驯鹿为生，这种生活方式与西伯利亚的楚科奇人一样。

出乎所有早期学者们的预料，在南北美洲都找不到M175，也就是说，美洲没有发现携带

M175的中国—韩国—日本地区的人类的痕迹。

各种DNA证据都显示出一个结论——所有美洲人全部来自西伯利亚。

一万年以前，人类已经殖民到世界所有大洲（南极洲除外）。人类的先驱者们聪明灵活，善于适应各种不同于非洲故乡的环境。在五万年的旅程中，人类作为猎人，穿过沙漠、越过高山、跋涉过冰雪覆盖的荒原，从非洲一直走到了火地岛，来到世界每一个角落。

石器时代，也是语言发生多样性的年代。

语言学是一种分类归纳学科。假若美国人来到英国，肯定大吃一惊，以为自己来到另一个国家。美国没有方言，英国的方言很多，甚至刚刚走出伦敦都会区，各地的口音就不一样了。人们猜测，原来人类可能只说一种语言，随着人类氏族和部落越走越分散，语言随之多样化，与遗传学中的多样化类似。最典型的例子之一是印欧语系。

威廉姆·琼斯（1746—1794），盎格鲁—威尔士语言学家，古印度学者。他在孟加拉最高法院担任法官期间，为了法律而研究梵语，发现梵语与拉丁语和希腊语非常相似，进而提出印欧语系。因为这一贡献，他被封为爵士

1786 年，在英属印度担任法官的语言学家威廉姆·琼斯爵士（Sir William Jones），在大量研究分析的基础上提出印欧语系（Indo-European language family）的概念，即欧洲到印度的大片地区所有的语言有一个共同起源。这种假设，最终得到广泛承认。

1988年，斯福扎决定在印欧语系与基因分布之间，绘制出一幅对比图表进行核实。他从世界各地的42种不同语言群体的基因分析得出一种分布树，经过对比证实，这棵树与语言系统树中各种语言的关系非常接近。例如，印欧语系中的各个群体，与基因树中的相应位置基本上一一对应。

在方言繁多的班图语系和中国北方—南方的不同方言体系中，也发现了类似分布状态，证明语言与基因的多样性是基本相吻合的。属于同一语系的人群语言变化与基因多样性变化互相印证，基因出现差异的地方，语言也发生分化。

如果琼斯爵士的猜测和分类是正确的，亦即印欧语系的各个群体拥有一个共同的起源，那么，印欧大陆的各个群体必定在远古的某一个时间点上曾经拥有一个共同先祖。对于这个谜团，考古学家和语言学家的考察研究和激烈争论持续了200多年。

一个“印欧语系”的假设带出了一系列疑问，各种解答形成了盘根错节的乱麻一样的无数证据和假设。所有的假设和解答，都是为了寻找这个欧亚大陆的无数族群的“故乡”……这些多学科的共同努力，最终激励遗传学家们也加入了这

场寻找故乡的百年探索。

同一个单词，可以追溯出它最原始的词源。例如，英语中的牛ox，可以联系到印度梵语中的牛uksan，中国西部吐火罗语（Tocharian）的牛okso。同一语系中，动物、植物以及工具、武器的单词往往是相同的。印欧语系中“马”和“带轮子的车辆”等单词也是一样的。但是，印欧语系与西欧的考古证据之间的联系并不清晰。这种语言在欧亚干草原带上的证据非常清晰，进入西欧的森林地区就模糊不清了。

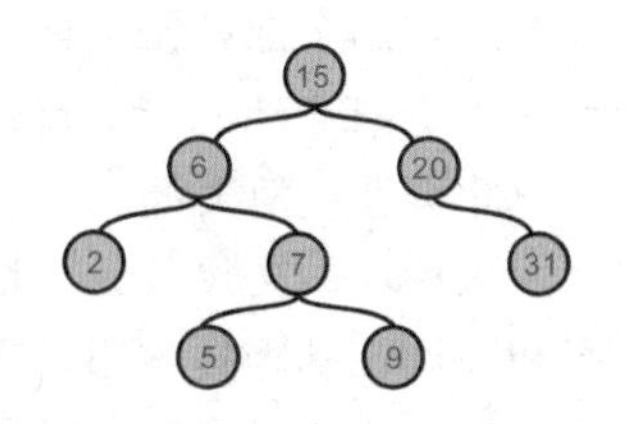

Urheimat是源自德语的语言学名词：Ur=原始的，最初的；heimat=家园。语言学中这个德语专业词汇常常用于描述原始语言（proto-language），又称祖语。上图是语言学中常用的树结构，其中：15=原始语祖语；6，20=第二级祖语；2，7，31=第三级祖语；5，9=第四级祖语。这种树结构在其他领域广泛应用

人类的历史中，很多语言产生了，很多语言消亡了。语言演变有时难以定论，至今仍争论不休。但是，考古证据是无法改变的。能不能找到印欧语系的先祖们的葬身之地呢？

这些墓葬，终于在欧亚干草原带上被找到了。

1950年代，美国UCLA大学考古学教授玛丽亚·金布达斯（Marija Gimbutas）在伊朗高原—欧亚干草原—乌克兰地区—东欧—西欧—南欧进行了一系列墓葬考古和研究。1970年代，金布达斯开始发表一系列研究报告，以坟冢（Kurgan）为主要线索，初步勾画出一幅图景，将印欧语系群体联系起来。金布达斯提出的假设被称为“原始印欧祖语假设”（Proto-Indo-European Urheimat hypotheses）。

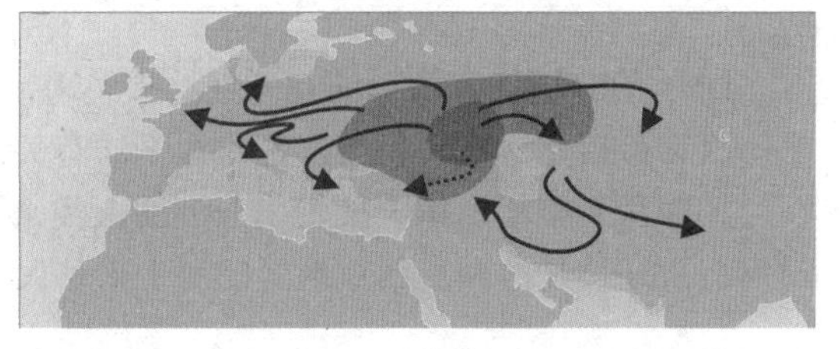

玛丽亚·金布达斯（Marija Gimbutas，1921—1994），原籍立陶宛，美国考古学家。她以语言学和神话学为脉络尝试联系各种考古证据链，以坟冢假说（Kurgan hypothesis）将人类的语言起源和发展的路线进行了描述，基本接近后来的基因证实的人类迁移路线

这种“原始印欧祖语”（简称PIE，Proto-Indo-European）的发源地在巨大的欧亚干草原，这种假说完全涵盖了前期曾经出现的很多假设（例如纹绳陶器文化等）。这种坟冢文化（Kurgan culture）的大量坟冢遗迹至今仍然安安静静地沉睡在整个欧亚

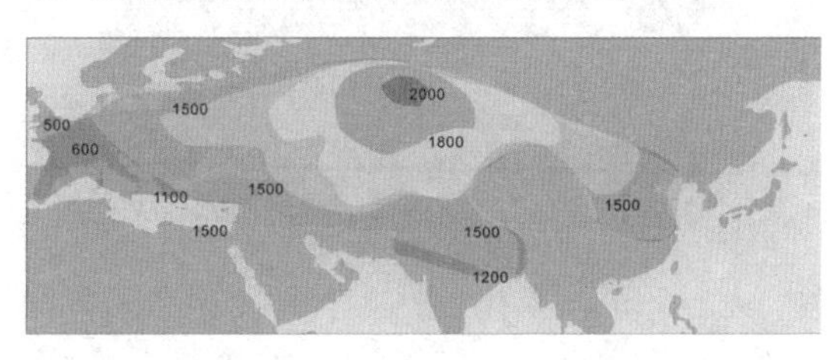

上图是战车技术扩散示意图

玛丽亚·金布达斯根据考古证据，还提出战车技术的传播路线。考古发现证明：大约7 000年前，中亚游牧的人类首先驯化了马，创造出马拉的战车，这种战车从中亚开始向伊朗高原—两河流域—印度北方扩散，并向东欧和中国扩散

干草原带的全部范围之内，从乌克兰的大平原，一直延续到蒙古大草原。这里正是人类走出非洲的主流群体徘徊辗转了数万年的地区，人类从这里走向欧洲—亚洲—北美洲—南美洲。

这种坟冢文化理论，证实了琼斯爵士“印欧语系”的猜测是正确的。这个答案和理论在基因技术出现之前就被找到了，当时曾经存在争议。在基因技术的确认之后，这个理论现在得到了广泛的公认。

毫无疑问，美洲土著是最勇敢的一批人类，他们是我们这个物种中跋涉距离最远，牺牲最为惨重的一群勇敢的先驱者，令人更加难以置信的是他们崎岖的旅程和怪异的构成：他们有的从中东—欧亚大陆—西伯利亚走进北美洲（M45），有的从非洲海岸线开始：印度次大陆—东南亚—中国—蒙古—西伯利亚走进北美洲（M130）……这些大型电脑系统进行的计算推理和基因分析的结论，使人联想起福尔摩斯对华生医生的忠告：“当你排除了不可能的，无论剩下什么，不管多么不可思议，都是真实的。”

太平洋的拼图

DNA的分析计算揭示的戏剧性结果发现，人类波澜壮阔的六万年大迁移的最早一次和最后一次殖民世界，都与太平洋有关。

大约六万年前，第一批走出非洲的人类来到澳大利亚。大约4 000年前，人类最后一次迁移是波利尼西亚地区的海上大移民。

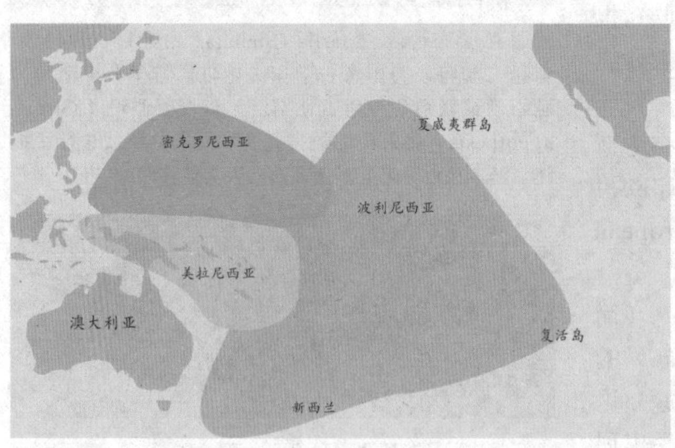

所谓波利尼西亚三角（图中的紫色部分）的三个顶端为：夏威夷群岛—复活节岛—新西兰岛

波利尼西亚是太平洋中央几千个岛屿的统称，波利尼西亚人是这些岛屿原住民的统称，从夏威夷的土著到新西兰的毛利人（Maori people）都属于这一范畴。波利尼西亚（Polynesia）一词源自希腊语：poly意为众多，nesoi意为岛屿。1756年法国作家Charles de Brosses（1706—1777）第一次使用这个词，当时泛指太平洋上的所有岛屿。现在的波利尼西亚（Polynesia）的范围也没有严格界定：从美国洛杉矶出发，飞向新西兰首都奥克兰经过的海域就是波利尼西亚，距离约1.2万千米，飞行约14个小时。飞机下面一望无际的辽阔海域散布着数以千计的岛屿。

早在欧洲人探索太平洋之前，这里的每一个岛屿都被人类发现并居住了，波利尼西亚人是史前最伟大的航海家，他们现在的总人口超过150万，使用的各种语言统称波利尼西亚语（Polynesian languages）。

1778年，英国著名航海家库克船长（Captain Cook）成为第一个“发现”夏威夷群岛的西方人。从发现夏威夷开始他就认真思考探索波利尼西亚人的起源问题，他怎么也搞不清楚这些土著居民是什么时候和怎么来到这里的。夏威夷群岛和北美大陆的最近距离超过3 200千米，四周是浩瀚的太平洋，他们肯定是航海来的。但是，从夏威夷土著对远航船只的充满疑虑态度来看，他们似乎对航海知识一无所知。库克船长还发现，他们处于石器时代，没有金属冶炼和书写文字。

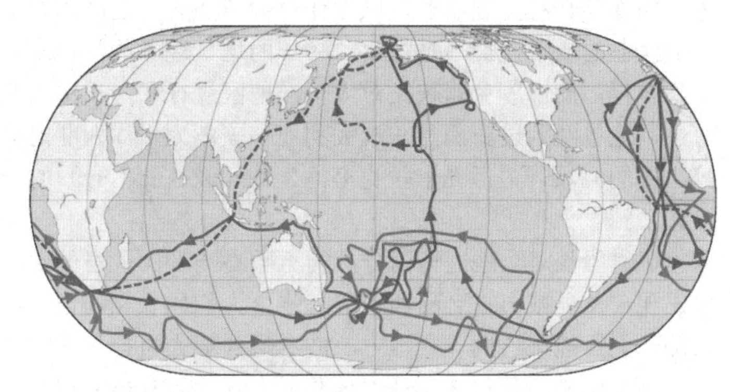

库克船长的三次航海路线图。第一次红色，第二次绿色，第三次蓝色，蓝色虚线是库克船长死后的航线

库克船长的其他航海“发现”更加使他困惑不已：从夏威夷西南3 500千米的马科萨斯群岛（Marquesas Islands），到继续向南1 500千米的社会群岛（Society Islands）都位于浩瀚的太平洋中心，竟然也都有人类居住……如此大规模的移

库克船长

1779年2月14日库克被杀，享年50岁

民，如此遥远的距离，库克船长找不出答案。在没有罗盘和其他航海仪表指示纬度的史前时代，这些波利尼西亚的航海家怎么可能具备这种能力？

库克船长并不是第一个探索太平洋的航海家，但是库克船长的航行区域的广阔程度超过任何前人。

1766年，英国皇家学会与时年39岁的战争英雄库克船长签约，让他带领科学考察团观察金星穿越黄道，以便计算地球和太阳之间的距离。当时人们发现，波利尼西亚的塔希提群岛是观察1769年的这一现象的最佳地点。这是库克船长的第一次航行，此后库克船长又对太平洋地区进行了两次更大范围的探索。在三次航海中，他曾经到过新西兰—澳大利亚—美洲太平洋西北海岸—白令海峡—夏威夷等广大的海域，最后在卡拉克夸湾（Kealakekua Bay）的一次冲突中被当地土著杀死。

库克船长对这些遥远而分散的无数岛屿上的人群的起源产生了浓厚的兴趣。他发现，从夏威夷直到新西兰等岛屿，人们的长相和语言都有相似性，库克船长猜测他们可能来自同一个地方。波利尼西亚人自己也不知道他们来自哪里，新西兰毛利人的神话传说中的故乡叫作哈瓦伊奇（Hawaiiki），但是至今为止，谁都不知道这个哈瓦伊奇在哪里。

库克船长的问题，长达200余年没有令人满意的答案。根据不断出土的考古学证据，后来人们普遍接受这样一种观点：波利尼西亚地区的人类是4 000年前自己航行到这些太平洋诸岛的。于是争议的焦点转变为：他们是来自亚洲，还是来自美洲？

库克船长等欧洲航海家，对太平洋的风向和洋流非常清楚。大自然的威力，

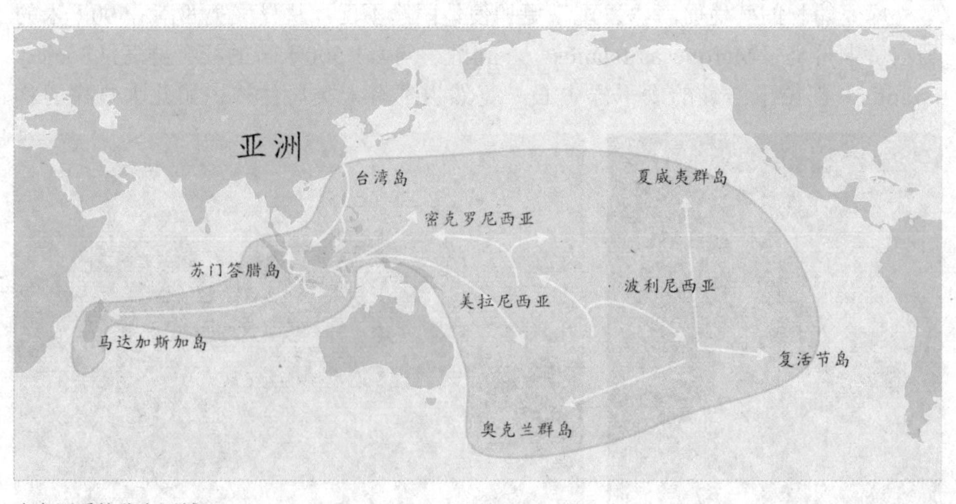

南岛语系的分布区域

南岛语系一词是拉丁语auster（南风）和希腊语nesos（岛屿）的一个合成词。日本直译为南岛语系，中国沿用了这个译名

人类难以抗拒。

西班牙人是最早探索太平洋的欧洲人，他们只能从东向西单一方向穿越太平洋——从中美洲航行到菲律宾后，西班牙人无法从原路返航，只能通过北太平洋的环流，经过日本北部—阿拉斯加—北美太平洋海岸南下回到中美洲。西班牙大型帆船也无法对抗海风和洋流，波利尼西亚土著的小船怎么可能做到呢？假如波利尼西亚人来自亚洲，他们必须对抗海风和海流。所以，一些人认为波利尼西亚人来自美洲比较合理，因为海风和洋流会帮助他们。

但是，语言学的研究，并不支持波利尼西亚人来自美洲的假设。波利尼西亚人的语言，与台湾—东南亚—马来半岛地区的语言关系密切。台湾现在说汉语和闽南话，但是17世纪之前的台湾土著说着一批互不相同的语言，这些语言的名称原来是马来—波利尼西亚语系，20世纪改称南岛语系（Austronesian）。南岛语系包括大约1 300种语言，是世界上唯一主要分布在岛屿上的一个语系，除了印度洋—太平洋诸岛，还包括东南亚的泰国—马来西亚—越南—柬埔寨部分地区。这个语系分布广泛，西至马达加斯加，东至波利尼西亚。与南岛语系最接近的是侗傣语言，分布在中国西南一直到泰国和印度东北部。两个语系有很多同源词，不过南岛语不像侗傣语那样有声调。

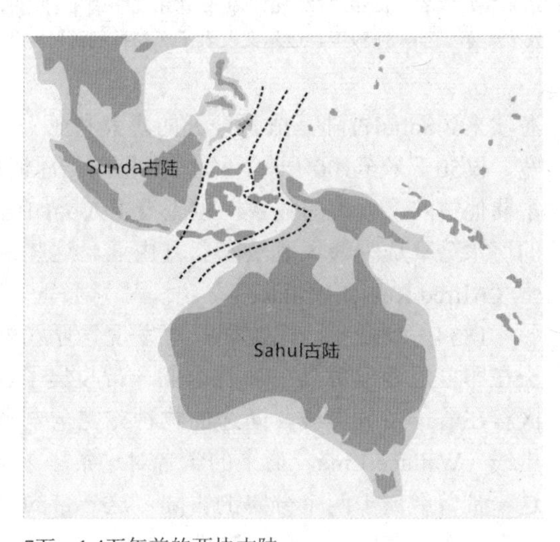

7万—1.4万年前的两块古陆：
Sunda古陆：7万—1.4万年前马来半岛—印尼诸岛—菲律宾群岛连在一起。Sahul古陆：7万—1.4万年前澳大利亚—新几内亚连在一起

这一带的很多地区，在最后冰河期的巅峰期（Last Glacial Maximum，LGM）却并不是分离的岛屿。当时的世界与现在的世界全然不同：海平面低100米以上，冰盖覆盖着欧洲北方和美洲北方的大片陆地，英伦三岛与欧洲大陆连在一起；波斯湾并不存在，两河流域与伊朗高原连在一起；日本列岛的四大岛屿是一个整体并与亚洲大陆连在一起，人类从亚洲直接走进日本……马来半岛—印度尼西亚群岛连在一起构成巽他古陆（Sundaland），澳大利亚—新几内亚连在一起构成Sahul古陆（Sundaland）萨胡，这两个古陆之间始终是海洋，这两块古陆从未连在一起，所以澳大利亚洲—新几内亚的物种与其他大陆不同。

约六万年前，第一批人类来到巽他古陆，其中一部分人渡过不到100千米的

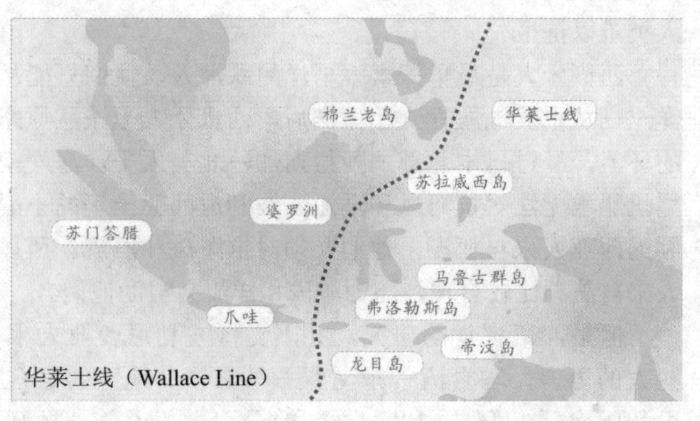

华莱士线（Wallace Line）

阿尔弗雷德·拉塞尔·华莱士（Alfred Russel Wallace，1823—1913）。1858年，华莱士把他的论文寄给达尔文，他的“自然选择理论”促使达尔文整理了自己的理论。两个人的理论纲要文章在1858年同时发表。第二年，1859年，达尔文发表了《物种起源》，华莱士的头像在这本书的扉页

海峡来到Sahul古陆，成为今天的澳大利亚土著。当时隔断两个古陆之间的海洋不宽，仅50千米至100千米。约1.2万年前，冰河期结束，海平面上升100多米，淹没了巽他古陆上人类的故乡，也淹没了人类如何学习航海的证据。Sahul古陆被上升的海水分离成为澳大利亚和新几内亚。这些古陆存在的证据最早的发现者是华莱士（Alfred Russel Wallace）。

1854—1862年，库克船长“发现”夏威夷—新西兰等地的80余年之后，华莱士在印度尼西亚群岛—新几内亚一带收集了12.5万多种物种。华莱士发现这一地区存在着一条分界线，两边的物种完完全全不同。这个分界线后来被命名为华莱士线（Wallace Line，后来的学者对这条华莱士线做了局部的修正）。人们发现，这一带曾经属于两个分隔的古陆，这一带的海水很浅，大型船舶航行存在风险，只有马六甲海峡是安全的航线。

波利尼西亚人起源的争议持续了200年。考古学、人类学和语言学的证据以及波利尼西亚发现的驯养动物和农作物类型，都把他们的故乡指向东南亚，但是很多人仍然认为他们来自南美洲。

如果他们在南美洲生活得非常习惯，为什么要航行到太平洋的这些岛屿上生活呢？起源美洲的支持者解释说：他们可能在打鱼的时候迷路了，漂流到了这些岛屿。起源亚洲的支持者反驳说：那么，波利尼西亚人的先祖们在出外打鱼的时候，为什么带着全家人？而且甲板上还放着各种动物和农作物？

两派观点在一个问题上没有争议：他们是乘船来的，不是游泳来的。

他们是从亚洲乘船来的吗？海风和海流可能阻碍他们的航行，确实说不通。

他们是从美洲乘船来的吗？海风和海流可以帮助他们航行，这个假设可以实验。

1947年，瑞典人类学家托尔·海尔达尔（Thor Heyerdahl）用一次著名的实验，支持了波利尼西亚人来自南美的说法。他按照南美人留下的造船图纸，制造

了一个著名的筏子，名字叫作孔蒂奇（Kon-Tiki），他要模拟南美人来到太平洋的过程。

1947年4月28日—8月7日，经过102天，航行距离4 300英里（近7 000千米），海尔达尔抵达了距离塔希提不远的土阿莫土群岛（Tuamotus）。他们没有无线电，没有其他仪器，实际上是漂流而来。

支持波利尼西亚人起源于南美洲的证据很多，例如，波利尼西亚岛屿普遍种植的库玛拉（Kumara，甜土豆）是南美安第斯山区的特产；又如，复活节岛的石制纹饰和雕刻与印加风格极其相似。但是，最著名的证据就是海尔达尔实验。很多人被说服了，人们相信波利尼西亚人来自美洲。

瑞典人类学家托尔·海尔达尔（1914—2002）的筏子孔蒂奇（Kon-Tiki）现在保存在Kon-Tiki博物馆，海尔达尔的资料档案已经成为联合国世界遗产中238个“世界程序记忆”（Memory of the World Programme）的收藏之一。孔蒂奇的实验说服了很多人，还被拍成了电影

1987年，在海尔达尔实验50年后，“线粒体夏娃”出现了。仅仅过了几年，几批科学家的DNA检测结论轻而易举地推翻了人们的观念：海尔达尔错了，波利尼西亚人来自亚洲而不是美洲，波利尼西亚人的大体迁移路线是中国闽台—东南亚—印尼诸岛—波利尼西亚诸岛，最后一站是新西兰。也就是说，新西兰的毛利人与六万年前来到澳大利亚土著完全没有关系……

基因技术，给出了一个令人难以置信的太平洋的拼图。

大约4 000年前，人类经过不分昼夜的远洋漂流，先后抵达和定居在浩瀚的太平洋中央的数千个岛屿上，这与其说是一个伟大的壮举，不如说是一个奇迹，这再一次证明了现代人类的确是一个自由、勇敢、善于探索未知的伟大物种。

这是不可思议的事实，也是仍然存疑的事实。他们使用的是什么航海工具？他们用什么技术顶风破浪来到太平洋的中心？

很多人猜测，他们可能使用的是双体船，两个船身四个船头，不用转弯就可以反向行驶，参照星座定位日夜漂流……不管怎么说，他们确实来了，他们是自己航行来的，这场海上大迁移似乎与寻找新的土地没有什么关系，因为每个海岛上的人口密度都很低，食物也很丰富……民俗学研究给出了答案，波利尼西亚的祖先群体有了继承制传统，长子以外的子女得不到父亲的土地和主要家产，被迫组织探险，寻找新土地。他们似乎对自己的航海技术非常自信，他们似乎仅仅是为了向上苍证明：人类，敢于驶向任何遥远的未知；人类，敢于在任何天涯海角生存。复旦大学的李辉教授课题组一直在研究南岛民族最早在大陆上的源头。他们发现，南岛民族不但与东亚大陆的侗傣民族语言相近，还共有一个高频的Y染色体标记M119，定义单倍群O1.这个单倍群最早出现在浙江一带的新石器时代人骨中。那么，南岛民族是什么时候离开“魔都”大上海，又是为什么离开呢？因为M119太高频，人群中多样性太高，很难计算分化时间，他们又找到了一个罕见突变标记N6，恰好东南岛民族与江浙人群中存在。通过累积突变数量的估计，他们精确计算出南岛民族离开江浙是约5900年前，这正好是马家浜文化结束，崧译文化开始的年代。来自长江以北的大汶口一凌家滩文化系统人群可能入侵江南，驱逐了马家浜文化的上层建筑。马家浜上层的南迁，开始了近六千年的南岛历史。留下的人民，后来部分形成了侗傣语言。

人类确实是伟大的物种，在六万年的陆地迁移中，人类发明了各种武器，成为可以远距离攻击其他物种的唯一生物。所以，我们的先祖敢于攻击狮子老虎，敢于挑战大象犀牛，最后甚至敢于驶向茫茫的未知……我们只知道化学结构稳定的DNA里存储着基因，但是不知道基因的语言，更不知道基因语言编制的生命程序……

太平洋上的史前人类，谱写了最为壮丽的一支生命的赞歌。

夏威夷波利尼西亚文化中心，大型歌舞表演《生命的呼唤》（*HA Breath of the Life*）

第五章

基因图谱工程

如果在外太空的月亮附近观看地球，地球就像黑暗中漂浮的一个蓝色圆球。拉近镜头，我们看到的是欧亚大陆和非洲连在一起，南北美洲连在一起……如果把镜头聚焦在纽约，我们看到的是一个五光十色的小小世界——世界上有192个国家，纽约人来自其中180多个国家，说着140多种语言……随着每一个个体的迁移，随着无数快乐、悲伤、爱情、战争的故事，人类在四万年里抵达了世界每一个角落，在一万年的农业社会里数量激增，在500年前的大航海和产业革命之后，再次聚集在同一个地球村。

每一个人心里都有一个找不到答案的疑问：

我的根，在哪里？

基因技术，就像放出魔瓶的魔鬼，几乎无所不能。这一场长达50年的DNA科技旋风，最终揭开了无数关于我们每一个活着的人的共同的深邃的先祖的秘密。我们起源于非洲，我们拥有共同的先祖，我们有非常相近的基因……

1987年，“线粒体夏娃”出现以后，人类一次又一次发现自己对先祖的认知错了。全世界集体发现和承认错误并迅速改正观念，这是历史上的第一次。

2000年启动的人类基因组工程，发明了一大批新技术和新设备。

2000年之后，生物和基因技术发展的节奏快得令人难以置信，几乎每一天都有新的技术和新的发现公之于众。遗传学家已经可以不再局限于少数个体的遗传研究，而是设法读懂天书一样的遗传DNA文献，从欧洲、美洲、亚洲、非洲、大洋洲、太平洋诸岛找来大量志愿者，实现真正的全球采样，从他们的遗传形态推算分析还原人类先祖的历史。这里需要的不是精确性，而是多样性和多态性。现在的DNA测序也已经不再困难和漫长。

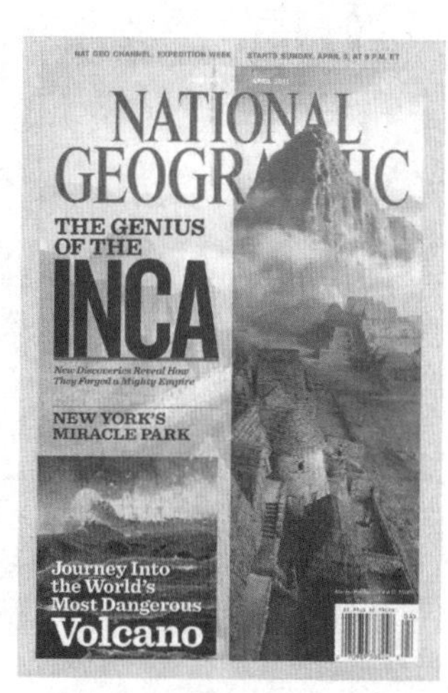

1888年1月27日，为了筹集地理学的普及和调查资金，33名探险家、教师和军人成立了非营利组织国家地理协会，第一任会长巴巴多。当年10月，第一本《国家地理杂志》出版

2005年，基因图谱工程（The Genographic Project）启动。这项工程检测全球人类的历史脚步，研究结果将对很多学科都产生有形和无形的帮助。事实上，Genographic（基因图谱）本身就是一个新创造的英语名词。世界正在趋向一个种族大熔炉，人类的大规模迁移正在加速，城市化正在全球蔓延，人潮追随着经济和资本的流向，无数族群—语言—地方文化正在消失……追寻人类历史的遗传学家只能与时间赛跑而且必须与时间赛跑……基因科学和生物科学带来惊人的结果，我们刚刚知道人类原来这么年轻，历史原来这么短暂，而且全世界都是远亲……

1889年1月，巴巴多的义子，电话发明者、AT&T创始人亚历山大·格拉汉姆·贝尔（Alexander Graham Bell）任第二任会长

总部设在华盛顿的国家地理协会（National Geographic Society）是全世界最大的非营利组织之一，最著名的创始会长是电话的发明者贝尔。现在，美国国家地理协会是世界最大的科学和教育组织。《国家地理》等杂志平均每月读者人数2.8亿人，《国家地理频道》等媒体涵盖160多个国家的电视台，观众数量以十亿计。1888年成立至今的124年间，国家地理协会资助支持的科研项目超过8 000

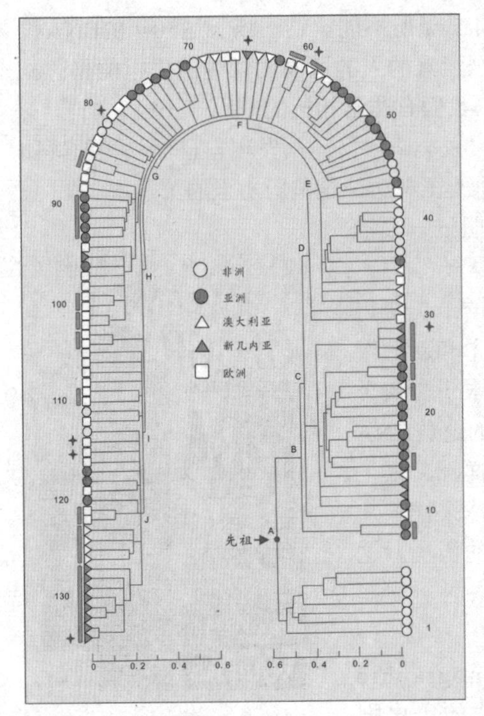

丽贝卡·卡恩发现了“线粒体夏娃”，导师为了保护她，在她到夏威夷大学上班之后才将这一研究结果公开发表并且自己亲自署名。这一研究引起巨大争议，她的导师与其他人进行了长期激烈辩论，最后突发心脏病去世

《非洲的蒙娜丽莎》。现居南非的比利时摄影家Ariabne Van Zandbergen的作品，这个埃塞俄比亚女孩的部落名为Borena，恰好位于发现19.5万年前的第一个人类化石的奥姆河谷

个，涵盖世界所有国家和地区。协会的主要兴趣在地理学、考古学和自然科学，发行的各种杂志书籍和DVD等庞大的数据没有确切统计数字。

我们已经知道，人类的起源和人类的旅程不是化石告诉我们的，而是电脑计算出来的。灵长目动物的化石和人科动物的化石非常有限，人类的化石也非常有限。我们人类——智人是生物学中的新来者。生活在大海里的螃蟹和鲨鱼的化石出现在1亿年前；我们人属（*Homo*）的化石仅仅出现在几百万年前，能人（*Homo habilis*）和直立人（*Homo erectus*）等早期人属生物们开始使用工具，已经有些类似我们的样子。但是，50万年前我们仍然尚未出现。

1967年，理查德·李基（Richard Leakey）在埃塞俄比亚的奥莫河（Omo River）的基比什结构（Kibish Formation）中，发现19.5万年的生物学意义上的人类化石，这是世界上最古老的人类化石。第二古老的人类化石，一个在埃塞俄比亚的赫尔托的波里结构（Herto Bouri Formation），另一个在摩洛哥的埃尔赫德山（Jebel Irhoud）。这两处化石大约16万年，在解剖学上也属于人类。

人类化石稀少的可能原因是人口稀少，并且仅仅分布在非洲和中东地区。

意外邂逅启动的工程

基因图谱工程的启动，来自一次偶然的邂逅。

2002年8月的一天，斯宾塞·韦尔斯（Spencer Wells）在伦敦希思罗机场（Heathrow Airport）的四号航站楼候机时，他的相邻餐桌坐着国家地理频道（National Geographic Channel）的国际部高级经理金·麦凯（Kim McKay），麦凯看过韦尔斯的电视节目。麦凯的责任之一就是在尽可能多的地方，结交尽可能多的电影电视上出现的人。

这一天，韦尔斯和麦凯两人在机场越谈越深。麦凯由衷地感到生物遗传科学是如此令人着迷，人类旅程的探索更是令人神往。麦凯问了一个最终引出基因图谱工程的问题："那么，下一步你想干什么？"

韦尔斯的脑子转得飞快，该干的事千头万绪，从何谈起呢？麦凯说："《国家地理》的兴趣也正是遗传人类学家们正在干的事情。"韦尔斯想了一会儿，对麦凯说：

> 我们需要更多的样本，非常非常多……我们现在是从几千个人的样本，研究他们的少量的遗传基因标记，知道了人类迁移的形态……如果我们能够得到一万人的样本，就会在几年之内拿出更多的报告。世界65亿人，一万个人的数字也不大……我希望制造更大的双筒望远镜看看外太空。我需要的样本至少应该增加一个数量级，10万人或更多人，才能找到关于我们的过去的更多疑问的答案。我们必须有这样一个遗传学的大型望远镜，才有能力识别出人类历史上那些细微难辨的迁移踪迹，这里面有太多有趣的故事……

那一天，韦尔斯和麦凯两人都没有顾上前往各自原定的约会，他俩的脑海里翻腾出来一堆几乎难以置信、但又令人着迷的新思路。随后的几个月里，在国家地理协会的主导下，各个有关方面草拟出一份令人激动的科学冒险计划。这项工作第一次用同样的技术手段，同步的时间框架，同等的伦理方法学，进行了一项正确的科学工程。

简·古多尔（Jane Goodall，1934—），英国动物行为学家，人类学家，2004年获得大英帝国勋章。她在坦桑尼亚研究黑猩猩长达45年，了解了黑猩猩的很多秘密——这些成果非常有助于揭示人类起源的各种秘密。现为联合国和平使者

过去，《国家地理》支持过很多项目，路易斯·李基（Louis Leakey）夫妇（理查德·李基的父母）的非洲古人类考古、简·古多尔（Jane Goodall）的黑猩猩研究、打捞沉没在大西洋海底的"泰坦尼克号"……都得到了《国家地理》的支持。

这项基因图谱工程交织着多种学科及其成果元素。考古学、人类学、生物学、遗传学、气候学、

地理学、天文学……各个行业都进入了这项工程，大家要合力采集计算分析人类群体和个体的五彩缤纷的多样性和多态性，解答人类最近6万—15万年旅程和其他疑问……人类走出非洲之后的旅程，是我们人类这一物种的史诗巨著，这部天书人力无法读懂，现有的电脑软件和硬件无法胜任。考古学数据、人类学数据、语言学数据等二类数据库的数据同样浩若烟海、错综复杂，相互之间又盘根错节……这是一场多学科的大合唱，需要一支拥有巨大计算能力的交响乐队……于是，拥有一个计算生物学团队的IBM也加入了这一工程。

2005年，基因图谱工程经过大量细节的仔细论证和认真规划之后，宣布正式启动。这项工程计划（后来的发展远远超出了原定的计划）5年内采集10万人类DNA样本，预算4 000万美元，亦即平均每个样本400美元。

因为收集的人类DNA样本越多越好，于是，这个计划向尽可能多的人群开放，包括那些背景复杂、遗传形态极其难以识别的群体。任何愿意了解自己DNA的人都可以购买一套自我检测套件——基因图谱工程公众参与套件（Genographic Project Public Participation Kit），把受检者引人入胜的DNA故事加入工程设立在世界各地的11个收集检测中心，最后，所有数据通过互联网进入数据库汇总分析计算。

2007年，DNA样本达到17万个，仅仅两年就突破原定计划。

美国生物学家斯宾塞·韦尔斯（Spencer Wells，1969—），1994年哈佛大学博士，1998年斯坦福大学博士后，2000年英国牛津大学博士后。2002年出版《人的旅程》，成为公众人物。2003年与国家地理协会合作电视科普节目《人的旅程》。2005年成为基因图谱工程（Genographic Project）的主任

2012年，DNA样本超过52万个；2014年，DNA样本超过69万个。全球参与者每天都在增长。

基因图谱工程只关心每一次DNA复制中出现了哪些差错，然后从这些差错的对比中，寻找我们人类最近十几万年的旅程。所以需要大量的样本，以便对比出更多的差异，从差异的对比中寻找历史。这似乎有些像中世纪的修道院，人们认认真真地抄写宗教文献，经过修道院长的审核，纠正大部分错误，然后把全部文件卷起来，放进文件柜保存。这项抄写工作同样非常虔诚和认真，但是难免出现抄写的错误，一旦留下几个抄写错误，这种错误也就世世代代流传下去了。

在DNA的复制中，有一些酶专门负责纠正DNA复制中的错误，虽然这些酶像修道院长一样，纠正了大部分错误，但也难免留下几个错误，这些错误也世世代代流传下去了。这种错误叫作突变（mutations），发生的速率不高，大约10亿次复制中出现50个。这种突变成为进化过程中的基本建材：变异。世界上的人都是互不相同的，变异的多

样性和多态性令人难以置信，但是我们仍然属于一个物种，只是在过去十几万年的某些时间点位，我们出现了各种突变。

这些变异使人类学家长期误入歧途：根据肤色、头发和骨骼等变异，他们仔细地把人分成不同的物种或种族。直到1962年，人类学权威、美国体质人类学会会长库恩（Carleton Coon，1904—1981）在《种族起源》（*The Origin of Races*）中还把人类分为五大种族和很多亚类。他们的方法不过是远古希腊形态学（morphology）的延续。

人类外观形态差异的真实原因是遗传变异。演化为不同的物种需要漫长的时间，我们走出非洲仅仅六万年，经历大约2 000代人，这么短的时间里不可能演化成不同的物种，我们都是远房的亲戚。如果我们把137亿年的宇宙历史视为一年的365天，人类历史只有几秒钟。所以，现代人在各地域的差异，属于地理种的概念。

壮观的银河系

单倍群编码

法国大革命前夕，经济历史学家大卫·兰德斯（David Landes）的研究证实，当时法国农民的状况与两千年前的罗马帝国时代差别不大，亦即与公元前59年恺撒征服高卢时代差别不大，耕作，缴税，生活艰难，卫生保健和医疗条件有限，身高和预期寿命等也与罗马帝国时代差别不大。法国农民活动范围也是区域性的。

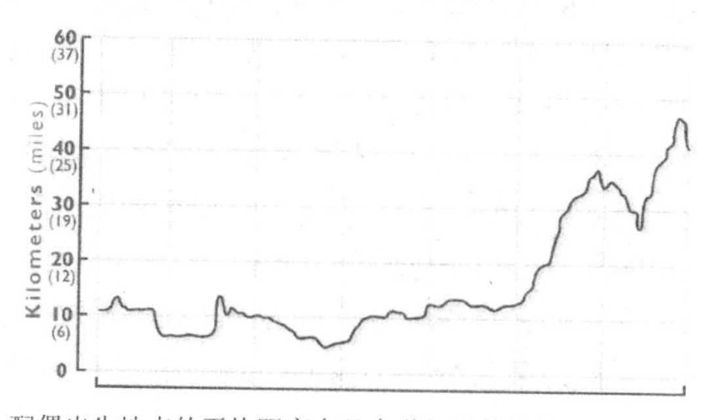

配偶出生地点的平均距离在几个世纪里的增长

人口学家（Demographers）主要研究出生、婚姻和死亡等信息，根据法国教会的记录数据，18世纪的法国，配偶的出生地点之间的距离只有几千米，说明当时法国农民很少旅行。直到19—20世纪的产业革命之后才出现变化，所以产业革命又被称为机动力革命（mobility revolution）。

法国大革命之前，一大半法国人不说法语，而是说各地的语言。也就是说，一大半法国臣民的语言与路易十六和他的朝廷在巴黎说的法语完全不同。缺乏机动力的时代，语言也是相对封闭的。几百年甚至几千年里，人们互不交流，经过若干代之后，地理惰性形成互不相同的语言。在这种长期停滞的社会里，人们的婚姻对象往往局限在自己村庄的几百个人里，也许就是自己的邻居……最后，不知不觉中，一个区域内的亲属关系越来越复杂，人们互相之间形成盘根错节的亲属网络关系，很多人拥有相同的遗传形态。

欧洲的王室家族的近亲婚姻，最典型的例子是哈布斯堡王朝（House of Habsburg）。这个王朝是欧洲历史上最有权势的王朝，起源于奥地利、匈牙利，他们通过婚姻关系扩大政治联盟。哈布斯堡王朝的鼎盛时代几乎联姻到了欧洲的每一个王室，使得16—18世纪的欧洲王室之间的血缘关系极其接近，遗传学效果使他们几乎成为一个"小村庄"。这个王朝不仅一代又一代地遗传财富和权势，也遗传基因标记和各种生理缺陷。按照遗传学意义，这个王朝最后变为同系交配或同族交配（endogamous），越来越差的王室后代正是哈布斯堡王朝最后土崩瓦解的重要原因之一。

性的遗传是为了优秀的后代。研究遗传的道理，一点也不复杂。性染色体Y上的变化很少，因为Y染色体始终是"孤独"的，不参与卵子与精子的重组：要么Y被丢弃，X与X结合成为一个女孩胚胎；要么Y与X结合，成为一个男孩胚胎。所以Y染色体成为我们追寻先祖的不可多得的机会。

提取DNA很简单，因为DNA溶于盐水。首先把样本（细胞）加入盐水，用离心机把其他蛋白质和细胞膜等分离出来，脱水干燥之后的DNA是晶体结构。然后加入100%的酒精，再用离心机分离，重复多次以后，试管底部只剩下DNA。

第二步则比较难办。基因组约30亿个核苷酸，应该阅读哪一部分？基因组的测序需要大型实验室和巨型电脑，我们只能对比分析其中很小一部分，即使在这个微小的部分，每个人99.9%以上的基因序列都是相同的，每一个人都和其他人的差别不到1/1000，只有科学家才知道在哪些地方寻找和对比差异。这些差异的发生概率也很低，也就是说，如果你和某一个人携带同一个基因标记，你肯定在过去的某一时间点与这个人拥有同一个祖先。

遗传学家的办法是隔绝某一区位，再放大这个区位（多次复制），然后观察这个区位的某几个点的变异。这个过程叫作聚合酶链式反应（polymerase chain reaction，PCR）。这个过程，就像我们复印了很多份文件，但是却只专门观察其中的一句话，观察这句话里的每一个单词的变化：是否A变成T，或C变成G？

如果一批样本中有十几个或更多的变化被同时确认，这些样本就属于一个特定的单倍群（haplogroup）。每一个人都可以归纳进某一个单倍群。单倍群是十几个或更多的变异同时遗传的。斯坦福大学团队发现的定义单倍群的标记突变通常用M（Marker）表示，例如，M9或M60表示第9个和第60个发现的突变。又如，M130就是在Y染色体的位置上，发现一个C变成了一个T。正是这些基因标记，使得我们知道了这个单倍群（氏族）与另一个单倍群（氏族）之间的关系。

基因图谱工程的科学目标，正是解读全球人类的多样性形态。其他团队也各有字母标号，如复旦团队的F。

基因图谱工程并不指望找到每一个人的先祖谱系，而是查清每一个群体的起源。最理想的样本来自世界各地的原住民，若干世纪迁移很少的原始居民的样本。这种方法类似遗传人类学（Genetic anthropology），但是考察对象是群体。从某种意义上说，基因图谱工程类似对图腾的研究，或者对印第安部落羽毛头饰的研究。这种数据库，只能使每一个人找到自己原来属于哪一个群体——时空穿梭是不可能的。换句话说，基因图谱工程要找到地球上所有现存的人类主要遗传血统。历史上的每一个谜团，随着工程的进展必定水落石出。

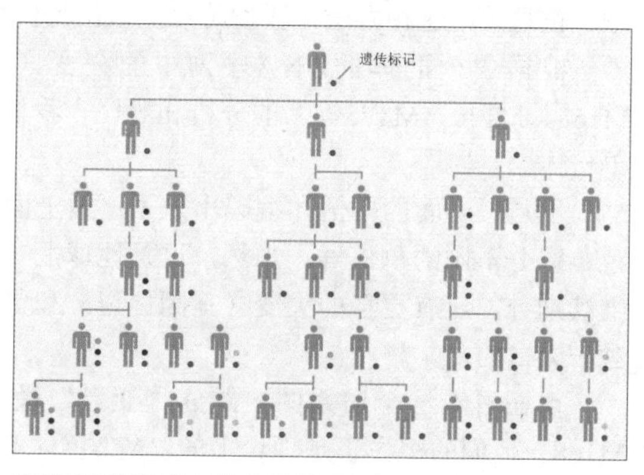

当基因标记连续几代出现的时候，这些基因标记就产生了一个新的血统，并由后代继续传承下去

那么，这些单倍群是怎么编制出来的？

现在基因研究早已跨越人工观测对比X射线照片，而是全部利用电脑检测出来。

简单地说，人们利用DNA的聚合酶（polymerase），复制一大批不完整的DNA片段，再用不同的颜色在自动的测序仪器上显示出来。我们以对TCCATGGACCA的测序为例（如右图）：我们使用双脱氧核苷酸（dideoxynucleotides）来复制这个DNA片段的4个碱基。每个碱基（核苷酸）用一种颜色标注：A=绿色，C=蓝色，G=黑色，T=红色。

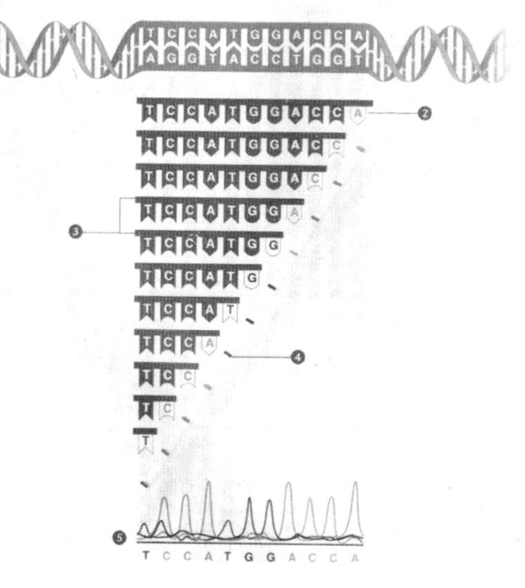

DNA的二代测序过程

DNA聚合酶把这个DNA片段作为模板来合成一个新的DNA的链。在合成这个新的DNA的链时，每添加一个核苷酸，反应停止一次，然后再添加下一个核苷酸（碱基）。在整个反应都停止时，我们得到的混合物中就产生了很多原先存在于那一个原始DNA模板（即被测序的DNA片段）中的不完整的复制片段。然后，我们通过电泳法，把这些复制的片段按照长度分类。每一类不同DNA的链条都有同样数量的双脱氧核苷酸（碱基），每一类片段的颜色都不一样。最后，我们用仪器和电脑检测、记录这些片段的颜色。按照长度不同，显示的颜色的顺序就是原始的模板DNA（即被测序的DNA片段）的顺序。

这个办法是几个诺贝尔奖获得者发明和逐步改进的，这里只是介绍简单的原理。正是采用这种办法，我们可以测试出每一个人的DNA的序列。

根据各个群体的DNA序列中的突变（编成不同代码的基因标记，例如M168、M130、M175等）的分析和对比，我们把人类分门别类，划分归纳成不同单倍体。

于是，下面的单倍体编码出来了：最上面是基因标记编码，下面用不同的颜色，区分不同的单倍群。当然，这是地球上70亿人口的单倍群。按照同样的方法继续细分，还有更多的突变（基因标记）和更详细的单倍群，70亿人每一个都是独一无二的。

现在看看这个谱系图：距离“亚当”最近的后裔是三个人：M91、M60和M168。他们的祖先正是理论上的“Y染色体亚当”。他们三个人是所有现存的70亿人的祖先。其中M91、M60两个人的后裔始终全部留在非洲，即单倍群A和B。只有M168一个人的后裔走出非洲成为世界上所有“非非洲人”的祖先。包括大洋洲、欧洲、亚洲、北美洲、南美洲。当然，M168也有后裔留在非洲。

M168又被称为“欧亚大陆亚当”（Eurasian Adam）或“走出非洲亚当”（Out of Africe Adam），这个男人的Y染色体突变发生的时间为6万—7.9万年前，地点在东非的埃塞俄比亚—苏丹一带。我们不知道M168是什么人，有些学者认为他“可能是一夫多妻制度下的一位酋长”。走出非洲的男性并非只有M168的后裔，但是M168是迄今为止唯一没有断绝的男性Y染色体血统。

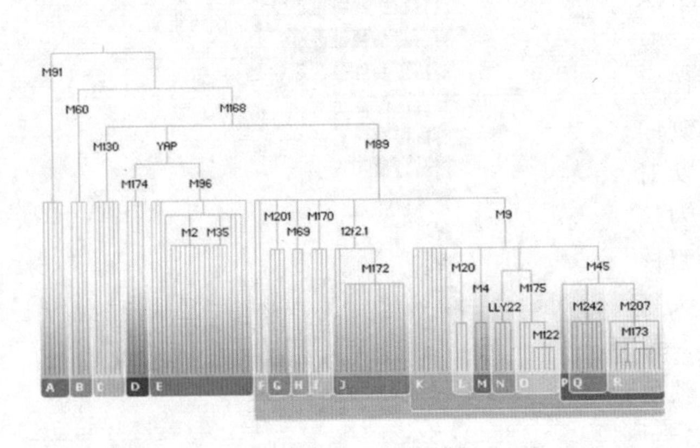

基因图谱工程采用的单倍群编码。图片来源：美国国家地理协会

M168重要的后裔也有3个人，即M130、YAP和M89。约6万年前，第

一批走出非洲的人类是M168的后裔M130。一部分M130沿着海岸线一直走到澳大利亚，还有一些M130留在印度次大陆—东南亚地区，他们继续北上进入亚洲的东部，即青藏高原—中国内地—蒙古—韩国—日本等地，还有一些人进入了北美洲。

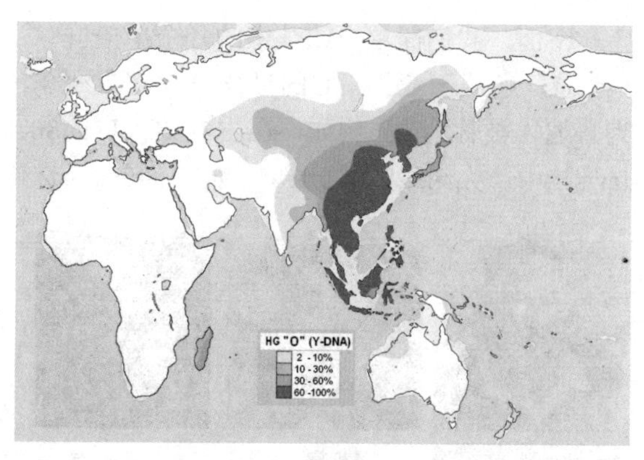

O单倍群分布：冰河期巅峰时期，印尼诸岛—东南亚—东亚—日本列岛连为一体，只有澳大利亚是分离的

约6万年前（范围5.91万—6.83万年前），YAP出现了。YAP的后代现在分布在非洲—中东—亚洲各地，在非洲之外的部分数量不大，范围很广。在历史上的某个时期，不知道什么原因，这些血统在亚洲的西部、中部、南部地区灭绝了。

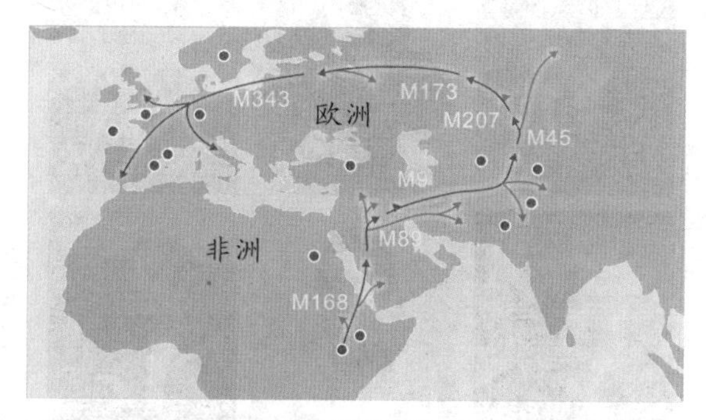

克罗马农人进入欧洲的路线也很清晰：M168-M89-M9-M45-M207-M173-M343

约4.8万年前（范围3.87万—5.57万年前），M168的最大的一个后裔血统M89出现在非洲，现在世界上大约90%的“非非洲人”都是这位M89的后裔。M9是M89的后裔，他的后裔M175（O单倍群，上图）在东南亚—亚洲东部的比例为80%—90%。也就是说，大部分东南亚国家、中国、韩国、日本的人类都是M175的后裔。

突变	时间	地点	备注
M168	5万	非洲	人数约1万人
M89	4.5万	北非，中东	第二波规模迁移的起始
M9	4万	亚洲中部	跨越兴都库什山脉，开始长达3万年的大迁移
M45	3.5万	亚洲中部	进入欧亚干草原，人数约10万人
M207	3万	亚洲中部	冰原扩大到欧洲和欧亚大陆西边
M173	3万	亚洲中部	首批进入欧洲的人类，开始使用骨器、象牙等
M343	3万	欧洲西部	克罗马农人（Cro-magnon），2万年前冰河期巅峰时期退避到欧洲南部，留下大批洞穴艺术。约1.2万年前冰河消退后，再次殖民欧洲北部：从英伦三岛到斯堪的纳维亚半岛等地

下面，我们简单介绍其中的几个单倍群。

U，起源于亚洲。U的进化分支已发现8个：U1-U8。其中U8的后裔发展最为普遍，被称为K。例如，在占犹太人口的80%的阿什肯纳兹犹太人（Ashkenazi Jews）中，大约32%属于K单倍群下面的3个进化分支。

阿什肯纳兹犹太人（Ashkenazi Jews），名称Ashkenazi来自《圣经》“创世记”第10章第3节中的人名，起源于中东，在11世纪约占世界犹太人的总人口的3%，1931年占世界犹太人口的92%，现在约占世界犹太人口的80%。左图人物依从上至下、从左至右排列，依次为：

Moses Isserles：犹太法典《哈拉卡》（Halakha）创建者

Vilna Gaon：多部犹太法典的创建者

Heinrich Heine（海涅），19世纪著名诗人和文学家

Sigmund Freud（弗洛伊德），精神分析学之父

Theodor Herzl（赫茨尔），锡安主义之父，最终建立以色列国家

Gustav Mahler（马勒），交响乐作曲家，指挥，音乐家

Albert Einstein（爱因斯坦），理论物理学家，现代物理之父

Emmy Noether（诺特），著名数学家

Lise Meitner（迈特纳），物理学家，第一个解释核裂变的人

Franz Kafka（卡夫卡），20世纪最伟大的文学家之一

Golda Meir（梅厄夫人），以色列国创建者之一，第四任总理

George Gershwin（格什温），作曲家，38岁去世

现在仍然不清楚，为什么有的单倍体的频率非常高，有的很低。根据蛋白类型和所在位置，这些单倍群的后裔，可以继续分为更多的类型。

这是一个令人震惊的结果。U单倍群的多样性累积时间超过五万年，难道U、H、T和V四个氏族比第一批农民J氏族更早来到欧洲吗？

J氏族是大约8 000年前来到欧洲的，绝大部分欧洲女性的线粒体DNA属于H和T两个单倍群及其进化分支的后裔，她们是自愿放弃狩猎采集的生活方式，接受农业的吗？

根据男性Y染色体的分析计算，证实确实如此。大部分欧洲人的先祖在5万—

3万年前进入欧洲，他们在严酷的冰河时期，不得不退缩到欧洲的南部。

线粒体DNA和Y染色体的分析结果非常接近。80%的欧洲血统，从非洲—中东—亚洲的干草原进入欧洲地区，他们原来是狩猎采集群体，已经驯化了马。但是，在最后一次冰河期的巅峰时期，1.6万年前，北欧成为冰原地带，英伦三岛也和欧洲大陆连成一体。严酷的气候使此时的欧洲人不得不退缩到南部的“避难地”（Refugia，残遗物种躲避生态变化的区域）。这三个地区是欧洲多样性最丰富的地区，它们是伊比利亚半岛、意大利、巴尔干。这里植物和动物的DNA多样性分布形态，也从另一方面证实了这三个避难区域的存在。

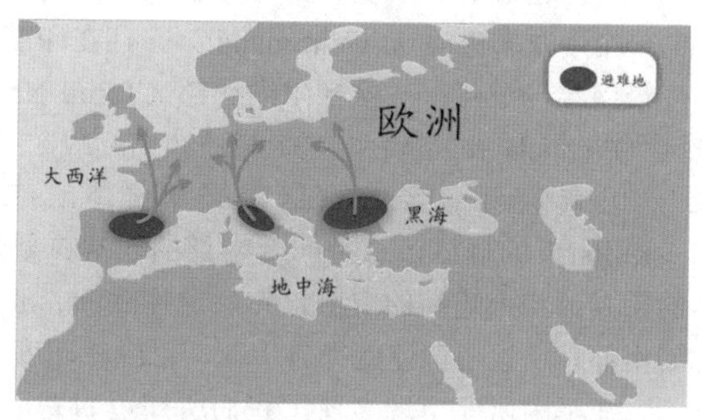

冰河时期的史前人类生活在温暖的欧洲南部的避难地（Refugia），并留下大量洞穴艺术，这三个避难地成为欧洲再次殖民的新舞台

其他的人属生物，则在冰河期的欧洲灭绝了。它们最后的日子非常艰难，在已经发现的尼安德特人的骨头上，几乎都发现了被石器砍削的痕迹——它们互相吃掉了对方，至少可能吃掉了同类的尸体。

但现代人却有了完全不同的生活。现代人类的特点是强大的免疫系统、宗教和艺术。世界所有的群体都自发产生了宗教，宗教使人类结成大的群体互相帮助，群体人数远远超过其他灭绝的类人生物。即使在严酷的冰河时代，人类在欧洲也留下了几百个绘制了大量绘画的洞穴，在非洲、澳大利亚、南北美洲也发现了各种岩石壁画艺术，达尔文的“有艺术的地方，就有人类”成为一个考古的规律。

狩猎采集时代的世界总人口，估计仅仅只有几百万人，但是已经散布在全球每一个角落。也就是说，假设新石器革命时的世界人口是300万人，世界陆地面积约1.49亿平方千米，计算的结果就是当时人均土地50平方千米。

当时的地中海沿岸地区的人口，超过了世界其他地区人口的总和。冰河时代的寒冷从未抵达地中海，尤其是地中海南部的中东、北非。

冰河期结束后，人类从欧洲南部的避难地再次向整个欧洲殖民，他们不仅狩猎，还采集更多的草类种子作为食物，其中最著名的是源自卡拉卡山区（Karaca Mountains）的一种草，名字叫作小麦。

虽然我们仍然不清楚细节，但是，原先的欧洲狩猎采集群体与中东的农业群体完全混血和融合了，前者的频率约占80%，后者的频率约占20%，农业成为一种文化现象出现在欧洲。

气候决定人类的兴衰。基因生物技术的这一发现，推动人类开始高度重视全球气候变暖这一世界性问题。

印度海岸的秘密

基因图谱工程印度中心主任拉马萨米·皮特查潘（Ramasamy Pitchappan）教授的一个朋友韦鲁曼迪（Virumandi），住在印度南部的一个小村庄里。这里属于印度最南端一个邦——泰米尔纳德邦（Tamil Nadu）的32个行政区之一的皮拉马来区（Piramalai region），这个村庄距离行政区的首府马杜莱（Madurai）不远。

皮特查潘曾经来到这里采集样本。韦鲁曼迪的村庄属于名叫卡拉尔（Kallar）的群体，这是印度南部的非常典型的遗传形态。人类在中亚开发出新的工具，穿上暖和的衣服，然后前往欧洲、亚洲其他地区和美洲，并且来到印度的南部。卡拉尔群体就来自中亚，已经在印度南部生活了几千年。

在基因研究出现之前，我们所知道的先祖的大部分故事，都是从史前遗物推断出来的，例如各种石器和陶罐，我们还可以从这些人造的器物分析制造者的心理。人类的软组织最多保存几千年，所以，遗骸和人造器物成为仅剩的证据。

我们的先祖还留下一种物证——在岩石上刻画的图画。人属生物可以制造石器工具，但艺术的唯一创造者却是现代人类。

达尔文在澳大利亚的金伯利（Kimberley）第一次发现了岩石绘画。这些艺术无疑是人类的创造，只是不知道时间。后来澳大利亚从北到南都发现了岩石绘画。进入现代之后，研究者对达尔文在金伯利发现的岩石绘画进行了碳14测定，时间显示为1.7万年。后来，在澳大利亚发现了4.5万—5万年前的人类遗骸。

现在的澳大利亚土著到底是直立人进化来的，还是从非洲出来的智人？这些疑问曾经争论多年。

考古发现无法解释澳大利亚土著的来源，只有韦鲁曼迪和他的卡拉尔群体携带的DNA可以解开这个谜团。在印度南部采集的基因样本显示出卡拉尔群体与澳大利亚土著之间非常清晰的遗传关系：澳大利亚土著不是直立人的后裔，属于现代人类。

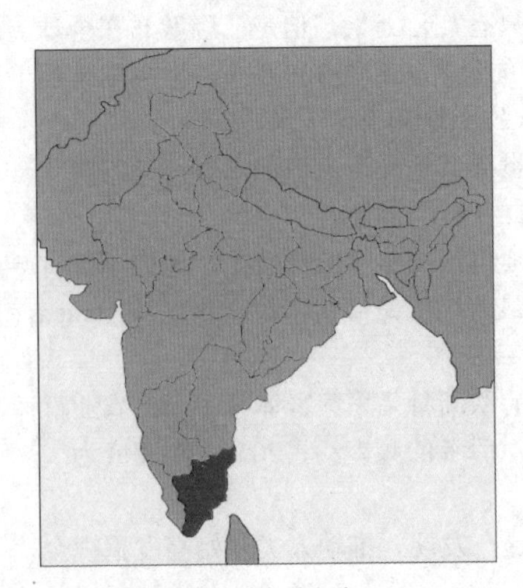
韦鲁曼迪的村庄在印度最南端

第一个DNA证据，正是来自这位大学里的图书管理员韦鲁曼迪。他的一个基因标记名叫RPS4Y，这个缩写名称的全称是Ribsomal Protein S4 on the Y chromosome（Y染色体上的核糖体蛋白质S4）。这个RPS4Y，现在简称M130：Y染色体上发现的第130个基因标记。在印度南部的人群中，M130的频率仅约为5%，包括卡拉尔群体（Kallar）。但是在澳大利亚土著中，M130却成为主导标记，超过50%。在东南亚约为20%。在印度的北部地区也发现了M130。

第一批人类在离开非洲之后，沿着印度南部的海岸南下，可能仅仅花费了几千年的时间就来到东南亚—澳大利亚。

韦鲁曼迪所属的这个皮拉马来的卡拉尔群体（Piramalai Kallar）的历史极为古老，携带着非常重要的遗传线索，他们和澳大利亚土著都是C单倍群的后裔。这个M130继续迁移，在中亚—蒙古地区形成一个后裔单倍群C3，C3单倍群继续前进，最后来到了北美洲。也就是说，走出非洲的第一批现代人类，一部分人来到澳大利亚和印度，另外一部分继续向内陆地区迁移，从东南亚逐步走向亚洲东部—蒙古地区—北美洲。

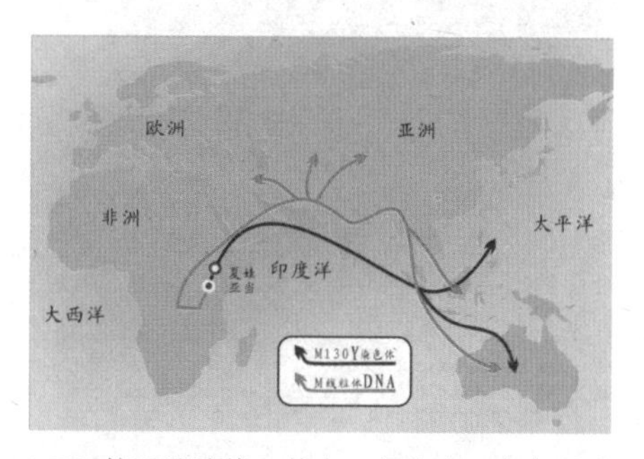

M130的迁移路线，其中一部分人一直走到了中南美洲

5万年前，澳大利亚土著是用双脚从非洲走到澳大利亚的，女性的线粒体DNA也显示出与M130（C单倍群）相似的迁移路线。也就是说，我们的男性先祖和女性先祖，都走到了澳大利亚，还有一些群体继续向前走，最后他们用船只渡过白令海峡，定居在北美洲。

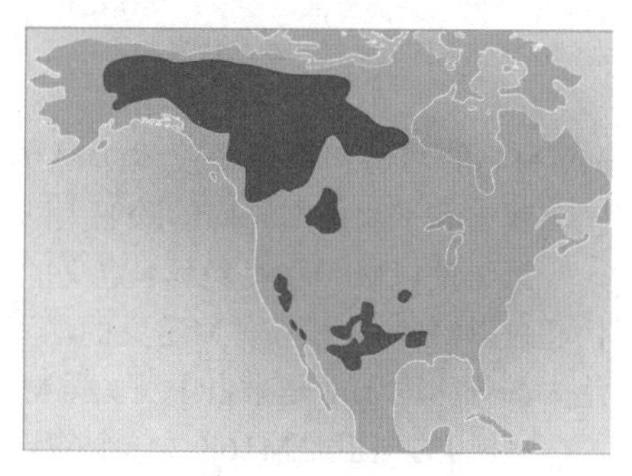
纳—德内语系分布图。中亚—蒙古地区形成的C3血统在北美的纳—德内语系（Na-Dene languages）的人群中频率非常高。纳—德内语系是北美第二大语系。8 000年前，纳—德内语系的C3血统来到北美，当时白令海峡的陆桥再次消失了，所以他们肯定是乘船来到北美的

在这一条迁徙路线上，这一批M130走了整整4万年。

但是，现在欧亚大陆（包括印度）的主导血统不是M130，而是后来来自中亚的M89的后裔。M89的后裔占非非洲人的Y染色体和线粒体DNA的一大半以上，M89的后裔走出非洲的时间比沿着海岸线迁移的第一批移民M130的时间稍晚，大约在4.5万年前。

美国神经生物学家，多产的威廉姆·加尔文（William Calvin）出版了十几本著作，他的研究认为，撒哈拉地区的气候变化和沙漠的扩大的综合效应就像一个巨大的泵，非洲和中东地区的人类和动物都被一批一批地抽走了。

美国神经生物学家威廉姆·加尔文（William Calvin，1939—）

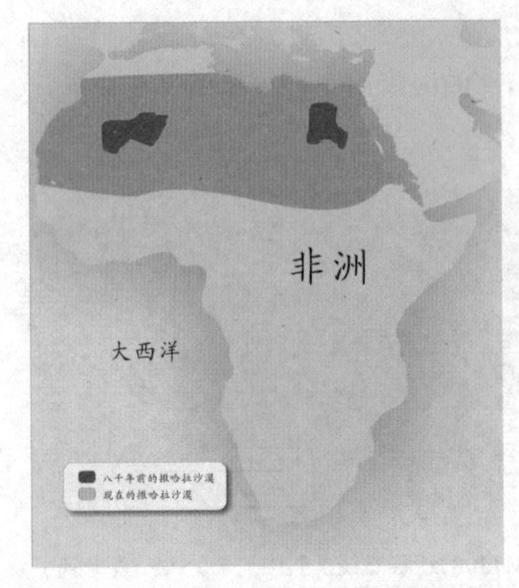

约8 000年前的撒哈拉，沙漠缩减到两块。当时的撒哈拉并非全部是沙漠，气候比较湿润。这一地区的气候波动起伏很大

这就是一波又一波的人类和动物迁移不断重演的原因。在这个“撒哈拉泵吸效应”（Sahara pump theory）发生作用时，北半球大部分男性的先祖——M89出现了。陪伴这位M89的女性线粒体DNA是氏族N，他们在大约6万年前离开了非洲。这是人类第一次大规模移民进入中东。

约12万年前，现代人首次进入中东，但是，约8万年前却全部消失了：他们没有走出非洲。

约6万年前，人类第一次大规模移民中东，M130的一批后裔很快来到澳大利亚。

约5万年前，人类第二次大规模移民中东，M89的后裔在广袤的欧亚干草原上迅速散播开来。基因形态显示，携带M89-M9-M45的男性和携带线粒体DNA单倍群N的女性，可能仅仅用了大约一万年时间，就布满了北极圈以南的欧亚大陆—印度次大陆—亚洲东部等地。

第二批以M89和线粒体N定义的欧亚氏族（又称内陆氏族）占领的区域，很快超过以M130和线粒体M定义的沿海岸线走出非洲的氏族占领的区域，现在几乎绝大部分印度人都是来自中亚大陆M89的后裔，只有少数是M130的后裔。

M130的先祖是M168，一个6万—7.9万年前出生在非洲东北部的男人，他是走到印度—澳大利亚的第一批M130移民的先祖。在M130走出非洲几千年后，M168的孙子的孙子的孙子的孙子……建立了M89血统，再次离开非洲来到中东，向世界扩散。

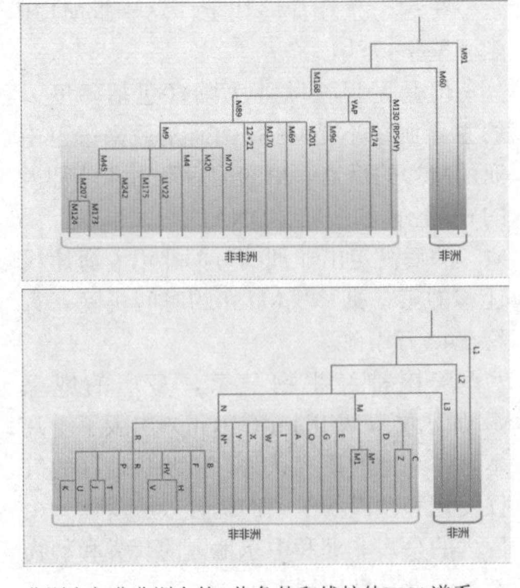

非洲人与非非洲人的Y染色体和线粒体DNA谱系

女性方面全部起源于6万年前的L3a血统，这个血统大体上伴随着M168的后裔。L3a血统先后又诞生了M和N两大分支，M伴随着约6万年前的M130，N伴随着约5万年前M9-M45-M89（注：这里的时间都是大概的时间）。

欧亚大陆的“亚当”和“夏娃”是M168和L3a。所以，他们又被称为“欧亚亚当”（Eurasian

Adam）和“欧亚夏娃”（Eurasian Eve）：欧洲—亚洲—澳大利亚—美洲大陆的每一个人，都可以从一代又一代先祖，找到父系Ml68和母系L3a。他们的后裔占全世界人口的85%以上，这些人都被称为“非非洲人”。上图的谱系树中，Ml68和L3a是非洲以外仅有的血统，其他的人类血统都在非洲大陆以内。现在，我们看看“人类摇篮”非洲的遗传形态。

人类的摇篮——东非大裂谷

东非大裂谷（Great Rift Valley）位于非洲东部，形成于800万—1 000万年前。宽度30—100千米，总长度超过6 000千米，超过100米落差的悬崖随处可见。

这里是人类的摇篮，出土了各种类人猿化石：埃塞俄比亚出土的320万年前的南方古猿露西（Lucy）被列入世界文化遗产，世界最早的现代人类化石全部出土于埃塞俄比亚—肯尼亚地区，坦桑尼亚现在有120个民族，说着120种完全不同的语言……苏丹—埃塞俄比亚—肯尼亚—坦桑尼亚地区的人类多样性是世界上最丰富的地区。

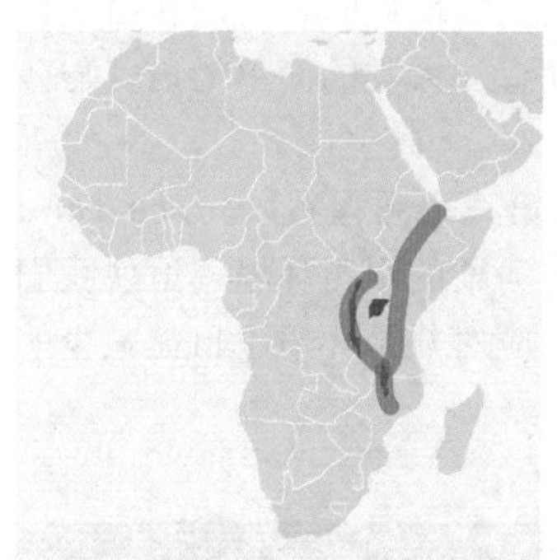
东非大裂谷的位置

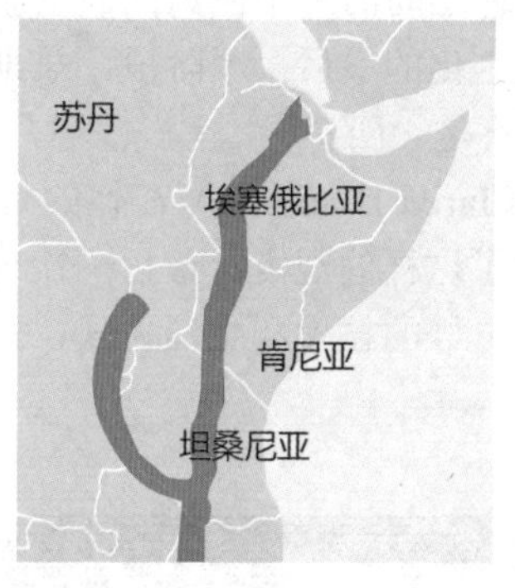

大裂谷所在主要国家

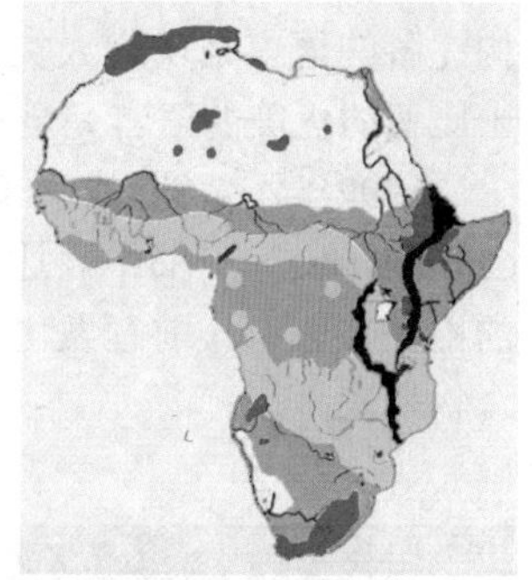
非洲森林的世界遗产

桑人（San）和哈扎人（Hadza）是最接近人类共同先祖的群体。桑人（A单倍群），目前有大约9万人；哈扎人（B单倍群），目前仅剩约1 000人。

哈扎人至今仍然是一个纯粹的狩猎采集群体。坦桑尼亚政府为了让哈扎人融入现代社会，设计实施了多种计划。很多哈扎人在孩童时代就被送进附近的小学接受教育，政府还不允许他们说哈扎语。但是，所有帮助他们转变为定居生活的努力都失败了。

哈扎人喜欢沿袭5万年前共同祖先留下的生活方式。他们捕杀猎物、采集植物种子、搜集天然水源，对现代的城市生活熟视无睹。仅仅在大约1万年前，全世界的人类还在使用这种生活方式。但是现在，世界上纯粹的狩猎采集群体在非洲、亚洲、澳大利亚和美洲都已经不多了，总人数大约只剩几万人。如果各国政府加强限制，这个数字还会减少。但是，哈扎人的狩猎采集生活方式至今依然非常成功和适合当地环境。

哈扎人的语言非常独特，也相当复杂：包括100多个不同的辅音，远远超过简单的英语，与哈扎人沟通相当困难。

左起：哈扎人的少年、妇女和男人

语言是人类的一个特点。虽然有的鸟类和鲸也能发出声音，但只有人类发展出了复杂的发音表达思想，人类的面部、嘴部和喉部的100多块肌肉参与了语言的表达。经过长期训练的黑猩猩也可以含糊地表达两个单词，如“吃香蕉”“走出去”。但是，黑猩猩完全无法组成一个有语法结构的句子。

语言是人类和其他物种之间的一个巨大的断层。完全现代的、句法和语法结构完备的语言是现代人类进化的最后一个阶段，早期直立人类的简单的语言与莎士比亚的优美的语言完全不是一回事。

1992年，贾德·戴蒙（Jared Diamond）在他的《第三个黑猩猩》（*The Third Chimpanzee*）一书中表达了这样的观点：最后一次冰河期的艰苦环境，迫使我们的祖先在五万年前开发出更好的技术和生活方式，以应对热带环境下日益减少的食物资源。

恩戈罗恩戈罗火山口（Ngorongoro Crater），哈扎人的故乡

根据遗传数据估算，这段时期，我们的先祖人数缩减到大约2 000人。当时的人类濒临灭绝。这一时期找到的考古证据也非常少。我们人类的进化，从长期的四处游猎转而进入一个前所未有的文化过渡阶段——语言出现了。

历史上的一系列复杂事件的解释，有时其实非常简单。

语言，这一全新能力的诞生，给人类带来无数巨大的优势——5万年前，无论是在森林里采摘多汁的水果，还是在草原上捕杀美味的猎物，人类都可以利用语言更好地达成目的。

人类语言的多样性令人难以置信。即使是发展到今天各种语言消失了一大半后，剩余的语言依然超过6 000种。

出现语言之后，人类摆脱了可怕的困境，从人口的缩减走向繁育兴旺和开始扩张，从故乡的非洲走向全球的所有大洲……直至成为地球的主人。所有这一切都是语言出现突然变化之后很短时间里发生的故事，我们都是这个充满勃勃生机的小群体的后裔。

朱利叶斯（Julius）是一个哈扎人部落的头人，居住在东非大裂谷的旁边。哈扎人是世界上最稀有的族群之一，朱利叶斯的部落只有20多人。

贾德·戴蒙（Jared Diamond，1937—），美国加洲大学洛杉矶分校UCLA教授，进化生物学家、生理学家、生物地理学家、非小说类作家，他的科普系列作品对世界影响巨大，1992—2006年多次获得欧美日各项奖赏。最著名的作品包括：《第三个黑猩猩——人类动物的演化和未来》（*The Third Chimpanzee: The Evolution and Future of the Human Animal*）、《枪，微生物和钢铁——人类社会的命运》（*Guns, Germs, and Steel: The Fates of Human Societies*）、《崩溃：社会如何选择失败与成功》（*Collapse: How Societies Choose to Fail or Succeed*）等

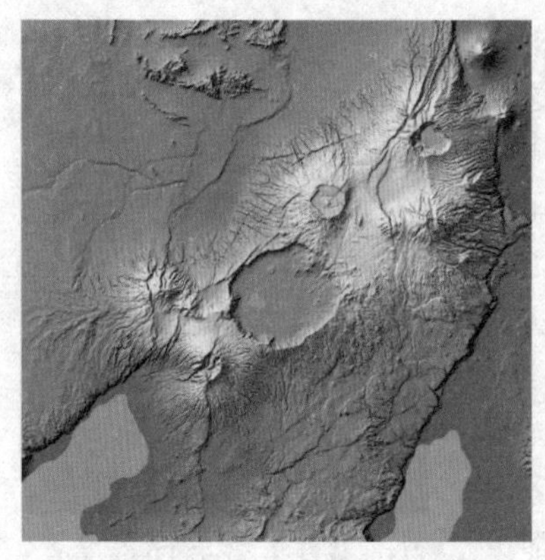

位于坦桑尼亚的恩戈罗恩戈罗保护区（Ngorongoro Conservation Area）是联合国复合遗产。中间恩戈罗恩戈罗火山口（Ngorongoro Crater），是哈扎人生活的地区。这一带处于东非大裂谷地带，是现代人类的起源地之一

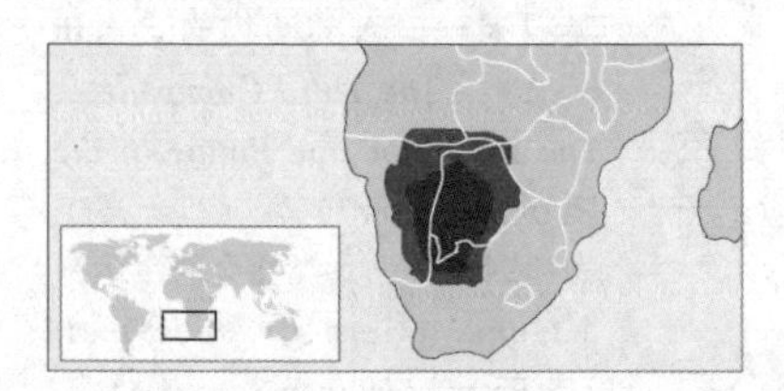

桑人生活的地区——面积250万平方千米的干旱和半干旱卡拉哈里沙漠地区（Kalahari Desert），其中35万平方千米已经成为沙漠

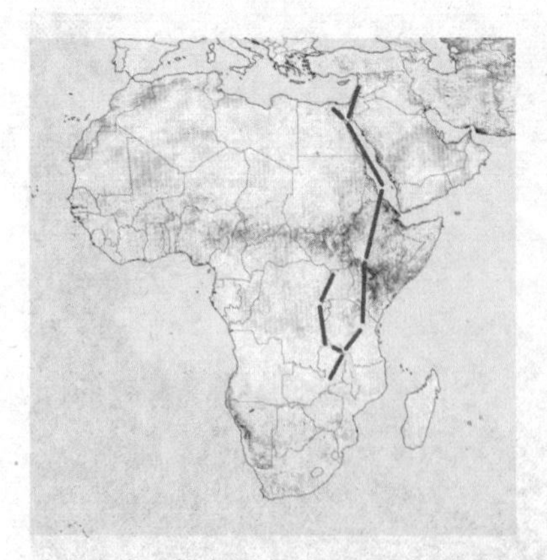

哈扎人生活的东非大裂谷，恩戈罗恩戈罗火山口附近地区

朱利叶斯的部落的生活方式既不是遵守什么人的遗嘱，也不是愿意倒退。这种生活方式在当地的环境下，似乎确实无须改变。哈扎人的生活方式好像是窥探人类先祖的令人惊叹的一扇窗户。

朱利叶斯的基因样本，证实朱利叶斯的祖先居住在非洲很长时间了。事实上，他们的先祖早在现代人类诞生以前就居住在非洲。

朱利叶斯的Y染色体基因标记叫作M60，也就是说，朱利叶斯属于单倍群B——Y染色体谱系树上最深邃的树枝之一，起源于六万年以前，当时冰河期的严寒尚未到来。

2005年4月，朱利叶斯受邀参加了基因图谱工程的启动仪式。朱利叶斯非常乐意与大家分享他的故事。朱利叶斯在纽约处处受到热烈欢迎，美国人仅仅是科学家，朱利叶斯才是真正的遗传VIP。

但是，朱利叶斯所属的哈扎人的单倍群B，还不是最古老的。

起源于埃塞俄比亚—苏丹地区的单倍群A，才是非洲最古老的血统。属于这个最古老的单倍群A的非洲群体，现在分布在非洲的南部，这些群体原先称为布须曼人（Bushmen），现在称为桑人（San）。

桑人的居住区，距离哈扎人所在的东非大裂谷很远。桑人分布在非洲南部的卡拉哈里沙漠（Kalahari Desert）地区。但是，非常有趣的是，卡拉哈里沙漠地区的桑人的语言与东非大裂谷地区的哈扎人的语言非常类似，都有嗒嘴音（click language）。这两种语言被称为“语言化石”。

桑人和哈扎人的多样性是全世界最高的。

斯坦福大学的Alec Knight和Joanna Mountain领导了对哈扎人与桑人的基因研究，研究的结果出乎预料。通过对Y染色体分

布形态的分析计算发现，这两个血统都非常古老，但是又不相同，这两个群体都是人类最古老的血统氏族的后裔。

许多历史的谜团，都在一个一个揭开。

互相综合作用的自然选择、遗传漂变、性选择等理论使得真相越来越清楚。从亚历山大大帝的远征，到成吉思汗子孙的统治，更多的细节都在一一呈现。

我们的先祖不仅非常聪明，而且非常勇敢，他们猎杀狮子，他们攻击猛犸，他们跨过河流和海洋……在5万—6万年前，第一批先祖渡海来到澳大利亚……在大约1.5万年前，他们开始多次进入北美洲……在大约4 000年前，他们占领了太平洋上的几乎每一个岛屿……

留在非洲的人类，则积累了最多的生物多样性和多态性。

非洲多样性太丰富了，最矮的人类群体在非洲，最高的人类群体也在非洲。非洲不同部落氏族间外观差异也很大，因为他们是6万年以上长期进化的幸存者，当然互不相同。

达尔文家族起源于非洲

达尔文16岁进入爱丁堡大学，两年后开始手术课程学习。他的自传中，描述了观看一个男孩做手术时自己忍受的痛苦。在没有麻药的时代，可以想象手术时悲惨的情景和患者的凄惨呼叫。看完这场手术以后，达尔文的胃变得越来越糟糕。

在登上“小猎犬”号远航之后，他的健康开始崩溃。航海开始后他总是晕船，经常躺在船上，除了葡萄干，他什么也吃不下去，他曾为此写信向他的医

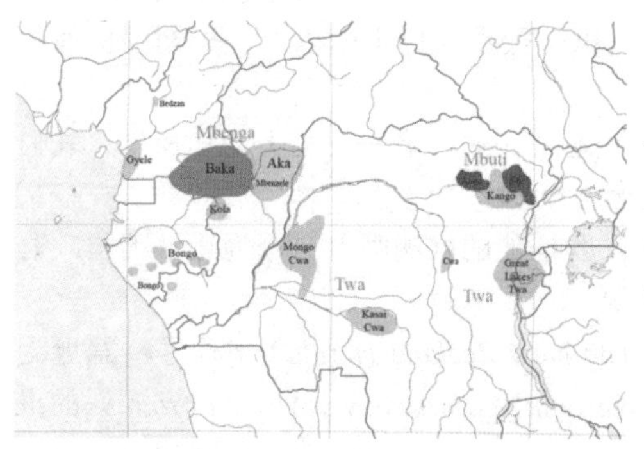

世界最矮的群体俾格米人（Pygmy ）的分布图。这个称呼泛指身高约1.5米的群体，他们适合热带森林里的捕猎生活。俾格米人也存在于亚洲热带地区

世界最高的群体马赛人（Maasai），分布在肯尼亚南部到坦桑尼亚北部。平均身高1.9—2米，3.0—8.0的超常视力超出仪器测量范围

生父亲求救。1836年回到英国之后，他常常昏晕、心动过速、手指麻木、失眠、偏头痛、头昏眼花、罹患湿疹，眼前感到蒙蒙胧胧和出现黑云，他的耳朵也经常出现耳鸣。最糟糕的症状是呕吐，早餐、午餐、晚餐之后都会呕吐。最严重的时候，他一天呕吐20多次，连续呕吐27天。精神方面的疗法只能加重他的胃病，即使作为一个最多产的伟大生物学家，达尔文也对这些症状束手无策。他感叹说："即使我想吃牛排，我也做不到。"

少年达尔文

青年达尔文

这些病症伴随着达尔文的一生。为了健康，达尔文搬到距离伦敦16英里（约25.75千米）的Down House。这样可以避免更多的来访者打扰。他经常给朋友们写信抱怨自己的健康："我的病非常奇怪，没有任何精神上的兴奋，几乎无法与人交谈，所以感觉不到快乐。"与世隔绝并未治愈达尔文，只要写字超过20分钟，他就会觉得身上的什么地方出现刺痛，后来疼痛形式越来越多。

这种病症也成为他的优势。他从未出去授课或演说，由好斗的赫胥黎与教会和其他对手进行辩论。他在家里专心致志地继续他的研究，仔细观察演化的证据，找出了别人没有注意的很多细节。他数过鸽子尾部羽毛的数量，观察过鸽子眼睛颜色的细微差异。无数的演化中间形式被达尔文发现了，自然选择的思想形成了。

达尔文吃过很多药，包括鸦片，都无法缓解他的症状。后来他接受了水疗。经过4个月的水疗，他觉得精神焕发，可以一天步行10千米以上，长期困扰他的失眠也消失了。

达尔文曾经在《人的由来》一书中写道："……还有一种更大的可能性：我们早期的祖先生活在非洲大陆的某一个地方……"

那么，能否检测达尔文本人的基因，验证他的推测呢？至今为止，英国政府始终不同意对达尔文的遗体进行DNA检测。

2010年2月5日，《新西兰先驱》（*The New Zealand Herald*）刊登了一篇题为《达尔文家族DNA的非洲起源》（*Darwin family DNA shows African origin*）的报道。1986年，达尔文的直系后裔克里斯·达尔文（Chris Darwin）移居澳大利亚，居住在悉尼西边的Blue Mountains。2010年，克里斯·达尔文接受人类基因图谱工程的DNA分析，证实达尔文的家族约四万年前走出非洲，路线为中东—中亚—欧洲，最后一次冰河时代辗转进入西班牙，然后北上迁移到英国。

48岁的克里斯·达尔文对人类基因图谱工程非常着迷，他说：“我的生物课考试不及格，所以我可能没有继承查尔斯（达尔文）的科研能力，但是我希望继承了他的好奇心，他总是希望翻过山去，看看山的那边是什么？” 克里斯·达尔文非常高兴他的先祖达尔文的理论再次得到验证。他说：“我们都属于一个大家族，我们应该团结友爱地在一起。”

撒哈拉掩埋的艺术瑰宝

正像所有的博物馆的“古人”形象都曾经误导了我们对先祖形象的认识一样，博物馆里的胡图族非洲人的简陋艺术品，也误导了我们对先祖的艺术水平和高超技艺的认识。事实上，我们的非洲祖先在非洲留下了大量的石刻和岩画艺术，精美程度超过澳大利亚、南北美洲和欧洲的洞穴壁画和石刻。

在基因技术证实人类六万年前走出非洲之后，欧美各国掀起了“寻根”的热潮，建立了很多基金探索非洲。人们甚至在渺无人烟的巨大的撒哈拉沙漠里也发现了史前人类留下的大量“沙漠里的艺术”——埃及艺术、希腊艺术和人类艺术的起源找到了。

迄今为止，仅仅在撒哈拉沙漠地区，人们就已经发现了3万多处史前非洲艺

美国电影《史前一万年》（*10 000 BC*）中的镜头。我们并不知道我们先祖的迁移的真实情景，但是很多电影和绘画艺术都想象过人类先祖的远征迁移，歌颂了我们这个物种追求自由、克服艰险、敢于走向未知世界的大无畏精神

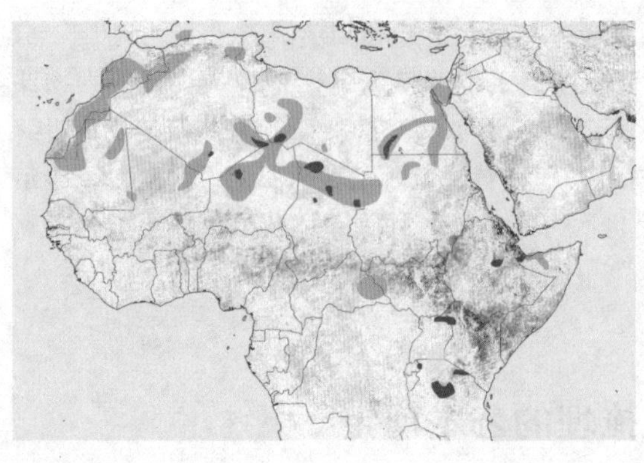

非洲各地的史前艺术分布
淡黄是石刻艺术，深棕是壁画艺术。这个分布图证明非洲先祖的艺术水平

术作品。

让我们一起来看看这幅令人难以置信的《塔萨利女郎》（*Tassili ladies*）。这幅壁画位于联合国世界文化遗产、Tassili n'Ajjer国家公园，描述了放牧女孩们骑牛前行的情景，华丽的服饰和优雅的神情令人叹为观止。其中美少女的形象，更是神态悠闲、气质高雅。对这幅作品，评论很多，有的评论惊叹说“这不是非洲，这俨然已是欧美上流社会的女郎正在前往巴黎歌剧院途中的情景”。

但是，这里确实是非洲，这幅《塔萨利女郎》确实是几万年前的先祖留存在沙漠里的无数壁画之一。毫无疑问，在撒哈拉沙漠下，还埋藏着更多的远古时代的艺术瑰宝。

这些艺术品的作者，迫使我们重新审视人类的艺术史。

人类最早的两个文明，出现在两河流域和埃及。现在，这些文明现象的形成原因，也越来越清晰了。

《塔萨利女郎》（*Tassili ladies*）

在遥远的古代，从埃及现在的荒漠，直到广阔的非洲北部，都曾经是湿润的肥沃土地。生活在撒哈拉到埃及的人们狩猎、捕鱼，和其他旧石器时代的人类没什么区别。巨大的撒哈拉沙漠当时是湖泊成群、植物茂盛的人间乐土。

地球的气候变化，使得一切都改变了。从大约两万年前开始，非洲北部慢慢变得干燥，撒哈拉大沙漠开始形成。原始人类的天堂，一块又一块地逐渐褪去绿色。各种各样的部落从四面八方涌向尼罗河谷，只有这里的绿色还依然存在——古埃及文明开始了。

直到罗马帝国时代，埃及依然是人类的粮仓。农业出现时，全世界人口的一半生活在地中海周围。这就是历史，也是撒哈拉沙漠中的艺术作品的来源。两河文明，主要体现在出土的大量泥板刻写的楔形文字。埃及文明的建筑和雕刻令人难以置信，从巨大的金字塔到宏伟的神庙、精美的浮雕……现在似乎都在撒哈拉—东非大裂谷一带的大量艺术遗迹找到了合理的解释。我们的先祖是被干旱挤压到埃及尼罗河两岸，更多人不得不走出非洲……

这幅作品的名称为《睡觉的羚羊》（*sleeping antelope*）。很难相信撒哈拉沙漠中这个栩栩如生的羚羊浮雕是出自史前非洲业余艺术家之手。柏柏尔语（Berber）中，Tassili n'Ajjer的意思是“河流的高原”。上述作品位于联合国世界文化遗产Tassili n'Ajjer国家公园——阿尔及利亚的撒哈拉沙漠东南部，靠近利比亚—尼日尔边境的大漠深处

这幅作品的名称为《绿色撒哈拉消失的部落》。联合国世界文化遗产、阿尔及利亚Tassili n'Ajjer国家公园现在是沙漠，当年却是长颈鹿觅食的丰美草原和森林

第六章

与百万年历史决裂

耶路撒冷东北25千米的Tell el Sultan是《圣经》上反复出现的一个地名，1870年代，考古发掘证实，这里实际上属于《圣经》中提及次数更多的古城耶利哥（Jericho）的一部分。后来，这一带陆续出土的古人类定居的遗址逐渐超过20处，时间大多超过4 000年。1952—1958年，英国的女考古学家凯瑟琳·凯尼恩（Kathleen Kenyon，1906—1978）主持对新的土层进行系统挖掘，彻底改变了人们对历史的看法：耶利哥的早期人类遗迹超过一万年。

凯瑟琳·凯尼恩发现：不同于石器时代的先祖，耶利哥的人类社区已经开始出现早期农业种植的遗迹，在颅骨上涂抹石膏装饰说明在这里出现了古代崇拜的宗教信仰。现代技术测定确认，这个地区的历史超过9 500年。

乌鲁克楔形文字（Uruk Cuneiform）。乌鲁克是苏美尔文明（Sumer）的最大城市

耶利哥遗址鸟瞰，大约7 000年前，人类放弃了这个定居将近4 000年的城市

1968年，人们在叙利亚境内的幼发拉底河上建造塔巴水坝（Tabqa Dam）时，挖掘出一个人类居住了近4 000年（1.1万—0.75万年前）的遗址——阿布·胡列伊拉（Tell Abu Hureyra）。这是一个从狩猎采集生活形态向农业种植形态过渡的遗址，这里的生活者也因此被称为世界上最早的农民。在这个遗址，从土壤和动物鱼骨等物质中成功分离出712个种子样本，最终查明属于150类以上食用植物的500多种植物种子。这个叙利亚遗址再现了1.1万年前的人类采集狩猎生活方式，和大约一万年前开始的初步的农业种植生活的轮廓。

学者将这种半定居生活的中东文明命名为纳图夫文明（Natufian culture），时间在1.25万—0.9万年，生活在这一带的人群被称为纳图夫人（Natufian）。这个名称的来源，也是出自一位英国女考古学家。1924年，英国女考古学家多萝西·加罗德（Dorothy Garrod）在以色列的纳图夫河道（Wadi an-Natuf）的洞穴里第一次发现了这种文明。

在大约1.25万年前冰河期结束时的温暖的地中海沿岸，仅仅过了几百代，纳图夫人（Natufian）就开始酝酿着一场与上百万年的狩猎采集生活的决裂。人类迁移到中东地区后发现，即使定居在一个地点，也可以采集到足够的植物种子生存下去，于是开始了半定居或定居的纳图夫文明。

大约1.1万年前，气候更加温暖干燥，植物种子产量开始减少。纳图夫人的生活出现了双重的压力：获得更多种子的压力和不愿意脱离舒服的定居生活的压力。但是人们很快想出了解决办法。在不到1 000年的时间里，中东地区的各个定居点逐渐转向植物种子的种植，并且开始利用水利进行灌溉——农业出现了。戈登·柴尔德（Gordon Childe）把这场巨变命名为“新石器革命”。

1928年，多萝西·加罗德在考古现场

戈登·柴尔德（Gordon Childe，1892—1957），澳大利亚考古学家和语言学家，最著名的著作包括《人类创造了自己》（*Man Makes Himself*）（1936年）、《历史上发生了什么》（*What Happened in History*）（1940年）

农业文明的出现

考古学可以给出细节，解答很多疑问。在追寻人类旅程的过程中，考古学、人类学、语言学、遗传学、生物学组成了同盟军，必须互相借鉴对方的成果。基因技术的出现并未否定其他学科，基因把零零散散的引起多年争议的少量化石证据连接成为一个清晰的证据链。

旧石器时代（Paleolithic）和新石器时代（Neolithic）都被称为石器时代（Stone Age），这两个名称都有后缀lithic（希腊语lithos的意思是石头）。警察经常在垃圾箱里翻腾寻找犯罪证据，考古学家的工作，其实与翻腾垃圾箱差不多。他们翻腾出来在250万—300万年里，人类和其他人属生物制作的无数石器证据，形成了考古学的专业学科和很多学派。

在过去的250万—300万年里，人类的全部技术的99%体现在石器上，所以考古学家能够准确推测出很多历史细节。与石器时代的所有其他的类人生物不同，只有我们人类这个物种，进入了一种新的生活方式，即农业时代。

新石器时代（Neolithic）是人类历史的转折点。从此，人类不再受气候控制，反过来开始控制自己的命运。

第一，农业使人类有了选择的权利，耶利哥的纳图夫人不必每天走十几到几十千米去采集植物的种子。早期农业在中东、中国和美洲分别发生了，人类开始直接控制食物来源。

第二，人口开始迅速增长。人类学家虽然并不知道农业出现之前的旧石器时代的人口总数，但估算出农业出现时全球人口仅约几百万，而到了1750年工业革命时，全球人口已约5亿。

第三，农业是人类迁移过程中出现的最新技术。人类曾经在巨大的欧亚干草原带利用新的狩猎技术生存了两万年，而后一个一万年是人类在全球站稳脚跟的时代。

狩猎技术，曾经引发第一次人口迁移，人类开始全球分布。

农业技术，即将引发第二次人口迁移。

20世纪，研究者在中东地区进行了大量的考古挖掘，证实当时这里发生了一场新石器时代革命，时间约为一万年前。新石器革命的发生非常突然，而且是在多处同时发生。

这场革命的起源在土耳其东部的卡拉卡山（Karacadag），科学考察确认至今还有68种野生植物继续生长在这个山区，而且，现在全球食用量最高的小麦最有可能是在卡拉卡山区被驯化出来的。

卡拉卡山区丰富的可食用植物种子和种植技术，沿着黎巴嫩—以色列—叙利亚—伊拉克，一直传播到地中海沿岸。其中最著名的遗迹包括耶利哥（Jericho）、叙利亚的阿布·胡列伊拉遗址（Tell Abu Hureyra）、土耳其的加泰土丘（Catal Huyuk）。

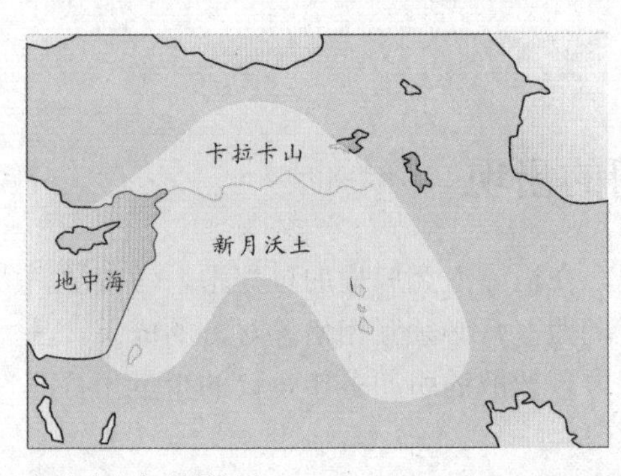

卡拉卡山与新月沃土

中东地区开始的农业，在亚洲也出现了。在欧洲，南部的农业起源于7 000年前，北部起源于5 000年前。

起源于中东新月沃土（Fertile Crescent）的农业，几千年后传到欧洲。但是这一理论始终存在争议。到底是农业技术传播到欧洲取代了狩猎采集的生活形态，还是中东人群带着农业技术取代了当地的欧洲人？这是完全不同的两个概念。1970年代，斯福扎和另外两个遗传学家Alberto Piazza、Paolo Menozzi开始研究农业对遗传的效应——农业是怎么传播的？

显然，农业在当时是一种“时髦文化”。

这项研究没有取得什么结果。血型和细胞表面蛋白质标记无法确认人的血统世系，也无法落实迁移路线。这是当时的研究技术的限制。但是，斯福扎发现农业并非单纯的文化现象，而是伴随着人口的快速增长，这股风潮从欧洲的东南部

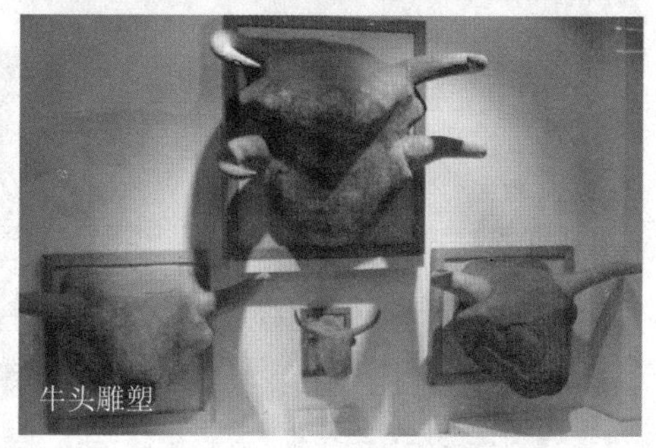

加泰土丘（Catalhoyuk）是联合国世界文化遗产，挖掘时间在1950—1990年，新石器时代的14层遗迹厚度达15米，时间为8 850年前，当时已经进入所谓的金石混用时代（中东学者对青铜时代的称呼），艺术和宗教的文物极其丰富

向西北部扩散，后来被称为“前进的浪潮”（Wave of Advance）。这种“前进的浪潮”被很多人接受了，但是斯福扎本人并不接受这种观念，因为人们还没有搞清楚欧洲的基因库的起源。

1990年，牛津大学的马丁·理查兹（Martin Richards）和他的同事，开始发表欧洲和东南亚人群线粒体DNA的一系列研究成果。他们最先提出一种小心翼翼的求证绝对时间的方法，再按照绝对时间，估算出欧洲基因库的各种血统迁移的相对分布形态。他们的研究结果得出一种猜测：没有很多农业人口从中东迁移到欧洲，因为看不到这种基因效应，欧洲大部分人口的血统已经在欧洲存在2万—4万年。

2000年，欧尔奈拉·塞米诺（Ornella Semino）等人检测分析了1 000多个欧洲人和中东人的Y染色体，希望找出农业扩张的原因。他们发现，Y染色体的结果与线粒体DNA的研究结果一样，现代欧洲的血统里，中东的基因标记很少——欧洲原来的M173占80%，来自中东的M172仅占20%。但是并非农业没有产生影响，农业传播带来沿途人口的激增。此外，他们计算出3万—1.5万年，欧洲人口曾大幅度下降，当时欧洲正在逐渐步入冰河期最严酷的时代。大约1.6万年前，欧洲人后撤并局限在伊比利亚半岛—意大利南部—巴尔干半岛地区。冰河期结束后，少量幸存者的人数开始上升。

也就是说，基因分析证明：欧洲的农民起源分为两种，大部分农业人口是欧洲原住民，他们学习和接受了农业。欧洲人，尤其欧洲北部的人群自己学来了时髦的农业文明。中东人，喜欢故乡的温暖，没有大规模移民，只有少数中东农民带着农业技术移民来到南欧，这一部分新来者带来了中东的基因，如下图所示。

大量化石记录证明，人类和其他人科生物一样，长期依赖狩猎和采集为生。追随着猎物群体迁移或季节变换，人类也从一个地方游荡到另一个地方。转换为农业和定居生活方式之后，人类的健康状态和社会状态并非是完全正面的，很多证据已经证明，人类的健康和社会反而更糟糕。但是，农业保证了食物供应，带来的一个最大好处是生产人口。

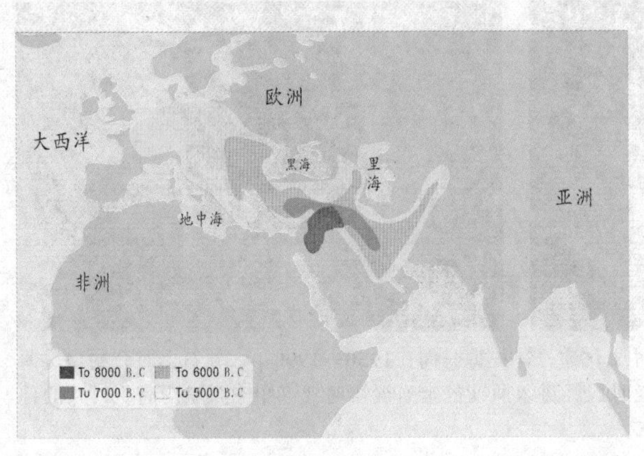

新石器革命时农业从中东向欧洲散布，图中标识的时间依据为考古证据

大约一万年前，世界各地的所有狩猎采集人口合计才只有几百万，相当于现在的一座大城市的人口。原本分散的耕地，很快连接成大片耕地，人口得以持续增长。现在，世界人口已达70亿人，增长了1 000倍。

这就是农业革命的结果。

双刃的镰刀

中东人驯化植物的过程比较曲折，亚洲人驯化植物的过程却相对清晰。

中国的植物品种没有中东那么多（新月沃土驯化的农作物为31种，印度—中国—东南亚合计11种），9 000年前黄河流域的主要农作物是粟米，扩散到中国北方其他区域。长江流域的湖南彭头山遗址（Pengtoushan）显示，大约早了两千年，水稻在中国南方被独立驯化出来，然后向长江流域扩散，大约7 000年前成为中国南部的主要农作物，5 500年前传播到中国台湾，4 000年前传播到婆罗洲和苏门答腊，3 500年前传播到印度尼西亚全境。

与欧洲当地人自己学会了农业不同，亚洲地区发生了农业人口的大迁移。在亚洲，水稻技术与基因标记同时传播。如果说，欧洲农业技术带来了“前进的浪潮”（Wave of Advance），那么携带水稻技术的东亚人的大迁移就像一场海啸。

M122是定义东亚民族的M175上出现的第一个基因标记，在亚洲超过一半的男性Y染色体上都发现了M122。3万年前，M122首次出现。在中亚没有发现M122，在中东和欧洲从来没有发现……但是在东亚，在中国南部、中国北部、日本、太平洋塔希提群岛都发现了M122，而且扩散速度非常快。

M122，现在定义了中国农业人的后裔。

大卫·戈德斯坦（David Goldstein）检测了中国大陆和台湾携带M122的人群中的一个被命名为M119的微卫星的多样性，发现其出现频率非常高。但是，在马来西亚半岛和印度尼西亚地区，这个M119的频率却开始显著降低了。这个形态精确地表明一万年前的人口扩张浪潮的起源在中国，这与水稻农业的考古学证据完全一致。

M119和M122都是M175的后裔，东南亚地区人群的Y染色体上同时携带M119与M122的人口超过50%。对比之下，欧洲携带新石器时代移民的比例仅为20%。所以，东亚发生的移民不是浪潮，而是海啸。

人口大量增加更加适于发展农业，农业提供的稳定食物来源又导致了人口继续增加，所以，人们曾经认为，农业的效应完全是正面的。但是，各种学科的研究证实，农业的成就可能被过度夸大了，历史真相是农业带来了很多负面效应。

第一，农业时代的人均资源，远远低于狩猎采集时代，农业使得人类大大降低了抗击自然风险的能力。因为人类无法控制气候，而气候始终完全控制着人类。现在出土的证据表明，农业发展反而使得气候对人类的控制力更加强大。仙女木时期的农业人群可能经历了一段极其艰难的生活，但是继续狩猎采集的人群却没有受到影响。

仙女木时期（Dryas periods）系指冰河期结束时的一次反复，长达1千多年（1 300 ± 70年），气温下降8—20℃。1.28万—1.15万年前称为新仙女木时期（Younger Dryas），在此之前约1 000年还发生过一次旧仙女木时期（Older Dryas），全球气温突然下降，时间长达300年左右。这次气温骤降，给新石器时代从事农业的的人类带来很多困难和问题。

第二，农业人口的聚集生活带来的副产品是疾病的大量出现。

很多疾病必须聚集一定的人群数量才可能发生和传播，并且限定在某一区域内传播。例如，天花和伤寒必须在数万人的范围内才能传播，并且限定在这个范围内。人们过去认为，狩猎采集的人群比较易于受伤，所以寿命比较短，但是出土的骨骼证据表明，当时农业群体的寿命反而比狩猎采集的群体更短，原因很可能就是疾病的流行。

北极的仙女木

仙女木的花朵

农业首先驯化了植物，随后驯化了动物，大量动物聚集生活也会产生疾病，再传染给人类。例如，人类的麻疹与牛瘟病毒就密切相关。威廉姆·麦克尼尔（William McNeill）认为，《圣经》中描述的多种瘟疫大流行正是农业传播到欧亚大陆时期，人类感染各种传染病的忠实记载。

第三，农业时代导致社会的分化和阶层的出现。

一般来说，狩猎采集群体中人与人是平等的，没有社会分工，现在桑人（San）部落和澳大利亚土著依然如此。农耕时代，初期阶段（田园牧歌时期）的大型战争比较少，人口增长很快，财富积累和社会分工出现，最后不可避免地出现社会分化，形成阶层，随后出现权力争夺和帝国雏形，引发前所未见的巨大规模的战争和破坏，导致人口多次大量死亡。人口减少反过来又造成大量土地荒芜和疾病流行……这种恶性循环，在各地的农业社会多次发生。

既然农业具备这么多负面效应，为什么人类还是喜欢农业？

事实并非如此。在世界各个角落都有排斥采用农耕生活方式的群体继续存在，他们的环境至今保护较好。但是世界大部分地区还是采用了农耕生活方式，并且不再回头。因为谁都不愿意天天拿着武器，出去寻找下一顿晚餐。

现在的研究已经证实，导致人类死亡的主要疾病的原因，分为三个阶段。

一、在狩猎采集时代，主要的死因是外伤，尤其是狩猎活动中的伤亡。

二、在农业时代，人类的主要致命疾病是传染病，尤其是源自动物的疾病，如天花、伤寒、霍乱、麻疹、肺结核、流感、黑死病等都与动物有关。在抗生素和疫苗发明以后，大部分传染病得到控制或消灭。

三、在现代，非传染慢性病是人类的主要疾病，例如高血脂、高血压、糖尿病、心脏病、脑血管疾病等。这些疾病都要终生服药，且都与基因有关，已经与传统的传染病的概念完全不同。癌症的起因也是基因突变的累积结果。

但是，某些传染病现在仍然存在，例如疟疾。

亨利·穆奥（Henri Mouhot，1826—1861）

1861年，法国探险家亨利·穆奥（Henri Mouhot）因为疟疾死在老挝的丛林里。亨利·穆奥在泰国、柬埔寨和老挝探险3年并发现了吴哥窟。虽然当地的居民知道吴哥窟，但是，是亨利·穆奥死后才发表的著作《暹罗、柬埔寨和老挝游记》（*Travels in Siam，Cambodia and Laos*）使西方读者第一次知道了这座古城。

吴哥窟建筑群是东南亚当时最强大的高棉帝国的统治者在9—15世纪期间建造的，该建筑占地1 000平方千米。这是产业革命之前世界最大的城市，其巅峰时代，容纳的人口超过75万，但是在15世纪却被放弃了，除了吴哥窟寺庙（Angkor Wat）外，其他寺庙和建筑都被丛林掩埋。

这座城市为什么会被放弃？

假设很多，后来比较被公认的一个原因是生态压力。支持75万人口必需的资源之一是水源，当时只能来自周围的河流。14—17世纪，北半球气候变化，导致东南亚季风改变，由于缺少降雨和水源枯竭，人类被迫放弃水稻种植。这是吴哥城的设计者始料不及的天灾。

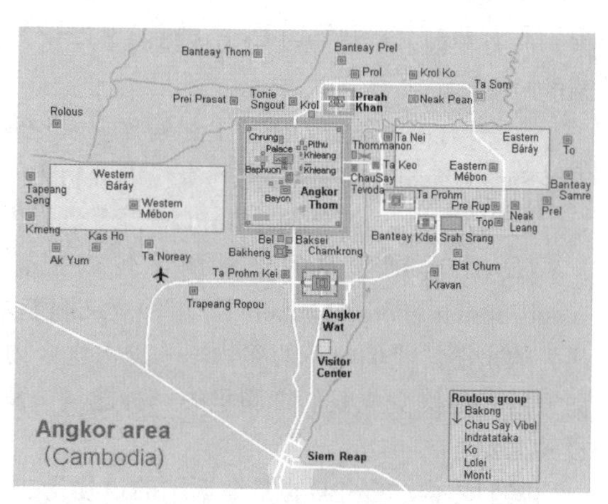

吴哥城的布局，最下面是现在残存的吴哥窟庙（Angker Wat）

另外一个原因是疟疾。疟疾（malaria）是意大利语，意思是“坏空气”。疟原虫在污染环境里才会大量繁殖，通过蚊子叮咬传染人类。意大利人起的这个名字是正确的，疟原虫有两个宿主：人类和疟蚊。传播疟原虫的疟蚊（Anopheles，又称按蚊）有40多种，分布在世界各地，大部分疟蚊是热带和亚热带品种，大多在非洲、东南亚和拉丁美洲。疟原虫可以在疟蚊体内生活，也可以在人类的红细胞里生活。无处不在的疟蚊传播了疟疾，很多史前历史学家猜测，疟蚊曾经在人类进化史上给人类带来了毁灭性的灾难。

吴哥窟庙的正面，通常简称吴哥窟

1992年，法国流行病学家雅克·维德拉格（Jacques Verdrager）发表文章认为，放弃水稻种植后，生态环境恶化，疟疾流行带来死亡，导致更多人放弃水稻种植，疟疾更加流行，死亡更多……仅仅几代之后，吴哥城就成为一座空城。疟疾在这座巨大的古城沦为废墟的过程中，扮演了关键角色。

疟疾的故事并未到此结束。

在1992年，DNA技术尚未成熟。随着技术的成熟，DNA密码揭示了疟原虫的秘密。

美国国家健康研究院（National Institutes of Health）的迪尔德丽·乔伊（Deirdre Joy）和她的同事发现，疟原虫在5万年前开始多样化，这个时间恰好是人类走出非洲的时期，暗示人类带着疟原虫前往世界各地。乔伊还发现了其他证据，一万年前，疟原虫开始大规模的多样化，这个时间正是新石器革命的农业起源的时间。

另一项DNA研究佐证了上述发现。宾夕法尼亚大学的遗传学家莎拉·提什科夫（Sarah Tishkoff）和她的同事仔细分析人类基因组上围绕G6PD基因的遗传变异，他们发现，一万年前，G6PD曾经受到强大的自然选择压力。

G6PD是细胞里的一种酶，可以把葡萄糖转化成一种亚细胞能量包（subcellular energy packet），这种亚细胞能量包名为NADPH，是人类细胞能量活力的来源。我们吃下的谷物——碳水化合物又称多糖类，被转化为单糖（葡萄糖）后，最终变成我们细胞里的三种能量：NADPH、NADH和ATP。所以G6PD极其重要。

我们体内的G6PD的精细调制的进化历史，已经长达几亿年，属于最重要的酶之一。在人类的身体里，如果G6PD缺乏或功能减弱，就会出现类似蚕豆中毒的症状：贫血、黄疸、肾脏失调……在红血球里，G6PD非常活跃，疟原虫也是在红血球里非常活跃，不知道什么时候，疟原虫发生了基因组变异，它们可以通过“虹吸原理”吸收G6PD的能量，从而成为红血球里的寄生微生物，直接破坏红血球的新陈代谢，最后迫使红血球“自杀”，同时也杀死了自己。

为了查清疟原虫的基因什么时候发生了这种变异，莎拉·提什科夫和她的同事对G6PD基因的变异进行了计算分析，发现变异出现了两次：

第一次，3 840—11 760年前，主要发生在非洲。

第二次，1 600—6 640年前，主要发生在地中海。

G6PD基因的这两次变异，都发生在农业出现之后。这是一个令人震惊的发现，结合疟原虫的基因变异，证明在过去的一万年里，疟疾已经成为人类的主要噩梦之一。

疟疾原本是狩猎采集时代的一种古老疾病，后果并不严重。在定居和农业开始后，疟疾的威胁日益增大。中东地区水利灌溉为疟蚊繁殖创造了机会，吴哥窟周围的稻田水塘湿地也是疟蚊繁殖的好地方。

农业，迫使人类基因组变化了，也迫使致病微生物的基因组变化了。

农业，引发了基因与基因的战争。现代的飞机，为这些涉及基因层次的疾病传播提供了远远超过远古步行的人类之间的传播速度——疟蚊带着疟原虫，

美丽的田园牧歌式生活

可以乘坐飞机很快到达其他大洲。这种坐飞机传播的涉及基因层次的疾病还有克雅二氏病（Creutzfeldt-Jakob）和艾滋病（HIV）等。

农业，就像一把双刃的镰刀。

不能与上帝开玩笑

历史上，只有一个国家做过制造人类的实验，苏联。

1924年，伊万诺夫（Ilya Ivanovich Ivanov）向苏联政府写信，希望开展人与灵长目动物的杂交实验。列宁的秘书戈布诺夫（Nikolai Gorbunov）对此很感兴趣，批准了这个实验。

1927年，伊万诺夫教授来到几内亚，给两个雌性黑猩猩做了人工授精。两个雌性黑猩猩都没有怀孕。没有人知道精子来自什么人，但是知道陪同教授的是他的儿子。伊万诺夫又来到刚果，声称要在医院里实验，但是没有说什么实验。当地的总督坚持要在室外观看实验，伊万诺夫拒不同意。实验在两个非洲国家都失败了。

伊万诺夫（Ilya Ivanovich Ivanov，1870— 1932）

斯大林的故乡，格鲁吉亚的苏呼米（Sukhumi）有一个灵长目实验站表示欢迎教授。伊万诺夫教授从非洲带回几只黑猩猩，包括一只雄性黑猩猩，来到苏联领袖的故乡准备继续实验。他改变了办法——用雄性黑猩猩和苏联女性杂交，可能成本低一些，而给雌性黑猩猩授精的难度比较大。

1928年，伊万诺夫开始寻找志愿者。他需要5个苏联妇女为科学献身，但最终只来了一个志愿者。苏联档案里的这个女人的代号是G，不知道G的年龄多大，是哪里人，长得漂亮还是丑陋。苏联档案里只有G写的一封信：“亲爱的教授：我的私生活会被毁灭，我将看不到继续存在的意义——但是想到能为科学服务，我还是鼓起勇气给你写信。我请求你，不要拒绝我。”

教授没有拒绝她。

伊万诺夫和G做了一系列准备，要在苏呼米为G授精。不幸的是，由于缺乏食物和牛奶，这只唯一的雄性黑猩猩死去了。

1930年，伊万诺夫教授被捕。

1932年，伊万诺夫教授在集中营里饿死了。

1938年，列宁的秘书戈布诺夫也被处决。

但是，正常的“制造人类”的实验并非不存在。各种原因的不孕症是困扰人

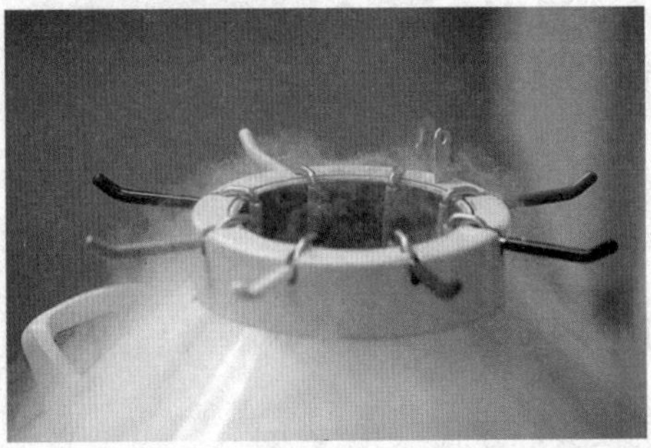

2009年3月10日，美国威斯康星州Madison市的威斯康星国家灵长类研究中心，深度冷冻的胚胎干细胞正在被取出。这个项目在美国国会争议很久，因为有可能制造出人类

类多年的难题，剑桥大学的罗伯特·爱德华兹（Sir Robert Edwards，1925—）从1960年代开始研究人工授精的可能性。

1968年，世界第一个体外试管受精成功。

1978年，世界第一个试管婴儿路易斯·布朗（Louise Brown）诞生，她母亲患有输卵管阻塞，9年无法成功怀孕。这一技术现称IVF，即体外受精。

2010年，爱德华兹获得诺贝尔奖，这一年世界体外受精婴儿突破400万人。需要说明的是，爱德华兹的技术并不涉及基因。

另一个英国医生走得更远，他试图“设计优秀的人”，他要挑战基因。

2002年，世界第一个“设计婴儿”（designer baby）在英国诞生。这个婴儿查理（Charlie）成为媒体头条新闻。起初查理似乎很健康，3个月后出现明显不正常，被确诊为DBA贫血症（Diamond-Blackfan anemia，没有正式中文译名），这是一种在整个英国也找不出几个的罕见疾病：红血细胞先天不足，无法携带足够的氧。各种减轻症状的治疗方案都失败了，查理可能死亡，除非找到一个合适的骨髓捐赠者替换查理的造血骨髓。但是，寻找合适骨髓捐赠者的种种努力也失败了。

如果查理有兄弟姐妹，可能骨髓适合，但是查理是唯一的孩子。于是，唯一的希望是查理的母亲再生一个孩子，给查理捐献骨髓。这个方案也有风险，因为查理父母的第二个孩子也非常可能患DBA贫血症，所以查理的母亲必须找其他男人授精生孩子，这已经不是医学范畴而是伦理道德范畴的问题了。

查理的医生穆罕默德·塔拉尼西（Mohamed Taranissi）曾经是一个非常成功的医生，他原本希望“设计婴儿”成功并推广这种技术。他现在进退两难，饱受媒体和舆论的猛烈攻击。

英国的法律不允许这种授精，美国的法律允许。于是，塔拉尼西飞到美国芝加哥寻求帮助，13个人愿意捐精。塔拉尼西自己掏腰包承担全部费用，请查理的父母也飞到芝加哥，在13个人中选择合适对象。最后选择了两个人的精子，一次性全部植入查理母亲的子宫。几个星期后，超声波检测证实查理的母亲怀孕了，只怀了一个。

18个星期之后，抽羊水检查确认怀孕婴儿的骨髓适合移植给查理，所有人都松了一口气。但是10个月后，发现婴儿是臀位分娩，于是查理的母亲不得不施行剖腹产，生下第二个儿子杰米（Jamie）。这位30岁的英国妇女始终非常合作，她看着5岁儿子查理的病况，“心都要碎了”。

常年服药的查理，又开始了化疗。他的免疫系统被摧毁，体重减轻，头发几乎掉光。随后查理接受了骨髓移植，并大量服用防止排异反应的药物。6个月后查理停止了服药，多次检查后证实，查理的红血细胞正常了。

10年后，查理的父亲说了一句话——“我们不能和上帝开玩笑”。

语言造就了人类

1996年，伦敦儿童健康研究所（Institute for Child Health）的一群医生迎来了牛津大学遗传学教授安东尼·摩纳哥（Anthony Monaco，1959—），他们要会诊一种奇怪的疾病。医生们发现，一个源自巴基斯坦家族的几家亲戚，三代人都罹患了语言障碍的遗传病。为了保护隐私，这些家族被称为KE家族。他们无法控制面孔下半部的肌肉运动，因而丧失了语言表达能力，他们也无法理解别人的语言。

安东尼·摩纳哥教授进行了基因组扫描（genome scan），分析对比几百处可能发生变异的位置，包括KE家族中患病和没有患病的成员。经过一年多的努力，发现问题可能出在7号染色体，但是却无法确认是哪一个基因造成的。

幸运的是，后来牛津大学又遇到了另外一个独立的患者，代号CS，这是一个与KE家族无关的男孩，也罹患了类似的语言障碍。摩纳哥和他的同事们再次进行了基因组分析，发现这个男孩出现了染色体的重新排列，染色体的某一部分分裂开了，分叉伸进另一个染色体里，这种现象被称为基因置换（translocation）。在这个分叉点上，有一个基因的功能因此紊乱了。这个男孩CS的这个突变，在KE家族的染色体上也找到了。

这是人类第一次发现影响语言的单一基因，这个基因被命名为FOXP2。

斯万特·帕博的团队从克罗地亚北部的文迪迦洞穴（Vindija Cave，上图）获得了尼安德特人的FOXP2基因。这个洞穴的堆积层的年代为2.5万—4.5万年，最下面是尼安德特人的遗骸，上面是现代人的遗骸

2001年，《自然》（*Nature*）刊登出这个发现后，引起巨大轰动，有些媒体报道为“发现语言基因”。

FOXP2负责制造带箭头分叉的P2蛋白，这类蛋白传递很多DNA的打开与关闭信号，所以又被称为“基因组的分子公共汽车”。这些DNA涉及体内的物理部分和精神部分，所以控制了语言和语法等，在此之前，人们曾经以为是几百个基因在操控语言。

FOXP2的基因调控中枢角色，在黑猩猩和老鼠身上也得到了发现和证实。老鼠的这个基因发育不全，类似婴儿。所以FOXP2的进化应该超过7 000万年。人们立刻联想到，FOXP2在人类的语言进化中必然扮演了重要角色，南猿、能人、直立人和尼安德特人，可能都有发音沟通的能力。

在以色列的科巴拉洞穴（Kebara Cave）出土了几乎完整的6万年前的尼安德特人的骨骼，包括完好无损的舌骨（hyoid）。舌骨是娇嫩精巧的骨头，可以帮助人类说话。尼安德特人也有舌骨，表示它们也可能有说话能力。

2007年，斯万特·帕博（Svante Paabo，1955—）的团队发表了他们极其惊人的研究成果：尼安德特人的FOXP2基因，与人类没有什么差异，也就是说，尼安德特人与人类一样具备语言能力。

帕博的团队研究了5年，他们发现人类和黑猩猩的FOXP2基因的蛋白上都有715个氨基酸，其中只有2个氨基酸的序列不同，这一差别可能出现在500万年前。但是，尼安德特人的FOXP2基因，与以前的猜测完全不同，确实具备说话的能力。但具备说话能力，并不意味着拥有语言。很多鸟类、动物和鲸鱼都有发音沟通的能力，甚至青蛙和昆虫也可以做到通过声音沟通。科学研究证实，黑猩猩即使经过训练，最多只能表达1—2个单词。

这个“小小”差异，意味着什么呢？举一个简单的例子。“妈妈从冰箱里取出苹果”这个句子包含全部信息，既有地点，也有先后次序，还有相应动作。对比之下，妈妈冰箱，冰箱苹果，妈妈苹果，妈妈取……表达1—2个单词没有任何意义。

语言，正是“亚当”“夏娃”的苹果，使得人类区别于其他生物。

语言的出现，使得人类成为人类。

不论什么原因，6万年前走出非洲的人类，在世界所有角落都留下了抽象思维和想象力的石刻证明，标志着艺术从开始就伴随着人类生活。创新是人类的能力。创新是一个复杂的过程，创新的核心是思考和实施解决某一问题的抽象思

希腊雅典国家考古博物馆（National Archaeological Museum）展出的公元前16世纪迈锡尼时代的一把匕首上的猎杀狮子的雕刻

维，创新的第一步是想象力。艺术是想象力和抽象思维的产物——只有语言才能交流这些看不见的想象力和抽象思维。

语言、艺术创造了人类。人类创造了人类自己。

设想一下，每天晚上，在远古的篝火边，大家围着火堆讨论当天的故事和先祖的传说，雕刻着艺术作品，如何捕捞三文鱼、猎杀猛犸象，如何攻击狮子？如何在洞穴绘制壁画，如何在岩石上雕刻浮雕？他们也会议论其他部落的新闻……

这不是凭空的想象，这是仍然保留在现代的世界各地的游牧民族的日常生活……

信仰、图腾、宗教的诞生，全部因为语言。

他们是米开朗基罗、莎士比亚和爱因斯坦的祖先，他们在亚欧大陆的无边无际的广袤的干草原上自由驰骋，没有任何约束和限制。

现代智人的考古记录，事实上正是一部人类创新的历史记录——他们迅速适应了各地的气候和环境，开始尝试驯化小麦、水稻、玉米，虽然这些创新遭遇过多次失败和失误。狩猎采集时代的语言多样性、文化适应性和无拘无束的创新性，曾经是所有多元文化的源头。在美洲的猛犸象的尸体里，曾发现十几个美洲土著的石器枪头。在中东和希腊地区发现很多人类主动攻击狮子的浮雕……我们的先祖，曾经几乎无所不为，为所欲为。

进入农业社会之后，人口数量和密度不断增大，出现了太多有形的和无形的"边境线"，既约束了自由也约束了思想。大大小小的王国和帝国、印度的种姓划分、天主教的等级森严、孔儒的停滞僵化、欧洲的封建体系等，都曾经使社会长期停滞不前，不再出现创新。

正在消失的语言与文化

封闭的苏联时代隔绝了遗传学，苏联时期的哈萨克斯坦、乌兹别克斯坦等地区成为基因形态的"黑盒子"。苏联解体后，美国遗传学家们赶紧前往"黑匣子"地区给少数民族采样，其中一个少数民族是亚诺比人（Yaghnobi people）。亚诺比人说亚诺比语（Yagnobi），他们的历史可以直接上溯到丝绸之路。

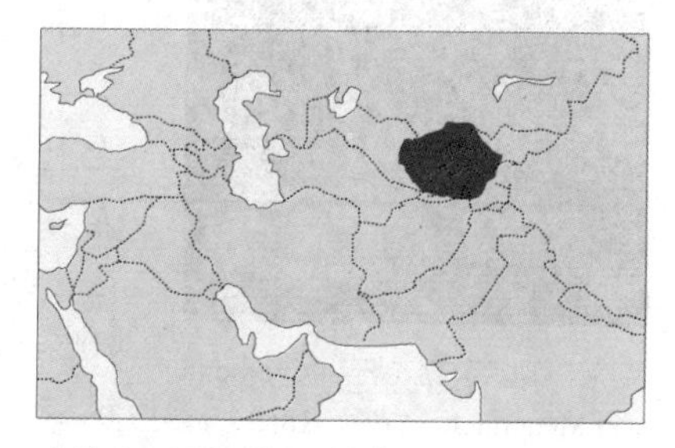

索格底亚那，这里从未形成一个强大政权，主要部落围绕在撒马尔罕周围。唐朝《隋书》中称使用索格底亚那语（Sogdian）的群体为粟特人，涵盖的民族和部落很多，建立过许多小的政权

1 500年前的亚洲中部地区，从波斯到中国的丝绸之路上的所有贸易中心，曾经都说粟特语（Sogdian）。公元6—8世纪，穆

斯林逐步征服这一带之后，粟特语类开始衰落。20世纪，粟特语系的大部分语言全部消亡，仅仅留下亚诺比这一种语言。

现在的亚诺比人居住在塔吉克斯坦北部遥远的扎拉夫尚河谷（Zarafshan Valley）的几个村庄里，他们是继续使用这种1 500年前的古老语言的仅剩的小小群体。美国遗传学家计划拜访他们，说服他们合作提供DNA的血样，追踪历史的遗迹。

走过几个平行的河谷，又在崎岖坎坷的道路上跋涉了几个小时，美国人才发现一个村庄。可是那里的老人却说他们这一趟白跑了。老人解释说，亚诺比人世代居住在这里，可能丝绸之路时代就住在这里。1960年代开始，因为旱灾严重，苏联政府把他们迁移到低地。1980年代，这一带发生地震，幸存的亚诺比人都搬到首都杜尚别（Dushanbe）居住。在这片故土上已经找不到亚诺比人了，他们都在首都当清洁工或卡车司机。不过老人也给了他们一个希望，距离这里几天路程的山区里，可能还有一个亚诺比人的村庄……

科学家们又进行了几天的艰难搜索，终于碰到一个偏远的亚诺比人的村庄，人们非常乐意帮助这些遗传学家，带领他们在首都杜尚别一带寻找同乡。科学家采集到了出乎预料的大量血样，丝绸之路上一个与世隔绝的文化残迹出现了。

那位塔吉克斯坦的乡下老人讲述的故事，每天都在世界上发生。亚诺比人的故事，世界处处都在上演。一座又一座冒出来的现代化城市，吞没了一批又一批村庄，原始居民和语言都湮灭了。有的社区对多样性非常宽容，有的社区认为多样性是统一的障碍。新生的政权总是努力推进语言的统一性。

克莱门斯·冯·梅特涅（Clemens von Metternich，1773—1859），德国出生的奥地利政治家。1809—1848年先后担任奥地利外交大臣和奥地利帝国第一任首相，影响欧洲大陆政治和外交长达40年，史称“梅特涅体系”

让我们看一看19世纪的欧洲的语言的真相。

如果访问今天的法国，游客们都会对法国人热爱法语印象深刻。国家语言的官方捍卫者法兰西学术院（Academie francaise），像猎鹰一样紧紧监视着说的法语、写的法语，以免受到国外的“不良影响”。

其实，仅仅150年前，大约6代人之前，法国领土上说“法语”的人口还不足一半，大部分“法国人”说自己当地的方言，甚至自己的语言。

同一时代的意大利，说意大利语的人口不到10%。奥地利首相梅特涅（Clemens von Metternich）说过：“意大利不是一个国家，只是一种‘地理表述’。”如果不算语言，梅特涅显然说的不错。

19世纪的欧洲，出现了各种新思想和运动，浪漫主义、现实主义、工业化、殖民扩张都对“现代”的世界观发展产生了巨大影响。其中最重要的思想之一是民族主义，不仅造就了现代欧洲的政治版图，并且流传到世界各地。

19世纪之前，欧洲分裂为各自独立的封地采邑——王国的领地和公爵的领地。人们的生活更有“区域性”，仅仅与周围发生的事件相关，欧洲历史上的配偶们的出生地之间的距离没有多少千米。这种特点，造成了语言的延续性。

现代法语是法兰西学术院捍卫的官方语言，但是在18世纪之前，法国存在的语言五花八门，分别可以上溯到各个省的地方语言，包括巴斯克语（Basque）、布列塔尼语（Breton）、奥克西坦语（Occitan）、科西嘉语（Corsican）、阿尔萨斯语（Alsatian）等完全不同的语种。民族主义流行欧洲之后，各个政府为了寻求文化的统一性而偏好某种一语言，不喜欢另外一种语言。英国政府喜欢英语，于是支持英语，贬损凯尔特语族。19世纪，统治者开始以民族语言进行强制性的学校教育和军队服务，仅仅几代人就完成了一种语言的传播。

德语的诞生，更是出于精心的设计。几乎全世界的孩子都知道《格林兄弟童话》，但是却不知道格林兄弟是为了通过童话传播“正规的德语”。雅各布·格林（Jacob Grimm，1785—1863）是语言学家，他制定德语的发音规则，维护和铸造德语的民族同一性，他是“德国民族”的精明建筑师之一。

现在，15种最大的语言的使用人数占世界人口的一半，前100种语言的人数占全球人口的90%以上。但是在公元1500年，估计存在1.5万种以上的语言。形成一种语言需要500—1 000年的时间，每一种语言承载着一种文化。现在，全世界仅剩约6 000种语言，平均两星期消失一种语言，21世纪末将再消失一半。

英伦群岛的原始土著的语言之一是凯尔特语族的马恩岛语（Celtic Manx language），1874年有1.2万人说马恩岛语，20世纪之交只剩4 000人，1974年最后一个说马恩岛语的人死去之后，马恩岛语成为活化石，现在仅仅剩下几百个爱好者了。

罗曼语（Romance languages）源自拉丁语，随着罗马帝国的兴盛传遍欧洲，今天的法语、西班牙语、意大利语、罗马尼亚语、加泰罗尼亚语（Catalan，西班牙官方语言之一）、罗曼什语（Romansch，瑞士官方语言之一）的先祖之一都是罗曼语。

语言记录了历史，一种语言的消失就是一种文化传承的断绝。

基因的分析研究，有时必需语言和文化的帮助。原因有二：第一点，我们的先祖生活在五万年前，仅仅经历了大约2 000代，突变的产生并不频繁。我们只要做不多的采样和大量的分析计算，就能找到某一个点位的大部分多样性，尤其是Y染色体多态性比较丰富的部位。由于人类的“种族”太年轻了，物理化石差异不大，大部分非洲、亚洲和欧洲的化石都很相似，无法分析推测出他们的肤色、发型和其他外貌特征。遗骨的证据证明，我们所谓的种族概念是一种非常晚近的现象，直到最后一次冰河期结束之后，现代人类才开始“发散”出现在看到的多样形态。

第二点，人类是机动的，各个群体在历史上是一边迁移一边混血，所以相互之间的遗传变异并不明显。即使我们走出非洲之后，出现了各种遗传基因标记，也被广泛散布。语言消失的动态加速，表明人类的混血也在加速。很多语言正在消亡，表明原先互相隔绝分别生存的群体，正在融合为更大的群体。

那么，是否存在统计这些现象的具体数据？

美国的人口统计就是一个典型的例子。2000年统计的美国的人口是2.814亿人，比1990年增加了13%，并且显示出更多的民族变化版图——美国的人口统计的"种族类型"从5类增加为63类。申报是"白人与少数民族混血"的后裔的人数，增加到680万人。真实的混血的类型、混血人口的比例，估计比政府统计数据更多更大。有些人已经不知道应该归属为哪一个类型。比如，人人都知道的高尔夫球手"老虎"伍兹（Tiger Woods），但是他自己不知道自己属于哪个"种族"，他的祖先包括非洲人、美洲人、欧洲人、东南亚人……美国越来越成为"种族"的熔炉。这种融合可能是一件好事，混血的下一代比他们的前一代或许拥有更多的优点。

产业革命造成的机动性，导致人类历史的第三次大迁移，也带给我们一幅全新的遗传画面。五彩缤纷的多样性，可以把五万年前开始分离的人类识别出来，并再次分门别类，现在发生的全球性种族大融合，则是人类历史上过去从未发生的新现象。

现代化的浪潮使城市正在吞没乡村，孤单生活的群体正融入难以计数的人海。虽然基因标记无法消失，但是同时也融入了无边无际的人海……于是，他们携带的基因故事同时化为更加难解的历史谜团。

我们必须知道我们的过去，才能预知我们的未来。

我们终于具备了这种能力，因此我们也被赋予了一种责任——这是人类的责任，这是我们从非洲出发殖民全球必须承担的责任。

《我们从哪里来？我们是谁？我们往哪里去？》（*Where do we come from? What are we? Where are we going?*）作者：高更

第七章

农业文化的反思

大约20万年前，现代人从非洲开始。

大约6万年前，现代人离开非洲，走向世界。

今天，我们生活在一个高度全球化的世界，一个人与其他人之间发生联系的方式超过一个世纪之前的想象。非洲人、欧洲人、亚洲人、美洲人……正在再次融为全球性的一个混合群体，这种混血现象和融合程度是人类历史上的第一次。在DNA的层次上，我们都是一样的，我们都是日益扩大的人类大家族的一部分。这个世界将因为技术进步日益加速的节奏，在未来几代人的时间里发生超乎预期的改变。

我们现在日常生活中的一切，大部分是最近几十年才进入每一个家庭的。

E-mail、Google、手机、电脑、混合动力汽车……以互联网为核心的全球性社会网络已经成为人们须臾不可分离的生活组成部分，离开这一切已经不能想象。但是，现代生活方式也成为人类的巨大包袱。越来越多的非传染性慢性病，如高血压、心脏病、糖尿病、高血脂、肥胖症、癌症……正在不断增多；各种精神疾病、心理失调、沮丧、焦躁、忧虑……也在不断增长。

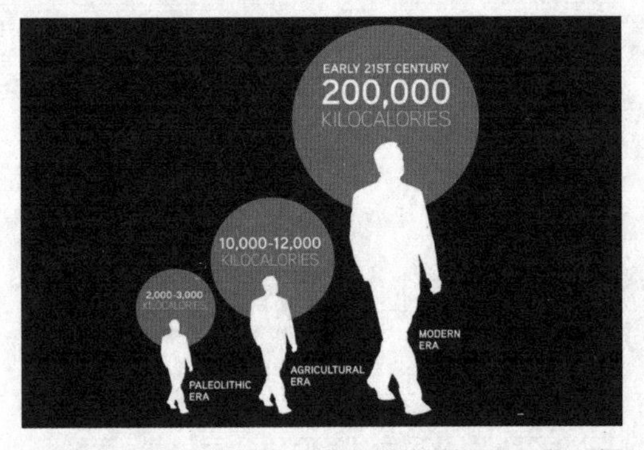

人类能源消耗比农业文明产生之前增加了100倍，摄入的食物及卡路里也大量增加

2009年12月1日，世界艾滋病日，在荷兰阿姆斯特丹Museumplein广场，志愿者们竖起很多缠着红丝带的十字架，悼念艾滋病死者

的确，我们是自己命运的主宰，但是，究竟是我们创造了农业文化，还是这种文化驱动着我们？

一万年前的农业文明，彻底颠覆了我们的田园牧歌。越来越多的证据使人们逐渐发现：正是农业文化的出现，开始损害人类的健康。

考古证据证明，转向农业生活的动机决定了今天的复杂世界的出现，从工业革命到互联网到生物时代，人类稀里糊涂冲进了21世纪。但是，世界各地的人们仍然在没有止境地开发土地，生产更多食物的强烈欲望冲击着大自然设定的底线。

我们这个物种具备制造各种恶果的能力，我们已经并在继续导致更多其他物种的灭绝。

遗传学和DNA迫使我们重新认识，过度贪婪的农业文化带来过度需求导致的一系列后果。

巨大的进化压力

20世纪，人类发现基因是遗传变异的来源，开始研究基因。

1987年，25年前，在人类的技术可以观察DNA之后，全世界的注意力都转向了DNA。人们发现，在几十亿年的进化中，各种生命并非“互相战斗”而是“互相合作”地占据了地球，共同演化出了一个绚丽多彩的大千世界。在50多年的DNA研究过程中诞生了几十位诺贝尔奖得主，达尔文似乎被淡忘了，“适者生存”的自然选择似乎被“中性理论”取代了。

2007年，《PLoS生物》（*PLoS Biology*）发布了芝加哥大学乔纳森·普里查德（Jonathan Pritchard）研究小组的一项研究结果：达尔文的“自然选择，适者生存”理论不仅是正确的，并且在最近一万年里对人类的基因组产生了重大影响。也就是说，人类的很大一部分“进化”，是在农业出现后发生的。

那么，人类在这一万年里，为什么承担了如此巨大的进化压力？更直白地说，为什么我们取得如此巨大的物质进步的同时，每一个人都感到压力巨大？甚至觉得物质满足并未带来应有的幸福感觉，并且不得不随着继续的快速发展而“进化”自己身体的各个部分？

这是最新的DNA研究向全世界提出的一个问题。

芝加哥大学的这项研究的基础数据，来自2005年启动的“国际人类基因组单体型图计划”（International HapMap Project）。与群体遗传学的单倍群不同，单体型（Haplotype，希腊语原意单一，单体）研究每一个个体的微小的遗传变异——单核苷酸的多态性（Single-nucleotide polymorphism）。这篇论文，甚至描述了我们的眼睛、耳朵的精致进化演变的原因和过程。

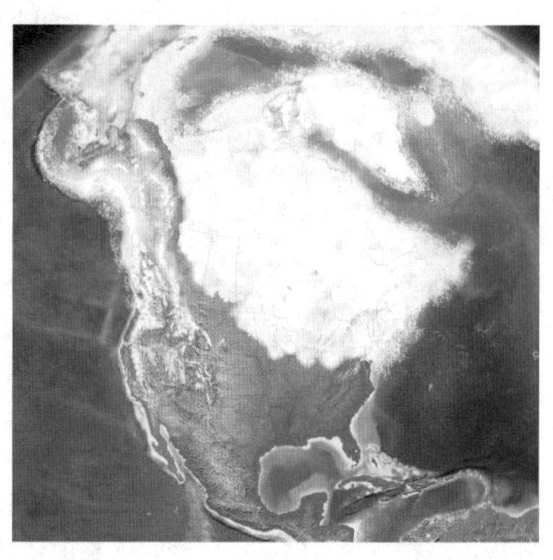

芝加哥大学所在的芝加哥，位于世界最大的五个淡水湖边。在冰河期，这里覆盖着劳伦泰德冰原（Laurentide ice sheet）。在8万—2万年前的大约6万年里，芝加哥、多伦多、温哥华、纽约……亚特兰大和整个大西洋沿岸都覆盖在冰原下。

冰河期结束时，形成的新河流涌向新的湖泊。冰原上裂开一条“走廊”，人类由此一波又一波进入了美洲……

最近一万年里，人类的环境和演变，确实过于巨大了。

普里查德用珠子项链为例解释自己的发现。

每一个人的单体型，就像这个人自己佩戴的珠子项链。一个长达2米的基因组被切分成23对46个染色体小股，染色体DNA序列就像一串串珠子将它们串联起来。在结合和重组时，每一代人的父母的珠子都被拆开打乱，按照另外一种顺序重新串起——这些珠子形成一个新的项链。下一代携带的新项链，与父母的项链都不一样，他们的再下一代的项链，又是另外一种新的顺序的珠子项链。经过若干代之后的项链，已经面目全非——父母原来的项链已经湮灭了，消失了。于是，形成了单体型的多样性。

在基因序列里，只有线粒体DNA和Y染色体DNA不参与重组，所以根据它们可以统计分析计算出人类先祖的踪迹，找到人类的旅程。

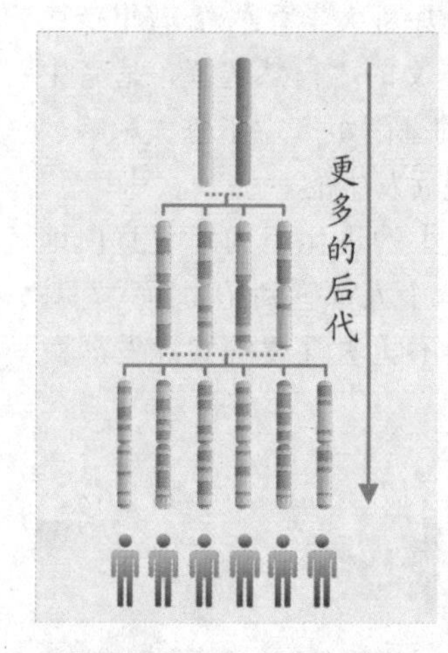

“国际人类基因组单体型图计划”获得的海量数据，在经过功能更强大的电脑和软件分析之后，发现了人类的进化趋势——我们确实在被自然选择压迫
图片出自韦尔斯《潘多拉的种子》

现在，其他的22对染色体的单体型的更加复杂的多样性，也得出了同样的分析结果。

普里查德领导的小组开发出一套新方法检测基因组中的单体型，他们的样本来自欧美、非洲、亚洲等地。每一个人的项链都不一样，所以每一个人都不一样。这些项链就像某种“遗传时髦”，根据气候和环境而发生形态的变异。这是大自然的力量推动的，具体的原因还不清楚。

普里查德应用的方法属于集成单体型积分（integrated haplotype score， IHS），很多微小的变异，积累到一定程度就会成为变异，甚至非常显著的变异。过去人类发生过多次显著的变化，例如拇指与四指分开、肤色改变、大脑神奇发育……这些当年的“时髦流行”成为人类与其他物种的区别。

在每一个人和其他人之间，也存在差异，因为单体型的形态各不相同。在23对染色体上，普里查德领导的小组发现了几百个基因区域，分布相当稀疏，受到某种自然选择的强大压力，甚至影响到人类不同群体的眼睛和耳朵的精细区别。

最令人震惊的是，这些变异就发生在最近一万年里。

人们过去认为，这种变异必须花费很长时间，必须经过很多世代。这个小组发现，这些变异竟然如此年轻。人类的单体型的形态，发生如此显著的变化——高度适应各种环境的生物组织变异，仅仅从大约一万年前开始，仅仅经历了大约350代人。这是一种什么样的巨大选择压力，导致基因组出现如此显著变化？

普里查德领导的小组，最初也不敢相信这一事实，但是经过多种验证核实证明，这一切都是真实的。

这意味着什么呢？ 根据已知的考古地点以及基因组的线索，估计在20万—8万年前，我们这个物种的数量不多并且相对稳定，因为化石数量很少。即使12万年前出现在南非和中东，人数也没有显著增多，中东只是非洲的地理延伸，气候、植被和动物也类似，这些小小的群体只是四处游荡，没有冒险离开非洲的故乡。

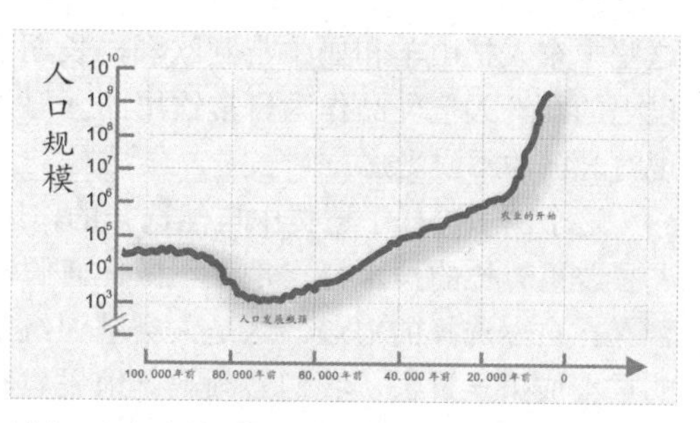

过去10万年中的人类数量变化（对数曲线）

从曲线上看，10万年前，人数只有几万人。在8万—5万年前的冰河期时代，不知道什么原因，人类化石证据出土很少，包括非洲也是如此。

我们人类可能因为某些灾难性的挑战而撤退了，人口数量急骤下降。根据遗传科学的对比推算，当时人类比大猩猩的数量少，7万年前只有2 000多人，濒临灭绝的边缘。6万年前曲线开始上升，人数增长并开始走出非洲。此后经过4.5万年，人类散布到世界所有大洲（除了南极洲），从几千人变成几百万人的狩猎采集者。

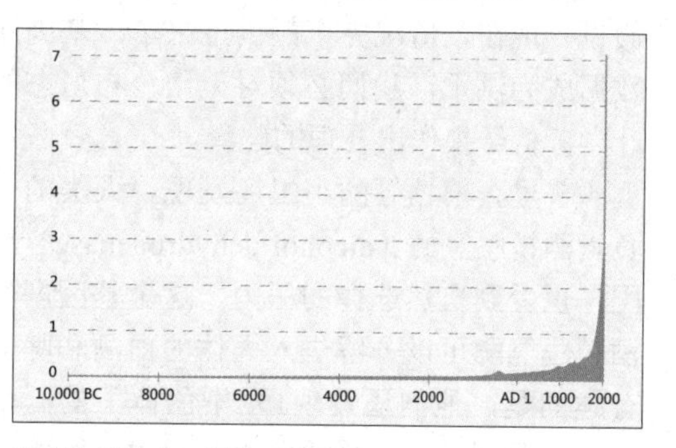

真实比例的人口爆炸示意图

大约一万年前，出现一场重大革命。人类定居下来，做出一个改变与大自然关系的重大决定，这就是发展农业。曲线上的人口开始快速增长，由几百万人变成70亿人，这场人口大爆炸的结果是人类统治了世界。

狩猎采集者依赖食物资源，农业人创造食物资源。这个动机改变了历史。控制了食物的来源，就拥有了在特定地点选择养活多少人的能力。

普里查德的基因研究结果显示：最显著的功能形态变化是皮肤的黑色素的变化，五种不同的基因涉及欧洲人的黑色素的选择，其中作用最强的基因之一是乳糖分解酵素（Lactase）。乳糖分解酵素帮助人类代谢乳糖，否则就会出现乳糖不耐受症。这个基因在人类婴幼儿时代启动，帮助消化母乳，此后大部分群体的这个基因关闭，成人不宜消化乳糖。

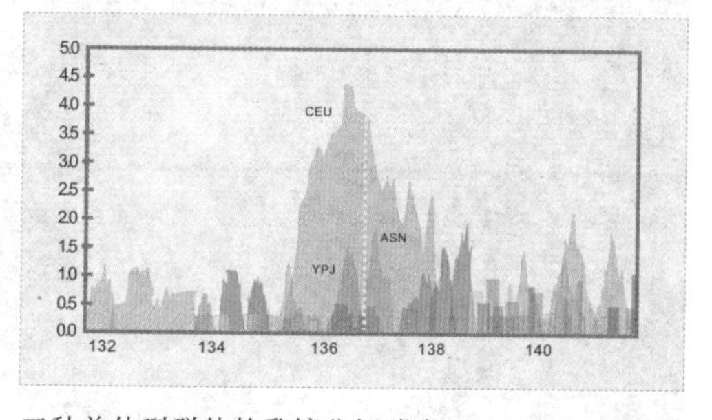

三种单体型群体的乳糖分解酵素（Lactase）基因的集成单体型积分（IHS）分析，CEU是欧洲人，YRI是非洲人，ASN是亚洲人。欧洲的选择强度信号最高。此图出自韦尔斯《潘多拉的种子》

1万—0.8万年前，中东人驯化了山羊和奶牛，增加了营养来源。

这些中东人把山羊和奶牛带到欧洲，长期饮用乳品造成一个基因突变，现在90%以上的欧洲人把乳品作为日常饮用品，但是亚洲和非洲的群体中的成人，继续呈现对乳糖的不耐受症。

这个例子诠释了遗传中自然选择的作用：欧洲成人也分泌乳糖分解酵素。

普里查德的技术特点是“不做任何假设”地分析，仅仅从海量数据中查找是否存在自然选择的痕迹。这是人类基因组工程的重大成果。过去，我们必须艰难地采集和烦琐地分析少量的基因序列数据，以证实某一种假设。现在，情况完全颠倒过来了，基因序列数据成为洪水，我们必须对无数分布形态的统计学分析结果作出合理的解释。

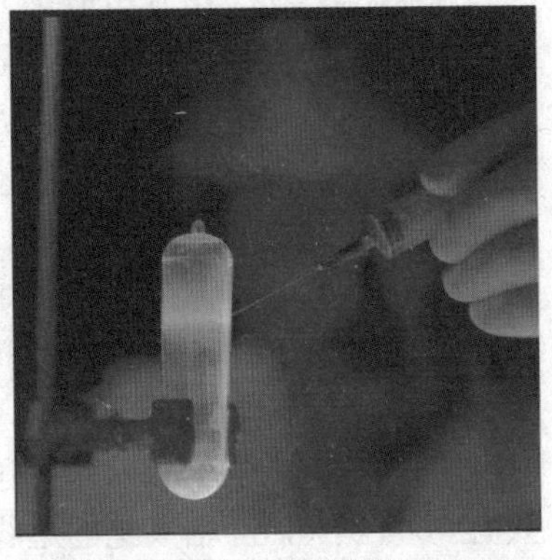

提纯的DNA在紫外线的照射下呈现橙色荧光

普里查德领导的小组还发现，人类的一个负责酒精脱氢酶（alcohol dehydrogenase）的基因，也受到自然选择的压力，这个基因产生的酒精脱氢酶可以分解进入人体的白酒和啤酒。有趣的是，他们还发现1号染色体上的一个基因，也受到自然选择的压力，导致肝脏组织发生变异，可以分解外来的化合物，例如进入身体内的各种药物。此外，随着各种新的食物进入我们的身体，我们也需要肝脏的这些“清洁”基因的功能，将这些

人类演变想象图

新的食物中性化。

普里查德的最后一个发现是很多基因出现重叠（overlap），证明自然选择和基因的冲突引发了复杂的综合性疾病，如糖尿病、高血压等。例如，高血压只是一种症状，并非一种疾病。导致高血压的原因很多，这种“疾病”极其复杂，既涉及遗传，也与生活方式有关。其中一种高血压类型是“盐敏感”，这类高血压患者如果吃了一定数量的盐，就会强烈影响血压的升高。几乎一半高血压患者呈现出这种“盐敏感”，在1号染色体上的细胞色素P-450（cytochrome P-450）的一组基因CYP3A导致了这种“盐敏感”。基因的这种变异是保护性反应，阻止我们的生活方式发生剧烈改变——农业的高度发达使得我们可以成吨地吞进各种营养，但是，人体根本不需要存贮这么多营养。

普里查德的计算分析证实，从狩猎采集生活转向农业生活之后，我们的DNA受到了巨大的影响。达尔文发现的自然选择，不仅产生了很多正面变化，例如皮肤颜色变淡、可以消化牛奶等，也造成很多负面效应。农业发展促成了人口大爆炸，人口大爆炸使我们与过去决裂，但也留下了遗传学的不利后果。

人类的“进步神话”之一是：过去一万年，人类摆脱狩猎采集生活，进入物质极大丰富的时代。大部分人认为，我们的先祖此前的生存异常艰难，英国哲学家托马斯·霍布斯（Thomas Hobbes，1588—1679）形容他们的生活是“孤独的、贫穷的、危险的、野蛮的、短寿的”。所以，当农业和政府一起降临时，优越性似乎是明显的，人们的生活似乎可以无限制地改善下去，人口与食物的增长都是正面的。但是，考古证据发现的事实恰恰相反。

1984年，人类学家约翰·劳伦斯·安吉尔（John Lawrence Angel）分析了地中海东部地区的人类，在转换为农业生活方式之前和之后的各个时期的遗骸，尤其分析了牙齿（根据牙齿可以判断寿命），计算得出下表：

历史时期	PID指数	平均身高		平均寿命	
		男性	女性	男性	女性
旧石器：前3万—0.9万年	97.7	5′9.7″	5′5.6″	35.4	30.0
中石器：前9千—8千年	86.3	5′7.9″	5′2.9″	33.5	31.3
新石器早期：前7千—5千年	76.6	5′6.8″	5′1.2″	33.6	29.8
新石器晚期：前5千—3千年	75.6	5′3.5″	5′0.7″	33.1	29.2
铜铁时代：前300—650年	81.0	5′5.5″	5′0.7″	37.2	31.1
希腊化：前300—公元120年	86.6	5′7.7″	5′1.6″	41.9	38.0
中世纪：600—1000年	85.9	5′6.7″	5′1.8″	37.7	31.1
巴洛克：1400—1800年	84.0	5′7.8″	5′2.2″	33.9	28.5
19世纪	82.9	5′7.0″	5′2.0″	40.0	38.4
20世纪后期的美国	92.1	5′8.6″	5′4.3″	71.0	78.5

PID：表述健康的指数（pelvic inlet depth index），越高越好

这些数据令人非常意外。旧石器时代人的寿命短，男性35.4岁、女性30.0岁的原因是婴幼儿死亡率较高；新石器时代开展农业后，人均寿命反而降低：男性33.6岁，女性29.8岁；中世纪身高降低，PID指数下降约22，此时的人类不是死于婴幼儿时期，而是死于疾病。

美国科学家也得出了类似的研究结果：农业生活方式，使得人类更不健康。

毫无疑问，如果不伴随着人口爆炸，农业肯定是拥有巨大效益的进步。我们曾经不断改良植物和动物的品种和产量——但是，我们是否更应该改良我们自己？如果我们再不控制土地资源的摄取和人口的增长，有可能像七万年前一样再次面对濒临灭绝的威胁。

农业新文化的成长

突尼斯城，曾经是迦太基帝国的首都。罗马帝国兴起于战胜迦太基帝国的三次长达120多年的战争。在突尼斯的克肯纳群岛（Kerkennah Islands），人们仍在沿用着几千年前的古老捕鱼方式：不是渔网，不是鱼钩，而是人造陷阱。

突尼斯人花费大约两个星期制作一个精巧的陷阱，放进地中海里，受骗的鱼类一旦进去就无法出来。这里的人们因此享受过几千年悠闲富足的海洋生活。

这种陷阱曾经非常有效，原来每天可以取出150磅活鱼，但是现在，每天进入陷阱的鱼类数量不到原来的十分之一。

地中海空了，人类的摇篮空了。

一万年前农业出现后，陆地的植物和动物食物来源，97%已被驯化了。

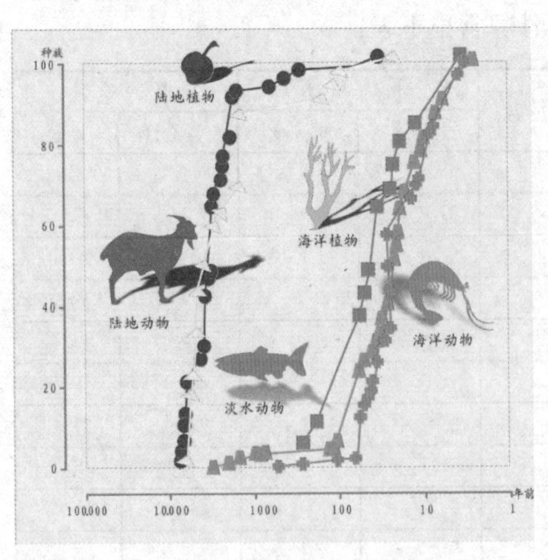

最近一万年里陆地和海上驯化的植物和动物的物种

100年前，海上的植物和动物食物来源，在仅仅一个世纪内就被驯化了，而其中的四分之一是在上世纪最后10年这么短的时间内驯化的。

为了使得三文鱼的颜色在长期冷冻条件下依然显得栩栩如生，挪威的海上丰收公司（Marine Harvest）培育出可以长期保持鲜红颜色的新三文鱼品种。一万年前的农民，现在为海上驯化的新三文鱼品种申请了专利，进入了工业化生产。三文鱼曾经是捕捞最为困难的海上美味之一。这家挪威企业的驯化已经扩展到鳕鱼、比目鱼和金枪鱼，大量出口世界各国市场，中国市场上也充斥着这种“颜色鲜艳”的挪威三文鱼。

英国石油公司BP（British Petroleum）的业务遍布全球，从事海产养殖的子公司Nutreco在1994年与BP分离，现在员工近10万人，在30多个国家建立了100多个生产设施。他们在澳大利亚被称为“金枪鱼海上牛仔”。

中国驯化淡水鱼的历史超过2000年，曾经创造过科学循环利用废料的养鱼方式：宋朝驯化出青、草、鲢、鳙四大家鱼种类，并且将吐丝成绸的蚕的粪便作为鱼的饲料。20世纪后期开始，中国海洋水产驯化和人工养殖的范围已经遍布中国沿海地区。

欧洲天主教会曾经不允许吃肉，但是因为鱼类是“冷血”动物，教会认为不属于肉类，所以投资培育鱼类。欧洲首先驯化了海上的鳕鱼。这些技术现在传播到夏威夷和其他波利尼西亚群体——这些太平洋海岛上的人们也开始用鱼塘饲养鱼类，逐步取代了丰富的海产。

我们餐桌上的主要日常食物小麦、水稻、肉类、土豆……都是一万年前新石器时代后期的农民驯化陆地生物的成果。而海产驯化是由20世纪100年中海上的农民开始的，他们与先祖的区别在于拥有了高新科技和大规模投资。虽然世界的水产品中，现在只有大约四分之一是人工驯养的，但是人工驯养的比例正在不断提高。

捕鱼，是我们的先祖数百万年的狩猎采集时代遗留至今的唯一的生产方式。现在，过度捕捞的直接后果是世界海产品产量大幅度下降，1970—1980年是世界海产的巅峰，此后各种海产的收获全部出现崩溃。

1995年，鳕鱼的商业捕捞停止了。在英国的北海地区，鳕鱼被宣布为“商业性灭绝”了。继续徒劳地追寻残存的少量鳕鱼，已经无利可图。

2003年，全球29%的公海渔场“崩溃”，产量减少90%以上。

换句话说，世界的海洋和渔场衰败了。

戈登·柴尔德（Gordon Childe）把农业称为“新石器革命”，是人类这一物种的历史转折点。戈登·柴尔德认为，“人类自己创造了自己”，他勾画出冰河期结束时地中海沿岸气候变化和农业诞生的关系。他的证据和结论是基本正确的。拉尔夫·爱默生（Ralph Waldo Emerson，1803—1882）说：“第一个农民是第一个人，所有历史上的贵族都是拥有和使用土地的人。”

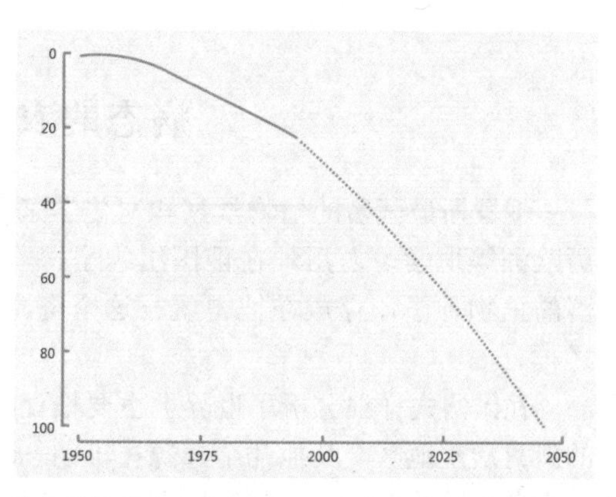

海产品物种丧失曲线图。“崩溃”（collapse）的定义：与长期平均值对比，产量减少90%或更多

新石器革命带来很多负面效

果。但是，人类一旦踏上这一步就不再回头，因为就如我们前文所说，谁也不愿意拿着武器，每天出去寻找下一顿晚餐。

具有讽刺意味的是，在贪婪的农业文化的驱动下，当海洋也开始衰败时，人们还在被反复警告：食用鱼类比较健康，鱼肉含有较少的饱和脂肪，尤其是鱼类含有omega3之类成分可以防治无数的“现代病”，从心脏病到老年痴呆症……所以，过去的30年里，欧洲和美国的猪肉和牛肉销量下降三分之一，水产品销量持续攀升。

于是，剩下的唯一出路就是人工饲养海产品。

我们先祖狩猎采集时代的唯一遗产——捕鱼可能很快将濒临灭绝，取而代之的是水产业：aquaculture，这个英文名词是“水上+文化”两个意思的合成。

六万年前人类走出非洲，随后很多大型动物灭绝了。捕杀大型动物才能收获更多食物。但是，中东的人类发现，定居种植草类和收集种子更可靠。

现在考古的方法之一是检测锶（strontium）的水平：遗骸的锶水平越高，人类食用植物的比例越大。中东的纳图夫人（Natufian）的锶水平曾显著增高，证明农业最先起源于中东。但是在1.28万—1.15万年前的新“仙女木时期”（Younger Dryas），全球的气温骤然下降8—20℃，时间持续1，300±70年，这段时期锶水平又显著降低，表明人类不得不再次以狩猎为主。

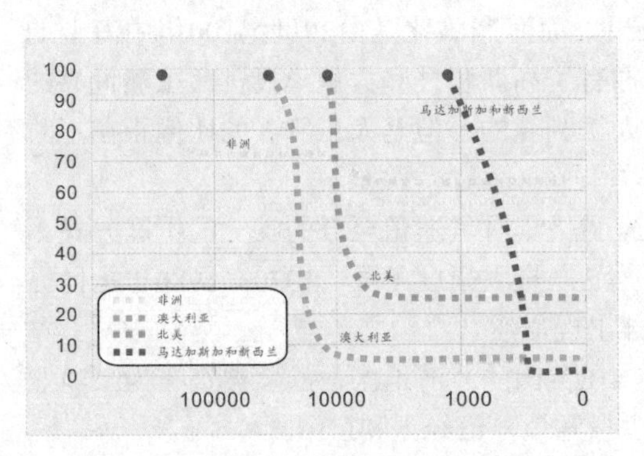

巨型动物在三大洲、马达加斯加和新西兰的灭绝形态，每一次灭绝都发生在人类抵达之后不久

农业起源于中东。但是，这些植物品种，起源在哪里？

病态的农业起源

俄罗斯最著名的植物学家和遗传学家尼古拉·瓦维洛夫（Nikolai Vavilov）游历欧洲等地学习之后，在俄国组织了探险考察队，搜集了世界上几乎每一个角落的植物种子，存放在彼得堡。这个资源库至今依然是最有价值的植物资源库之一。

瓦维洛夫详细分析了世界上主要粮食品种的起源。最大的一个起源地在中东的新月沃土地区，其他几个起源在伊朗—印度—中国—东南亚、中美洲—南美洲安第斯山脉等地。这些起源地有一点相同，即全部起源于山区。山区是生物学多样性的避难所。气候导致的各种灾难和干旱，造成其他地方的植物灭绝时，山区的植物却幸存下来。人类从山里挑选出可以作为食物的植物品种，这些粮食品种被世界各地的人类带下山的时间基本上差不多。

中美洲的玉米、土豆、豆类、辣椒、巧克力、香草、菠萝、南瓜都起源于墨西哥南部的瓦哈卡（Oaxaca）附近。瓦哈卡的地形崎岖不平，形成很多山间的大小盆地，这里的文明出现于一万年前，起源于这里的最重要的粮食作物是玉米。玉米迅速向四处扩散，进入北美和南美，正如小麦从新月沃土的扩散一样。

俄罗斯植物学家尼古拉·瓦维洛夫（Nikolai Vavilov，1887—1943），1943年被斯大林逮捕入狱，后饿死在集中营。现在，俄罗斯的彼得堡和莫斯科的植物研究机构都以尼古拉·瓦维洛夫的名字命名

在北美人的骨骼遗骸里，突然出现了新的“碳信息”。

植物的碳分子结构并不相同。2.5亿年前，出现C3植物，只有3个碳原子。这类植物用大气中的二氧化碳生产3个碳原子的植物分子，利用光合作用储蓄能量。现在世界上大约95%的植物属于C3植物，狩猎采集群体食用的大部分植物也都是C3植物。

6 500万年前，植物又进化了，出现C4植物，拥有4个碳原子的分子，包括大部分热带草本植物，例如玉米、谷子、甘蔗等。

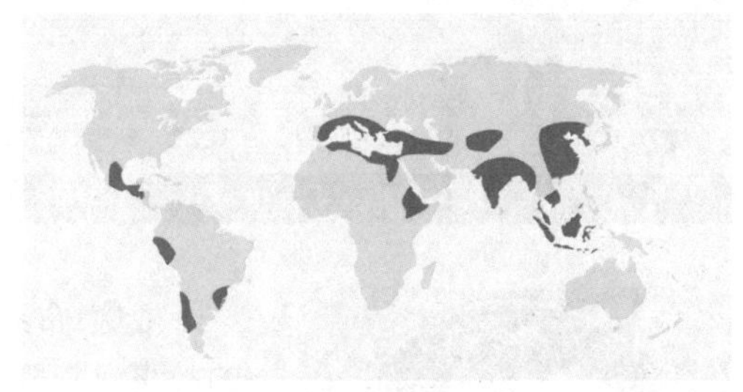

瓦维洛夫的农作物起源地合计8个，其中一半农作物品种起源于新月沃土地区

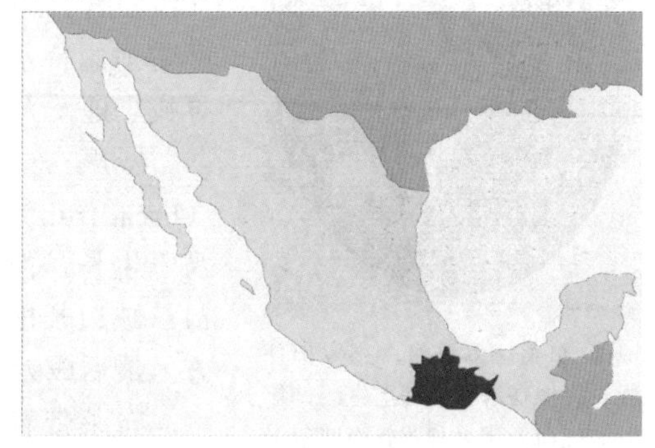

墨西哥南部的瓦哈卡（Oaxaca）

大部分碳分子有6个质子和6个中子，6+6=12个原子，亦即碳12。但是少数碳分子拥有7—8个中子，形成碳13和碳14同位素。植物死亡后，残留的碳分子会逐步丢弃多余原子，回到12个原子的正常状态。碳14被丢弃的速率不变，检测碳14的残留量可以推算时间。同时，碳13继续维持不变。可以通过检测碳14的存在比例了解历史。考古学家就是用这种办法，检测出玉米的信息出现在北美土著的遗骸里——他们吃的C4食物（例如玉米）越多，碳14的比例越低。

根据骨骼的年代和碳14的比例高低等数据，科学家查清了玉米传

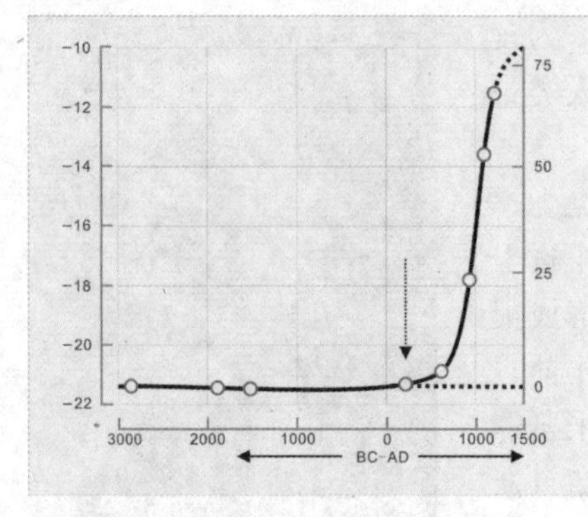

碳14检测的C4食物玉米在北美的传播

播的大致途径和时间：北美的农业，出现时间还不到2 000年。随后，“玉米杀手”迅速传播。

水稻则起源于中国南部。水稻的野生祖先野生稻（Oryza rufipogon），至今仍然生长在印度和巴基斯坦，在中国和北美也有野生稻。

经总部设在美国的史密森尼学会（Smithsonian Institution）仔细研究发现，在1.3万年前，中国长江中游出现过水稻，但是在北半球突然变冷的“新仙女木”时期却消失了，留下了植物化石。1.1万年前，水稻的植物化石又出现了。

所有的粮食作物的起源必经的最后一个步骤就是驯化。

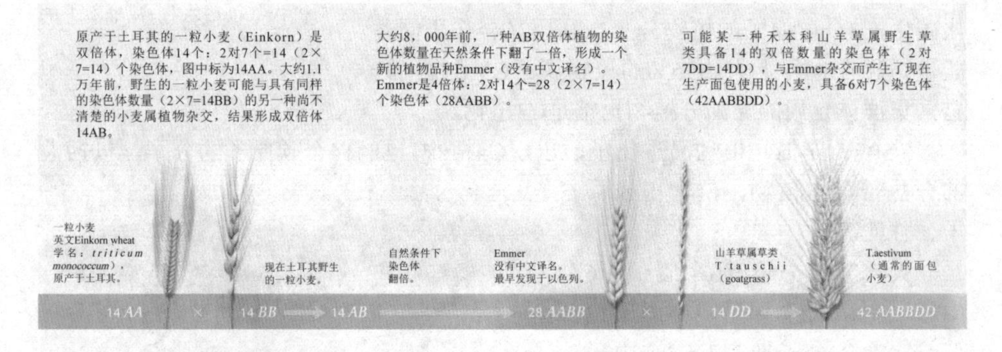

威廉·布莱16岁登船，35岁担任舰长。他在塔希提岛上生活15年后被任命为澳大利亚新南威尔士总督和海军中将

威廉·布莱船长（William Bligh，1754—1817）的故事《叛舰喋血记》（*The Mutiny of the Bounty*）曾5次被搬上银幕。1789年，他率领的“邦蒂号”（Bounty）经过6个月航行抵达塔希提。他一路上都严苛地虐待水手，抵达塔希提后，他强令水手不许寻找当地女人以免传染性病。

威廉·布莱当时在塔希提滞留的原因是面包树（breadfruit）。这种植物美味可口，富含卡路里、易于生长，但是却没有种子，只能在树枝上砍出缺口，缺口长出根系后，砍下这段树枝移植到其他地方，最后成为一棵独立的树。

布莱带着两个植物学家耐心地培育尽可能多的小树，准备用船带到西印度群岛种植。这是一个漫长而枯燥的过程，饱受虐待的大部分船员叛变驾船离开，只有少数忠于他的船员留在塔希提。

挪威的海上丰收公司（Marine Harvest）的三文鱼人工培育过程也采取这种“闭合循环”的反复重复。繁育过程中，没有外来的植物和动物的介入，原来的物种本身不断反复循环，最后出现很多不同的变种。

野生鳕鱼4—6年才能长大成熟，海上丰收公司重复繁育，找到了两年成熟的一个新品种。这家挪威公司的大部分预算都投入在重复繁育。为了培育新的比目鱼，他们甚至建立了很多海水养殖的“比目鱼大厦”，让更多比目鱼住进楼房，从而容纳更多的重复繁育。

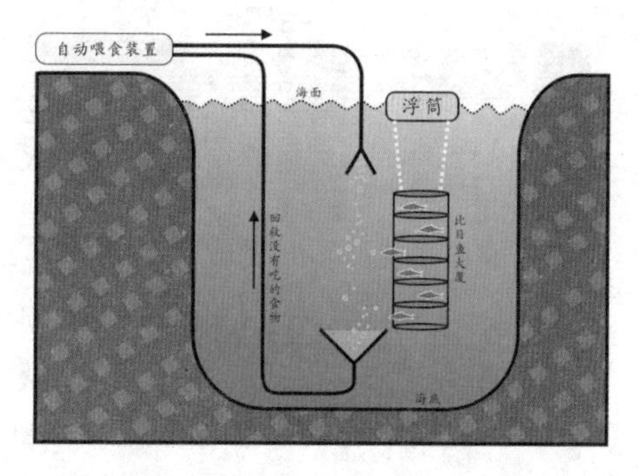

挪威海上丰收公司的比目鱼大厦。比目鱼出生6个月左右，一只眼睛翻到另一边。两眼都在身体的上方，鱼身平行游动。这个“比目鱼大厦”设计了很多“楼层”，可以居住更多比目鱼。饲料从海水的水面丢下来，没有吃掉的饲料回收再投放。比目鱼只能看见海面上掉下来的食物，它们吃完食物，又回到自己的楼层休息

现在看看三大谷物：小麦、水稻、玉米。

这三种谷物提供了世界人口的大部分卡路里，但是，现在它们都是同源多倍体（polyploid）——它们已经被人类繁育了很多代。换句话说，小麦、水稻、玉米的基因组重复了很多次，染色体变成原来的很多倍，它们成了转基因植物。

现代的转基因范围更广泛了，已经发展成移植抗病、抗虫的基因等。

正常情况下，一个基因组里的染色体的数量大约上百万年才会增长一倍。人类的驯化使得小麦、水稻、玉米的染色体数量翻了很多倍，这是相当于几百万年才能有的进化。

复制录像次数越多，图像越模糊，复印资料也会发生错误或遗漏某些页——复制基因组当然也会发生很多错误。基因组染色体不匹配的植物无法产生后代，复印时必须保留一份“原件”，以备再次复印——第二年作为种子播种，这是多倍体谷物的缺陷。所以农民必须购买种子，否则，产量会一代又一代地自动退化回去，这是一种源自基因的力量。

人类这种反复的重复繁育，存在致命的风险。

第一个指出这种风险的学者是日本裔美国生物学家大野乾（Susumu Ohno，1928—2000），他在1970年所著的《基因重复的进化》（*Evolution by Gene Duplication*）一书中提出：重复基因时，随心所欲地草率选择，会导致“快速进化”的变异，必须保留备份。他创造出“垃圾DNA”（junk DNA）一词，用以描述基因组里的很多功能不详的DNA。这种垃圾是重复基因的必然宿命，也许毫无

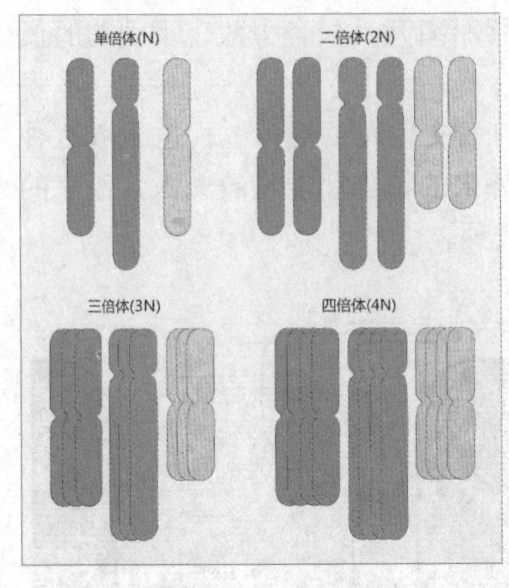

单倍体、双倍体、三倍体和四倍体

意义，也许后果致命。

正常发挥功能的基因维持生物体“继续活着”，无法预料的突变则可能夺去生物组织的生命。所有癌症都是不断重复自己的DNA，最后发展成为同源多倍体的。

这种危险的同源多倍体的小麦、水稻、玉米呈现出极高的突变率：它们的DNA始终处于不稳定的、重复的、分子湮灭的状态。

分子湮灭时会产生基因换位现象（transposable elements），成为DNA上寄生现象的起因。病毒可以嵌入基因，尤其是活跃的逆转录病毒（retroviruse）。艾滋病毒（HIV）就属于逆转录病毒家族。1950年，美国女遗传学家芭芭拉·麦克林托克（Barbara McClintock，1902—1992）在研究玉米遗传时发现了这一现象。起初遗传学界表示怀疑，后来证明她是正确的。

现在的玉米分为很多类型，包括双倍体、四倍体、多倍体等。玉米的最重要的3个基因分别决定玉米棒的数量、玉米颗粒的层次数量和玉米的糖分。经过仅仅4 400年的人工选择，尤其是最近2 000年的培育，玉米已经出现巨大的变异。

美国女遗传学家芭芭拉·麦克林托克（Barbara McClintock，1902—1992），1983年获得诺贝尔生理学或医学奖

在人类居住了4 000年的叙利亚境内的阿布·胡列伊拉遗址（Tell Abu Hureyra）中，出土了1.1万—0.75万年前的人类留下的150类500多种食用植物种子，研究这个遗址的学者们认为起源的定义有几种，人类刻意选择物种也算是一种“起源”。

如果某些物种没有产生人们期望的后代，人类就从野外再找其他物种。这些中东的早期农民，最后在“150类500多种食用植物种子”中留下了仅仅8类农作物，其中就包括小麦。

开展农业是人类的一个历史性决定。向大自然开战，与几百万年的进化史告别，人类与人类本身也决裂了——没有任何计划和目标的远征开始了。在没有地图和导航的黑暗中，人类跌跌撞撞地开始前行。

农业文化，带来两个重要的新事物。

第一，农业带来了人口数量的第二次1 000倍数量级增长。

第二，农业催生了政府。

起源于墨西哥的玉米始祖Teosinte，经过几千年的培育，现在的玉米已经面目全非，品种非常丰富

狩猎采集者之间是基本平等的。农业却使人类无法离开耕地和水源，定居带来各种建筑和不动产，大量人口群集造成不同的社会阶层和不平等。世界上的所有人类群体都自发诞生了宗教。为了合理分配水源和土地、联合开凿引水渠、共同建设神庙……人类突然发现必须有一个新的东西——政府。

是农业文明最终带来了政府。

政府开始组织更大规模的农业生产，从而产生出更多的人口。人口压力再迫使人们继续迁移，寻找更多的土地和水源。政府的诞生，原本为了协调农业生产，但很快转变成为战争组织，以夺取新的土地。最后，政府演变成帝国，如埃及、亚述、波斯、希腊、罗马、印度孔雀王朝、中国汉朝、高棉帝国、大津巴布韦等。

本质上，政府的诞生源自生育的力量。为了争夺土地资源，政府组织的战争越来越多，规模越来越大。随着战争日益频繁和残酷，社会主导地位向男性倾斜，战争英雄成为被崇拜对象或政府首领，而发明农业的妇女却沦为农业社会的下层。

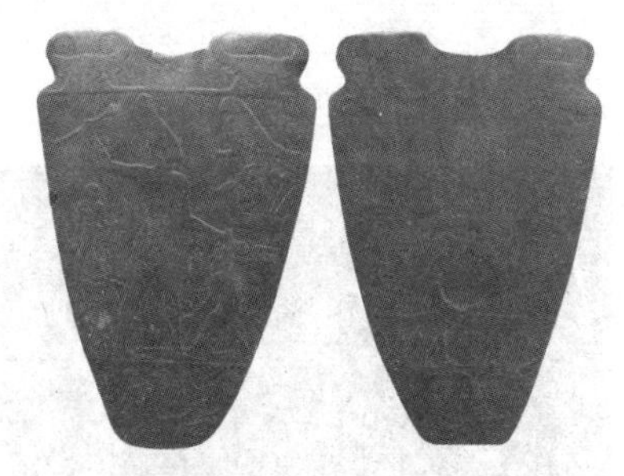

那尔迈调色板

政府成为战争组织最著名的证据之一是埃及的那尔迈调色板（Narmer Palette）。尼罗河两岸原本有40多个政府（Nome，诺姆），经过几千年的残酷战争后兼并为两个政府：上埃及和下埃及。5 100年前，上埃及的法老那尔迈首次统一两个埃及，这块板的两面分别描述了上下埃及

农业使我们病了

世界自然遗产大烟山国家公园（Great Smoky Mountains National Park）是美国旅游人数最多的国家公园之一，每年有900万—950万游人。位于田纳西州东部的大型游乐场多莱坞（Dollywood）的游客每年超过200万人。如果我们去大烟山和多莱坞旅游，就会发现几乎处处都是肥胖者。

虽然大烟山的游客来自全美和世界各地，但是大部分还是来自附近各州。这些州的肥胖比例超过20%，密西西比州的比例更是超过三分之一。肥胖比例最高的州都是家庭平均收入最低的州。但是，美国的东海岸、西海岸和欧洲，也是肥胖者越来越多，很多场所的座椅尺寸已经无法容纳越来越庞大的人体。

肥胖已经不是一种现象，而是一种疾病，一种流行病。

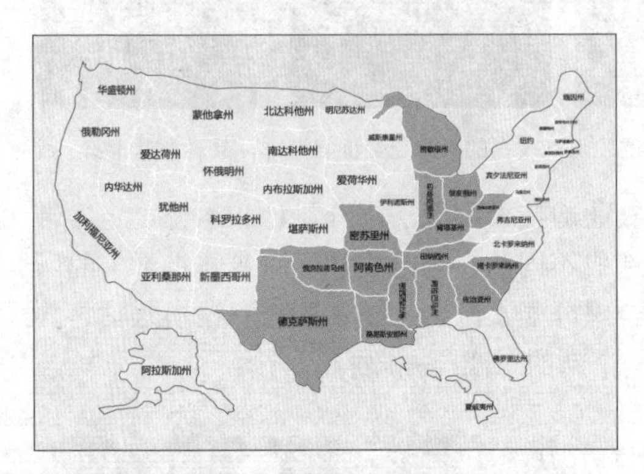

美国肥胖比例最高的15个州

1991年，美国没有任何一个州的肥胖人口超过20%。仅仅20多年间发生的变化无法用基因变化来解释。现在85%以上的美国人认为，肥胖是一种病。美国疾病控制预防中心（Centers for Disease Control and Prevention）和世界卫生组织的调查确认，肥胖是仅次于吸烟的第二大流行病，并将在10年内成为世界第一大流行病。

肥胖是很多疾病的基础。

我们的丰富食物，既滋养了我们，也在杀死我们。

现代人的食物远远超过了实际需求。线粒体以氧气为原料，每天制造的ATP能量的重量占人体体重的一半，为人类制造能量的效率为20万倍。换句话说，氧气比食物更重要。没有食物，人可以延续几个月生命，没有水，人可以活几周。但是，没有氧气人会立刻死亡。

我们的丰富食物，既滋养了我们，也在杀死我们

欧洲的肥胖病也在流行，发病率最高的地区也是经济最不发达的地区。这和美国的统计完全一致。

发展中国家的肥胖病也在流行。过去的解释认为，收入低的地区，受教育程度低，进入社会后的收入也低，成为恶性循环。因为运动缺乏，食物过量，才导致肥胖。现在，这些说法已经不足以解释全球性的肥胖病，因为收入中等、人口最多的印度和中国也在受肥胖病及其带来的诸多恶果困扰。

政策制定者和公共卫生专家已经认识到，除了糖尿病，肥胖还会引发一系列严重的慢性疾病。印度金奈的医学家们发现，人类很难改变固有的生活方式，贪吃和不爱运动既是强力的毒品，也是人的天性。

美国遗传学家詹姆斯·尼尔（James Neel，1915—2000）在对广岛和长崎遭遇原子弹辐射的群体研究中曾经惊讶地发现，基因突变率没有增加，也就是说，甚至强烈的原子辐射也无法撼动DNA。然后，尼尔着迷于巴西—委内瑞拉边境的原

始土著——亚马孙流域的亚诺玛尼人（Yanomami，约两万人的部族）的遗传研究。这里原来与世隔绝，人们生活在天然状态，但随着转入农业的进化压力，基因却很快发生了显著变化。

詹姆斯·尼尔（James Neel，1915—2000），美国遗传学家，人类遗传病学的核心人物，创立了遗传流行病观念，研究分析了环境对基因的影响。尼尔认为，某些非传染疾病，尤其糖尿病根源，正是人类从狩猎采集生活方式转向农业定居后，食物开始极大丰富。尼尔发现，我们的先祖原本已经具备了极其有效的存贮各种营养和能量的能力

尼尔猜测，在狩猎采集群体里，原先几乎没有糖尿病，所以这种疾病可能是突然大量供给卡路里的一种生理反应。卡路里的低摄入是狩猎采集群体在长期进化中形成的一种维持正常生理机能的能力，这种能力与现代的丰富饮食发生了严重冲突。他称其为“节俭基因型”（thrifty genotype）。

这个理论，随着糖尿病日益普遍得到认可。显然，这又是一个自然选择的行为。

糖尿病分为两种。I 型糖尿病可以在儿童时期发病，病因是DNA的遗传因素与环境的综合。II型糖尿病在成人时期出现（也有少年时期的发病者），部分源自遗传，部分源自日常饮食，80%以上的II型糖尿病患者都超重或肥胖。

这种“节俭基因型”副作用的最有趣的例子，是太平洋波利尼西亚诸岛屿的居民。萨摩亚人（Samoans）在3 000年前从亚洲南部迁徙到这些岛屿，他们有时必须承受几个星期营养不足的强大生理压力，幸存者属于能够减少卡路里消耗的群体。他们从事农业，获得丰富的卡路里，但是他们几乎天天四处活动消耗热量，防止了肥胖的流行。

但是，现代文明来到后，萨摩亚人不再乐于田间劳作和出海捕鱼，大部分时间坐着享受生活。现在，城镇的萨摩亚人中的肥胖者超过人口的三分之二，乡村中的肥胖者超过一半。所以萨摩亚人的糖尿病比例很高：男性25%，女性15%。

一个萨摩亚人家庭

在美国西南部和墨西哥北部的美洲土著比马人（Pima Indians）中，生活方式与糖尿病的密切关系更令人恐怖。住在美国的比马人，物质丰富，高达40%的人口罹患糖尿病，这个比例是全世界最高的。但是，边境另一边的同一族群却较多地维持着传统生活方式，只有7%的糖尿病患者，虽然这个比例也

在赞比亚首都卢萨卡的Chunga Cemetery公墓有126个掘墓人，他们每天埋葬大约50个人，大部分死于艾滋病。

不低，但远远低于美国比马人。

现在人人皆知“过度饮食和缺乏运动导致肥胖”。我们的先祖在狩猎时必须节省每一个单位的卡路里，因为每多消耗一个单位的卡路里，就必须多猎取一个单位的卡路里进行补偿。锻炼身体对他们来说是荒唐可笑的，他们本来就在奔走狩猎或四处采集种子和水果。这种几百万年的进化，产生了一套极其高效率的能量存贮和使用能力，早已深深埋藏在我们的基因里。

所以，糖尿病的威胁，不是来自外部，而是来自内部。

对肥胖—糖尿病的理解，涉及基因的进化及文明的发展历程。肥胖—糖尿病已经引发了无数后续的疾病。美国政府的统计发现，肥胖引起的各种疾病在人均医疗支出中的比例已经稳居第一位，约占四分之一。

第三次疾病浪潮

2003年2月，一位中国医生到香港出席侄子的婚礼，他无意中散播了一场蔓延全球的传染病。他当时感觉自己病了，以为得了感冒。这种感冒可以通过空气快速传染，最后出现肺炎，死亡率约10%。当时，这种疾病迅速扩散到五大洲，世界旅游行业下跌了9%。这种疾病源自冠状病毒（coronavirus）的一种，从此，一种新的传染病SARS（Severe acute respiratory syndrome，严重急性呼吸系统综合征）诞生了。

SARS的特点是传播速率惊人。这种病可能是中国南部的鸡病毒或猪病毒的突然变异。宿主成为人类后，通过饲养场的雇员和这位医生，一个月里就传播到加拿大、瑞士和南非。

SARS的死亡率不高。非洲的埃博拉（Ebola）、拉沙热（Lassa fever）和马尔堡病毒（Marburg virus）的死亡率极高，但是，这几种疾病仅仅在相对封闭的群体里突然暴发，没有快速传播造成严重威胁。H5N1禽流感（H5N1 avian flu）的死亡率可以高达50%，顾名思义，这种病毒来自家禽。1918—1919年暴发的流感，在欧洲等地造成2 000多万人死亡。

这些传染病全部起源于人类饲养的动物，并非“新威胁”。

美国历史学家威廉·麦克尼尔（William McNeill）在他1976年出版的《瘟疫与人类》（*Plagues and Peoples*）一书中，阐述了疾病与人类历史的关系，他发现传染病是很多重大历史事件的催化剂。

例如，14世纪欧洲流行的黑死病迫使蒙古帝国的军队逃离，而西班牙对美洲各个帝国的成功征服，主要是欧洲带来的疾病造成了大部分美洲土著死亡。

威廉·麦克尼尔（William McNeill，1917—），芝加哥大学教授、世界史学家。他的著作《西方的兴起：人类社区的历史》（*The Rise of the West: A History of the Human Community*）回顾了人类5 000年的历史，获得多项奖项。
2010年，麦克尼尔获得美国总统奥巴马颁发的国家人文科学奖（National Humanities Medal）

麦克尼尔发现很多疾病起源于新石器时期：农业人口集中在较小的空间，导致疾病的发生和流行。大约一万年前，中东开始驯化绵羊、山羊、牛和猪。大约8 000年前，东南亚开始驯化鸡——人类第一次与其他动物生活在一个社区里。

麦克尼尔写道："人类与他们驯养的动物分享各种疾病，26种疾病来自鸡，42种疾病来自猪。"

人类与牛分享的天花曾经杀死了无数人类，直到人类用种牛痘的办法遏制了天花。从动物传染给人类的其他著名疾病还有麻疹、肺结核和流感、黑死病。考古发现，人类过去从未罹患这些疾病，这些疾病通称"动物疾病"（zoonotic diseases，希腊语zoon的意思是疾病）。

在人类几百万年的进化中，体内长期存在多种细菌和病毒，但是它们与人类是互利互惠、寄生共存的关系。比如消化系统里的多种菌类，它们不会暴虐地杀死自己的宿主，断绝自己的生存资源。

考古证据发现，旧石器时代人类死亡的主要原因不是疾病，而是外伤和外伤引起的感染。外伤主要是狩猎造成的。进入农业社会之后，外伤导致的死亡下降，疾病导致的死亡上升，后来慢性非传染病开始大量增加，这三大死亡原因形成三次浪潮。

麦克尼尔的证据，引来很多类似的研究著述的出版。

从这三次浪潮的三条曲线可见：

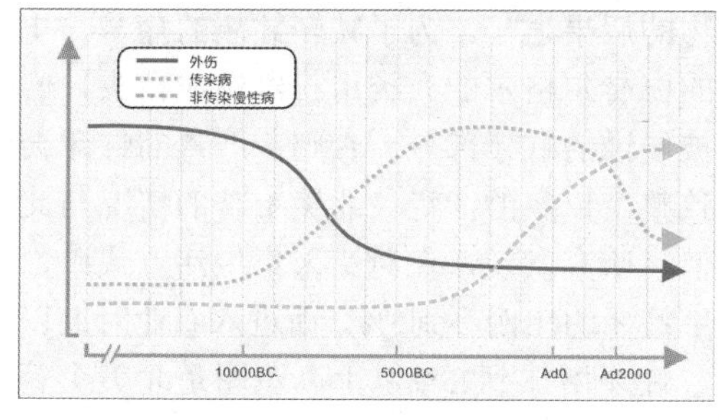

过去1.5万年，3种主要病患的变化曲线

1.人类从旧石器时代到新石器时代，外伤是第一位的死亡原因。

2.定居和驯化动物以后，传染病成为主要原因，直至20世纪出现抗生素。

3.最后一条曲线发展若干世纪后，在20世纪中期上升——非传染慢性病如癌症、糖尿病、高血压、心脏病等成为人类的最大威胁。

造成这些现象的另外一个原因是医学的发展延长了人类的寿命，很多慢性病往往与年龄关联。但是，最严重的问题是三次浪潮中最新的一次巨浪——非传染性慢性病，这些疾病全部无药可医，换句话说，必须终生服药。

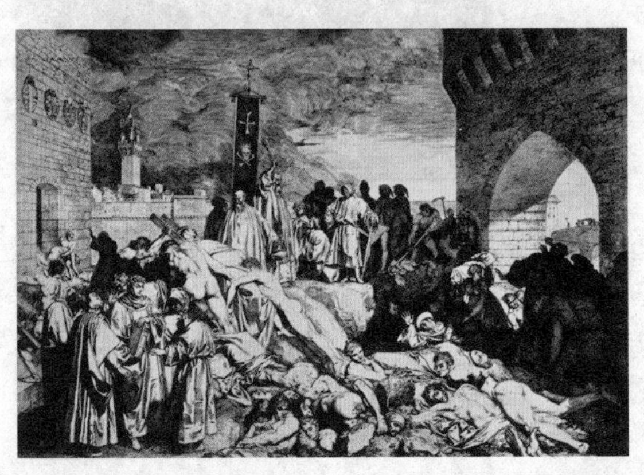

黑死病曾经造成人类大量死亡

非传染性慢性病的起源是碳水化合物——糖，糖给人类带来疾病，其证据最早是从印度河谷出土的蛀牙化石发现的。这个证据，首先刊登在《自然》杂志上。

梅赫尔格尔（Mehrgarh）距离阿拉伯半岛3 000多千米，位于一个陡峭的山峰下的坡地。这里发现的最大一个村庄的面积达到2平方千米。这是世界最古老的新石器时代定居点之一，也是亚洲南部最老的人类定居点，5 000年前印度河谷文明的发源地。从梅赫尔格尔向东，还有多处古代村镇遗迹，其中摩亨佐·达罗（Mohenjo Daro，乌尔都语，意思是死城）是一座古城，被列入联合国世界文化遗产。

人类在梅赫尔格尔居住了大约4 500年，这里发现了人类驯化小麦、大麦、牛、羊、山羊等的遗迹，以及石器、铜器、铁器等。9 000年前定居在梅赫尔格尔的人类住在泥砖房子里，制作陶器，用海产与800千米外的帕米尔高原上居住的人类进行贸易。

在这里最令人惊讶的发现之一是古代牙科手术的证据，它来自9 000—7 500年的土层。那个时期的牙钻应该是石器，这是世界最早的活人牙科手术。

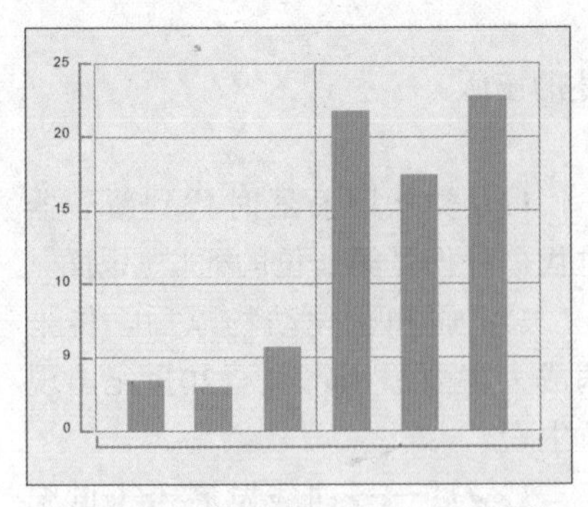

在美国东南部的几处地点，引进农业增加了蛀牙。当时属于森林时代的晚期，农业刚刚出现，时间为500—1000年

蛀牙，在旧石器时代的狩猎采集群体里几乎没有发现，在新石器时代才开始显著增加。它正是人类食用碳水化合物——多糖类食物的后果之一。为了减轻蛀牙的痛苦，史前的梅赫尔格尔的人类用石器做成钻头，磨掉被侵蚀的蛀牙部分。否则，严重的蛀牙会导致整个口腔的溃烂。北美土著的情况与此类似。研究发现，在狩猎采集生活方式中，发生蛀牙的比例不到5%。而进入农业时期以后，蛀牙增加到25%以上。左图是北美土著的蛀牙情况对比。

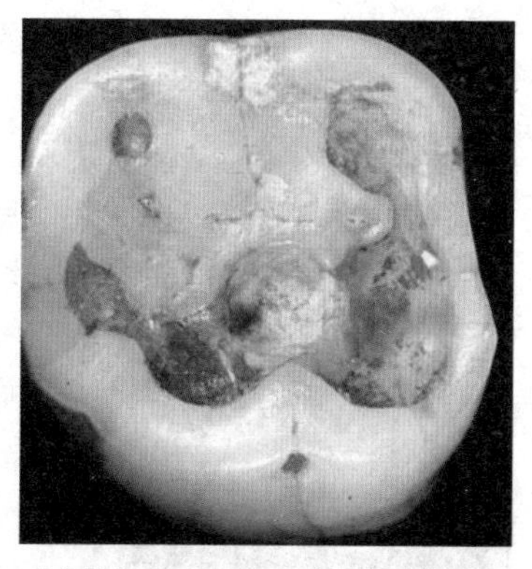
《自然》（*Nature*）刊登的“最早”的蛀牙照片

在农业时代，日常饮食里突然增加了大量的碳水化合物，这种食品必须经过去壳、研磨、发酵、烹饪等处理。在这些处理过程中，植物原有的很多营养丢失了，碳水化合物仅仅是糖。但是狩猎采集群体直接吃草类，不仅保持原有的营养，还起到了清洁牙齿的作用。

现在流行的阿特金斯饮食法（Atkins diet）、旧石器饮食法（Paleo Diet）和其他版本的各种新饮食方式，都是回归狩猎采集时代我们先祖的饮食方式——新石器时代以前、农业出现以前的生活方式。

阿特金斯饮食的基本理念：可以摄入和消化脂肪，但是排斥碳水化合物和含糖食品，以免多余的碳水化合物变成脂肪存贮起来。阿特金斯饮食可能过分强调以蛋白质取代碳水化合物

旧石器饮食法（Paleo diet）：又称洞穴人饮食法（Caveman diet）、狩猎采集者饮食法（Hunter-gatherer diet）。这类饮食排斥谷物、豆类、乳制品等，推崇水产、食草类动物的肉类、蔬菜等

美国医生罗伯特·阿特金斯（Robert Atkins，1930—2003）为了解决自己的超重问题，研究出不吃碳水化合物和含糖食品，只吃肉类、蔬菜的减肥饮食。1972年他出版了《阿特金斯医生的饮食革命》（*Dr. Atkins' Diet Revolution*），此后又出版十余本同样理念的书，号召人类回归自然，避免非传染慢性病。这套办法风靡至今。

新石器时代的纳图夫人的食物中已经包含一定数量的碳水化合物。但是，进入农业时代之后，突然变成以碳水化合物为主。现代人类的食物主要是碳水化合物和脂肪，这确实完全背离了人科生物几百万年的进化史。

当然，看起来似乎淀粉比糖好。实际上，淀粉也是糖。

人类食用糖的历史已有几千年，蔗糖的规模生产起始于产业革命。欧洲原来用蜂蜜作为甜味调料，蜂蜜营养全面，包含多种维生素和矿物质，但是产量少、价格高，无法作为卡路里的长期来源。于是，产量大、价格低的淀粉成为卡路里

畅销书《快餐民族》的封面

的来源。

现代饮食中，排名第一位的罪犯是糖。人类的基因因为无法处理过量的糖（碳水化合物），从而导致糖尿病。另一个重要罪犯是添加剂。2002年，埃里克·施洛瑟（Eric Schlosser，1959—）出版了大型调查报告《快餐民族：所有美国人食物的黑暗面》（*Fast Food Nation: The Dark Side of the All-American Meal*）。这本书列举了很多数据，例如，麦当劳草莓奶昔由60多种添加剂构成，唯独没有任何草莓成分，含糖很多。又如，番茄酱（ketchup）的三分之一是糖。这本调查报告引起巨大轰动，美国涌现大量类似书籍，出现多部电影，批判反思现代饮食文化。

人类在几百万年的进化中，形成了敏感的味觉和摄取偏好。对于苦味，人类本能地警惕，因为这些植物可能有毒。对于甜味，人类本能地感觉安全，因为它属于成熟的水果的味道。这些味觉和摄取偏好最后导致人类走向过量的糖——碳水化合物。偏好甜味正是人类进化史中的“阿喀琉斯之踵”（Achilles' heel）。

19世纪的产业革命是人类的第二次产业革命，新石器晚期的农业革命是第一次产业革命——由政府组织实施的获得食物的产业化革命。梅赫尔格尔发现的人类蛀牙，只是农业革命的恶果之一。

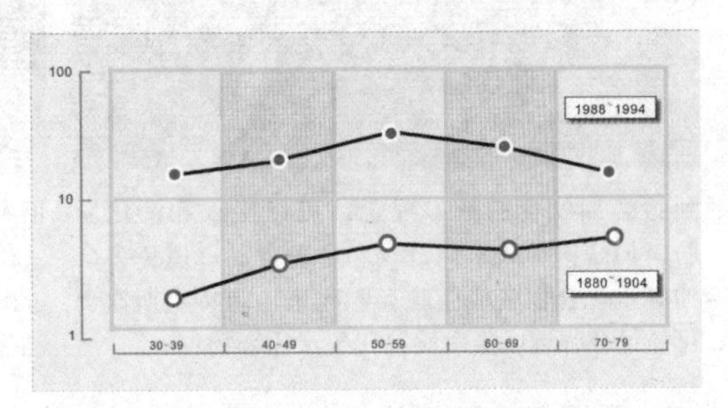

过去一个世纪肥胖流行的增长。数据来自Lorens Helmchen，他对比了美国内战时期联邦军的退伍军人与现代美国人。这里的数轴上，横轴是各个年龄段，竖轴使用的是对数标度。肥胖标准是BMI超过30

过去的一个多世纪里，美国食物中的糖类大大增加，汽车取代了走路……美国各个年龄组的肥胖人数都增加了大约10倍。现在，电脑、手机、互联网和游戏机使得人类的体力活动和身体锻炼更少，很难预料未来将是什么样子。有的媒体估计，2000年出生的孩子，在2050年时大约三分之一会成为肥胖者。

所有这些疾病的根，都源自农业文化——我们要为对抗大自然付出代价。

糖尿病、高血脂、高血压、心脏病等非传染慢性病，要么无药可治，要么必须终生服药。这已经完全不是传统意义上的“疾病”的概念，这些症状，也源自农业文化——我们要为对抗人类的基因付出代价。

在发展中国家，情况也不乐观。中国的各种“吃”出来的疾病也在不断增加，以肝脏为例，城市中的肥胖和脂肪肝人群非常普遍，中国特有的地方病乙肝的数量已经超过三亿人口。这一切都发生在最近几十年里。

21世纪是生物世纪，但是不应该成为医药世纪。

2011年，世界的新药品中74%已经是生物药品。生物药品迅速超过了化学药品，这些药品中不仅有治疗身体疾病的药品，还有治疗精神疾病的药品。

难道我们六万年前走出非洲，就是为了今天吃药？

1890年代英国获奖作品《一曲田园牧歌》（*A Pastoral*），作者与收藏者均不详，这件复制品现藏大英帝国档案馆

农业使我们疯了

人类走出非洲的旅程中，农业不仅引发身体疾病，还引发了精神疾病。

现代人头脑聪明，能够制作各种石器和武器，通过语言沟通和社会组织进行有效的狩猎和采集。现代人在非洲发展出这些文化，但是，他们为什么离开非洲？以前又为什么留在非洲呢？

对非洲各地的湖泊沉积物的数据分析发现，七万年前，最后一次冰河期，气候日益趋向寒冷，非洲也越来越干旱，草原减少；8 000年以前，非洲越来越干旱，撒哈拉沙漠开始扩张。但是干旱可能不是唯一的原因，人类曾经遭遇过一次巨大的天灾。

印度尼西亚的苏门答腊北部的多峇湖（Lake Toba），长度100千米，宽度30千米。这是一座休眠火山口，曾经发生3次大爆发。第三次喷发在七万多年前，

大约7万年以前可怕的“火山冬季”

是200万年里地球上最大的一次火山爆发，在大气层形成大量尘埃，遮挡了阳光，使气温急剧下降。火山灰散布到周围各地，造成全球性的巨大生态灾难。直到今天，在印度中部一些地区还覆盖着厚达6米的火山灰。

当时已经进入冰河期。火山灰遮蔽阳光，导致全球出现6—10年“火山冬季”（Volcanic winter）和大约1 000年的极度严寒，非洲地区的气温进一步下降。斯坦福大学的研究发现，当时非洲的人类数量减少到几千人，濒临灭绝。而其他地区的智人亚种受到了更大的打击。欧洲的尼人完全灭亡，西亚的尼人只留下高加索山谷中数百人。东亚的丹尼索人也可能只剩下横断山区数百人。多峇火山爆发为现代人走出非洲扫清了障碍。

我们仍然不清楚当时发生了一些什么故事。但是，再次发现人类时，他们的石器和艺术已经大不相同，人类文化发展了——这种进步明显受到了强大的进化压力。很多学者猜测，这次多峇火山爆发可能是人类进步和走出非洲的一个非常重要的刺激因素。

这个理论被称为“多峇巨变理论”（Toba catastrophe theory），又称多峇突变理论：巨大的自然灾难带来瓶颈效应，迫使人类发生了突变。

进入工业化之后，人类成为马歇尔·萨林斯（Marshall Sahlins）激烈批评的“经济人种”（*Homo economicus*，或经济动物）：每天受时间的严格约束，无数人天天重复做同一件事情，探险精神和创新精神成为少数人的专利。

进入现在的后工业化时代，人类“进化”为不同的“专业人种”：

在微粒子物理论坛上，一个民事诉讼律师根本搞不懂物理学家们在说什么。

在文学理论学术会上，一个化学家也是多余的听众。

每一个人都不会修理自己的汽车和家用电器。

每一个人都在过着食品和娱乐过剩的生活，但还是像机器一样在拼命。

……

苏门答腊北部的多峇湖（Lake Toba）

我们已经找不到自我，找不到生活。

1997年，托比·莱斯特（Toby Lester，1964—）发表的文章说：“我们是机器噪声包围的第一代人类。”无论在工厂还是办公室，各类机器设备比比皆是，家里的家用电器遍布每个角落，互联网和手机须臾不可分离……听得见的噪声、听不见的电子噪声、无数的社会联系，正在悄悄地损害着我们的免疫系统。

人类能够走遍世界，首先是因为具备了强大的身体和精神力量。所谓身体的强大，并非肌肉的强劲，而是免疫系统的发达。在一个细菌病毒无所不在的世界，任何幸存的物种都必须拥有强大的免疫系统。所有人属物种都灭绝了，因为人类的免疫系统最强大，所以只有现代人幸存下来。但是，现在越来越多的癌症正是免疫系统无法控制细胞基因突变的一个最好例证。

狩猎采集时代的田园牧歌，不可能时光倒流。

农业开始之前的和谐自然和农业开始之后的刀耕火种
北美土著有一句古老格言：善等地球。它不是你父母给你的，它是你的孩子们借给你的。
Treat the earth well. It was not given to you by your parents， but is loaned to you by your children

每一个民族，都曾经回忆和怀念远古的传说，那是人类的黄金时代。探索和反思人类六万年的旅程，只能得出一个结论或者疑问：我们是不是疯了？

著名的“邓巴150”是精神疾病起源的另一个证明。

考古学家曾经研究分析过尼罗河沿岸的历史。干旱驱赶着日益扩大的撒哈拉地区的无数部落氏族，拥挤到狭窄的尼罗河两岸。资源的争夺与战争不可避免，在这些资源争夺战中，有的埃及部落死亡率超过40%。但是，狩猎采集时代，人类还有更多的空间，最好的出路是走开，离开尼罗河，走向欧亚大陆。实际上，《圣经》也是描述了犹太人走开的一个例子。

猴子、猿人和猩猩也会发生资源冲突，它们的最终选择也是走开。

进化心理学家罗宾·邓巴（Robin Dunbar）对复杂社会架构的大量群体中，如何缓解压力感到好奇，于是研究了各种猴子、猩猩等灵长目动物的平均群体数量。他发现，平均群体数量与大脑皮层有关，大脑越大的灵长目动物，迁移和

罗宾·邓巴（Robin Dunbar，1947—），先后担任剑桥大学、牛津大学的教授

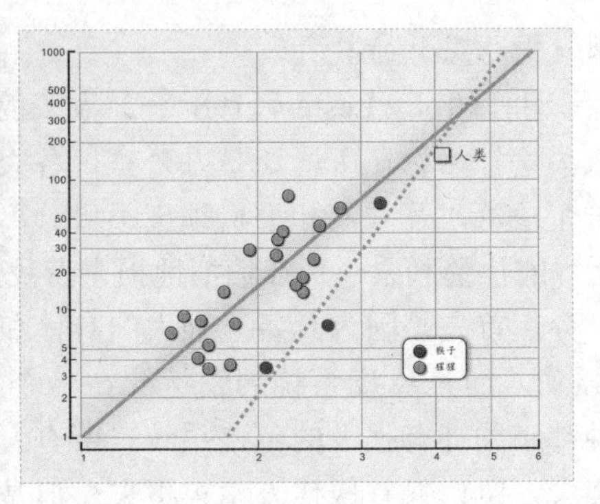

大脑皮层比率（Neocortex ratio），红点是猴子，蓝点是猩猩，方框是人类。人类群体的推算数量是148个人，故称邓巴150

生活的群体数量越大，因为神经元的增加，扩大了可以联系的个体数量，即社交联系的范围。大部分物种的群体数量在5—50只个体。他推算出人类大脑与相应的联系个体的平均数量为148个人，这个数据后来被称为罗宾·邓巴150（Robin Dunbar 150）。

罗宾·邓巴解释：这个数值是人类理想的社交联系人数，虽然有人最多可以记住2 000个人，但是保持有意义的社会关系的人数是150。这个数字正是1990年代发明E-mail之前，人们在圣诞节邮寄贺卡的平均人数。

这是生物学决定的一个“硬链接”数值。如果超出这个数值，只有两种可能性：要么分离，要么调整和改善政府、宗教、法律、警察等社会组织的相应结构以维持这个数值。

旧石器时代的先祖可以选择分离，我们只能选择后者——调整和改善。

无论怎样调整和改善，现代社会的社交人数，还是往往远超150人，由此也带来心理负担和精神压力。

农业发展、产业革命、互联网时代使得人类社会变得如此复杂，我们陷入了一种既不可能“非人化”，也不可能违背自然规律的两难境地。于是，我们不愿观看身边的人海，宁愿在公共场合埋头玩手机；我们对各种社交聚会犹豫不决，又不得不前去社交和应酬……事实上，我们的大脑根本处理不了这么多的“社会关系”，也没有时间安排这些“社交应酬”。

这种大背景，正是精神疾病日益增多的另一个原因。国际卫生组织已经将这类疾病列为2020年世界范围内第二大的致残和致死原因，在欧洲和北美，出现这类精神疾病症状的人口比例都已超过四分之一。

复杂的社会结构和社会关系，使得人类在心理、精神和神经方面的疾病也成为一张长长的清单。

我们是不是应该收敛疯狂？

这种趋势的连带后果是精神疾病药物的使用在不断增长，人们试图改善自己的精神状态，酒精已经不能帮助人们缓解和摆脱精神的烦恼和压力……

根据美国疾病控制中心的统计，抗抑郁药类（如Prozac和Paxil）是美国现在

2010年，韩国的养乐多（yakult）公司，女工们在工业化生产泡菜

数量最多的处方药，超过治疗高血压、胆固醇和头痛药剂的总和。此外，美国大约10%的男孩在天天服用含有兴奋剂Ritalin的药物，以控制注意力不集中和失调多动症状……

虽然新的更有效的药物正在继续研发，但是无法解决农业文化和人口爆炸这两个孪生的病源，因为我们不可能战胜我们自己的基因。

这是人类历史上的第一次。

时光虽然不能倒流，但是我们可以回到狩猎采集时代，看看几百万年进化的人类，找出真正合适的社会交流范围，以保护我们的免疫系统和健康。

德国最重要的汽车出口专业港Bremerhaven里堆积如山的等待出口的汽车

我们应该学习了解生物学和基因的新知识和新发现，我们应该参考农业出现之前的狩猎采集时代，再造新的文化，再造人类。

已经开始的溃败

农业扩张一万年后，人类第一次开始从土地上撤退了。

图瓦卢（Tuvalu）是一个太平洋岛国，由9个珊瑚礁环岛屿组成，面积约

图瓦卢（Tuvalu）海滩

图瓦卢妇女

1.054万平方千米，26万人口。这个岛国最高海拔仅5米，随着全球大气变暖，南北极冰盖融化以及全球冰川消退，欧美各国在图瓦卢安设的精确设备测量发现，太平洋海平面平均每年上涨0.9厘米，预计21世纪之内，也许50年内，图瓦卢将淹没在大海里。

随着海平面上升，这个岛国现在已经无法获得淡水，所有食品和饮水必须进口，导致各种包装垃圾遍布各个岛屿。图瓦卢的旅游业已经消失了。

在德国、法国、英国、美国、日本、澳大利亚等国的帮助下，图瓦卢一面接受国际援助，一面进行谈判和规划，他们只能放弃家园、举国迁移。

这是人类历史上的第一次国家整体溃退。可怕的是，这一现象，正在全球蔓延。

人类终于认识到索取地球无止境的农业文化的重大内在缺陷，觉悟到农业文化贪婪的恶果。人类开始退耕还林，退草还牧，控制人口。

20世纪，人类最重要的发明之一是退休，退休之后由国家福利体系养老。

退休制度的重大成就之一是遏制了世界人口的继续迅速增长，人类不必为了吃饭、为了养老而没有节制地大量繁衍下一代。

20世纪，发达国家人口保持稳定的事实，已经证明托马斯·马尔萨斯的政治经济学理论是正确的。他的理论深刻揭示了人类与大自然的关系。农业文化的本质是无止境地索取地球、繁育人口，形成恶性循环直至地球资源枯竭。

我们必须改变农业文化以来的世界观。

所谓“开化的”农业始终是野蛮的。

最初的农业是“刀耕火种”：破坏和利用一块土地，然后迁移到另一块土地。农民播下种子的目的，是为了收获和养活家人，土地只与生存有关。土地不足的时候，为了争夺土地资源，就会发动有组织的战争，互相屠杀。进入“文明

我们人类根本不需要那么多粮食、肉类、蔬菜和水果

的”工业时代，人类“进步”了，开始更加努力地增加产量——向地球索取。这种循环没有止境，直到再也没有地方可以开发，直到世界再也没有新的资源，人类再也无处可去。

农业文化认为，向地球索取可以无穷无尽，尤其最近几个世纪的无限制扩张和掠夺几乎达到疯狂。可是，土地终有尽头，地球终有尽头。

英国政治经济学家、统计学家托马斯·马尔萨斯（Thomas Robert Malthus，1766—1834）。

人口与人，完全是两个不同的概念。托马斯·马尔萨斯说：“人口的力量无限大于索取地球而求生存的人的力量。”

农业文化发展进步的陈旧模式面临资源枯竭的致命挑战，继续维持已不可能。虽然我们无法回到农业以前的时代，但是狩猎采集时代的人类文化值得我们反思和借鉴。

人是猎人，几百万年的猎人。

六万年前，我们离开非洲。

一万年前，潘多拉的盒子打开了。

我们的进步和错误，都发生在一万年之内。基因研究告诉我们，我们是不可分割的远亲，人类也只有一个地球家园。

我们不可能回到狩猎采集时代。在陆地资源已经所剩无几，当我们继续带着农业文化的世界观，准备走向海洋继续索取，继续探索基因技术以求新的发展之前，是否应该首先勇敢地再次审判自己：我们做错了什么？

仅仅20多年，生物科学和基因技术揭示出一系列事实，使得人类陷入全面的反思和探索。

第八章

必须向新理论开放

人类科学研究的历史证明，我们必须向新的理论开放，因为新的理论可能被新的事实证明。在研究人类的遗传、人类的起源、人类的旅程、生命的起源的过程中，一百多年来涌现了无数不屈不挠的先驱者，他们在一团谜雾中摸索，他们一次又一次否定自己、发现真相，他们带领我们找到了人类的先祖，了解了人类波澜壮阔的六万年旅程。

这一章，我们主要介绍其中最重要的几个人物，几个诺贝尔奖获得者的故事，以及最新出现的新的生命理论。

这些内容，都与本书的主题、人类六万年的旅程息息相关。

基因的先驱与DNA的先驱

中世纪，“先成者说”（preformationist theory）认为，人类本来就在卵子里。如果“先成者”存在于母体里，那么，母亲的母亲的母亲的……母亲的体内，就应该有一个孩子的胚胎。这个理论有些像俄罗斯的套娃，它的真实含义是人类是在不断的退化过程中，所以这个理论被抛弃了。

精源论（spermists theory）和卵源说（ovism）更加糟糕。

按照《圣经》的创世逻辑和理论，上帝应该在创世的第六天，把所有人类的精子都塞进了亚当的身体里，包括亚当的孩子的孩子的孩子的孩子……的精子。这显然是不可能的。同样道理，夏娃被塞进无数世代的无数卵子当然更是不可能的。

科学家们相信，是某种化学物质参与了所有的遗传和进化。

基因与DNA，现在似乎已经成为同义词，其实并不一样。DNA是化学名词，基因是遗传学概念。DNA—基因构成的大型分子结构叫作染色体，DNA结构蕴藏着基因的信息。

格雷戈尔·孟德尔（Gregor Mendel）

弗里德里希·米歇尔（Friedrich Miescher）

19世纪的中期，基因和DNA几乎被同时发现。两个伟大的先驱，基因的发现者格雷戈尔·孟德尔（Gregor Mendel）和DNA的发现者弗里德里希·米歇尔（Friedrich Miescher）都默默无闻地死去了。

1884年1月，孟德尔去世的那个冬天非常寒冷。修道院里修士们腾空了孟德尔的办公室，无情地烧毁了他的所有文件和院子里的实验设施。当时谁也不承认孟德尔的基因研究，没有任何亲友认领孟德尔的遗物，虽然后来作为遗传学之父的孟德尔成为这座修道院的无价之宝。

1884年，同一个寒冷的冬天，瑞士的米歇尔正在他的修道院地下室里进行三文鱼的实验。他的面前，放着他多年来从三文鱼的精液里提炼出来的一大堆黏糊糊的东西。他沉迷于这些实验，当年他的朋友们把他强行从这个地下实验室拖出来、前去参加他自己的婚礼。正是从这些黏糊糊的东西里，米歇尔提炼出了DNA。

孟德尔和米歇尔所在的修道院，距离大约600千米。但是，几乎整整一个世纪，没有任何人把基因和DNA联系在一起。

米歇尔的父亲是一位著名妇产科医生，因为米歇尔的耳朵不好，人们建议这个孩子从事化学研究。1868年，米歇尔进入生物化学家费利克斯·霍普-赛勒（Felix Hoppe-Seyler）的实验室。现代人无法想象，这个实验室竟然在一座古城堡地下室的王室洗衣房和厨房里。米歇尔做事非常专心致志，他取出德国伤兵伤口里的脓，在其白细胞的细胞核里，发现了一种化学物质。他用猪胃里提炼出来的酸溶解了细胞膜，分离出灰色的糊状物。但是他无法分辨这到底是什么东西？这种物质不是蛋白，因为和蛋白完全不同，这种物质在盐水、醋酸、稀盐酸里都无法溶解。他把这种物质命名为核酸（nuclein），后来学术界称其为DNA。

1869年，霍普-赛勒认为米歇尔的实验搞错了，要求他一步一步地再次重复这项实验，否则不允许他发表这项实验的结果。

1871年，又经过两年实验，米歇尔发表了他的论文。这篇论文，使米歇尔成为DNA的发现者。

1871年，同一年，达尔文的第二本巨著《人的由来》也发表了。

达尔文、孟德尔、米歇尔等遗传—基因—人类科学的先驱探索科学领域的时代，正是人类文明发生重大转折的时代，三场伟大的战争几乎同时在欧洲、亚洲、美洲进行：

1861—1865年：美国南北战争，双方动员军队超过300万。此战后美国成为真正统一的国家。

1868—1871年：日本明治维新，德川幕府退位，天皇从京都迁都东京，经两次全国性血腥内战“废藩置县”（300多藩主被废，改为70余县）后，日本成为统一国家。

1864—1871年：德国统一战争，俾斯麦三战三捷，先后击败丹麦、奥地利和法国，1871年，德国成为统一国家。

19世纪结束时，英美法德日五大强国完成工业化，科学技术高速发展。但

1869年，25岁的弗雷德里希·米歇尔（Friedrich-Miescher，1844—1895）在德国图宾根（Tubingen）一座古代城堡的地下室的简陋实验室里发现了核酸（Nucleic acid）。这种物质是DNA的构成单元。同一时期，孟德尔发现了基因

是，生物—遗传—基因—DNA科学的道路仍然崎岖坎坷。

此后，米歇尔经历了一段不成功的教学生涯，因为“（学生）难以理解”和“性格焦躁”，米歇尔不得不离开教室，再次回到实验室。这一次，他的研究对象不再是伤兵的脓，而是三文鱼的精液，因为米歇尔发现三文鱼的精液几乎全部是DNA。他每年秋天和冬天都在莱茵河里捕捞三文鱼。他努力捍卫DNA的声誉，他的预算有限，他不被理解，他的努力也付诸东流——他无法回答这种神秘的DNA到底是什么？他也不知道这种物质如何影响了遗传？瑞士政府也不支持他。最后，米歇尔不得不全部放弃了DNA的研究。

当时，大部分人依然相信是蛋白质决定了遗传。

当时，大部分人认为DNA是不稳定的。所以，甚至米歇尔自己也开始研究蛋白的氨基酸如何影响遗传。最后，顽强的米歇尔发现，蛋白的氨基酸无法解释遗传，于是他再次转回DNA。不幸的是，他的身体越来越糟糕，1895年，米歇尔因为肺炎而撒手人寰。

孟德尔的遗传学研究更不顺利。他选择豌豆的原因之一是实验简单，昆虫和风都不会帮助豌豆授粉。孟德尔认认真真地记录每一天的温度和气压，以及各种豌豆实验数据，最后他的豌豆遗传实验几乎变成了一批统计学表格的综合。

1865年，孟德尔在一次会议上宣读了他的遗传学论文。史料记载，所有听众都认为这是一场数学计算演示，会议上没有出现讨论，甚至没有人提出任何问题。

1866年，孟德尔书面发表了他的结果。仍然是一片寂静，没有人回应。

1868年，孟德尔被选为修道院的院长之后，他一方面管理修道院，一方面仍然顽强地继续着他的实验。他过去每天抽20支雪茄，最后发展到最多一天抽120支雪茄。他晚年的一位来访者回忆，孟德尔曾经带着他参观修道院的花园和果树，但是看到豌豆的实验田的时候，孟德尔赶紧

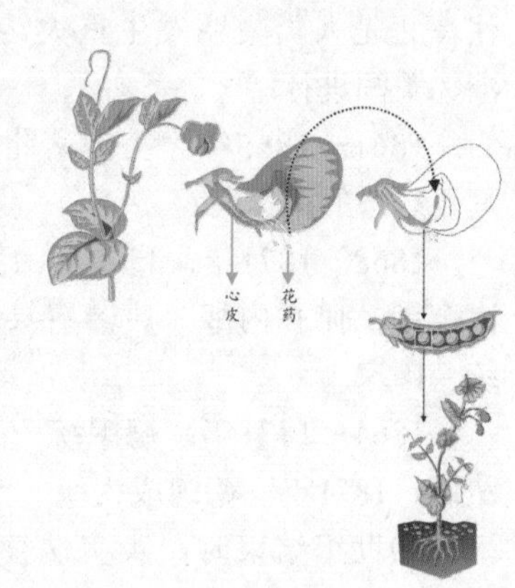

转移话题，甚至显得局促不安。来访者问他为什么种植豌豆？孟德尔回答说：“这只是一个小游戏，故事很长，长得一时难以讲清楚。”更加麻烦的是，孟德尔为了教会的利益与政府进行了长期的抗争，一位律师感叹地写道：“孟德尔的身边‘充满了敌人、叛徒和告密者’。”四面受敌，身体日渐衰弱的孟德尔担心自己被活着烧掉，所以坚持死后进行尸体解剖。

1884年，心脏和肾脏都失去功能的孟德尔最终死去了，修道院烧毁了孟德尔留下的一切，以维护修道院的名誉，豌豆实验也成为他的陪葬品。

孟德尔死后35年里，先后11位科学家（大部分不是农业科学家）分别表示，他们不认可孟德尔的遗传理论。这些科学家再次埋葬了孟德尔。

孟德尔曾经跟他的一位同事说过：“我的时代终究会来到。”1900年，3位生物学家几乎同时发现孟德尔是正确的。这3位科学家各自发表的论文印证了孟德尔的研究，他们不约而同地复活了这位捷克的修道士和他的基因理论。

但是，“基因”到底在哪里？仍然是一个谜。

胡戈·德弗里斯（Hugo de Vries，1848—1935），荷兰植物学家和生物学家，1901年发现突变（Mutation）并提倡突变理论

埃里克·冯·切尔马克（Erich von Tschermak，1871—1962），奥地利农学家

卡尔·埃里克·科伦斯（Carl Erich Correns， 1864—1933），德国植物学家和遗传学家

果蝇造就的一批诺贝尔奖

19世纪后期，达尔文的理论衰落了。生物学家承认演化发生了，但是他们贬低达尔文的自然选择机理，认为适者生存证据不足。人们认为适者生存的原理仅仅适用于不适者，演化是跳跃的或突然发生的，而不是达尔文所说的微小

的演化。

19世纪后期，统计学进入生物学，人们发现个体特征（Trait）的变化往往呈现钟形曲线，例如，人群的个子都差不多高，特别高和特别低的人都是少数。显然，自然选择不能去除最高的人和最矮的人。

1900年之后，孟德尔主义（Mendelism）迅速流行，这种基因理论开始挑战达尔文主义（Darwinism）。人们认为这两种理论互不相容。

当时已经出现了染色体理论、突变理论、基因理论等，但每一种理论都不那么清晰和有条有理。科学家们互相争执，这些理论似乎互相重叠了。有人认为基因不在染色体里，有人认为一个染色体里只有一个基因……达尔文被忽略了。

达尔文及其支持者推翻了《圣经》，但是现在又出现了针对达尔文的战争。

1900年，一场不文明的内战打响了，这是孟德尔的遗传学针对达尔文的自然选择的战争。大部分生物学家认为，这场战争的结果将是一个理论灭绝另一个理论。三个复活了孟德尔的科学家之一，胡戈·德弗里斯（Hugo de Vries）首先发明了突变理论（mutation theory），他认为物种起源是某些罕见的突变引起的。

摩尔根（Thomas Hunt Morgan）原来是一个动物学家，研究胚胎。1900年，他听说了突变理论之后，照搬孟德尔的做法进行研究。他选择的不是豌豆，而是果蝇。当时果蝇移民到美国，香蕉也进口到美国。因为果蝇（drosophila，又称fruit flies）可以12天繁殖一代，所以成为一个很好的实验工具。

托马斯·亨特·摩尔根（Thomas Hunt Morgan，1866—1945），美国进化生物学家、遗传学家。右图：他在狭窄的纽约实验室用香蕉喂养果蝇，这个实验演示了染色体在遗传中的作用

摩尔根在他的实验室里放了8个大柜子，几千只果蝇幸福地生活在牛奶瓶子里，靠腐烂的香蕉活着，抽屉里也爬满了蟑螂。但是摩尔根泰然自若地忙碌在这个肮脏的环境里。他坐在中间的一张桌子旁，他的主要武器是一个放大镜，详细观看是否出现了胡戈·德弗里斯所说的突变。如果某一个奶瓶里的果蝇没有出现他希望看到的突变或类型，他就用拇指把这些果蝇碾死，然后把它们的尸体随意抹在什么地方，例如在他的笔记本里。

1910年5月，戏剧性的突变出现了——一只果蝇的眼睛变成了白色，而原本所有的果蝇都是红眼睛。

摩尔根把白眼睛隔离开来，培育出很多白眼睛。他用白眼睛雄性果蝇与红眼睛雌性果蝇交配，结果很复杂。他用不同的方法培育各种后代，出现了一个激动人心的结果：他发现红眼睛与白眼睛的比例是3∶1。摩尔根听说过一个名词——基因，摩尔根还听说哺乳动物的染色体中雄性是X与Y，雌性是X与X，这里有三个X与一个Y。这可能说明，摩尔根发现了比例为3∶1的基因？

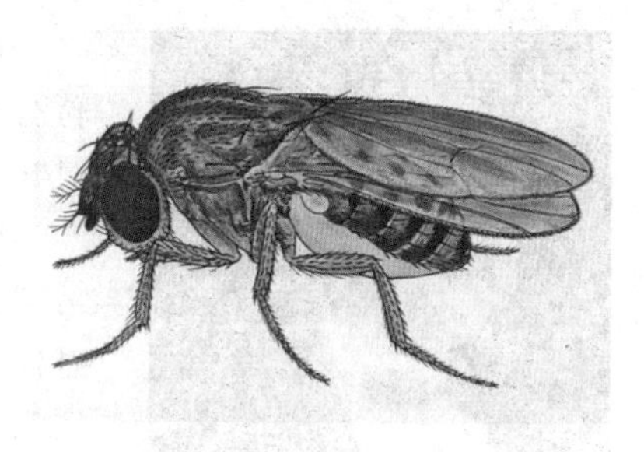

果蝇，成虫的身长仅为3mm，以腐烂的水果为食物

1900—1940年，达尔文理论陷入了黑暗时代。

这段时期，基因的情况也好不到哪里，全世界没有几个人说得清楚什么是基因。

染色体的情况更糟糕。染色体和核苷酸的拉丁名称又长又难记。行星是按照希腊神明的名字命名的；化学元素是按照神话、英雄和伟大城市的名字命名的……当时不受重视的23对46个染色体的名称，则干脆是按照它们的长度命名的：1号染色体的长度第一，2号染色体的长度第二……这些枯燥无味的命名，说明人们当时搞不清楚染色体和DNA的真实意义，所以对它们也没有什么兴趣。

非常幸运的是，只有一个重要的例外，就是果蝇。

摩尔根的团队不断推出新的发现，演示染色体的遗传效应，他给这些不同模样的果蝇分门别类，起了很多标新立异的品种名称。摩尔根想出了一个理论——复合基因（multiple genes）理论。他把果蝇的眼睛、翅膀的形状、绒毛的模样等作了分门别类，然后分别培育这些遗传特性。虽然基因和染色体没有改变，但是个体的遗传特性却变得互不相同，而且可以一代又一代培育出来。

虽然理论上没有什么新发现，但是，谁都无法否认摩尔根培育并展示出与性染色体有关的、不同类型的大批果蝇存在的事实。摩尔根变得越来越著名。

摩尔根的小小的纽约实验室原本拥挤狭小得滑稽可笑，1928年，成为生物学的"重要人物"之后，他搬到了加利福尼亚州的洛杉矶的宽敞明亮的新实验室里，雄心勃勃地希望建立自己的理论体系，虽然他的果蝇实验和突变理论实际上只是追随别人的实验模式和理论。他在洛杉矶加州理工学院（California Institute of Technology）创建的生物系，先后培育出了7个诺贝尔奖得主。

1933年，摩尔根获得诺贝尔奖。他是世界上第一个获奖的遗传学家。一个历史学家这样评述摩尔根："他（摩尔根）建立了一些他曾经打算推翻的遗传学原理。"因为摩尔根的果蝇实验发现，遗传特性"往往不是受一个基因的影响，而是受多个基因的影响"。

事实上，当时诺贝尔奖委员会也不知道人类的染色体有多少？在给摩尔根颁发诺贝尔奖的时候，人们普遍认为人类有24对48个染色体。这个错误观念持续了大约30年。

蒋有兴（Joe Hin Tjio，1919—2001），美国细胞遗传学家。出生于荷属东印度（现印度尼西亚）爪哇的一个华裔家庭，在荷兰殖民地学校学习农艺学。二战期间，他在日本集中营度过3年，战后被荷兰政府送到欧洲留学。1955年，蒋有兴在瑞典学习期间确认了人类的染色体数量为23对46个。1956年，蒋有兴发表了这一发现

1955年12月22日是一个具有历史意义的时刻，蒋有兴（Joe Hin Tjio）最终发现和确认了人类有23对46个染色体。

1910年开始，赫尔曼·马勒（Hermann Muller）常常到纽约摩尔根的果蝇实验室参与一些工作。当时他是一个大学生，比摩尔根小24岁。后来马勒也成为一个著名的遗传学家，他用X射线诱导产生了基因的突变。

因为果蝇实验使人们知道，染色体和基因可能与生物遗传特性的变化相联系。马勒认为：孟德尔和达尔文的学说，互相完美地巩固了对方。马勒最终使得摩尔根也相信了这一点，最后摩尔根成为一个达尔文主义者。马勒强调，基因的作用大于自然选择。

虽然果蝇实验非常简单，但是在1920—1930年，这种办法成为一种国际流行的动物遗传学的实验模式。马勒回忆摩尔根的影响时说："我们不会忘记摩尔根，他的例子影响了所有其他人，他的不屈不挠、深思熟虑、开朗和勇气。"

生物学家开始重新审视他们对达尔文的偏见，开始综合孟德尔的基因理论与达尔文的自然选择。生物学家发现，一些微小的变化确实可以改变物种演化的新方向。

赫尔曼·马勒（Hermann Muller，1890—1967），美国遗传学家，摩尔根的朋友。他用X射线诱导基因突变，发现X射线可以使果蝇的突变速率加快150倍。1946年获得诺贝尔奖

果蝇实验和染色体基因作用演示说服了一些人，但是还有很多人不相信基因。在1940年DNA与蛋白的实验报告中，只有少数科学家认为DNA是遗传物质。

1952年，更好的证据出现了。阿弗雷德·赫希（Alfred Day Hershey，1908—1997）和他的女助理玛莎·蔡斯（Martha Cowles Chase，1927—2003），在美国纽约的冷泉港实验室（Cold Spring Harbor Laboratory）利用病毒进行的著名的赫希—蔡斯实验（Hershey-Chase experiment），证实了DNA是遗传物质。

蛋白中只含有硫，不含有磷。如果基因是蛋白，受感染的细胞里应该有硫。赫希和蔡斯在受到

阿弗雷德·赫希（Alfred Day Hershey，1908—1997），美国微生物学家和遗传学家，因为发现了病毒的复制机理和遗传构造，1969年获得诺贝尔奖

詹姆斯·沃森和弗朗西斯·克里克再次聚首他们俩做的DNA模型前。1953—2003，从发现双螺旋结构到人类基因组工程完成，整整过了50年

欧文·查戈夫（Erwin Chargaff，1905—2002），奥地利生物学家，纳粹时期移民美国。他发现DNA的四个碱基比例为：A=30.9%，T=29.4%，G=19.9%，C=19.8%。这种比例明显意味着DNA碱基结构可能是对称的。
1950年，他发表了自己的成果。1952年，查戈夫当面向沃森和克里克解释他的发现，帮助他们理解并最终搞清楚DNA的结构。1962年，沃森和克里克获得诺贝尔奖，查戈夫闻讯气愤地撤销他的实验室并向世界各地科学家们写信抱怨。1974年，哥伦比亚大学教授查戈夫终于获得美国总统福特亲自颁发的个人最高荣誉：美国国家科学奖章

病毒感染的细胞里只发现了磷。也就是说，基因在DNA里，基因不在蛋白里。

赫希和蔡斯的这个实验激起了研究DNA的热潮。

1953年，一年之后，剑桥大学的两个年轻人，詹姆斯·沃森和弗朗西斯·克里克终于搞清了DNA的奇特而稳定的化学分子结构。1954年，20个青年学者（代表20种氨基酸）组成RNA领带俱乐部（RNA Tie Club），讨论分析DNA→RNA→蛋白的遗传关系：DNA是双链，RNA是单链，DNA将遗传信息交给“信使”RNA，然后由RNA指令细胞制造蛋白。这个遗传信息的转达和表达过程，转瞬即逝，机理难以查明。DNA→RNA→蛋白的遗传制造过程中，当然也会出现错误，但是细胞通常会立刻修正这些错误，否则这些错误就永久留在DNA里遗传下去。

原子弹也无法改变DNA

1945年8月6日，广岛的幸存者们都记得原子弹的爆炸和火焰之间有一段奇怪的延迟，强烈的闪光过后是冲击波，静静地升起的蘑菇云越来越大越高，伽玛射线正在辐射着广岛的人群……遗传学家开始研究核辐射对DNA的作用。

1940年代，科学家已经发现基因存在于DNA的一些证据，但是人们仍然相信蛋白质才是遗传物质。科学家们继续深入研究，发现DNA和蛋白质之间存在特殊

的关系。如果是DNA在指导制造蛋白，那么，核辐射是否会摧毁DNA？

1946年，马勒获得诺贝尔奖之后告诉《纽约时报》：“现在可以预言1，000年以后的结果，那些被原子弹杀死的人比他们（原子弹幸存者）更幸运。”

马勒是一个悲观主义者。

但是，遗传学家在幸存者中根本找不到伽玛射线损害DNA的证据，几年甚至几十年以后也没有发现证据。如此强烈的伽玛射线，对DNA竟然没有伤害？虽然幸存者们经历着各种折磨，很多人在几十年后陆续死于核辐射后遗症，但是，DNA确实没有改变。

细胞修复DNA双链的速度，超过简单复制DNA时的速度大约3 000倍。长度大约2米的DNA缠绕压缩在染色体里，当原子弹的伽玛射线打击这些双链时，如果其中一个链条受到损害，细胞可以立刻从另一个链条复原两条双链：因为DNA的两个链条是互补对应的。如果无法复原DNA，细胞就会通过自杀来实现自我牺牲。如果同时自杀牺牲的细胞太多，人就会死亡。

虽然伽玛射线可以造成幸存者们出现皮肤溃烂、脱发、体虚、咳血等症状，但是这些都会逐渐恢复。只是那些没有被杀死的细胞发生基因突变的可能性增大，而这些突变的累积可能导致癌症。日本随后出现的很多白血病（血癌）病例证明了这一点。10年之后，日本的白血病高潮才逐步消退。

原子弹受害者的孩子们也没有受到影响，这进一步证明了DNA没有改变。

很多科学家的悲观预测都没有出现，氢弹之父爱德华·泰勒（Edward Teller，1908—2003）甚至猜测少量的原子辐射对人可能有正面影响。总而言之，原子弹

西德尼·布伦纳（Sydney Brenner，1927—），英国生物学家

罗伯特·霍维茨（Robert Horvitz，1947—），美国生物学家

约翰·苏尔斯顿爵士（Sir John E. Sulston，1942—），英国生物学家

2002年，这三位科学家获得诺贝尔奖。他们在细胞的凋亡（apoptosis）方面分别做出了贡献。细胞的凋亡是一种程序性死亡，是细胞主动实施的死亡

的力量似乎无法影响DNA的遗传。

山口彊（Tsutoma Yamaguchi，1916—2010）是一个典型的例子。1945年，山口彊在广岛和长崎两次受到原子弹辐射。在受到辐射的当时，山口彊的皮肤溃烂、头发脱落、左耳丧失听力。后来，他的所有症状都消失了，头发也长了出来。他又活了65年，2010年因胃癌去世，享年93岁。科学家们推测，山口彊的细胞修复DNA和RNA的能力特别强。

DNA的强大，令科学家们感到不可思议。暴露在宇宙射线和太阳辐射之下30多亿年的DNA，虽经历过无数的损害，却始终没有改变。大自然怎样赋予DNA不可思议的保护模式？我们至今对此一无所知。科学家仅仅知道遗传过程是DNA→RNA→蛋白的简单遗传教条，迄今为止，任何人都不知道真正的DNA的“语言”和“数学”模式。

地球上的生命形式诞生于约35亿年前，所有有机组织都采用了同一套DNA体系进行生命的遗传。最近的4亿多年里，地球曾经发生过五次生物大灭绝，大体情况如下：

第一次约4.4亿年前，奥陶纪末期：约85%的物种灭绝。

第二次约3.6亿年前，泥盆纪后期：海洋生物遭受灭顶之灾。

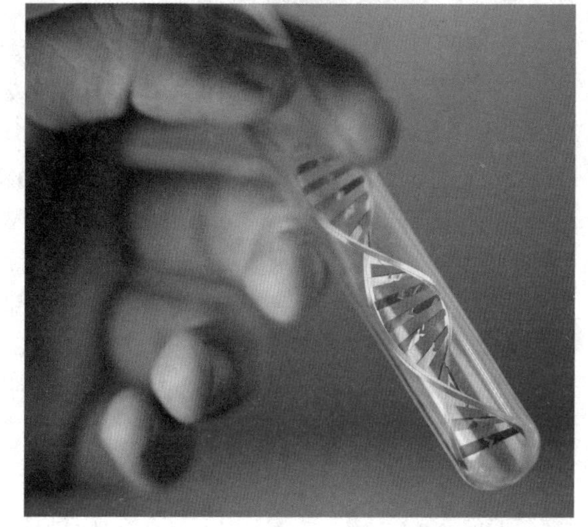

第三次约2.5亿年前，二叠纪末期：海洋95%和陆地75%以上的物种灭绝。

第四次约2亿年前，三叠纪晚期：爬行动物遭遇重创。

第五次6 500万年前后，白垩纪晚期：侏罗纪以来统治地球的恐龙灭绝。

DNA的强大和不可改变，至今无法找到解释。

每一个人的身上，都带着很多遗传错误，但是大都是非致命的错误。所有的生物组织，随着年龄的增加都会继续积累突变（错误）：每个人的细胞平均大约每天复制50万次以上，有的细胞每天复制150万次以上，在人的大约100万亿个细胞的复制过程中，想避免错误非常困难。生物组织形体越小、外界温度越高、细胞的DNA复制越活跃，发生复制错误的概率越高。人类属于体形较大的哺乳动物，体温也基本保持着恒温，所以人类的细胞复制基本保持恒定的速率。

两种DNA的发现与解释

沃森和克里克破解DNA的双螺旋结构，与一个女科学家密切相关。

罗莎琳·爱尔西·富兰克林（Rosalind Elsie Franklin）是英国生物物理学家、X射线专家，对发现DNA、RNA、病毒、煤炭和石墨等的分子结构做出了重大贡献。她在英国伦敦国王学院（King's College London）工作期间，与同事莫里斯·威尔金斯（Maurice Wilkins，1916—2004）合作，第一个做出了DNA的X射线衍射图像，初步揭示出DNA的结构。

1962年，她的同事威尔金斯以及沃森和克里克等三人分享了1962年的诺贝尔奖，他们发现了DNA的双螺旋结构和遗传的机理。当时，罗莎琳已经去世4年了。很多人评论说，罗莎琳也是应该获得这次诺贝尔奖的科学家。

英国生物物理学家罗莎琳·爱尔西·富兰克林（Rosalind Elsie Franklin，1920—1958），因卵巢癌去世，时年37岁

沃森和克里克搞清楚DNA的基本结构之后，另一位女科学家对DNA的子结构——碱基的结构做出了贡献。这个人就是米利亚姆修女（Sister Miriam Michael Stimson）。

米利亚姆修女1939年开始研究DNA的结构，1953年她获悉沃森和克里克的研究结果后，知道自己十几年的心血白费了。但是米利亚姆修女没有放弃，转向了研究DNA的碱基的结构和其他领域。

1953年，沃森和克里克发表DNA结构的同一年，米利亚姆修女在索邦大学（La Sorbonne，巴黎大学体系的一部分）发表了她的研究成果。这是继居里夫人之后，第二位妇女走上这个法国最高讲坛。2002年，米利亚姆修女以将近89岁高龄去世。

米利亚姆修女从事DNA的研究长达30多年，她是美国密歇根州的一所私立教会大学，Siena Heights University大学的教授

科学的历史上充满了重复发现现象：自然选择、氧气、海王星、太阳黑子……两个、三个甚至四个重复的独立科学发现同时出现。

1963年，两个研究团队几乎同时发现了人类存在第二个DNA的重要事实。一个团队在显微镜里看到线粒体，形状像豆子的组织，在细胞里提供能量；另一个团队把肠子煮成浓汤之后提炼出线粒体。两个团队都发现，线粒体有自己的DNA。19世纪，DNA的发现者米歇尔并不知道有两个DNA，他以为DNA的唯一住所是细胞核。

现在看起来，当时科学家们对线粒体DNA的解释非常幼稚可笑：这些DNA是从细胞核“借用”的DNA，但是用完之后没有归还给细胞核。

生物科学的历史，总是被不断改写。3年以后，1966年，一位美国女科学家对线粒体DNA作出了颠覆性的解释。

1966年，琳·马古利斯（Lynn Margulis）在她的论文中彻底颠覆了人们对线粒体DNA的好奇心，把人类的视野推向了一个全新的高度。马古利斯认为：动物—植物—菌类都起源于原生生物，生命不是通过互相战斗而是通过互相协作占据了整个地球。

琳·马古利斯（Lynn Margulis，1938—2011），美国生物学家，19岁学士，22岁硕士，25岁博士。内共生学说的主要构建者，曾担任美国科学院院士等职务

马古利斯认为，地球上所有的生命都分享某些基因，我们所有生命都是地球上第一个微生物的后裔。很久很久以前，一个大的微生物吞下了一个小的微生物，不知道经过多少世代之后，双方形成共存模式：大微生物不再生产能量，只是提供庇护和原料营养，小微生物则负责用氧气生产高辛烷值的“燃料”能量。

正如哲学家亚当·斯密（Adam Smith，1723—1790）当年的预测：这种生物分工形成互惠互利的关系，双方失去对方都会导致死亡。

这就是线粒体的起源。

马古利斯的理论已经完全超越历史上所有的传统生物学家的梦想，也得到越来越多的来自各个学科的证据支持。线粒体DNA的存在，只是内共生学说的证据之一。

但是，人们对这个理论的接受，却并非一帆风顺。马古利斯的这篇文章曾经被大约15家杂志退稿，最终发布以后，很多科学家拒不接受这个理论。他们每一次攻击马古利斯，马古利斯都拿出新的一系列证据予以反驳。双方阵营的辩论规模越来越大，对手们批评马古利斯的理论虽然完美，唯独缺乏证据。越来越好斗的马古利斯干脆对观战的无数听众直接发出呼吁：“这里有生物学家吗？有没有分子生物学家？”她伸开双手大笑着问道，“是的，我知道你们讨厌这个（内共生学说）！”

马古利斯说对了，生物学家们确实讨厌内共生学说。

这场争吵持续了十几年，直到1980年代发明新的扫描技术之后，人们终于发现，线粒体里存放的DNA不是长长的线性的染色体（动物和植物都是线性的长形的DNA），而是环形的DNA——只有细菌才是环形的DNA染色体。线粒体确实是一个古代细菌。

线粒体里有37个类似细菌的蛋白，它们的A-C-G-T序列与细菌非常相似。马

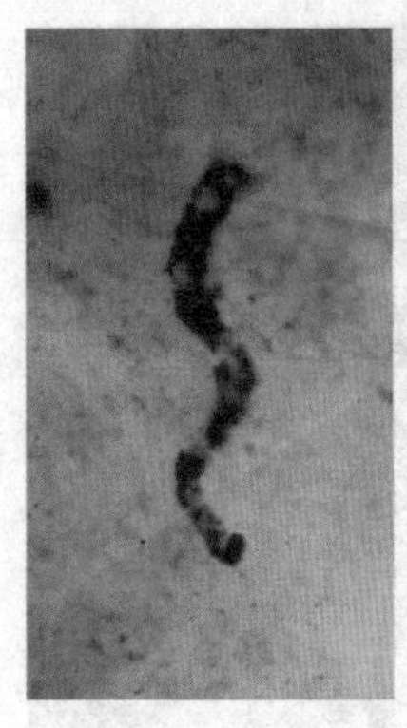
在34.65亿年前的岩石中发现的一个类似微生物的多单元细丝（A microbe-like cellular filament found in 3.465 billion year old rock）。这是地球生命起源于35亿年前的证据之一。
图片来源：加州伯克利大学网站

古利斯预测的证据找到了，科学家们甚至找到了线粒体DNA的活着的亲戚，例如伤寒细菌（typhoid bacteria）。

各种证据接踵而来，反对者们被批驳得哑口无言。马古利斯的理论不仅解释了线粒体，还帮助理解了地球生命的深奥秘密——为什么在生命发生之后，演化的速度达到失速的状态。没有线粒体的推动，原始的生命不可能演化为高等生命，直到出现人类。

我们不知道原始的生命元素来自哪里？也许在海洋底部的火山口，也许在外太空。天文学家已经发现外太空星际尘埃中漂浮着多种氨基酸，化学家也测算出DNA的碱基可以在空间形成。外界环境的恶劣，反而导致更加复杂的分子的形成。有的科学家认为，也许是彗星带着这些原始生命元素落入了海洋。它们组合和演化的过程非常缓慢，不知道经历了多少年。也许很多年里根本没有什么演化，只是处于一种蓄势待发的“孵化”状态。

所有生命的共同起源出现之后，很短时间就分化了。不同的生命，采取了不同的消费能量的模式。原始的微生物，可能仅仅需要2%的能量复制和维持DNA，但是要花费75%的能量用于蛋白质制造DNA的过程。所以，如果一个微生物能

地球是所有生物的母亲

够找到另一个寄生的微生物负责生产能量，则是一个意义巨大的进步。这样，简单的生物很快就会演变成极其复杂的多功能的新生物——线粒体，可以使细胞生产DNA的能力激增20万倍，这在过去的演化史上几乎难以置信。

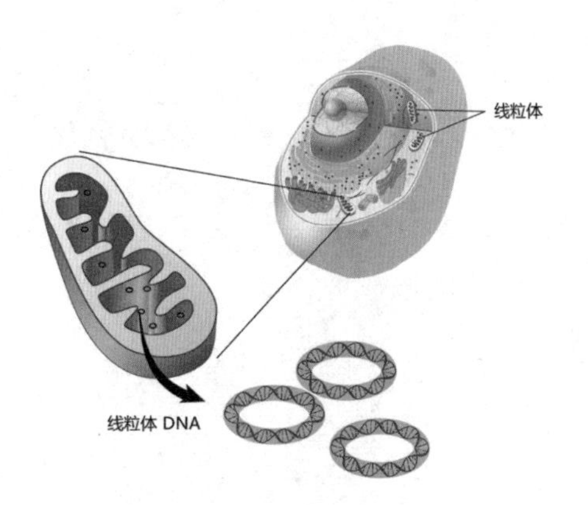

动物细胞线粒体DNA是圆形的

马古利斯的理论，撕开了演化史中黑暗的内幕：人类根本不需要那么多营养。

线粒体DNA的真相，为科学打开了一个新的世界。人类正是利用它最后追寻到了17万—20万年前的“夏娃”。

马古利斯的威望日盛，她的理论使得达尔文和孟德尔的理论成为“配角”，有人称其为新达尔文主义。马古利斯认为，各种生物都是合成的，例如美人鱼、斯芬克斯等，虽然目前还没有证据。马古利斯得到了两个对立阵营——激进的和保守的生物学家们共同的赞美，因为这种理论包罗万象、极其完美，引起了各种新的研究和探索，各种观念都已经或正在发生变化，例如人们现在认为生命不应该用名词Life，而应该用动名词Living。

更加重要的是，这个理论改变了人们对人类—地球—生命的认识，改变了对宇宙的认识。我们必须控制发展、保护环境，走可持续发展、绿色能源的道路……

人类还发现，原来的生物分类的思考方向也错了，至少并不全面。地球的生命类型如果从利用二氧化碳和氧气来区分，可以分成两大类：

名称	自养生物 英文：Autotroph	异养生物 英文：Heterotroph
区分	利用光合成固定碳类，自己养活自己，是食物链中的生产者	不能通过任何形式固定碳，是食物链中的消费者或寄生者
例子	光合成生物如植物；化学合成生物如细菌；水中的藻类等	动物和菌类的全部及部分细菌等
注	还有少量混合型生物（某些微生物），也有捕食昆虫的植物	

换句话说，人类原本就是“寄生类”生物，更不应该打破这种生态平衡。最近一万年来，过度贪婪的农业文化不仅正在打破这种生态平衡，甚至改变了大气温度和地球环境。如果继续向地球无限制地索取，向大自然的整体生态系统挑战，人类最终的失败将是毫无疑问的。

地球上的所有生命，都有一个共同的微生物的先祖，如下图所示：

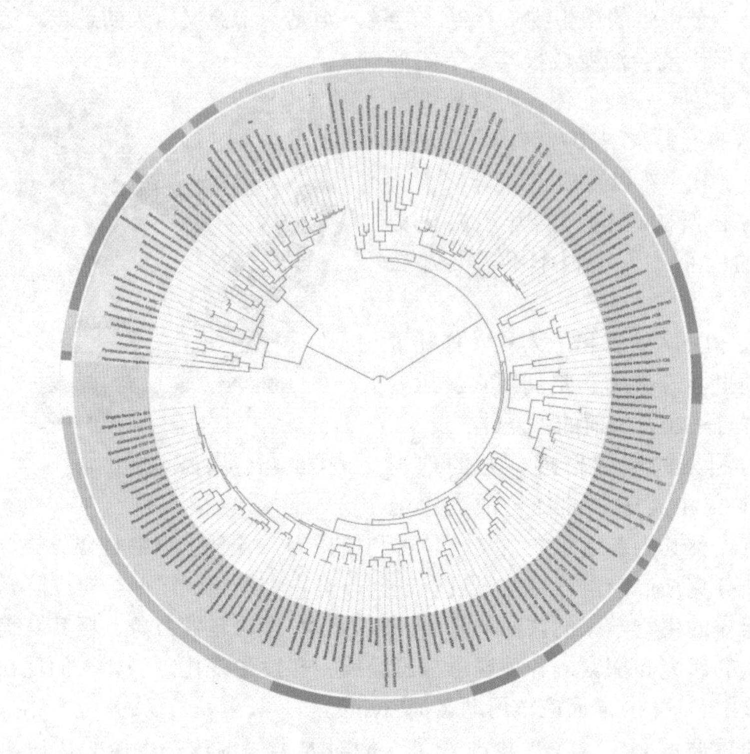

这是一棵生命树，所有的生命都是地球上第一个微生物的后裔。人类属于异养生物，必须依赖食用其他植物、动物和菌类等才能生存。

国际专家曾经多次组织研究小组，确定了若干个对人类生存至关重要的“地球生命支持系统”，并对目前人类的消耗水平和系统的“临界点”进行了量化和评估。科学家们警告：一旦这些临界点全部或大部分被突破，人类生存环境将面临不可逆转的变化。

这些地球生命支持系统包括但不限于：

海洋酸化	臭氧浓度	淡水消耗量
生物多样性	氮磷循环	土地使用率
二氧化碳浓度	气溶胶浓度	化学污染

大自然不遵守大自然法则

1909年，一个农民带着一只鸡来到位于纽约长岛曼哈顿的洛克菲勒大学（Rockefeller University）。这所大学当时名称为Rockefeller Institute，是石油巨头洛克菲勒捐赠创立的私立大学。这所大学先后诞生了24位诺贝尔奖获得者。

这只鸡病了，它的右侧胸部长出可疑的肿瘤。当时这种肿瘤正在肆虐美国，很多农民因为可能损失养鸡场而焦虑不安。

佩顿·劳斯（Peyton Rous）负责诊断这只鸡的肿瘤。他没有治疗这只鸡，而是杀死这只鸡，提取出含有肿瘤细胞的液体。劳斯估计，肿瘤细胞里可能含有某种微生物。他把这种液体注射到另外一只鸡的胸部，第二只鸡很快也出现了肿瘤。

劳斯继续重复实验，六个月里，一个又一个鸡肿瘤出现了。

劳斯困惑了。他在霍普金斯医学院学习时，知道病毒可以传染疾病，但是肿瘤不会传染。但是他的实验只有一个结论——病毒在传染肿瘤。他无法相信这个荒谬可笑的结果，但是，他还是发表了这个结论。

劳斯的发现，用现在的术语表达就是病毒通过RNA传染癌症。

科学界很快忘记了劳斯的这个论文。虽然后来也有人偶尔发现病毒与肿瘤之间的联系，但是其他新发现很快又掩盖了这类发现。但是人们对于病毒的原理也越来越清楚——它们利用细胞制造它们自己。

1958年，DNA结构的两个发现者之一，弗朗西斯·克里克（Francis Crick）发布了著名的“分子生物学中心法则”（Central dogma of molecular biology）。这个中心法则的主要含义是：DNA制造RNA制造蛋白质（DNA makes RNA makes protein）。

显然，劳斯错了，RNA病毒重写细胞违反分子生物学中心法则。

非常遗憾，1960—1970年的一系列发现证明：大自然不遵守大自然的法则——大自然根本不在乎什么分子生物学中心法则。支持克里克的其他诺贝尔奖获得者也都错了。生命的形式绝不是那么简单，那么绝对，那么遵循“大自然法则”。人类对于生命，仍然一无所知。

例如，病毒的逆反方向翻译和复制也是可能的，HIV病毒就是一个最好的例子。深谙遗传技术的HIV病毒可以熟练地操控DNA，哄骗被感染的细胞把病毒DNA塞进细胞的基因组。也就是说，这些HIV病毒把细胞搞糊涂了，不知道制造的是“他们的”DNA还是“我们的”DNA。于是，HIV这类RNA病毒摇身一变成为人类的DNA，患者的艾滋病（AIDS）于是变得不可收拾——人类的免疫系统

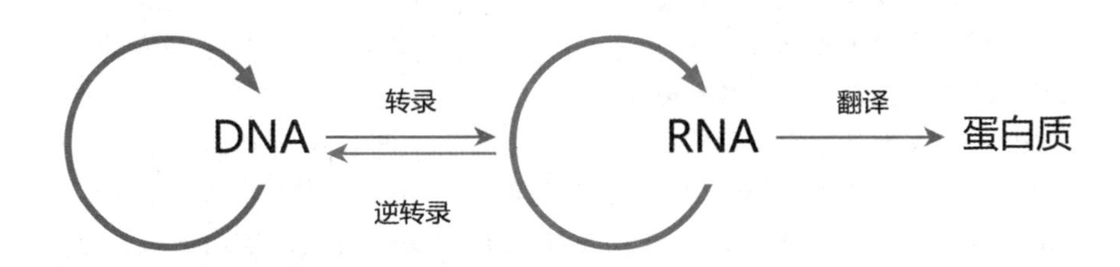

分子生物学的中心法则（Central dogma of molecular biology）示意图

搞不清楚马奇诺防线的哪一边是敌军了。

很多科学家猜测，在演化历史上，RNA出现的时代比DNA更早。

1986年，另一位诺贝尔奖获得者沃特·吉尔伯特（Walter Gilbert）首先提出“RNA世界假说”（RNA world hypothesis），因为RNA可以自己制造自己。这个假说得到很多科学家的支持，其中包括另外几位诺贝尔奖获得者。

这些理论得到了继续演化，地球从RNA世界逐步演化到今天的“DNA-RNA-蛋白质世界”（DNA， RNA and protein world）。在这个新的世界里，结构稳定的双链DNA最终“降伏”了活泼好动的单链RNA，作为自己的信使传播制造蛋白的遗传信息等等。

荷马史诗不能总是口头流传，必须经由“稳定”的文字记述才能世世代代流传下去。DNA就是荷马史诗的永恒不变的文字内容，RNA多才多艺、声音惟妙惟肖、姿势活龙活现，大家一起保留了历史。

如果顺序搞反了，细胞制造的就不是原来的DNA，而是病毒的DNA。1909—1911年，劳斯发现的正是这种病毒之一。这些病毒被注射进鸡的体内以后，它们“欺骗”鸡的细胞进入核DNA，然后复制的都是这些病毒的DNA。最后复制速率不可控制，疯狂地增殖形成恶性肿瘤。这种通过病毒传染的肿瘤比较少见，大部分恶性肿瘤的产生源自基因突变的累积。

1966年，在他的女婿获得诺贝尔奖三年之后，佩顿·劳斯本人也获得诺贝尔奖

劳斯的论文在当时默默无闻，整整55年之后，他的发现才得到各种新证据的证明。这种感染癌症的病毒最后以他的名字命名为劳斯肉瘤病毒（Rous sarcoma virus）。这种病毒正是逆转录感染：先从RNA感染DNA后，再返回来制造蛋白，然后不断繁衍复制。

当时，劳斯也不明白为什么病毒会传染癌症？他猜测也许病毒释放某种毒素导致癌症。但他坚信自己的研究，他的坚持在55年后得到公认。

1970年，获奖4年后，劳斯去世，享年90岁。他去世以后，被大批年轻的微生物学家视为崇拜的偶像。劳斯因为一只鸡获得诺贝尔奖，他也是等待诺贝尔奖时间最长的一位科学家——整整55年。

2000年，人类基因组工程完成以后，生物学家发现：不到2%的基因是编码遗传基因（即编码制造人类的蛋白质）；超过8%以上的基因是病毒细菌的基因。

超过98%以上的非编码基因作用不明，有待继续研究；换句话说，细菌病毒基因数量是人类遗传编码基因的整整4倍以上。所以很多生物学家开玩笑说：“人类基因组工程是不是命名不当？”

这是怎么回事？

从病毒的角度来看，殖民到动物的DNA是理所当然的。很多病毒狡猾奸诈不择手段，通过逆转录导致癌症或疾病，例如艾滋病毒（AIDS）。但是，并非所有病毒都是害虫。大多数病毒都心怀慈善、自我约束，绝对不做伤害自己宿主的愚蠢事情。有一些深谋远虑的病毒干脆进入宿主的精子或卵子，随之进入宿主的后代的体内，世世代代存在下去。还有一些无害的病毒，甘当宿主的对敌作战“工具”——宿主可以直接利用它们打击入侵者，它们也便成为人类免疫系统的成员。这个道理其实非常简单：赌场喜欢雇用精明的发牌员，电脑保安公司喜欢雇用黑客高手，因为他们知道如何战胜对手。我们进入农业时代之后，又获得很多其他病毒作为开关，比如放出一些酶，消化各种小麦、玉米等碳水化合物。

在我们体内，这些病毒、细菌、原生生物基因无处不在，操控着人类演化的方向盘，它们构成的无数开关和调节器控制着人体的活动和大脑的思维。

基因的变化并非只有这些：人类DNA的大约一半是机动DNA（mobile DNA）或曰跳跃基因（jumping DNA），有的转位子基因（transposon，又称Transposable element）的长度甚至达到300个碱基。这些基因的位置和功能是可以转换的。首先发现这些基因特性的芭芭拉·麦克林托克（Barbara McClintock，1902—1992）最初不被人们接受，直到32年之后，她才得到承认。1983年，麦克林托克获得了诺贝尔奖。

那么病毒细菌基因是否仅仅占人类基因组的8%呢？现在还不清楚。很多科学家承认：“我们对于我们人类这一物种的整体认识，可能都错了。”

地球是一个活的超级生物体

在古希腊神话中，最高的神明是盖亚（Gaia）。我们必须了解盖亚理论，才能理解生命的起源和人类六万年的旅程。

在希腊语中，盖亚（Gaia）是地球女神或地球的拟人化，她是所有生命的起源，她是所有提坦（Titan）和巨人的母亲，也就是说是地球孕育了生命。因此，盖亚也被西方人用来代称地球。

首先，我们看一看两个问题及其答案：

	问题	答案
1	为什么地球存在生命？	因为地球适合生命
2	为什么地球适合生命？	因为生命存在于地球

上面两个问题及其答案，互为依存，互为因果。这是古希腊柏拉图时代提出的问题，这也是现代科学理论——盖亚理论（Gaia theory）的由来。即地球上的

生命本身产生了巨大的反馈，确保了自身的生存条件。

现在，让我们看一看地球旁边的两个星球——金星和火星的条件。金星比地球靠近太阳，火星比地球远离太阳，但是地球两边的这两个星球都不适合生命存在。

金星

地球

火星

	氮	氧	二氧化碳	备注
金星	2%	无	95%	死星球：大气处于化学平衡
地球	77%	21%	0.03%	活星球：大气处于化学不平衡
火星	3%	无	95%	死星球：大气处于化学平衡

地球上的这些“生命存在的条件”都是生命体系在几十亿年里自己创造出来的。

那么，生命是什么？

生命是地球生命的集合，是所有地球上生物的集体行为，从最小的细菌到最大的哺乳动物，都在协同维持地球的最佳环境。换句话说，地球生命的活动，正是为了确保自己的生存。

罗马时代的盖亚雕塑

世界文化遗产，意大利锡耶纳（Siena）的盖亚喷泉（Fonte Gaia）

盖亚理论设定地球为一个完整的整体，一个超级生物体，维系着地球上所有生命形式的存在。盖亚理论强调了一个事实：我们所有生命都是互相关联的，每一个物种的生存都与我们自己本身的生存息息相关，任何一个物种的灭绝都会给地球带来灾难。

20世纪后半叶，我们见证了对于地球的理解的不可

魏格纳（Alfred Lothar Wegener，1880—1930）德国气象学家、地球物理学家，在格陵兰考察冰原时遇难。大陆漂移学说发现者之一，被称为“大陆漂移学说之父”

詹姆斯·洛夫洛克（James Lovelock，1919—），英国科学家、环境领域的主要作家、盖亚假说的提出者，被誉为世界环境科学宗师。洛夫洛克认为，如果人类不及早停止对环境的滥用，使得地球过了能够扭转气候改变的临界点，地球和人类文明可能面临大规模自然灾难

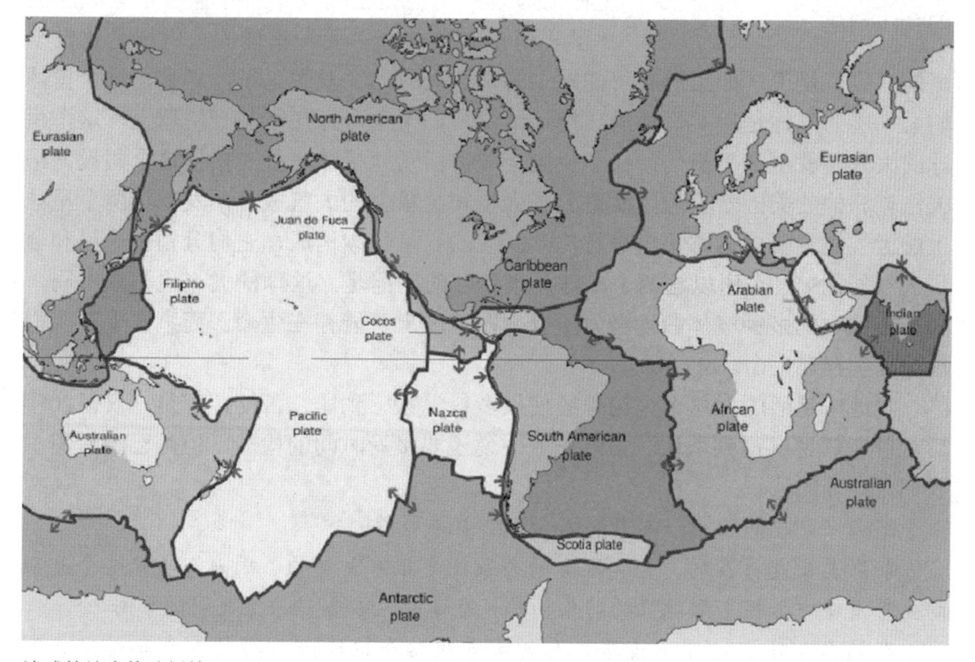

地球的地壳构造板块

思议的大飞跃。

1910年代，魏格纳（Alfred Lothar Wegener，1880—1930）提出了不可思议的地球大陆板块漂移学说。这个理论经过很多学科的共同研究，最终得到确认。

1960年代，詹姆斯·洛夫洛克（James Lovelock，1919—）最早归纳整理出盖亚假说。这个假说认为地球是活的。

大陆板块漂移说另一个发现者，美国海军、航海家、地球地理学家赫斯（Harry Hammond Hess，1906－1969）

1979年，洛夫洛克正式发表盖亚假说。假说认为地球的物理—化学—地质—生物过程都是互动的，生命和非生命组成了地球。“盖亚”是温和的、多产的，也是无情的。洛夫洛克提出地球处于一种动态平衡状态，维持相对稳定的条件，地球本身就是一个生命体——大气层、海洋、陆地、生物圈等构成太阳系里的一个有机组织。洛夫洛克把这种观点叫作地球生理学（Geophysiology）。这种观点，其他星球也同样适用。

1965年，洛夫洛克在美国航天局（NASA）参与寻找火星的生命时，产生了“存在盖亚”的思想。当时，他被要求提出一些“其他星球可以存在生命的假设”，他提出的其中一个假设是大气层的化学平衡：如果一个“死”星球的大气层是化学平衡的，也就是说，如果所有可能发生的化学反应已经发生过了，那么，这个星球的大气层的气体是相对惰性的。换句话说，如果生命存在于某一星球上，这个星球的大气层就不是平衡的，化学反应会非常活跃地持续进行。根据这个假设，洛夫洛克和他的美国航天局团队研究了火星和金星上的大气成分，发现这两个星球上的大气层主要由通常不再进行化学反应的二氧化碳构成，它们分别占火星和金星大气层的95%，所以这两个星球是“死”的。但是，地球的大气层与众不同，属于不稳定的多种气体的混合，所以，在地球上可能存在生命。而事实上，我们地球确实存在生命。

“地球是活的”这个理论曾经使很多科学家感到非常苦恼，但是，仅仅20年后，盖亚假说就得到承认。虽然盖亚假说还要接受时间的检验，但是已经颠覆了我们对地球的认识。

洛夫洛克在他的第一本书的第一章结束时写道：

如果盖亚是存在的，她和人类的关系就是非常重要的，因为人类是这个复杂的生命系统中占据支配地位的动物物种，有可能左右各种力量之间的平衡……

有的人喜欢在地球上走路，有的人喜欢站在地球上，有的人喜欢凝视着地球，他们都为地球上承载的如此绚丽多彩的生命而惊叹不已……盖亚假说为“人类为什么出现在地球上”给出了一种思考模式——与大自然是一种冷酷无情的不可战胜的力量的悲观观念相比，盖亚假说给出了另一种选择……

但是，盖亚假说也给出了同样令人沮丧的另外一幅画面，因为这个星球似乎像是神经错乱的一艘宇宙飞船，围绕着太阳的内核在永不停息地飞行着，既无人驾驶，也没有目标……

这就是盖亚假说的来由，这个过程也告诉我们科学家是如何思考和研究的。

地球大气成分不是化学平衡的，但是仍然维持着一种稳定状态，说明地球大气层存在某种形式的行星调节机制。洛夫洛克猜测，可能生命本身维持着大气层的成分，后来他把这一概念拓展到涵盖气候—岩石—空气—海洋的整个体系，这个体系形成了一种自我调节过程。

1979年洛夫洛克出版《盖亚：对地球生命的新看法》（*Gaia: A New Look at Life on Earth*），这是洛夫洛克出版的“盖亚理论”的第一本书。多次再版。他出版了多部著作，多次再版的封面和序言都不一样。书的名称等如下：

Lovelock，James.

Gaia: A New Look at Life on Earth.

Oxford University Press，Oxford，England.

洛夫洛克的这个观念，其实并非全新的观念。

世界著名的“地质学之父”詹姆斯·赫顿（James Hutton，1726—1797）最早提出“地球是活的，地球是一个超级生物体”这一观念。

1974年，在洛夫洛克发表他的盖亚理论之前，另一位医学博士兼著名作家刘易斯·托马斯（Lewis Thomas，1913—1993）在他的著名随笔《一个细胞中的生命：一个生物学观察者的笔记》（*The Lives of a Cell：Notes of a Biology Watcher*）里写道：

如果在遥远的月亮上观察地球，就会吃惊地发现地球是活的。月亮的表面是干巴巴的，四处坑坑洼洼，就像一块干枯的骨头。在月亮的上方，正在自由自在地升起一个潮湿的、亮闪闪的地球，蓝色的天空就像是地球的细胞膜，这是宇宙中仅有的一个星球。如果再仔细观察，就会看到巨大的白云形成的涡旋，覆盖了大约一半的陆地。如果你以一个地质学的时间跨度观察，就会看到各个大陆本身也在移动，好像一些内在充满热情的外壳板块。地球是一个有机物，本身就像一个活着的生物，满载着信息，被太阳熟练地操控着。

刘易斯·托马斯进一步写道：

我曾经试图假想地球是一种有机组织，但是它不是，地球更像是一个细胞。

这个令人震惊的理论让我们知道，所有生命形式都是内在关联的，都对与每一个人、每一个生命息息相关的环境的维持作出了贡献。是所有生命的行为的总体协同构成，帮助地球维系着一种令人惊异不已的“活的星球”的环境质量。

我们人类曾经认为自己是地球上的特殊物种，真正的智慧物种，神造的物

《从月球看地球升起》，1968年12月24日，绕月飞行阿波罗8号的3位宇航员之一Bill Anders拍摄。这张照片多次被评为影响世界的10大照片之首，极大地影响了人类对地球的重新认识

种。但是，盖亚理论打开了我们的视野，揭示了地球的真相：我们人类和所有其他生命，都是地球这个超级生物组织的组成部分之一。

这一事实使我们认识到，无论我们的科学和技术如何绚丽夺目，我们仍然被包裹在这个超级生物组织——地球之内，不论我们是否情愿，我们仅仅是比我们更加伟大的世界的一个部分。

如果说，地球上存在着真实的生命，这个生命就是地球本身。其他所有生命形式都是转瞬即逝的。假设我们坐在外太空的一把椅子上，观看地球围绕太阳运转，能够看到生命吗？假设我们以六万年为尺度观看地球生命，1分钟等于1 000年，能够看到生命吗？我们看不到连续存在的任何一个生物，包括人类，所有人都转瞬即逝，迅速消失于无形。只有唯一的一个生命体持续存在，那就是地球。

只有地球，六万年里始终支持着所有生命形式的活动，化学的和物理的形式的活动。天空、湖泊、海洋、山脉、花朵、小鸟、大型哺乳动物、你、你的朋友、整个人类都是活生生的地球的组成部分而已。我们所有人的贡献，只是维持这个地球生命的可持续发展。这个世界上的一切都是互相依存的。根本不存在什么至高无上的概念。在“地球盖亚”面前，所有的生命都是平等的，都是地球的一部分。

不论“有机组织”“细胞”还是“超级生物体”，都仅仅是语义表达的差异。从哲学角度，盖亚理论的关键在于：地球是一个单一系统，设计合理，自我调节，物理、化学、地质、生物的力量综合互动，作为一个完整的整体维持着来自太阳的能量输入，和散发到外太空的能量输出之间的平衡。

地球的基本配置正是调节能量流量和物质循环：

能量	太阳的能量是有限的：太阳能输入维持稳恒不变的速率，地球以热能的形式和光合作用的过程获得太阳的能量，再以长波辐射散逸到外太空
物质	地球的物质占有是有限的，除非外来的彗星撞进地球，才有新的物质输入地球。当能量输入-输出地球的同时，物质也在地球上发生循环

盖亚假说的“地球作为一个单一的系统而行为”的理念带给我们全新的警示：

这个星球上的所有事情都是相互关联的，人类的行为处于一种全球过程中。我们不能继续认为地球上距离遥远的事物与己无关，我们不能继续认为这个星球上的某一行为是独立无关的。这个星球上发生的每一件事情，无论砍伐树木还是植树造林，无论增加还是减少二氧化碳排放，无论开垦耕地还是退耕还林，都会影响整个星球。

白尾驯鹿，人类当年的主要蛋白质来源。

2009年8月4日，处于北极圈内的俄罗斯亚马尔半岛，一个涅涅茨人在自己的驯鹿群前席地而坐。冰封之地亚马尔半岛的涅涅茨部落曾经挺过了沙皇时代，度过了布尔什维克革命，熬过了20世纪混沌的90年代，但是现在，他们面临最大的挑战是脚下那些足够加热全球5年的温室气体（路透社Denis Sinyakov）

甚至微观生命系统的设计也是极其精妙的。2008年，美国《科学》（*Science*）杂志发表了一篇在肯尼亚实验保护金合欢树的研究论文。实验将一半金合欢树用栅栏围住，阻拦大象和长颈鹿等食草动物，另一半完全放开，放开的金合欢树将承受着极大的来自食草动物的压力。实验结果与人们的预测完全相反，被大象和长颈鹿蹂躏的金合欢树郁郁葱葱，而被保护的金合欢树却越来越虚弱、濒临死亡。

研究发现，金合欢树有一种防卫体系，其中包括一种特殊小蚂蚁。金合欢树分泌含糖汁吸引和滋养这些小蚂蚁，被栅栏保护以后，树不需要自我保护，就停止分泌含糖汁，这种特殊小蚂蚁也不来了，换成另外一些蚂蚁品种，其他昆虫和害虫乘机攻击这些金合欢树，于是它们日益衰败。这个简单的例子说明，在一个相对容易了解的生态体系里，每一种生物组织的交互关系都是错综复杂、难以预测的，当我们试图对某一元素修修补补的时候，就存在着其他关联元素的后续效应风险。

如何理解“地球是活的”这一概念呢？首先，让我们看看科学家如何理解生命。

物理学家定义生命是一个局部减少熵的系统（生命与熵的战斗）。从分子生物学家的角度来看，生命是复制DNA达成生存并根据周围环境的改变而演化以达成最佳生存。生理学家认为，生命是一个生物化学系统，利用外来的能量而生长并重复生产。

德国柏林自然博物馆的展柜

美国加利福尼亚州的红杉

对于地球生理学家（Geophysiologist）洛夫洛克来说，生命是一个向物质和能量开放的系统，同时维系着一种内在的稳定状态。

加利福尼亚州的红杉（Sequoia gigantea）是生命的最好注解。这些巨树生长在树丛里，高度达到100米以上，寿命超过3 000年。红杉97%的组织是死的，主干和树皮已经死去，只有主干外表的细胞部分是活的。红杉的主干类似地球的岩石圈，只有岩石圈外表薄薄一层生物圈是活的。红杉的树皮类似大气层，保护着这层生物圈，并且进行生物学意义上非常重要的气体交换——二氧化碳和氧气的交换。

毫无疑问，红杉总体上是活的生命，我们不能只把红杉的外层称为红杉，其余部分视为死的木头。

地球的很大一部分可以视为“非活的”（岩石圈），但是这些“非活的”地球部分也是生命过程的某种延伸，所以地球是活的，就像红杉。为了更好地理解地球的“生理”，我们对比一下人的体温和地球的温度调节机制。

人体温度维持在摄氏37度，这是大脑、人体组织、外界系统之间反馈的结果。我们的身体发展出提高和降低体核温度的一套感应器系统：如果太冷了，身体就会产生热量；如果太热了，身体就会散发热量。但是，人体的调节能力有限，所以发明了衣服隔绝过热或过冷的温度，衣服使人类可以生存在非常寒冷的北极或者最热的沙漠。

地球温度调节机制与此类似，但是地球的“衣服”复杂得多。首先，地球对太阳的光线有一种反照率（Albedo），反照率系指星球的颜色、吸收或反射光线的能力，比如沥青的马路和白色的路边小道的反照率就不一样。

地球调节温度的方式如下：

黑色区域：例如夏季的山脉、森林、海洋，可以从太阳那里吸收更多的热能。

浅色区域：例如沙漠、云区、极地冰盖，可以反射更多的热能。

地球的反照率不是恒定的，其中云团是调节全球温度最重要的因素之一。如果云团较多，从地球反射的阳光也多，地球温度就会下降；如果云团较少，更多的阳光抵达地球表面，地球温度就会上升。

那么，哪些因素在控制云团的多少？

控制云团的因素很多，大气层与海洋的互动是最重要的因素。

海洋占有地球表面的三分之二，海洋上形成的云团是地球温度最重要的一个因素。

最近几十年里，人类刚刚搞清楚海上浮游植物，尤其是coccolithophorids的云团冷凝核（cloud-condensation nuclei，CCN）机理。云带来雨是众所周知的常识，但是谁也不知道云在海上是如何产生的。

人们通常认为，阳光的热效应使海水蒸发成为云。其实，还有更重要的原因。大批小小的绿色浮游生物始终漂浮在海面上，它们的生命循环的一部分就是

地球上的云团，通常占地球表面的三分之一到一半

向大气中排放硫。正是这些硫分子“鼓励”水分子凝聚在一起形成云升上去，再形成雨滴降落下来。水蒸发到大气层之后进行浓缩和冷凝，但是，构成云团还必需一些小颗粒作为“核”来聚集水分而形成小水滴。这些小小的颗粒叫作云团冷凝核，存在于大气层里，它们形成了云团。这种物质叫作二甲基硫（dimethyl sulphide，DMS），也来自海洋中的浮游生物。近年的研究已经定量地确认了这些海上浮游生物如何排放二甲基硫进入大气层，然后如何形成了云团。也就是说，这些海上的小小绿色浮游生物群体不仅帮助形成云，还帮助形成雨，它们对整个地球的温度调节做出了巨大的贡献。

这些小小的单细胞生物是地球的恒温器：太阳光线比较强烈—浮游生物加速繁殖—产生大量二甲基硫—产生更多云团—云团遮挡阳光—降低地球温度—浮游生物繁殖减速—云团减少—阳光增加—地球温度升高—浮游生物再次加速繁殖……如此循环往复，地球的温度得以保持稳定。

这是盖亚理论中生物圈影响大自然（调控地球温度）的一个典型例证。

地球的岩石圈、大气层、水圈、生物圈构成了一个和谐的、有智慧的、有哲理的、富有诗意的整体。地球是一个活的生物组织，生物、地质、化学、水文学的过程都是关联的。

这个机制，诞生了“生物地球化学循环”（biogeochemical cycles）这个新名词。也就是说，地球的物质和化学元素必须出现物理的循环，如果这些物质和化学元素固定不动了，这个体系就停滞不变了，地球就会变得像月球一样死气沉沉。

雅典博物馆复原的帕台农神庙的雕塑

最常见的生物地球化学循环是碳循环—氮循环—硫循环。这些元素的不断循环是活的生物组织的关键所在。大量的物质被活的生物组织消耗—转换—运送—再循环……这种生物组织控制的行星过程，使我们相信盖亚假说。大量证据出现以后，盖亚假说被称为盖亚理论。盖亚理论带来了哲学性的科学性，引发很多新的思考甚至新的学科，例如行星生物学（Planetary Biology）。

如果我们把大约46亿年的地球视为一天：
04:00：生命出现，厌氧生物。此后进展缓慢
20:30：出现第一批海洋生物，不久出现水母
21:04：出现三叶虫等复杂的海洋生物
22:00：陆地出现植物，接着出现动物
22:24：陆地被森林覆盖，成为今天的煤炭
23:00：恐龙出现，统治地球约40分钟后灭绝，哺乳动物的新生代开始
23:58:43：人类出现，至今已有1分钟17秒的漫长的进化历史

事实已经证明，地球的物理、地质、化学、生物过程确实是互相依存的。这种动态平衡与人体内的动态平衡概念类似。海洋和河流是地球的血脉、大气层是地球的肺、陆地是地球的骨骼、生物组织是地球的感官……对盖亚理论的研究似乎像研究一种“地球生理学”。

洛夫洛克和马古利斯认为：因为地球是活的，所以生命不是名词Life，生命应该是动词或者动名词Living。这个用词的变化，意义非常深刻。

反对这种“活的有机组织”观念的最主要论据是地球不可再生，而活的有机组织都是可以复制并把自己的遗传信息传承给后代。但是，生命正是盖亚诞生的，人类也正是盖亚诞生的，而所有这些生物都是可以再生的。

盖亚理论，无所不包，无法反驳。

盖亚理论最有意思的延伸之一是这一种理论转换成为多种理论。这种现象在科学领域的历史上极其罕见，说明盖亚理论蕴含的勃勃生机。盖亚理论正在向各个科技领域不断延伸拓展，每一个科学家及其信仰都受到巨大冲击。

盖亚理论现在已经得到公认，虽然仍然有少数人质疑这套理论，但是所有的反对者也都一致承认：生命确确实实影响着这个行星的各种体系的过程。

盖亚理论公认的两位创始人中，另一位创始人是美国女生物学家琳·马古利斯（Lynn Margulis），她第一次提出“生命或生物圈调节和维持气候和大气层的成分以维持其最佳状态”。这个解释，与洛夫洛克不谋而合。

英国女王为洛夫洛克颁奖

美国总统为马古利斯颁奖

马古利斯出版了很多论文和著述论述生命的起源，在世界科学界引发了一场又一场大辩论。最后，马古利斯赢得了胜利，世界的生物分类也作出了如下的改变：动物和植物两界，扩展为三域五界，外加病毒。

马古利斯和她儿子联合出版了24本论著，揭示的事实佐证了洛夫洛克的理论：35亿年前，地球出现第一批微生物厌氧菌，它们吃下二氧化碳，吐出“毒气”氧气，导致地球早期大气层出现戏剧性的变化。氧气的出现彻底改变了地球的物理—地质—化学—生物过程，地球与邻近的金星和火星变得完全不同了。这些厌氧菌的一部分后裔，演化为具有光合作用的有机组织——植物。25亿年前，地球出现第二批微生物，好氧菌们吃下氧气，吐出“毒气”二氧化碳。厌氧菌演化为植物，好氧菌演化为动物，分解植物和动物尸体的是菌类和细菌。

马利古斯告诉我们，所有生命来自一个起源，至今使用着同一套生命系统：DNA—RNA—蛋白质系统。所有生命都是互惠互利—互相协助—共同演化，最终形成覆盖在地球表面的一层生物圈。DNA的结构都是一样的：基因存贮在DNA里。

<table>
<tr><td>非细胞生物</td><td colspan="2">病毒域　Virus</td></tr>
<tr><td rowspan="7">细胞生物</td><td colspan="2">古菌域　Archaea</td></tr>
<tr><td colspan="2">细菌域　Bacteria</td></tr>
<tr><td rowspan="5">真核域
Eukaryote</td><td>古虫界　Excavata</td></tr>
<tr><td>色藻界　Chromista</td></tr>
<tr><td>真菌界　Fungi</td></tr>
<tr><td>植物界　Plant</td></tr>
<tr><td>动物界　Animal</td></tr>
</table>

人类的DNA太长了，大约2米，很难存放和复制，于是被“切割”成46个片段（其他生命的染色体数量不一），人类每个细胞的细胞核里都有一个染色体组（基因组）。过去认为人类约有100万亿个细胞，所以一个人的染色体DNA长度约为200万亿米，即2 000亿千米。地球到月球的距离38万千米，亦即一个人的DNA总长度可以在地球—月球之间来回53万次。现在的新研究认为，人的细胞数量大约为1亿亿个，这是原来估计数量的100倍，现在已经很难估算一个人的DNA的总长度能够在地球—月球之间来回多少次。

美国电影《阿凡达》（*Avatar*）讲述了人类殖民其他星球的故事

如此复杂的DNA存储器，可以存放非常复杂的遗传信息和生命程序——基因。在长达35亿年的时间里，地球生命的演化过程跌宕起伏，多次经历盛衰兴亡，除了5次著名的大灭绝之外，还有十几次小的灭绝事件。但是，DNA既未消亡，也未改变，只是基因（生命的程序及其传承）越来越复杂，多次合并共生使得地球的生命五彩缤纷，欣欣向荣。

马古利斯的生物演化假说得到了越来越多的证明，考古证据发现地球上出现的生命形式几乎难以计数，至少出现过300亿种生命物种，微生物的种类更是无法统计。很多科学家甚至开始设想，人类如何殖民到另外的星球？他们设想，首先将厌氧菌和好氧菌送到一个合适的星球，逐渐改变这个星球的大气层，形成极地冰盖—植物开始生长—云团出现—反照率改变，从而将这个没有生命的死星球从静止不变的状态转换变化成为一个美丽的、活的、呼吸的、演化的整体。

这就是盖亚的力量。

盖亚理论蕴含着富有诗意的丰富内涵，具有重大的指导意义。整个人类开始审视与大自然的关系，提出了保护环境、保护臭氧层、减少二氧化碳排放、防止气候变暖等一系列的新观念和新理论。

盖亚理论指出了生命的起源，生物科学和DNA的研究结果证明各种生命的起源和演化关系的的确确是息息相关的，人类（以及哺乳动物）的主要能量不是来自每日三餐，而是来自线粒体使用氧气制造的高能ATP能源……

如果人类违反大自然的规律，对抗DNA中蕴藏的基因，人类不仅会罹患更多的疾病，还会破坏地球的生命存在的条件，甚至再次引发生命的大灭绝。

结语

21世纪是生物世纪。

2000年6月26日宣布的“人类基因组工程”的首要目的是揭示各种疾病的秘密，找到治疗这些疾病的方法，以及查明500多种遗传病的起因……但是，人类对基因的了解刚刚起步，对大自然的精妙设计仍然一无所知。的确，我们非常聪明，研发出各种新设备仪器、新药品、新疗法……试图对大自然赐予的基因修修补补，甚至造出更好的下一代，但是我们必须考虑深远的长期后果。

仅仅两个世纪之前，我们作出开发煤炭、石油、天然气、油砂等化石能源的重大决定，后来发现石油制造的农药和化肥可以增加粮食产量……当时谁也没有预料到，这一决定导致了两个世纪后的人口爆炸、大气变暖、环境恶化等一系列全球性恶果。

人类与基因组之间存在的最大鸿沟在于：我们完全不知道基因组如何传递进入生物体系；不知道各个基因如何正确地打开和关闭，从而在细胞中进行生物化学物的混合和制造；不知道这些细胞如何懂得构建出一个生理组织，这些生理组织又如何自我协调而成为一个切实有效的有机系统？这个系统如此复杂，在这些不可理喻的总体联合作业面前，人类除了震惊，已经无法理解。

我们以有限的可怜的遗传基因的修补手艺，试图修修补补的最可能结果，将是失败大于胜算，亏损大于收益，风险无法估量。我们最安全的出路是弥合我们与大自然决裂，解决进入贪婪无度的农业社会至今带来的一系列社会问题。

2012年9月5日，人们又一次发现自己错了。

2012年9月5日开始，世界第一大媒体《时代》的一篇报道的题目本身就蕴含认错的含义：《垃圾基因：其实并非无用》（*Junk DNA-Not So Useless After All*）。这篇报道连续5天占据《时代》网络版头版位置。

这个消息，也是世界所有媒体的头版新闻。

2012年9月5日，总计30篇论文同步发表于《自然》（*Nature*）、《科学》

《科学》（*Science*）

《自然》（*Nature*）

《基因组研究》（*Genome Research*）

（*Science*）、《基因研究》（*Genome Research*）等杂志上。

这是ENCODE第一次公布研发成果，并且是全球同步公告。

ENCODE是“DNA元素百科全书工程”（Encyclopedia of DNA Elements，ENCODE）的简称，是从2003年开始，全世界32个研究机构联合进行的一项巨大工程，目标同样是人类基因组。

2003年，人类基因组测序完成。编码的遗传基因只有2.1万—2.3万个，在全部约30亿个碱基对中所占的比例不足2%。它们是制造人体的全部蓝图和组装手册，包括人体的各种蛋白到每一个生物组织、器官、五官、皮肤、外观等的制造和装备。而其余的98%以上的基因不参与编码，即不涉及人的制造。所以，2003年基因组工程完成时，很多人感到相当失望，“垃圾基因”流行一时。与此同时，很多人也不相信大自然会犯下如此的错误。

事实上，这里依然是人类知识的荒漠——我们对基因的了解才刚刚开始。

10年后，2012年9月5日，30篇同步发布的论文告诉大家，在占整个基因组碱基对的98%以上的非编码基因中，80%以上具备生物化学活性，它们不是无用的垃圾，它们具备人类过去无法想象的功能。这80%DNA中包括400多万个基因开关（gene switches），每个细胞都能通信联络。这80%DNA中隐藏的指令，虽然不参与人体组织和蛋白的制造，但是却控制着我们的人生，例如大脑神经元的生长、吃肉以后指令胰腺分泌胰岛素、下令某些皮肤细胞死亡的同时产生新的皮肤细胞……这些DNA指令就像一场不可思议的人生舞台设计的全套剧本，具体到每一个演员（细胞）的出场和每一个舞蹈动作。参加这场人生演出的“演员”，过去只有DNA、RNA和蛋白，现在，各种新陈代谢因子和精巧绝妙的设计也参与了进来。科学家们已经无法用语言向纷至沓来的记者描绘这些新发现……

“DNA元素百科全书工程”不仅打开了疾病治疗的新大门，也对人类进化有了更多了解——我们的头发与脚趾甲，到底是怎么生长的？我们的基因组，难道一直在操作着这些生长？现在科学家可以了解“何时”与“何处”的基因开关表达，直到整个人体的全部功能，这是错综复杂到不可思议的一场人生舞台表演。

人类基因组工程之后，科学家已经从基因组里找到心脏病、糖尿病、精神分裂、孤独症等疾病的线索，但是还有几百种疾病的线索找不出来。现在，科学家终于可以在更加扩大的非编码基因范围里寻找新的线索。科学家们现在已经可以说，他们找到了以前无法完全理解的基因影响疾病的更多线索。

人类曾经犯过很多错误，但是最后都发现了真相，纠正了错误。

17世纪，伽利略提出“日心说”推翻了教会权威努力维持的地心说，证明我们不是宇宙的中心，告诉我们必须以开放的心态对待那些反对“历史事实”或“历史实践”的思想。

英国和法国建立科学社会的办法是建立各种论坛，自由讨论科学方法——自然界所遵循的各种规则，构成了大自然的法则，这些大自然的法则是可以被发

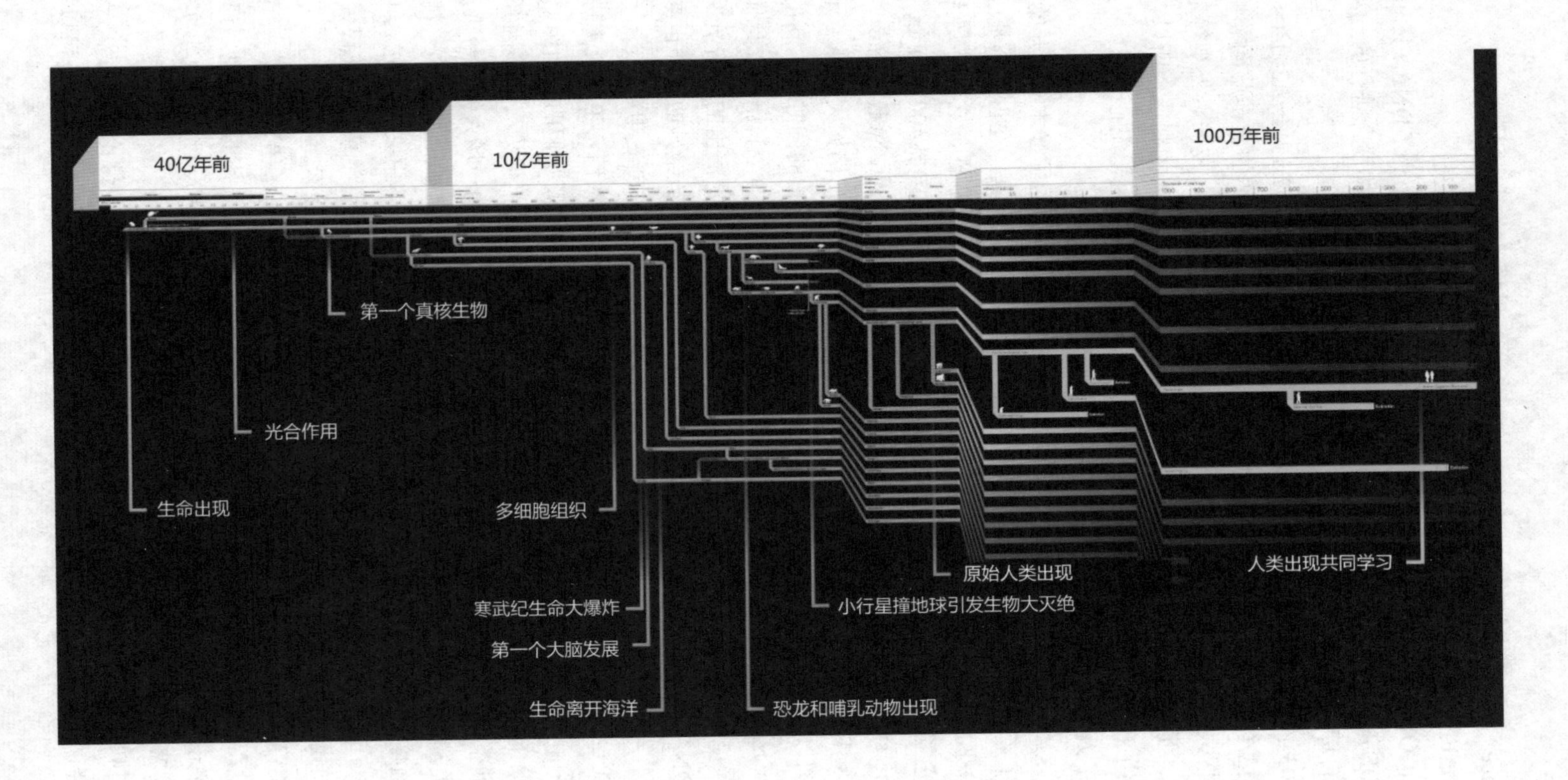

40亿年前
10亿年前
100万年前
第一个真核生物
光合作用
生命出现
多细胞组织
寒武纪生命大爆炸
第一个大脑发展
生命离开海洋
恐龙和哺乳动物出现
原始人类出现
小行星撞地球引发生物大灭绝
人类出现共同学习

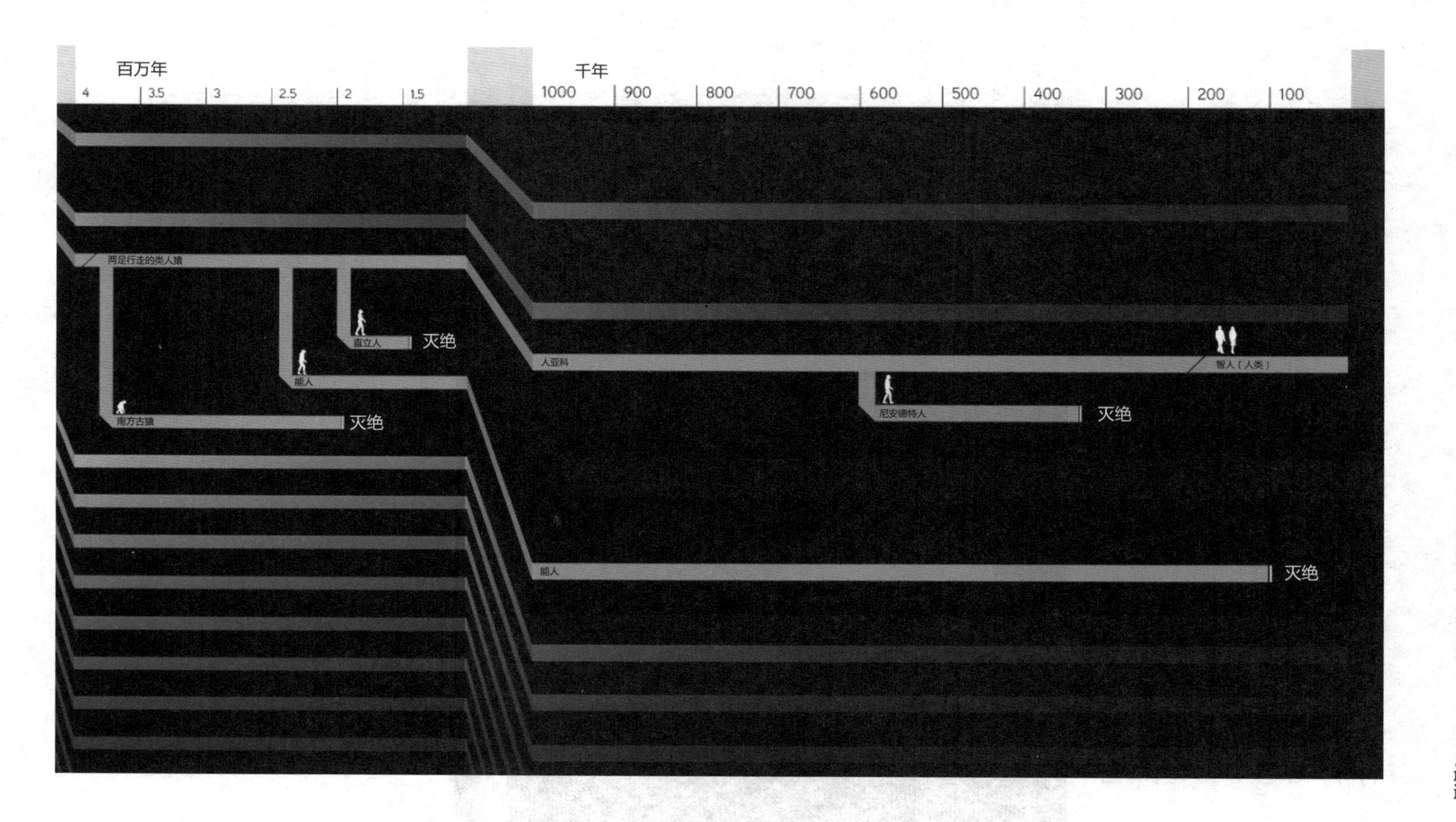
百万年
4
3.5
3
2.5
2
1.5
千年
1000
900
800
700
600
500
400
300
200
100
两足行走的类人猿
直立人
灭绝
能人
南方古猿
灭绝
人亚科
智人（人类）
尼安德特人
灭绝
能人
灭绝

现，也可以被检验的。牛顿是把这些法则整理成为一个体系的第一个人。

20世纪唯一可以与牛顿相比的是爱因斯坦，他在1905年发表的相对论否定了绝对时间的存在。起初人们认为相对论太过抽象，没有实际用途。但是根据爱因斯坦相对论中质量与能源相互转换的理论，人们制造出了原子弹。

伽利略认为我们不是宇宙的中心。

牛顿是把自然法则整理为体系的第一人。

爱因斯坦否定了绝对时间的存在。

科学技术的发展历史一再证明，人类必须向新的理论开放。

达尔文从来没有使用过“进化”一词，他认为进化意味着进步。达尔文已被誉为广义哲学家

幸存的物种，
不是最强大的，
也不是最聪明的，
而是最能适应变化的。

——达尔文

从希腊时代的早期起，哲学家的工作就是提出问题和思考问题，现代公认的最伟大的两个提问者是弗洛伊德和达尔文。

弗洛伊德（1856—1939）是第一位科学地研究潜意识的人。通过生理学的方法，他研究了病人自由思想时所表达的含义，得出结论：人的行为直接联系其童年时代的经验或被压抑的性幻想的潜意识记忆。这个结论震撼了世界，过了仅仅几十年，就成为现代文化的内核，也解释了人类如何从2 000人左右的小小群体成为地球的霸主。

达尔文的理论，经过一百多年的反复验证后才被接受：所有生存的和消亡的物种都是自然选择的结果。在认识达尔文理论的过程中，人类犯了无数错误。

这些历史给整个人类的最大的教训就是：我们必须向所有新的理论开放，因为新的理论可能被新的事实证明。

附录

附录1　人类20万年的旅程图

现在的各种人类旅程路线，正在越来越详细。人类找出自己的来源，找出先祖，找到自己的根是一个长期的理想。而这个理想，随着越来越先进的测序设备和软件的发展正在逐步实现。经过大量采样和多次重复DNA测序，可以找到每一个体的DNA序列，从而推断这个个体所属的单倍群。

基因图谱工程采集的世界样本数量世界第一，所以绘制出的人类20万年以来的旅程路线最有权威性。这里列出11张美国国家地理网站公布的人类旅程图，能够更加详尽地解释人类走出非洲之后的路线。

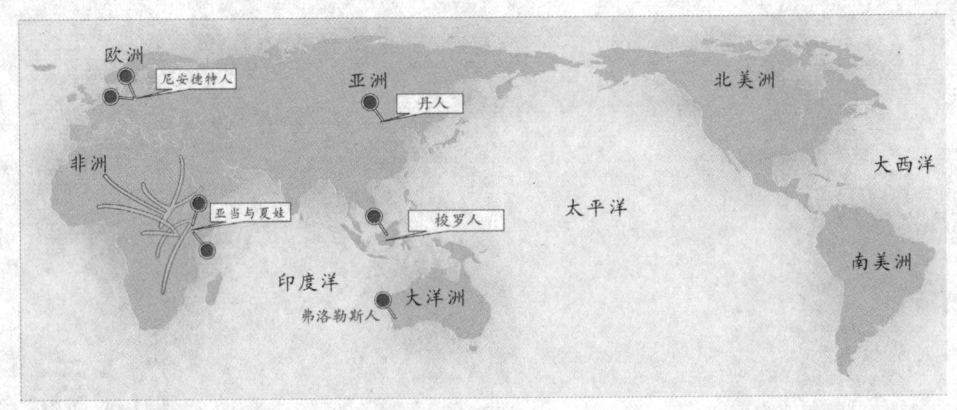

20万年前，人类刚刚诞生。非洲以外，只有早期走出非洲的亚洲直立人、欧洲尼安德特人等其他人科动物

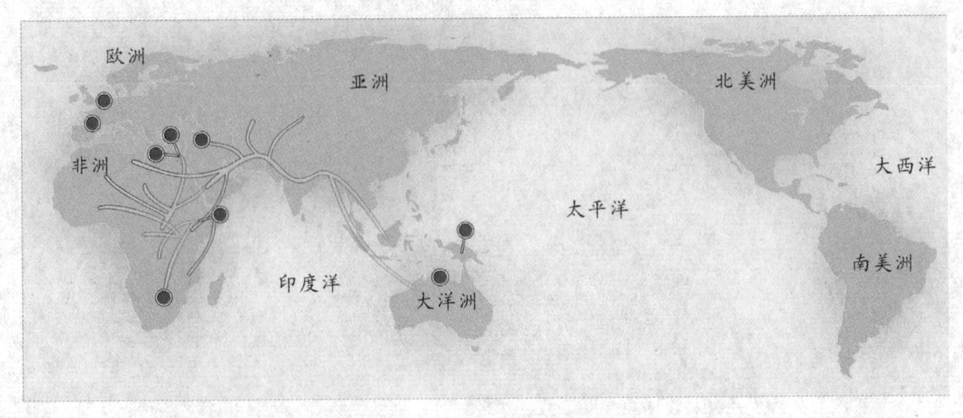

6万—5.5万年前，第一批人类走出非洲，走得最远的一群抵达澳大利亚

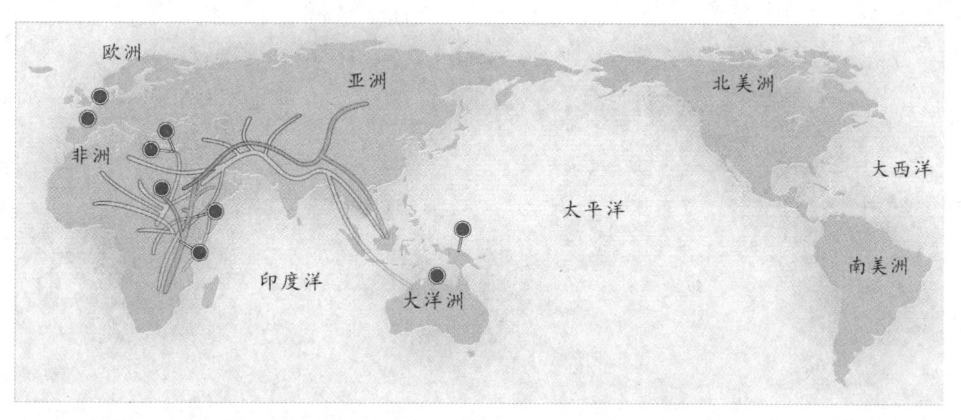

5.5万—5万年前，CF非洲，进入欧亚干草原，他是欧亚的“亚当”

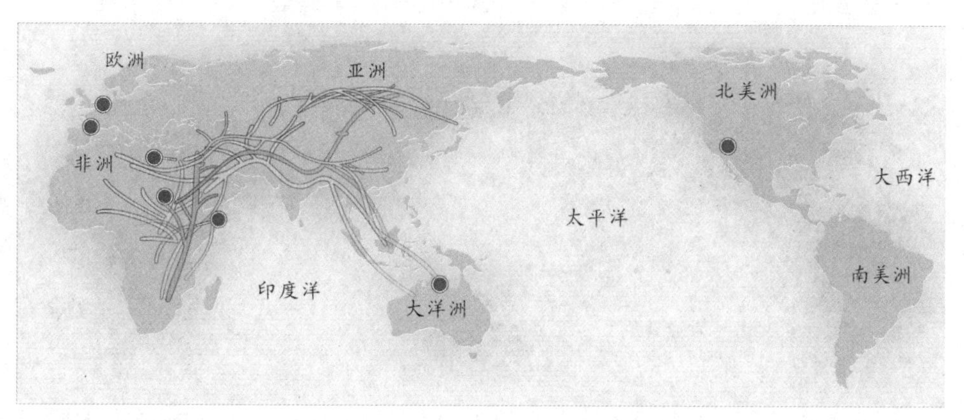

5万—4.5万年前，一批又一批人类沿着“撒哈拉通道”走出非洲，抵达中亚—亚洲东部和印度等地。欧洲尚未出现人类，欧洲当时没有尼人了，尼人是与现代人同时再次进入欧洲的

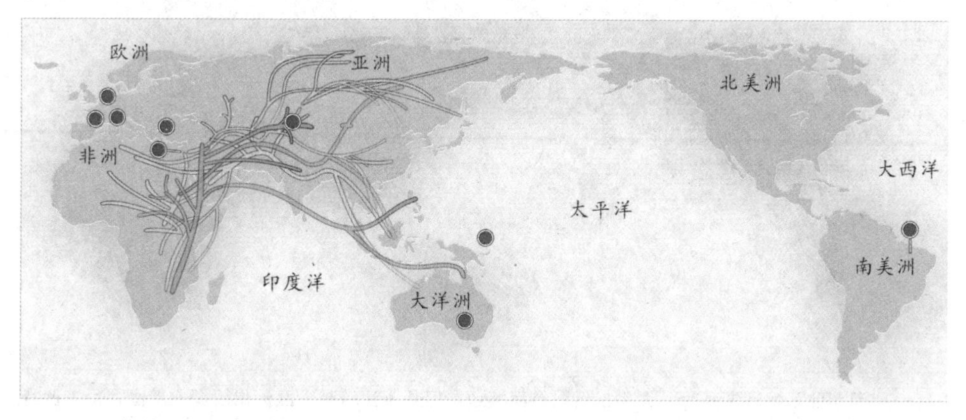

4.5万—4万年前，亚洲和西伯利亚遍布人类，一批人转头从中亚向欧洲走去

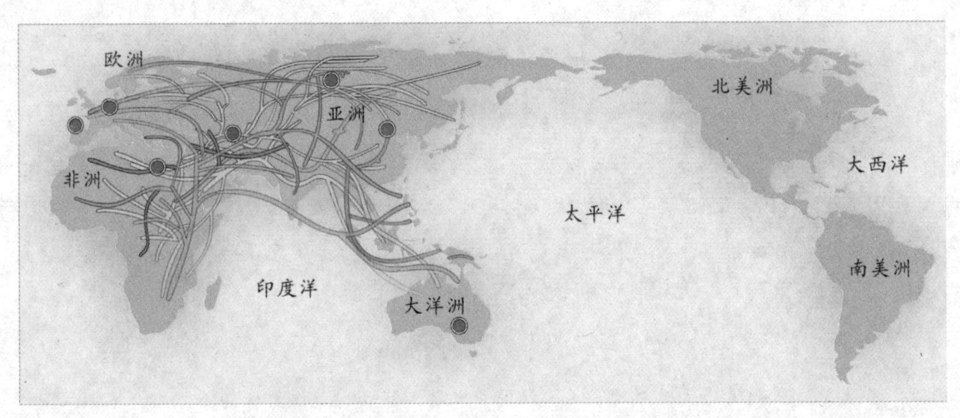

4万—3.5万年前，欧洲的人类最远已到西班牙，巴斯克语言出现。从伊朗高原到欧亚干草原的人类非常活跃，部分人类向南进入印度和东南亚

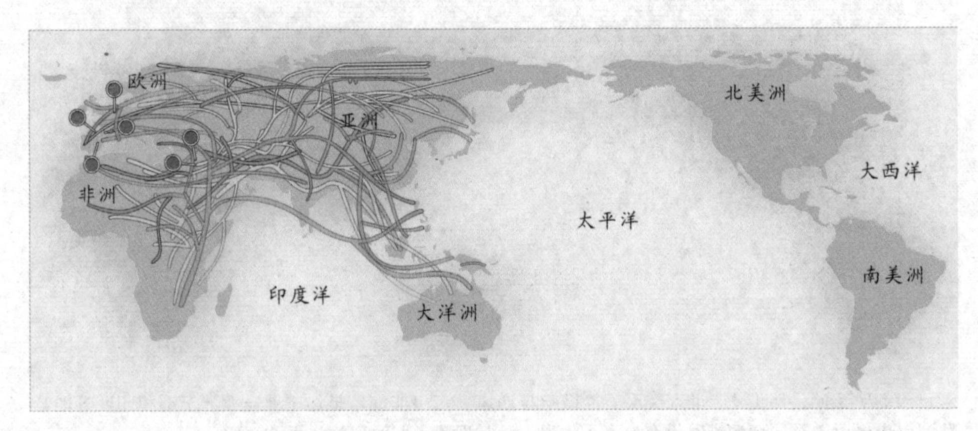

3.5万—3万年前，欧洲尼安德特人和克罗马农人混杂居住。6万年前的第一批人类也进入亚洲东部

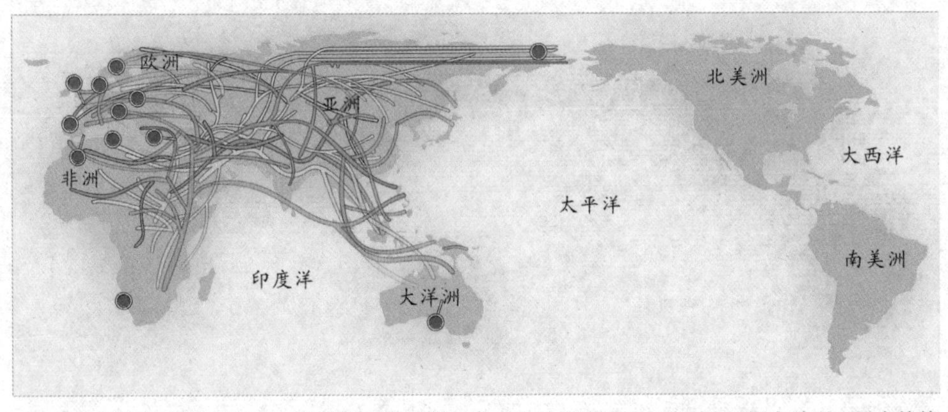

3万—2.5万年前，冰河期高峰，人类抵达白令海峡边，但是无法跨越。欧洲出现洞穴壁画，尼安德特人灭绝了

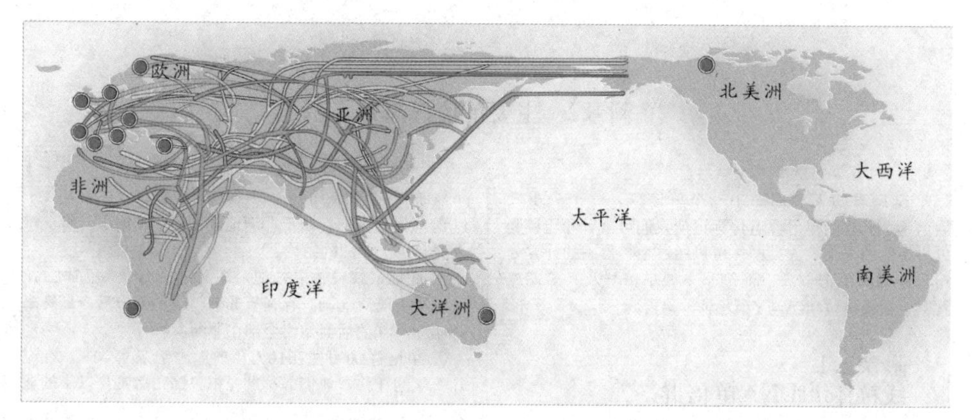

2.5万—2万年前，冰河期高峰，出现欧洲洞穴壁画、南非最著名的阿波罗11洞穴遗址、欧洲多次文化遗址

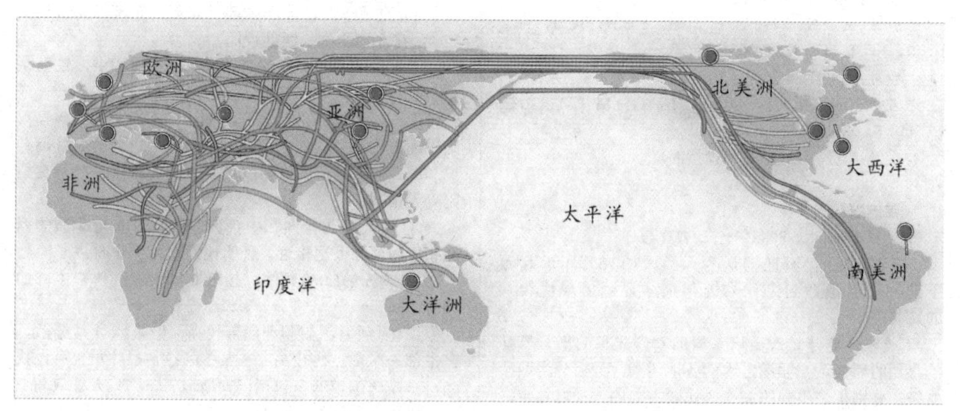

2万—1.5万年前，冰河逐渐消退，多批人类进入美洲，很快抵达中—南美洲，其中包括6万年前第一批走出非洲的人类

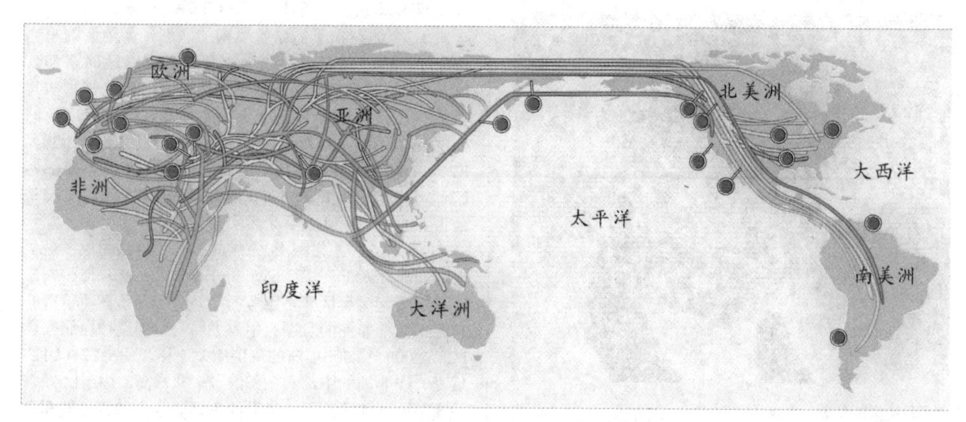

1.5万—1万年前，纳图夫文明出现，世界最早的城市耶利哥出现，美洲多处著名遗址、欧洲最著名的几个洞穴壁画——世界文化遗产出现。日本诞生绳文文化，楚科奇人在白令海峡的亚洲一侧定居

附录2　主要单倍群简介

全世界的人类都属于一个单倍群，一个先祖氏族。这个氏族的单倍群遗传标记使我们可以研究迁移到世界各地的人类。人类群体可以通过遗传形态的计算分析出不同的单倍群。下面列举主要单倍群及其早期旅程，包括线粒体DNA与Y染色体单倍群。

附录2.1 线粒体mtDNA单倍群

线粒体DNA的全球迁移图，最常见的单倍群分布如下：

非洲：L=L1，L2，L3

近东：J，N（N包括在A，B，F，H，I，J，K，P，R，S，T，U，V，W，X）

欧洲：J，K，H，V，T，U，X

亚洲：A，B，C，D，E，F，G，M（M包括在C，D，E，G，Q，Z）

美洲：A，B，C，D和少量的X

单倍群L1/L0

先祖血统：“夏娃”→ L1/L0

考古学和化石证据认为人类大约20万年前起源于非洲，但是直到5万—7万年前才显示出现代智人的特征。

线粒体夏娃是人类谱系树的女性先祖的根。夏娃的早期的后裔，在非洲之内的各地活动，最后分为两个血统，分别携带不同的突变。比较古老的一个群体定义为L0，线粒体树最早的一个分支。现代的所有人类都属于这个L0群体的不同的关联分支，亦即L0是最古老的一个血统。更为重要的是，现代遗传数据研究证明，属于L0的原住民全部存在于非洲地区，这个证据进一步支持人类起源于非洲的结论。

埃塞俄比亚女孩
几乎所有2万年以前的现代人遗骸都出土于埃塞俄比亚及其周围，只有极少几个出土于非洲南部。埃塞俄比亚及其周围也是其他人科生物化石出土最多的地区

此后，线粒体夏娃的后裔又构成另一个群体L1，与较早出现的L0同时存在于非洲。L1的部分后裔最终离开非洲，L0的后裔始终全部在非洲。

单倍群L0可能在10万年前起源于东非一带。经过几万年的迁移，他们的早期先祖曾经在撒哈拉以南的非洲游荡。

现在，L0频率最高的群体是非洲中部的俾格米人（Pygmies）和非洲南部的科伊桑人（Khoisan，常称桑人）。

L0的频率，在非洲中部—东部—东南部为20%—25%，在非洲北部—西部较低。

2 000—3 000年前的班图人大迁移过程中，铁器从非洲西部传播到非洲其他地区，土生土长的L0被同化或取代了，这使得L1的后裔在非洲中部、东部的频率显得比较高。在大西洋奴隶贸易时代，很多古老的血统离开了非洲大陆，美国的很多L0的后裔的线粒体DNA与莫桑比克人相同。

总体上，北美洲和中美洲的频率分布与非洲的西部和中西部惊人地接近，证明他们起源于非洲。

南美洲的L0的频率，接近非洲中西部—东南部的频率。

L1的频率，在非洲西部较高，但是L1非常分散，在中部—东部也比较高，在某些阿拉伯群体里也可以找到，只是比例较低，包括巴勒斯坦人、约旦人、叙利亚人、伊拉克人和贝都因人。

单倍群L2

先祖血统：“夏娃”→ L1/L0→L2

L2个体存在于撒哈拉以南的非洲，与他们的祖先L0/L1一样，他们也存在于非洲中部到遥远的南部。L0/L1在非洲东部—南部占主导地位，L2的先祖则向其他地区迁移。L2个体是非洲频率最高，分布最广泛的mtDNA单倍群，分为4个独特的子单倍群：L2a、L2b、L2c、L2d。其中L2a频率最高的地区是非洲东南部，L2b、L2c、L2d主要分布在非洲西部和中西部。L2d是最古老的，L2b和L2c后来多次分支。

估计L2群体起源于7万年前的一个母系先祖，最早出现在非洲西部—中西部，其分布非常广泛，使得判断L2的准确起源地区非常困难。L2被认为是班图单倍群的起源，东南非洲的班图人中，大约一半的遗传血统来自L2。2 000—3 000年前的班图族大迁移，使得L2（L1的后裔）在非洲的中部和东部的频率非常高。由于L2频率最高的西非地区是奴隶贸易的主要地区，L2成为非洲裔美国人的最主要血统，频率约为20%。

单倍群L3

先祖血统：“夏娃”→L1/L0→L2→L3

L3的最近的共同先祖生活在大约8万年前，L3的人群在非洲处处可见。他们是最早走出非洲的现代人，原因可能是气候的影响。大约5万年前，欧洲北部的冰原开始消融，非洲的气候开始变得温暖和潮湿，撒哈拉的部分地区变得适于居住。各种动物开始向北方迁移，L3跟随着好气候和猎物也向北迁移，具体路线不详。

L3在北非的频率很高，在整个非洲的班图人里也都可以找到L3。一些L3向西迁移到大西洋沿岸，包括佛得角群岛（Cabo Verde）。一些L3继续向北，最后完全离开非洲大陆，他们的后裔在中东人群中占10%，其中两个分支的单倍群走向了世界其他地区。L3是非洲裔美国人的重要单倍群，在美国人中可以找到源于非洲西部的L3的大部分血统，而源于非洲中西部—东南部的L3的频率较低。

单倍群M

先祖血统：“夏娃”→L1/L0→L2→L3→M

L3的后裔M单倍群离开了非洲，可能通过红海—亚丁湾（Gulf of Aden）一带渡过狭窄的海峡，从东非海岸来到阿拉伯半岛。这是一场长距离大迁徙的开始，M沿着中东—欧亚大陆南部—澳大利亚，最后到达波利尼西亚。M是出现在约6万年前的第一批走出非洲的人类。

M属于亚洲血统，在阿拉伯半岛东部频率很高，在阿拉伯半岛南部约15%，在Levant（地中海东部）地区不存在，在巴基斯坦南部和印度北部的频率高达30%—50%，在印度河谷以东呈现广泛的分布和更大的遗传多样性，说明携带M的人群是南亚第一批居民的后裔。

M有多个分支：M1是非洲分支，M2—M6在印度，M7在东南亚南部，M7的两个分支M7a和M7b2分别在日本和韩国。M7在中国南部和日本的频率约15%，在蒙古的频率较低。

单倍群M1

先祖血统：“夏娃”→L1/L0→L2→L3→M→M1

携带M突变的人群离开非洲走向印度次大陆和亚洲东部时，M1没有向东走，而是返回了非洲。M1包括4个独特的突变，年代都在6万年左右，在东非形成4个分支，最近1万—2万年分离了。

现在，非洲东部的线粒体血统的20%属于M1，分布横跨红海两岸，占地中海的M血统的大部分，在尼罗河的所有血统中占7%。

M1在印度和亚洲东部很少见，有趣的是，印度和亚洲东部的M和非洲东部的M1的年代是相似的，所以估计M1是走出非洲后又返回非洲的人群。

单倍群C

先祖血统：“夏娃”→L1/L0→L2→L3→M→C

M分支出来的一批人群进入中亚广袤的干草原：约五万年前，C的第一批成员北上到达西伯利亚，他们中的一些人后来最终进入北美洲和南美洲。

C起源于里海和贝加尔湖之间的中亚大平原，属于西伯利亚血统，占西伯利亚地区的20%。由于年代久远，在欧亚大陆北部频率较高，被认为是最早定居在这一带的第一批人类。

C的后裔向四周扩散并迅速南下，进入亚洲的北部和中部，但是频率逐步下降，在中亚为5%—10%，在东亚约3%。向西迁移的C的后裔终止于乌拉尔山脉和伏尔加河，仅为1%，说明早期人类受地理因素影响很大。

在1.5万—2万年前，适应西伯利亚寒冷气候的C的后裔，跨过白令海峡来到阿拉斯加，现在占北美洲和南美洲的土著的20%。但是，既不清楚他们的具体迁移路线，也不清楚他们迁移了多少批次。

单倍群D

先祖血统：“夏娃”→L1/L0→L2→L3→M→D

约5万年前，从M分支的另一批人群D单倍群进入中亚干草原—亚洲东部，他们的第一批成员继续向东，最终进入北美洲和南美洲。

与C单倍群一样，D单倍群也居住在里海和贝加尔湖之间的中亚大平原，属于欧亚大陆东部血统，D的后裔向四周扩散并迅速南下，现在是亚洲东部的重要血统，约占20%。D的频率向西的方向逐步减少，在亚洲中部为15%—20%。

D是北美洲和南美洲土著的5类线粒体DNA之一。

单倍群Z

先祖血统：“夏娃”→L1/L0→L2→L3→M→Z

约3万年前，Z单倍群的第一个成员北上进入西伯利亚，开始向亚洲东部的旅程。Z属于西伯利亚血统，居住在里海和贝加尔湖之间，现在约占这一地区的3%。

Z单倍群向四周扩散并南下进入亚洲的北部和中部，现在约占亚洲东部的2%。但是，Z向其他方向的迁移似乎都失败了。

当C和D的后裔进入美洲时，Z的后裔没有前往美洲。由于C-D-Z的居住区域相同，也许Z也进入了美洲，但是这支血统在美洲绝嗣了。

单倍群N

先祖血统：“夏娃”→L1/L0→L2→L3→N

N与M是L3的两个直接后裔分支。M来自第一波走出非洲的大迁移，N来自第二波走出非洲的大迁移。M的路线是通过红海，N的路线是沿着尼罗河，通过西奈半岛走出非洲，因为沿着尼罗河谷地迁移可以找到足够的食物与饮水。这些L3的后裔最终构成了N单倍群。

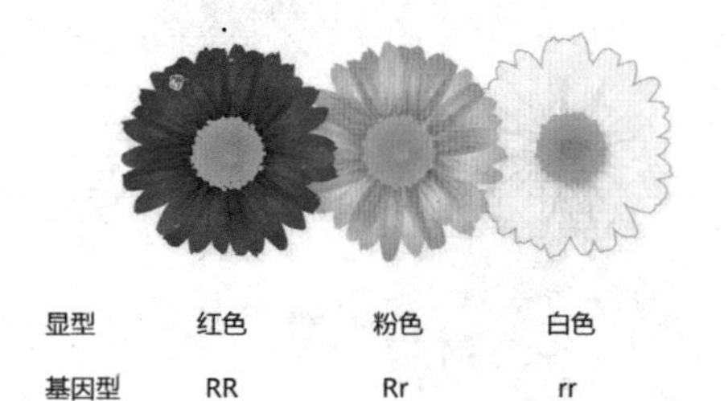

显型	红色	粉色	白色
基因型	RR	Rr	rr

N的早期成员离开撒哈拉沙漠的严酷环境，生活地中海东部和亚洲西部，可能当地依然存在着尼安德特人，因为以色列卡巴拉洞穴（Kebara Cave）出土了约6万年的尼安德特人遗骸，说明两种人科生物当时都在地中海沿岸。

携带N单倍群的突变特征的一些成员组成很多群体，向亚洲—欧洲—印度—美洲等地进发。N被认为是欧亚大陆西部的单倍群，因为在中东和欧洲的几乎所有线粒体血统中都发现了N。

单倍群N1

先祖血统："夏娃"→L1/L0→L2→L3→N→N1

N单倍群的地理分布广泛，其后裔N1是德裔的4个犹太血统（Ashkenazi）之一。公元1300年，德裔犹太人约2.5万人，20世纪达到850万人。在非德裔犹太人中，很少见到N1。现在N1的德裔犹太人约80万人，为4个德裔犹太人线粒体中第二大血统。N1也出现在Levant—中亚—埃及人群中。

单倍群A

先祖血统："夏娃"→L1/L0→L2→L3→N→A

约5万年前，A单倍群的第一个成员越过西伯利亚，最终来到北美洲和南美洲。A可能起源于中亚高原，然后扩散到亚洲东部几个地区。在美洲土著中第一次发现A，使得遗传学家开始用这个突变研究史前人类的迁移。

除了极少的例外，A是爱斯基摩人的唯一血统，A也是西伯利亚—阿拉斯加—加拿大的美洲土著的血统，可靠的起源时间约为1.1万年前。这个时间成为一个分子钟，用于估算爱斯基摩人和美洲土著的迁移时间，但是不能用于估算世界其他地方的人类迁移时间。

单倍群B

先祖血统："夏娃"→L1/L0→L2→L3→N→B

约5万年前，B单倍群的第一个成员进入亚洲东部，最终来到北美洲和南美洲，以及波利尼西亚的大部分地区。这个B单倍群可能起源于里海和贝加尔湖之间的中亚高原，成为亚洲东部的创始血统之一，B、F、M构成了现在亚洲东部所有线粒体血统的大约四分之三。

B单倍群向四周扩散并迅速南下进入亚洲东部，现在约占东南亚的17%，约占中国全部基因池的20%，并且广泛分布在太平洋沿岸，从越南到日本，少量存在于西伯利亚土著（约3%）。由于历史久远，频率较高，B被广泛承认是欧亚大陆最早的人群之一，也是南北美洲的5个线粒体血统之一。

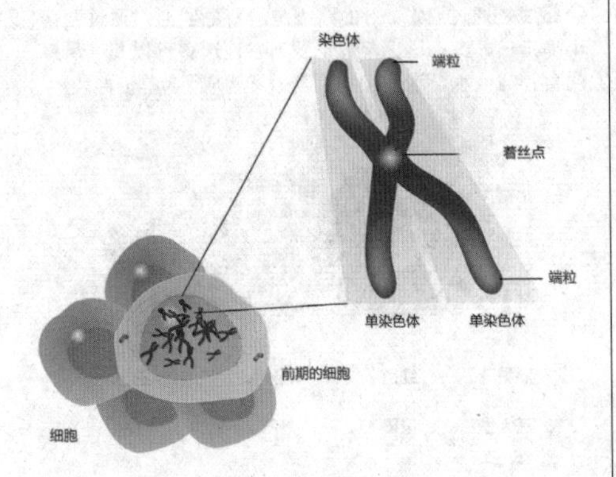

B单倍群的分支之一B4，从东南亚向波利尼西亚扩张。B4积累了在欧亚大陆的突变，最近不到5，000年内扩散到波利尼西亚，其中的一些中间血统出现在越南—马来西亚—婆罗洲，支持B4起源于东南亚的可能性。

单倍群I

先祖血统："夏娃"→L1/L0→L2→L3→N→I

I是N的后裔，起源于中东地区，在欧亚大陆北部和北欧地区呈现显著的多样性，所以I的早期成员在旧石器时代的中期可能已经第一次进入欧洲。

这一波进入西欧的移民潮称为奥里尼雅克文化（Aurignacian culture），他们的工具先进、首饰精美、社会组织也比较复杂。

他们留下的欧洲血统，在旧石器时代约为10%，在新石器时代约为20%，其余的欧洲血统（包括I）是在旧石器时代中期的2.5万年前进入欧洲的，在1.5万年前的冰河时代后期开始扩散。

单倍群W

先祖血统："夏娃"→L1/L0→L2→L3→N→W

W是N的后裔，从中东进入欧洲。与I类似，现在中东的W后裔比北欧的W后裔呈现更显著的多样性，说明W在中东居住更久，积累了更多突变。

也与I类似，W的后裔是在旧石器时代中期进入欧洲的，他们也参与创造了奥里尼雅克文化（Aurignacian culture）。

单倍群X

先祖血统："夏娃"→L1/L0→L2→L3→N→X

X主要有X1和X2两个分支，分布广泛且没有规则。

X1大部分位于非洲的北部和东部。X2广泛分布于欧亚大陆西部，在欧洲占2%，在近东—高加索—地中海地区比例升高，有的欧洲地区达到10%—25%，扩散时间约为1.5万年前。

X也是美洲土著的5个线粒体血统之一，但是仅存在于北美洲。5个美洲线粒体血统A、B、C、D、X中，唯有X没有完全出现在亚洲东部，原因不详。

单倍群R

先祖血统："夏娃"→L1/L0→L2→L3→N→R

R是N的一个后裔，这个女人又被称为欧亚大陆西部血统的共同先祖，R的频率较高的地区在伊朗—高加索—安纳托利亚（Anatolian，又称小亚细亚，位于土耳其）地区。

R的历史复杂，起源很早，分布很广泛，属于第二波走出非洲的人类。从中东地区开始，R与她的先祖N一起走过了上万年，凡是发现N的地点和时间几乎都同时发现R。两者的故事很难分辨。

R的一部分后裔走到亚洲中部—印度河谷，R的另一部分后裔在3.5万年前进入欧洲，成为第一批抵达欧洲的克罗马农人，当时尼安德特人仍然生活在欧洲。R的后裔现在是欧洲最重要的线粒体血统，超过75%。

单倍群F

先祖血统：“夏娃”→ L1/L0→L2→L3→N→R→F

F起源于里海和贝加尔湖之间的中亚高原，属于亚洲东部创始血统之一。F、B、M构成了现在亚洲东部所有线粒体血统的大约四分之三。

F是R的后裔，起源于中亚和东南亚。大约5万年前，F的第一个成员进入亚洲东部，然后扩散到整个东南亚，现在占东南亚的25%以上。

F的多样性在越南最显著，F广泛分布于菲律宾—中国台湾土著—东南亚等太平洋沿岸，最北方延伸到西伯利亚中部的鄂温克人（Evenks），最南边延伸到婆罗洲的卡达赞人（Kadazan people）。在巴布亚新几内亚的某些沿海群体里也发现了F，这个单倍体可能也影响了印度尼西亚人的起源。

由于F在美拉尼西亚（Melanesia）—波利尼西亚地区的频率很低，不太可能是澳大利亚土著带给他们的，估计是6 000—8 000年前的汉藏语系群体的扩张期间，通过东南亚带到了美拉尼西亚—波利尼西亚地区。

现在，东南亚—印度尼西亚—美拉尼西亚—波利尼西亚等地的史前历史，还有很多有趣的谜团，有待遗传学家和考古学家解开。

单倍群pre-HV

先祖血统：“夏娃”→
L1/L0→L2→L3→N→R→pre-HV

pre-HV在红海周围处处可见，广泛分布在近东地区，属于埃塞俄比亚—索马里的共同起源血统，在阿拉伯国家的频率最高。这些pre-HV接近欧亚大陆西部，很多群体生活在非洲东部，这些人可能是后来返回了非洲大陆。与此类似，N和R的后裔也有一些人返回了非洲大陆。

pre-HV是R的后裔，有时命名为R0，在安纳托利亚—高加索—伊朗地区的频率也很高，在印度—巴基斯坦边境的印度河谷地区也有pre-HV，可能是近东的群体向东方迁移的结果。

还有一些携带pre-HV的群体进入欧洲成为克罗马农人，形成两个非常重要的欧洲线粒体血统：H和V，时间约为2万年前。这就是名称pre-HV的来源。当时他们人数很少，不断扩大的冰原把他们挤压到西班牙南部、意大利和巴尔干半岛。1.2万前气候开始变暖之后，他们开始向欧洲北方扩张。

单倍群HV

先祖血统：“夏娃”→
L1/L0→L2→L3→N→R→pre-HV→HV

HV是pre-HV的后裔，一组独特的突变定义了HV单倍群。虽然一些后裔血统前往中亚—印度河谷等地，或返回非洲，HV的先祖始终留在近东。

约3万年前，HV的一些成员翻过高加索山脉，进入欧洲，1.5万—2万年前，他们被冰原挤压到伊比利亚半岛—意大利—巴尔干躲避严寒，人口急剧减少，原先在欧洲形成的多样性也丢失了。冰原撤退时，他们重新向欧洲西部殖民，其中两个最常见的线粒体血统是H和V，它们存在于75%以上的欧洲血统里。

单倍群HV1

先祖血统：“夏娃”→
L1/L0→L2→L3→N→R→pre-HV→HV1

HV1是pre-HV的后裔，形成于3万年前。与HV类似，HV1在近东的频率也很高，包括安纳托利亚（现土耳其）—高加索山区，主要集中在俄罗斯南部和格鲁吉亚。其中一些成员越过高加索山脉进入俄罗斯南部，来到黑海的干草原，然后向西进入波罗的海各国和欧亚大陆西部。今天，这些HV1的后裔血统位于东欧诸国和地中海东部地区。

虽然距离伊比利亚半岛不远，HV1的后裔与H和V的后裔没有发生关系。非常有趣的是，在非洲东部也发现了HV1的后裔，尤其是埃塞俄比亚，这很可能是最近2，000年来的奴隶贸易的结果。

单倍群H

先祖血统：“夏娃”→
L1/L0→L2→L3→N→R→pre-HV→HV-H

冰河期结束，人类再次向欧洲殖民时，出现频率最高的单倍群是H，H构成欧洲女性基因池的40%—60%。罗马和雅典的H的比例为40%，西欧其他地区的比例也差不多。越向东走，H的比例越低。土耳其的比例约25%，高加索山区的比例约20%。

H不仅是欧洲西部的主要单倍群，在东方也发现了H：东南亚约20%，亚洲中部约15%，亚洲北部约5%。更加重要的是，H在东方和西方的时间不同。在欧洲，H的时间估算为1万—1.5万年，实际上，H在3万年前已经进入欧洲，但是冰河时期人口急剧减少，多样性也丢失了，所以计算出来的时间比较短；在亚洲的中部和东部，H的时间估算约为3万年，亦即H血统很早以前也从近东迁移到亚洲。

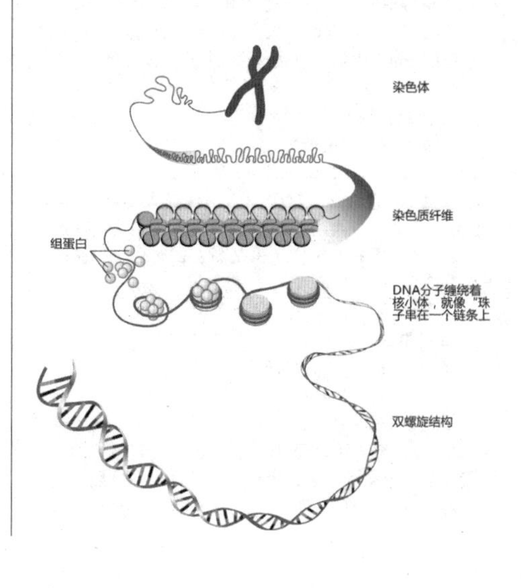

单倍群V

先祖血统：“夏娃”→

L1/L0→L2→L3→N→R→pre-HV→HV-V

现在，V局限于欧洲的西部—中部—北部，时间约1.5万年。这意味着人类在冰河时期，曾经在欧洲南部的避难地逗留了大约5 000年。

在西班牙北部相对封闭的巴斯克人（Basques）中，V的比例约12%。在其他西欧群体中，V的比例约5%。阿尔及尔和摩洛哥也发现了V，说明伊比利亚半岛的群体曾渡过直布罗陀海峡来到北非。有趣的是，斯堪的纳维亚（Scandinavia）北部的Skolt Sami人中V的比例最高。Skolt Sami人是狩猎采集群体，他们随着驯鹿，季节性地在西伯利亚和斯堪的纳维亚之间来回游牧。

单倍群J

先祖血统：“夏娃”→

L1/L0→L2→L3→N→R→J

J是R的后裔，这个女人出现在大约4万年前，这个单倍体是新石器时代人口大扩张中最重要的单倍群之一，她的后裔分布非常广泛：在印度—巴基斯坦、阿拉伯半岛、欧洲东部和北部都有J。

J在近东的多样性远远高于欧洲，J是黎巴嫩沿岸很多群体的先祖，在阿拉伯的比例最高：贝都因人和也门人中占25%

单倍群K

先祖血统：“夏娃”→

L1/L0→L2→L3→N→R→K

K也是R的后裔，这个女人出现在大约2万年前，她的后裔分为几个不同的分支，地理上极其分散，在欧洲、北非、印度、阿拉伯、高加索北部、斯堪的纳维亚、近东等地区都有。还有很多K的后裔进入俄罗斯南部的黑海干草原。

与N1类似，K也是一个著名的单倍群，因为K和K的分支涵盖了德国裔犹太人（Ashkenazi）的4个线粒体DNA单倍群中的3个，相当于300万个德国裔犹太人。

但是K在非德国裔犹太人中的频率比较低。在地中海沿岸Levant—中亚—埃及地区，K的比例约3%。

单倍群T

先祖血统：“夏娃”→

L1/L0→L2→L3→N→R→T

T也是R的后裔，这个女人出现在大约4万年前。T的分布广泛，最南边到阿拉伯半岛，最东边到印度河谷。T出现于旧石器时代，也是新石器时代大扩张的主要单倍群之一。

单倍群U

先祖血统：“夏娃”→

L1/L0→L2→L3→N→R→U

U也是R的后裔，这个女人出现在大约5万年前，T和T的分支广泛分布在欧洲、北非、印度、阿拉伯、高加索北部、近东等地。其中最重要的一批群体翻越高加索山脉，进入黑海干草原，然后继续西进，抵达现在的波罗的海各国和欧亚大陆西部。

U在欧洲常见，在地中海东部的频率约7%。

单倍群U5

先祖血统：“夏娃”→

L1/L0→L2→L3→N→R→U5

U5是U的后裔，起源于5万年前。局限于斯堪的纳维亚，尤其是芬兰。原因可能是芬兰的地理位置相对比较封闭。

季节性跟随驯鹿迁移的游牧群体Skolt Sami人中，U5的比例高达50%。

U5也出现在北非摩洛哥—塞尔加内—阿尔及利亚的帕帕尔人群体中。在距离如此遥远的两个地区发现同样的遗传血统，确实出乎预料，这可能是冰河期结束之后，一场延续了大约1.5万年的大迁徙的结果。

U5在近东很少，比例约2%，在阿拉伯地区找不到。U5还出现在土耳其人—库尔德人—亚美尼亚人—埃及人里，这可能是欧洲人回流到近东的结果。

单倍群U6

先祖血统：“夏娃”→

L1/L0→L2→L3→N→R→U6

U6是U的后裔，起源于5万年前。U滞留在近东，但是U的一部分后裔北上进入欧洲和斯堪的纳维亚，还有一部分后裔沿着地中海沿岸向西走，现在北非地区的U6约占10%。

U6的文化相当发达，石器和骨器先进，首饰和雕塑精美，岩画也很著名。冰河期结束之后，U6的先祖渡过直布罗陀海峡，进入西班牙和法国南部，他们来往于北非和欧洲南部，所以在两边都留下了血统。

附录2.2
Y染色体单倍群

进入南北美洲的Y染色体单倍群只有两个：C3和Q3。C3属于第一波走出非洲的群体，Q3属于第二波走出非洲的群体。

单倍群A

先祖血统：“亚当”→ M91

单倍群A起源于约6万年前，由M91定义。遗传多样性随着时间增大，所以M91联系着一个更早的男性共同先祖“亚当”。

现在，埃塞俄比亚—苏丹—洲南部很多人携带着M91，他们的文化传统仍然关联着先祖的生活方式。例如，喀拉哈里沙漠（Kalahari）的桑人—布须曼人（San Bushmen）和坦桑尼亚哈扎人（Hadza），都继续使用嗒嘴音。

距今2 000—3 000年的非洲班图人的文化大扩张，大大挤压了A单倍群的人口数量和古老文化。

单倍群B

先祖血统：“亚当”→ M60

M60定义了B单倍群，一个起源于5万—6万年前的古老非洲血统。与其他古老的血统后裔类似，B的分布非常分散，遍布整个非洲大陆，涉及很多不同的人群和文化，包括俾格米人：Biake people人和Mbuti people人。

单倍群C

先祖血统：“亚当”→M168→M130

约5万年前，可能在南亚，一个男人出生时携带着基因标记M130，他的晚近先祖参与了第一批走出非洲的旅程。这批人沿着非洲海岸前进，路线大致为阿拉伯半岛南部—印度—斯里兰卡—东南亚。其中一些人渡海抵达并定居澳大利亚。这批早期移民沿着海岸线旅行，不需要什么新技术，依靠海洋资源维生，不到5 000年就迁移到澳大利亚。

在这部分迁移的人群中，并非每个人都前往了澳大利亚，许多人留在东南亚沿海，逐步向内陆迁移，几千年后进入亚洲东部，包括蒙古和西伯利亚。在大约1万年前，这批群体的一部分居住在中国北方或西伯利亚东南方的后裔，乘船沿着太平洋海岸线迁移到北美洲，证据就是北美洲的纳—德内语系（Na-Dene languages）。

这个语系仅限于北美洲的西半部。在纳—德内语系的群体中，尤其是加拿大西部和美国西南部的男性美洲土著中，携带基因标记M130的比例为25%。

单倍群YAP

先祖血统：“亚当”→M168→YAP

YAP是Y染色体Alu多态性（Y Alu Polymorphism）的简称，Alu是Y染色体上长度约300碱基对（核苷酸）的一个区段，又称阿鲁元素（Alu element），这个无害的Alu重复地插入人类基因组的不同部位，插入模式已经超过100万种并遗传给后裔。约5万年前，一个男人体内的Y染色体上出现了这个300碱基对的区段并遗传给他的后裔。

YAP在非洲东北部，属于撒哈拉南部3个最常见的遗传分支之一。YAP血统后来分支成为2个距离遥远的群体：D单倍群在亚洲，由M174突变定义；E单倍群主要在非洲和地中海地区，由基因标记M96定义。

单倍群D

先祖血统：“亚当”→M168→YAP→M174

D的先祖与C单倍群一起，构成离开非洲的第一批主要的移民潮。现在D存在于东南亚和安达曼群岛（Andaman Islands），但是印度没有。D的一部分后裔现在日本，还有一部分后裔现在西藏。

单倍群D1

先祖血统：“亚当”→M168→YAP→M174→M15

遗传标记M15定义了D1，这个单倍群最早出现于3万年前，地点可能在东南亚。这个血统的后裔后来进入西藏。现在D1存在于东南亚和西藏，西藏的频率最高。

单倍群D2

先祖血统：“亚当”→M168→YAP→M174→P37.1

约3万年前，第一次出现基因标记P37.1。这个标记定义了D2，这个M174的后裔单倍群逐步向北迁徙，最后抵达日本，现在D2是日本最常见的单倍群，在某些日本群体中的频率超过50%。

单倍群E

先祖血统：“亚当”→M168→YAP→M96

3万—4万年前，基因标记M96第一次出现在非洲东北，准确的地点尚不清楚。后来进入西非，并随班周大迁徙成为非洲主流。约5万年前，一个中东氏族开始走出非洲进行第二波大迁移，他们大部分是M89（参阅F）的后裔。这个中东氏族向北走，最后定居在中东。E单倍群也来到中东，具体路线可能与中东氏族相同，也可能不同。

单倍群E3a

先祖血统：“亚当”→M168→YAP→M96→M2

约3万年前，这个男人出现在非洲，他的后裔向撒哈拉以南迁徙。在大约2 500年前的班图人大扩张期间，E3a的后裔从非洲中西部向非洲的东部和南部扩散。现在，E3a在尼日利亚和喀麦隆的频率超过70%。在非洲裔美国人中，E3a也是最常见的血统。

单倍群E3B

先祖血统：“亚当”→M168→YAP→M96→M35

约2万年前，M35出现在中东。冰河期结束，气候变暖之后，人类从游牧的狩猎采集生活方式向定居农业生活方式转变。约8 000年前，新月沃土地区出现了成功的农业，向地中海周围扩张，社会组织也开始复杂化。M35单倍群可能以30—50人的小群体进行扩散。

单倍群F

先祖血统：“亚当”→M168→M89

约4.5万年前出现在非洲东北部或者中东的基因标记M89，现在存在于世界的90%以上“非非洲人”的身上。

最早离开非洲的人类沿着海岸线来到澳大利亚，但是F的路线是沿着大草原迁移，路线为非洲东部—中东—继续向前。F属于走出非洲的第二波移民，很多M89的后裔留在中东，还有很多M89的后裔追随着猎物的迁徙继续前进，途经今天的伊朗地区进入欧亚大陆中部广袤的干草原。

当时，这片巨大的干草原像一条“超级高速公路”，从法国直达韩国。他们从亚洲中部分别向西方和东方扩散。

单倍群G

先祖血统：“亚当”→M168→M89→M201

G的后裔都携带基因标记M201，这个男人大约在30，000年前出生在中东的东方地区，可能是巴基斯坦或印度的喜马拉雅山脚下。在新石器时代的农业人口大扩张之前，G的后裔生活在印度河谷地区。农业人口来到之后，取代或灭绝了很多G的后裔，幸存的G的后裔学会了农耕技术。

G有3个关联的“兄弟”单倍群：H，I，J，他们的部分后裔随着农业继续扩散。

单倍群G2

先祖血统：“亚当”→M168→M89→P15

基因标记P15出现于约1万年前，定义了单倍群G2，出现于中东，G2的后裔很快扩散，经过现在的土耳其进入欧洲东南部。

约1.5万年前的冰河期巅峰时期，早先的欧洲移民被冰原挤压和封锁在欧洲南部的几处避难地，人口较少。冰河期结束后，G2的各个血统从中东向欧洲的北部和东部扩散，还有一些人进入欧亚大陆的西部。

单倍群H

先祖血统：“亚当”→M168→M89→M69

约4.5万年前，起源于中东的H单倍群的先祖沿着欧亚大陆的干草原上的“超级高速公路”移民，后来辗转进入印度。约3万年前，一个携带遗传标记M69的男人诞生了，M69定义了这个新的H单倍群血统。虽然M69是一个“印度基因标记”，但是这个男性先祖的出生地点可能在中亚的南部，他的后裔是最早定居印度的内陆地区的群体之一。

这个单倍群H并非抵达印度的第一批人类。在5万—6万年前，第一批人类从非洲沿着海岸线来到印度，有些人定居在印度的沿海，但是内陆地区的大部分人类属于H单倍群的成员。

单倍群H1

先祖血统：“亚当”→M168→M89→M69→M52

M52定义了单倍群H1，这是印度的主要血统之一，M52在大约2.5万年前第一次出现在印度，属于迁移到印度的第二波主要人类群体。

H1的先祖也起源于中东，现在某些印度地区的频率为25%，在伊朗和中亚的南部，也有频率不高的H1。

单倍群I

先祖血统：“亚当”→M168→M89→M170

I的先祖是中东氏族M89的一部分，他们向西北的巴尔干迁移，后来扩散到欧洲的中部，在2.1万—2.8万年前，这些群体在欧洲的西部创造了格拉维特文化（Gravettian culture）。格拉维特文化是指法国的格拉维特发现的一些新的技术和艺术，石器工具也与早期的奥里尼雅克文化（Aurignacian culture）有所不同。格拉维特文化的狩猎工具更加先进，并且出现了女性雕塑的形象、贝壳首饰，以及动物骨头建造的房屋。

非洲喀拉哈里沙漠（Kalahari）的桑人，属于最古老的A单倍群

这个共同先祖M170出现在约2.5万年前，在最后一次冰河期，他的后裔被迫退避到欧洲南部的封闭的避难地——巴尔干半岛和伊比利亚半岛（现西班牙）。

冰河期结束后，I单倍群的后裔在重新殖民欧洲时期担任了重要角色。

单倍群I1a

先祖血统：“亚当”→M168→M89→M170→M253

约2万年前，这个群体像很多欧洲群体一样退避到南部的避难地，以躲避冰河期巅峰时期向南扩张的大片冰原。I1a单倍群的避难地在伊比利亚半岛，其中一个男性成员出现了基因标记M253。

约1.5万年前地球变暖，I1A向欧洲其他地区扩散，在欧洲西北地区非常普遍，频率最高的地区是斯堪的纳维亚西部，可能很多维京海盗是I1A的后裔。

维京海盗多次入侵英国，这有助于解释M253在英伦诸岛的出现。

单倍群I1b

先祖血统：“亚当”→M168→M89→M170→P37.2

P37.2定义了单倍群H1b，这个基因标记约15 000年前出现在巴尔干，现在当地依然非常普遍。

P37.2可以识别冰河期退避到欧洲南部避难地的群体。

P37.2在冰河期结束后开始向欧洲北部和东部扩散，现在欧洲中部和东部非常普遍。这个血统可能是凯尔特人（Celtic）在公元前的一千多年的扩张。

单倍群J

先祖血统：“亚当”→M168→M89→M304

约1.5万年前，J诞生于新月沃土，这个地区包括以色列—西岸—约旦—黎巴嫩—叙利亚—伊拉克。现在J的频率最高的地区包括中东—北非—埃塞俄比亚。

在欧洲，J原先仅仅分布在地中海附近，农业出现后人口激增，J开始扩散。

例如，现在J和他的分支J2合计占犹太人的30%。

单倍群J1

先祖血统：“亚当”→M168→M89→M304→M267

新石器革命之后，随着农业的成功，J1和其他J单倍群在中东兴起，部分J1的成员前往北非并获得成功，证据是现在这一带的J1频率最高。

携带M267基因标记的其他J1的成员，一部分留在中东，一部分北上进入欧洲西部，但是频率较低。

单倍群J2

先祖血统：“亚当”→M168→M89→M304→M172

M172定义了起源于M89的J单倍群的主要分支。J2现在分布在北非—中东—欧洲南部，在意大利的频率是20%，西班牙南部的频率是10%。

单倍群K

先祖血统：“亚当”→M168→M89→M9

约4万年前，基因标记M9出现，地点在伊朗或亚洲中南部，这是中东氏族M89分支的一个新血统，这个血统的后裔经过3万年，扩散和成为地球的大部分人口。

这个大型血统K，被称为欧亚氏族，扩散过程延续了几万年时间，沿着欧亚干草原的“超级高速公路”，追随着猎物四处扩散，直到被亚洲中南部的巨大的山脉系统——兴都库什山脉—天山山脉—喜马拉雅山脉阻拦。这三大山脉的交会地区是帕米尔高原，位于今天的塔吉克斯坦，K单倍群在这里分为两支：一部分人北上进入亚洲中部，一部分人南下进入巴基斯坦—印度次大陆。帕米尔高原导致了K的分离。

今天北半球大部分人群的起源都可以追溯到这个男人M9：亚洲东部和北美洲的几乎全部，欧洲的大部分，以及很多印度人群。

单倍群K2

先祖血统：“亚当”→M168→M89→M9→M70

并非所有的M9都走向帕米尔高原，还有一些M9回到近东的舒适环境，这些人群中诞生了M70，时间约3万年前。

M70定义了K2，这个血统扩散到地中海沿岸各地，包括北非沿岸和欧洲南部的地中海沿岸。

有些人认为，K2就是腓尼基人，这些航海家建立了很多地中海沿岸的繁华的贸易据点，M70的起源可能在黎巴嫩一带。

现在，M70在地中海沿岸处处可见，在中东和非洲东北地区的频率是15%，在西班牙—法国的南部也可以找到M70。

单倍群L

先祖血统：“亚当”→M168→M89→M9→M20

欧亚氏族M9的后裔可能在印度或中东诞生了M20。这个M20在约3万年前进入印度，形成了L单倍群，所以L又称为印度氏族。

印度南部的M20的频率达到50%，他们都是L单倍群的成员，虽然他们不是最早进入印度的群体。

单倍群M

先祖血统：“亚当”→M168→M89→M9→M4

由于冰河期的严酷气候，M4的先祖退避到东南亚的沿海地区。第一个携带M4的男人可能出生于1万年前，这个基因标记主要出现在美拉尼西亚（Melanesia）—印度尼西亚，少量存在于密克罗尼西亚（Micronesia）。

M4是随着水稻技术在各个海岛上传播的，当时中国和中东的农业正在发生。大约在4 000年前，水稻技术传播到婆罗洲—苏门答腊地区。然后，这里的群体携带着大量的淡水和水稻，航行到太平洋上的各个岛屿并定居下来。

单倍群N

先祖血统：“亚当”→M168→M89→M9→LLY22G

经过东亚的欧亚氏族诞生了基因标记LLY22G，定义了N单倍群，时间约1万年前，地点可能在西辽河流域，他的后裔成为江藏语系的部分和乌拉尔语系（Uralic）的群体，现在分布在斯堪的纳维亚的南部和亚洲的北部。

乌拉尔语系的文化，呈现出多样性：欧洲北部大部分人曾是狩猎采集群体，匈牙利人早期是牧马人，俄罗斯北方的很多群体也属于N。瑞典—挪威—芬兰—俄罗斯北部的Sami人是追随驯鹿的游牧—打鱼群体，人数仅剩下约8.5万人。

单倍群O

先祖血统：“亚当”→M168→M89→M9→M175

约3.5万年前，一个携带M175的男人出生了，地点在亚洲东部或中部。这些人是M9的后裔，他们当时在伊朗高原狩猎。

在冰河期的巅峰时期，O单倍群的先祖们抵达中国和亚洲东部，由于高山屏障的阻拦，他们封闭了上万年。O单倍群被称为东亚氏族：现在的亚洲东部，这个O单倍群的频率为80%—90%。在亚洲西部和欧洲，O单倍群不存在。

单倍群O1a

先祖血统：“亚当”→M168→M89→M9→M175→M119

约3万年前，在中国南部出现的M119定义了单倍群O1a。他们可能是长江下游水到农业的人群后裔。

O1a的成员扩散到东南亚各地，他们的很多至今仍在东南亚。还有一些携带M119的群体进行了长距离的迁移，最终抵达中国台湾，现在台湾的几个原住民群体中的M119的频率高达50%。

单倍群O2

先祖血统：“亚当”→M168→M89→M9→P31

约3万年前，第一个携带P31的男人诞生了。P31定义了单倍群O2。这个男人居住在亚洲的东部，或许在中国南部。这个男人的后裔，有的向南扩散到东南亚，向东扩散到韩国和日本。这个基因标记现在是马来西亚—泰国等东南亚国家最常见的标记。

单倍群O3

先祖血统：“亚当”→M168→M89→M9→M175→M122

这个携带M122基因标记的男人可能出生在中国中部，他的后裔分布非常广泛，约占中国男人的50%，所以，他的后裔很可能与农业的传播关系密切。单倍群O3的成员很可能都是长江中游种水稻和桑干河—永定河流域种粟米的农民的后裔。

亚洲东部的水稻农业的发达引发了大规模的人口扩张，考古学证据证明水稻技术一直传播到日本—中国台湾—东南亚，基因证据认为传播水稻技术的群体都携带着M122。

单倍群P

先祖血统："亚当"→M168→M89→M9→M45

约3.5万年前，一个男人携带M45出生在亚洲中部，他是M9的后裔。

M9曾经扩散到一片富饶的大草原，包括今天的哈萨克斯坦—乌兹别克斯坦—西伯利亚南部。在冰河期的巅峰时期，草原环境日益恶化，迫使他们追随着驯鹿向北方进发，最后学会用兽皮搭建帐篷，改进武器和狩猎技术等。

M45是大部分欧洲人和几乎全部美洲土著的共同先祖。

单倍群Q

先祖血统："亚当"→

M168→M89→M9→M45→M242

1.5万—2万年前，一个携带M242的男人诞生在极度严寒的西伯利亚。

M242的后裔成为第一批探索美洲大陆的人类。当时西伯利亚的气温很低，人类设法穿过没有积雪的苔原，来到亚洲的最北端——西伯利亚东部。

当时世界的海平面比现在低100米左右，西伯利亚—阿拉斯加之间形成了白令陆桥，人类可以直接走到美洲。

Q单倍群踏上了美洲的具体的时间还有争议，有人认为在2万年前。但是遗传学分析的数据是约1.5万年前，这个数据与考古证据基本吻合。

Q单倍群的成员进入北美洲之后开始南下，目前还不清楚他们如何越过北美的冰原。一种估计是落基山脉中的一条通道，另一种估计是沿着无冰的海岸线。

单倍群Q3

先祖血统："亚当"→

M168→M89→M9→M45→M242→M3

第一批人类进入美洲后，M3出现了，时间是1万—1.5万年前，地点是北美洲。这是美洲土著中分布最广泛的一个血统，包括全部南美洲人口以及大部分北美洲人口。

M3在西伯利亚没有发现，仅仅分布在美洲。携带M3的群体继续南下，在大约1 000年里，就迅速抵达南美洲的南端。

单倍群R

先祖血统："亚当"→

M168→M89→M9→M45→M207

在亚洲中部逗留了相当长的一段时间以后，经受着严寒气候考验的人类具备了更先进的技术，开始转头向西，进入欧洲大陆

这个氏族里的一个男人的Y染色体上，出现了一个新的突变M207，他的后裔分为两支：一部分人进入欧洲，一部分人后来转向南方，进入印度次大陆。

分析计算证实，这次迁移发生在1万年内，很多细节尚不清楚。

单倍群R1

先祖血统："亚当"→

M168→M89→M9→M45→M207→M173

第一批大规模定居欧洲的群体的后裔是R单倍群的成员，M173定义了R单倍群：携带M207的群体一起向西迁移，半途分开。

约3.5万年前，M173的后裔抵达欧洲，当时尼安德特人处于衰亡时期。这些更聪明的M173的后裔获得更多的资源，可能加速了尼安德特人的灭绝。

在冰河期巅峰时期，M173的后裔撤退到南部的避难地：西班牙—意大利—巴尔干。冰河期之后，他们再次北上。现在欧洲的M173的频率非常高。

单倍群R1a1

先祖血统："亚当"→

M168→M89→M9→M45→M207→M173

→M17

1万—1.5万年前，一个携带M17的男人诞生了，地点在现在的乌克兰或者俄罗斯南部。他的后裔继续游牧，并且驯化了马。他们骑着马，更加便于迁移：从印度到冰岛，他们迁移的范围很广泛。

在捷克—西伯利亚—亚洲中部，M17的频率约40%，在印度约35%，在中东地区为5%—10%。在伊朗，M17在伊朗西部仅为5%—10%，在伊朗东部高达35%。这些分布使得语言学家猜测：骑马的M17后裔可能是印欧语系的传播者。

单倍群R1b

先祖血统："亚当"→

M168→M89→M9→M45→M207→M173

→M343

约3万年前，已经处于欧洲的群体中出现了遗传标记M343，定义了单倍群R1b。他们是克罗马农人的后裔，这些群体最著名的遗产是在法国南部等地留下的洞穴壁画。在此之前，人类的艺术作品主要是贝壳、骨头、象牙等材料制作的首饰。

单倍群R2

先祖血统："亚当"→

M168→M89→M9→M45→M207→M124

约2.5万年前，亚洲中南部诞生了一个携带M124的

埃塞俄比亚人

绝大部分2万年以上的现代人化石出土于苏丹—埃塞俄比亚—肯尼亚等东非地区，只有极少几个现代人化石遗骸出土在埃塞俄比亚以南的地区

男人，他的后裔迁移到巴基斯坦和印度东部。这个基因标记现在存在于印度北部—巴基斯坦—亚洲的中南部地区，频率5%—10%。这个单倍群R2也属于第二批大规模进入印度的移民，但是距离5万—6万年前的第一批大规模移民时间久远。

在欧洲东部的吉普赛人中，也发现了单倍群R2的成员，估计也是起源于印度次大陆地区。目前还不清楚这些远古时代的远程移民的细节。

审后记

上个月，北京某图书馆馆长来找我，谈到我们研究的中国人起源的成果特别重要，希望我可以在他们馆里开展一个系列讲座。崇尚科普宣传的我自然答应了。但过了一段时间，该馆讲座部主任致电给我，说明他们馆的讲座内容需要进行严格的审核，遗憾的是，我的讲座内容经他们的专家顾问审核，审核结果为不通过，审核意见提到"中国人非洲起源说"是有问题的，不适合科普。

对此我非常错愕！关于现代人非洲起源的课题，我做了这么多年的深入研究去完善细节，还孜孜不倦地做科普宣传，没想到还会有这样的结果。我了解在民众中颇有一批人持有非常顽固而奇特的想法，比如有个网民在微博上写了很多文章攻击我，指责我的研究结果不对，是造假的，原因是我的研究结论与他占卜多次得到的结果不一致。最近他们又提出了古埃及就是夏朝的观点，大肆宣扬，还出版了相关图书，好像受众颇多。对于没有受过科学教育、缺乏科学逻辑训练的某些民众，坚持个人的奇思怪想，我表示可以理解。但是某些"专家顾问"竟也有这样的说法，让我匪夷所思。

科学发展到今天，领域分支十分庞杂，没有人能通晓全部领域的知识。所以哪怕作为专家，对自己专业领域的内容是熟悉的，对其他领域的知识可能有所欠缺，甚至有误解。所以作为专家，尤其需要谦虚谨慎，特别是受过科学逻辑训练的专家。但是，恰恰有那么一大批专家，特别热衷于挑战其他科学领域。曾有一个历史学教授，名气很大，近些年发现了遗传学这个领域大有文章可做，因此写了很多文章批评基因研究的社会应用。先说DNA作为法医鉴定是不科学的，但举出的例子又特别经不起分析。不用DNA鉴定身份，不发展更精确更严密的法医鉴定技术，难道还要恢复到滴血认亲不成？在法医遗传学界的专业人士有力反驳后，他又改了话题，说民族不能用基因研究，是没有遗传特征的，所以历史群体也不能用基因来分析。这真是太滑稽了！民族固然是以文化来识别的，可他们的基因难道是随便乱来的？他们的孩子都是领养来的？怎么可能！每一个民族群体都在历史长河中占有一个相对稳定的时空区段，体现出明显的文化特色。因为时空与文化上的稳定性，这就促成了民族的遗传特征的稳定。虽然不能保证民族之间的基因100%的差异，但这种差异往往是显著的。所以不能用基因来确定某个人是什么民族，但可以用基因来分析群体的民族来源，分析民族之间的亲缘关系。这种民族遗传关系往往与语言文化的亲缘关系是一致的。例如汉族与藏族、满族与蒙古族，都有最近的亲缘关系和文化关联，这显然非常符合逻辑。

一个结果，变成结论，需要符合科学逻辑，那就是最多的证据支持，甚至所有可得的证据支持。用最简单的结论，统领最多的证据，这就是科学最基本的原则——“奥卡姆剃刀”原则。如果你的观点仅在一个角度一个学科讲得通，在其他学科的证据上却有矛盾，那多半是不成立的。所谓的讲得通，也是可以有其他不同解释的。如果不明白这一点，就很容易误入伪科学，甚至为了自己固执的观点“筛选证据”。反对“非洲起源说”的一批人可能就是陷入了这样一个坑中。“非洲起源说”几乎得到了所有证据的支持。遗传基因上、化石形态上、语言文化上，都显现出很明确的非洲起源的格局。而时不时冒出来的“挑战”非洲起源说的证据，往往让人啼笑皆非。有些人连什么是非洲起源说都不明白，拼命找几百万年前的人类化石，试图支持他们的偏执观点。非洲起源指的是现代人是六万多年前走出非洲，取代了欧亚大陆上其他古人类。有些人的研究还算有点靠谱，寻找那些超过6万多年前的中国现代人化石，虽然不能解释现代人基因的6万多年前走出非洲的结构，但是提出了“反证”。不过，我们已经找到了坚实证据推翻这一佐证，很快就会公布。近年不只有人挑战“非洲起源说”，挑战“进化论”的都大有人在，可惜都是荒诞无稽的。

即便是宣传“非洲起源”的，也不见得讲得对。就如一本非常畅销的书——《人类简史》。我也仔细读过，逻辑上讲得特别有道理，但是证据都是筛选的，无法真实支持观点。书中提出现代人在20万年前出现于东非，直到6万多年前才走出非洲，为什么？是之前智商不够，斗不过非洲之外的尼人。6万多年前发生了认知革命后，我们才有智谋打败尼人。但是认知的提升必须有相关的基因突变。而我们深入研究分析以后发现，没有任何相关基因是在那时突变的。其实，现代人走出非洲的促因，学界早已非常清楚。大约7.4万年前，印尼苏门答腊岛上的多峇火山大爆发，其当量接近一千个维苏威火山爆发，给全球生物带来了巨大灾难。欧亚大陆的尼人和丹人濒临灭绝，为现代人出非洲扫清了道路。而非所谓的认知革命。

科学往往是生硬的，不以个人的喜好为转移的。而伪科学则是从个人喜好出发来筛选证据的，往往能说到人心里去，能不受欢迎吗？就像中国人本地起源说，有人还上纲上线认为是政治问题呢！好像说中国人是外来的就是数典忘祖。殊不知，旧石器时代的原始人迁徙，是很普遍的现象。而且迁徙使人群发展更快。至于民族文化和文明，基本是一万年内发生的，与数万年前的来历无关。100万年前，非洲已经进化出智人；如果我们是来自50万年前的猿人，这情何以堪啊！

复旦大学的人类起源研究历史悠久。从20世纪20年代就开始了相关的探索。1952年全国大专院校院系调整以后，全国的生物人类学教研力量都集中于复旦大学。在数十年时间里，复旦大学人类学学科为中国的人类学、法医学、解剖学等领域培养了大批中坚力量，取得了很多重要成果。诸如新石器时代人骨的系统分析、元谋人的发现、古尸保护技术，等等。1997年，我加入复旦大学人类学实验室参与科研工作，从此走上了用基因追踪人类历史的科研道路。

关注问题都是由近及远的。我首先关注了自己的群体。上海南郊人群有着很独特的遗传结构，男性的Y染色体类型中，O1型显著高于其他汉族人群。我追踪这一遗传标志，走遍了南方各省，发现这是被称为侗傣语系和南岛语系民族的特征标志。并发现，分布在台湾、东南亚岛屿、太平洋和印度洋各岛上的南岛语系都是从中国大陆起源的。近几年，我们又做了大量古代人骨的基因，通过构建遗传结构的时空框架，发现语系及其内部语族的分化，可以与考古文化的更替对应上。江浙一带的马家浜文化在距今约5900年前结束，分化出南岛语系；之后的崧泽文化在约5300年前结束，分化出了侗傣语系卡岱语族，包括仡佬族和黎族；5300~4400年前的良渚文化结束的时候，分化出了侗傣语系的壮侗语族，包括壮族、侗族、傣族、老挝人、泰国人等。原来南方有那么多人是从江浙出去的。

基因真的可以破解很多历史问题，关键是要把历史问题提炼转化成科学问题。因此，2010年开始，我和历史学家韩昇教授等专家合作走出了一个历史人类学的新领域。2016年被Science以《复活传奇》为题进行报道，还把我的工作照刊发在正刊上。我们的第一个案例是曹操的血统。曹操的祖父是一个宦官，曹操的父亲从哪里来的？他的政敌有各种污蔑。我们找到了8个曹操后代家族，他们的Y染色体DNA序列与从墓葬出土的曹操祖父的弟弟牙齿中提取出的DNA吻合。证实曹操的父亲来自其本家。

这是一个很小的研究，但是却打开了历史人类学的新篇章，也引起了学界各种反应。有的学者非常支持，有的则气得顿足大骂如丧考妣。那些骂的人可能觉得自己的研究领域被侵犯了，狭隘地认为饭碗要被抢掉了。其实，在与韩昇教授的合作中，我们发现历史学与遗传学的作用是互补的，两个领域研究都是不可或缺的，历史学家不但不会丢饭碗，反而有了更多可靠的故事可以讲。

我们不仅对曹操的身世感兴趣，也对大禹的身世着迷。文献中说大禹是越人，就是东南人，又说禹出西羌，是西北人。这本身就有矛盾。但是我们看到，东南的良渚文化在4400年前终结，西北的齐家文化却在4400年前开始，两者有着几乎一样的玉璧玉琮以及神像。再追踪Y染色体DNA线索，大禹的血统、夏朝的起源，或许就能破解了。不过还有很多人非得质疑甚至否定夏朝的存在。另一批人则把夏朝拉到巴比伦甚至埃及。如果与他们争辩，你可能会感到对牛弹琴。

可我们的研究还要前行，夏朝不是我们的终点。在Y染色体的精细谱系中，我们发现现今近半的中国人来自五至七千年前的三个男人，而且这三人的后代数量是超速扩张的。他们会不会是传说中的三皇？他们的后代是怎么扩张到全国各族中的？我们这几年所做的全国追踪，已经把这三个人及他们的很多子孙的陵墓和遗骸找到了。中国起源的传奇，或将复活成为明确的历史，这真让人热血沸腾。

可是我也知道，顿足大骂的人会更多，骂得会更凶。因为我们的证据不支持他们的想法，他们的伪科学伪科普可能很难做了。有些人是有起床气的。但我无所畏惧，坚信科学研究是不会受他们所影响的。

张振老师在这方面一直支持我们，与我并肩战斗。我笑语“老爷子，好好做研究，怎么还要战斗啊？”可是人类学的领域就是关注度太大了，水太深了。树欲静而风不止啊。由张振老师执笔我审校的这本《人类六万年：基因中的人类历史》客观、理性地讲述了我们现代人走出非洲以后的历史。我想用这本书，向伪科普宣战吧！

李辉

2019年7月26日于北京